Gamification
& 소셜게임

에이콘

Gamification & 소셜게임

존 라도프 지음 | 박기성 옮김

i!i
에이콘

게임은 20세기 후반 컴퓨터가 등장하면서 처음 만들어진 걸까? 천만에.

오늘날 우리나라 일부 정책입안자들이 컴퓨터 게임을 마약과 비교하면서까지 모든 청소년 악의 근원처럼 설명하고 있지만, 실제로 게임은 인간이 등장하면서부터 인간의 역사와 함께해왔고, 인류가 존재하는 한 영원히 사라지지 않을 것이다. 집 앞마당에 줄을 긋고 친구들과 어울려 놀이를 하는 것에서부터, 모든 보드게임의 종결자라고 일컬어지는 마작에 이르기까지, 이 모든 것이 게임의 역사다.

아타리부터 시작한 컴퓨터 게임도 기술이 진보함에 따라 콘솔 게임, PC 게임, 온라인 게임, 모바일 게임 등 다양한 형태로 진화해왔다. 최근에는 페이스북 등의 소셜네트워크나 스마트폰에서 플레이하는 소셜게임이라는 새로운 장르의 게임이 많은 주목을 받고 있다. 소셜게임은 아주 넓은 의미를 포함하는데, 기본적으로는 게임에 사람들 간의 교류와 인터랙션interaction, 즉 사람들 간의 '소셜'한 요소를 포함하는 게임을 의미한다.

물론, 우리가 많이 플레이하는 MMORPG 류의 온라인 게임은 원래 '소셜'한 게임이다. 플레이어들 간에 같이 협업하고 교류하는 것이 바로 '소셜'한 요소이기 때문이다.

하지만 좁은 의미에서의 '소셜게임'은 이렇듯 온라인 게임에 단순히 소셜 요소가 내재된 형태보다는 소셜 요소 자체를 게임 메커니즘의 핵심으로 삼는 새로운 장르의 게임을 의미한다. 페이스북상에서 징가Zynga의 게임이 그렇듯이, 소셜게임은 이러한 소셜 요소 자체에 게임성이 내재되어 있기 때문에, 아주 단순한 게임 메커니즘에도 불구하고 많은 사람이 지속적으로 플레이하면서 게임 안에서 새로운 커뮤니티를 만들면서 성장하고 있다.

이렇듯 사람들 간의 교류, 인터랙션 자체를 즐기려는 소셜 성향을 온라인 서비스에 도입해 서비스의 핵심 메커니즘으로 삼고자 하는 추세를 게이미피케이션Gamification, 즉 게임화라고 이른다.

예를 들면, 블로그나 게시판을 보면, 사람들이 다른 사람보다 댓글을 먼저 다는 1빠, 2빠, 3빠 놀이를 한다. 즉 사람들은 그 글 내용을 즐기는 것뿐 아니라, 단순히 댓글을 다는 순서도 게임으로 보고 그 순위를 매기는 데서 작은 기쁨을 느낀다. 이러한 '순위 매기기' 성향을 공식적으로 서비스의 핵심 메커니즘으로 만들어 성공한 대표적인 온라인 서비스가 바로 포스퀘어Foursquare로서, 이것이 온라인 서비스에 적용된 게임화의 대표적인 예라고 할 수 있다.

이렇듯 우리에게는 다소 생소한 용어인 게임화라는 개념이 최근 주목을 받고 있으며, 최근 온라인 서비스 기획에 아주 중요한 핵심 개념으로 많은 서비스에서 도입 중이다,

이 책은 소셜게임의 설계 과정을 중심으로 설명하면서, 그 과정에서 사람들 간의 '소셜' 요소를 중심으로 게임화에 대한 비교를 병행해나가는 흔치 않은 귀중한 책이다.

소셜게임이 본질적으로 사람들 간의 소셜 요소를 게임 메커니즘의 핵심으로 삼는 게임인 만큼, 소셜게임을 잘 기획하기 위해서는 사람들 간의 교류에서 발생하는 이슈, 심리적 요인, 이를 게임 메커니즘으로 만드는 방식 등에 대한 충분한 이해가 필요하다. 또, 이러한 이해는 게임 외의 온라인 서비스에서도 사람들을 잘 참여engage시키기 위한 게임화 설계의 기반이 된다. 그런 면에서, 소셜게임의 심리학과 게임화를 나란히 설명하는 이 책은 소셜게임 기획자뿐 아니라 온라인 서비스에 게임화를 도입하려는 서비스 기획자 모두에게 아주 좋은 참고가 될 것이다.

이제 게임과 온라인 서비스도 가장 본질적인 지점에서 함께 만나게 되는 셈이다. 게임 만세!

허진호 / 크레이지피쉬 대표이사

비즈니스 방식을 완전히 바꿀 수 있는 비밀스러운 힘이 자신에게 있다고 상상해보자. 이 힘으로 더 많은 고객을 얻고, 기존 고객을 좀 더 충성스럽게 만들고, 재능 있는 직원을 끌어들일 수 있다면 우리의 인생은 어떻게 변화될까?

자신이 특별하다고 느끼고 해주면, 사람의 마음을 얻을 수 있다는 사실을 나는 알고 있다. 이건 내가 주변에 항상 권장하는 행동 중 하나다. 자신이 중요하다는 느끼고 싶은 건 불변의 인간 법칙으로, 언제나 통하는 방법이다. 고객은 대접받는 느낌을 원한다. 그런 느낌을 받는 고객은 우리의 팬이 된다. 그런 고객은 우리가 하는 일을 사랑해주고 더 많은 고객을 끌어들일 수 있게 도와주기까지 한다.

소셜미디어 혁명은 이런 점이 얼마나 중요한지 세상에 보여줬다. 사회적 위신, 과시, 경험 공유, 그 무엇이라 부르든 인간은 다른 사람의 행동과 생각에 깊은 관심을 갖고 있다. 모든 사람은 자신의 성공을 나누고, 삶에서 힘겨운 고난에 직면했을 때 친구로부터 위로받고 싶어한다.

게임은 누군가의 마음에 접근할 수 있는 고전적인 방법이므로, 잘 만들어진 게임은 사람들에게 특별한 느낌을 준다. 스포츠를 예로 들어보자. 나는 1996년부터 필라델피아 세븐티식서스76ers[1]를 이끌기 시작했는데, 그 당시 팀은 꼴찌였다. 비전, 열정, 확신을 원동력으로 우리는 2001년 NBA 챔피언십 파이널에 올랐다. 승리가도를 달리기 시작하면서, 세븐티식서스는 필라델피아 문화의 중요한 일원으로서의 위치를 되찾았다. 팬들은 다시 세븐티식서스 이야기의 일원이 되는 것을 특별하게 생각하게 됐다. 팀은 엄청난 인기를 끌었고, 스타디움의 좌석이 채워지기 시작했다. 필라델피아에 있어서 이런 성공의 핵

---

1 필라델피아를 홈으로 하는 미국 NBA 농구팀 – 옮긴이

심은 사람들에게 특별한 느낌을 주고, 뼛속 깊이 자신의 잠재력을 실현할 수 있고, 꿈이 실현될 수 있다고 깨닫게 해주는 것이었다. 스포츠뿐만 아니라 어떤 종류의 게임이든 우리에게 이런 느낌을 줄 수 있다. 게임은 우리에게 뭔가 멋진 일의 일부가 된다는 느낌을 줄 수 있다.

게임은 새로운 것이 아니다. 인간은 석기 시대인이 돌과 몽둥이를 휘두를 시절부터 게임을 즐겨왔다. 그러나 게임이 최신 기술과 비즈니스 뉴스의 중심으로 떠오를 때마다 아주 많은 사람이 놀라워하는 것 같다. 돌이켜보면, 소셜 네트워크상에서 게임이 이토록 인기를 끄는 상황은 전혀 놀라운 일이 아니다. 서로 간절하게 연결되기 원하고, 세상에 자신의 흔적을 남기고 싶어하는 사람들이 모이는 소셜네트워크는 게임과 자연스럽게 들어맞는다.

게임이 어떻게 우리의 마음을 사로잡을 수 있는지 보여주는 사례를 하나 더 들어보자.

영화 '캡틴 블러드Captain Blood'에서 에롤 플린Errol Flynn을 접한 이후 나는 해적의 황금시대Golden Age of Pirates**2**에 출현한 해적들의 극적인 사건, 모험담, 라이프 스타일이나 역사에 열렬한 관심을 갖게 됐다. 나는 진귀한 유물(전 세계에 2개 있는 졸리 로저의 검은 깃발 중 하나와 현존하는 유일한 진품 해적 보물 금고 등)을 놀랄 만큼 모아서, 이런 역사적 시대의 마법을 다른 사람들에게 소개하고 싶어 세인트오거스틴에 박물관을 열었다. 그러나 독서와 영화 관람이나 박물관 구경만으로는 한계가 있었다. 나는 사람들에게 해적의 삶이 어떤지 실제로 느끼게 하고 싶었다.

다행스럽게도 게임과 월드와이드웹 양쪽 분야에서 전문가인 존 라도프를 소개받았다. 디스럽터 빔 직원들은 필라델피아로 와서 싹트고 있는 소셜미디어 세계에 출시할 해적 게임 개발을 도와줬다. 나는 해적, 악당들의 무용담과 전설적 해적에 얼마나 매료됐는지 기억이 닿는 데까지 설명했는데, 그것만으로는 부족했다.

존의 동료들은 더 깊이 파고들고 싶어했다. 그들은 내가 느낀 기분을 느끼고 싶어했다. 대단히 개인적인 나의 어린 시절 기념품을 보여줬을 때, 그들에

---

2 17~18세기 해적들이 성행했던 시대를 일컫는 용어 - 옮긴이

게 감이 왔다. 어린 시절 나는 수녀들이 관리하는 학교를 다녔다. 그들은 손
가락 마디를 30센티 자로 때려 건방진 나를 다스리려 했다. 그러나 그건 복종
시키기는 고사하고 내 반항심에 불을 붙였다. 나의 개성을 억압하려고 그들이
사용하려던 바로 그 자에 나는 해골 마크를 새겨넣었다. 나는 아직도 이 자를
금고에 보관해두고 있다. 그걸 보여주자, 존은 이해했다. 자유 정신, 반권위주
의, 규칙에 대한 반항 정신을 느낀 것이다. 우리의 게임 '트루 파이어러츠, 노
룰스, 노 머시True Pirates, No Rules, No Mercy'가 태어났다.

게임은 감정에 관한 것이다. 스포츠든, 해적에 대한 어린 시절의 꿈이든 아
니면 아마존닷컴의 천재적인 경쟁 리뷰 시스템이든 간에, 모든 게임에는 이야
기되는 스토리가 있다. 하지만 게임은 그 이상이다. 게임은 우리를 붙잡아 이
야기 속으로 데려다준다. 게임은 협동과 경쟁, 팀워크와 승리, 인정과 과시에
관한 것이다.

여러분은 특별한 책을 손에 쥐게 됐다. 이 책은 여러분의 고객에게서 스토
리를 발견하고, 그것을 비즈니스 이점으로 바꾸는 방법을 알려준다. 이 책에
실린 비밀을 활용할 만큼 대담하고 단호하다면 여러분은 고객과 동료 모두의
마음속에 특별한 느낌을 만드는 길로 나아갈 수 있을 것이다.

공격!

펫 크로체(Pat Croce)
펜실베이니아, 빌라노바

존 라도프 Jon Radoff

인터넷과 엔터테인먼트, 소셜 커뮤니티의 융합에 주목한 기업가다. 1992년에 노바링크NovaLink란 온라인 게임 퍼블리셔를 설립해서, 레전드 오브 퓨처 패스트Legends of Future Past란 온라인 게임을 개발하고 컴퓨서브CompuServe[1] 네트워크에 상용 서비스했다. 레전드는 인터넷상에서 첫 번째 독립적인 상용 게임 제품 중 하나였다. 1997년에 존은 이프라이즈Eprise[2]를 설립하고, 오늘날 블로그와 위키 기술의 선조격인 콘텐츠 관리 시스템을 개발했다. 존은 이프라이즈에서 벤처 캐피털 모집, 제품 전략 수립, 경영 팀 채용을 담당해 이프라이즈를 포춘 500대 기업에 납품하는 데 성공했으며, 2000년 나스닥NASDAQ에 기업 공개를 함으로써 성공의 정점을 이뤘다. 2006년에 존은 소셜미디어 회사인 게이머DNAGamerDNA를 설립하고 벤처 투자를 받아, 실시간 게이머 행동을 중심으로 한 제품을 개발했다. 게이머DNA의 광고 제품은 월 천만 명의 고유 방문자unique visitor를 기록했으며, 고객사에는 블리자드/액티비전, 일렉트로닉 아츠, 남코와 터바인 같은 일류 퍼블리셔들이 포함됐다. 2009년 게이머DNA는 또 다른 게임 미디어 벤처와 합병되어 게이머DNA 미디어가 됐다.

존의 새로운 스타트업인 디스럽터 빔Disruptor Beam은 소셜게임 개발사로 존이 보유한 소프트웨어 플랫폼, 분석학 및 온라인 커뮤니티 경험을 발판으로 현재의 소셜게임 지형을 혁신하려고 한다. 디스럽터 빔은 자체 소셜게임 제품을 개발하는 동시에 다른 퍼블리셔 및 미디어 회사와 협력해 새로운 소셜게임 아이디어를 실현하고자 한다.

---

1 90년대 미국의 온라인 서비스. 우리나라의 하이텔, 천리안과 유사 - 옮긴이
2 이프라이즈는 회사명이자 제품명이다. - 옮긴이

나에게 영향을 끼치고, 대화와 편집을 통해 직접적으로 이 책을 도와준 수많은 분들께 감사를 표하고 싶다. 그들이 없었더라면 이 책은 세상에 나오지 못했을 것이다.

가장 먼저 떠오르는 건 나의 아내 안젤라 불 라도프다. 우리는 온라인 게임에서 만났는데 그녀는 내 인생을 진정한 모험으로 만들어줬다. 안젤라는 누구보다 먼저 각 장을 살펴보면서 변함없이 도와줬고, 이 책에 수록된 멋진 아이디어에 많은 도움을 줬다.

디스럽터 빔의 팀은 대화와 실제 원고 편집 양면으로 귀중한 도움을 줬다. 특히, 팀 크로스비, 아테나 피터스와 제이슨 칼리나는 특별히 언급할 필요가 있다. 정말 멋진 아티스트인 마리오 피카소가 우리 팀에 있다는 건 행운인데, 그녀는 이 책에 사용된 몇 가지 아이콘의 디자인을 창작했으며, 이 책에 실린 (원래 내 블로그에 있던) '소셜게임의 역사' 차트를 디자인했다. 멜리사 켈트는 몇 가지 기술적 삽화를 도와줬다.

마찬가지로 디스럽터 빔의 많은 비즈니스 파트너에게 감사를 표하고 싶다. 그들이 있었기에 게임을 만들 수 있었다. 아예 게임스Ayeah Games의 더그 레빈, 파워하우스Powerhouse의 터그 유그로, 파이럿 소울Pirate Soul의 펫 크로체(친절하게도 추천사를 써준), 아이레이스I-Race의 조너선 스트라우스, 짐 존신, 샘 로가틴스키, 미유 헬스MeYou Health의 트래퍼 마르켈즈(게이머DNA에서 나의 오른팔로 놀라운 소셜미디어 개발자 팀을 모으고 이끌어줬다), 그리고 피터 블랙로우와 GSN 디지털의 전체 팀이 그들이다.

많은 분이 친절하게도 나와 대화해주고, 이 책의 내용 일부를 검토해줬다. D. 이벳 온은 게임 디자인 일부를 검토하고 사회적 심리학에 대해 조언해줬고, 이모션 마이닝Emotion Mining의 톰 스나이더는 신경과학과 심리학 내용에 대해 조언해줬으며, 다니엘 쿡과는 게임 개발 프로세스에 대해 매우 유용한 대화를 나눴다. 이 분야에 아직까지 남아 있는 결점이 있다면 전적으로 저자의 책임이다.

나는 다른 소셜미디어 기업가와 작가, 특히 이곳 북동부에서 활약하고 있는 분들로부터 큰 영감을 얻었는데, 세스 고딘, 크리스 브로건, C.C. 채프먼, 다메시 샤르 허브스포트, 다리우스 카제미(블루팡 게임스의 수석 분석가이자 IGDA와 보스턴 포스트모템 배후의 주요 인물), 인기 있는 미디어와 게임을 진지하게 고려하는 시각에 대해 마샬 맥루한과 젠리 젠킨스, 경험 경제학에 대한 그들의 작업에 대해 짐 길모어와 조 파인, 내 꿈을 넓혀 준 점에 대해 찰스 스트로스, 브루스 스털링, 아더 C. 클라크와 버너 빈지에게 감사한다.

이 책을 지지해준 데 대해 와일리Wiley의 팀에게 감사한다. 칼 롱은 뛰어난 안목을 발휘해 이 프로젝트의 저자로 나를 선택했고, 내가 프로젝트에 참여하도록 설득했다. 그리고 프로젝트 편집자인 모린 스피어스는 놀라운 인내심과 지치지 않는 원고 편집 능력을 보여줬다. 애쉬론즈 콜 2에서 처음에 '이시스'로 만났던 에단 키드하트는 기술 편집자로 활약하면서, 원고에 대해 수많은 개선사항을 제시해줬다.

마지막으로, 게임 제작을 평생의 업으로 삼는 모든 분들께 감사를 드린다.

에단 키드하트 Ethan Kidhardt

화창한 샌디에이고에 살고 있는 지난 10년 동안 기술 전문가이자 MMORPG 관련 작가 겸 리뷰어로서, 개발사 및 출판사와 면밀히 협력해서 우리가 소매점에서 구매할 수 있는 전략 가이드를 제작해왔다. 에단은 다크 에이지 오브 카멜롯Dark Age of Camelot, 애쉬론즈 콜 2Asherons Call 2, 아나키 온라인Anarchy Online, 에버퀘스트 2Everquest 2, 리니지Lineage, 파이널 판타지 11Final Fantasy XI, 스타워즈 갤럭시Star Wars Galaxies, 시티 오브 히어로City of Heroes, 매트릭스 온라인The Matrix Onlne, D&D 온라인D&D Online 같은 게임에 대해 집중적으로 집필했다. 에단과 저자는 온라인 활동 중에 만나게 되어 동지 의식을 느끼고, 이후 가끔씩 함께 일하고 어울려왔다. 에단은 디자인, 전략 및 비판적 분석 영역에 풍부한 전문성을 제공해줬다. 기술 세계에 몰두해 있지 않을 때, 그는 샌디에이고에서 스페인어를 가르치고, 자원봉사를 하며, 살사를 춘다.

박기성(sngpark@naver.com, 트위터: @sngpark)

주로 게임 개발을 중심으로 IT업계에 20년째 근무하고 있다. 최근에는 다수의 스마트폰 게임 개발 프로젝트를 진행하고 있다. 번역서로는 에이콘출판사에서 출간한 『두 얼굴의 구글』(2012년), 『코코스2d 게임 프로그래밍』(2012년)이 있다. 가장 즐거운 시간은 첫 아들인 지유와 함께 시간을 보낼 때이다.

검색창에 몇 글자만 타이핑하면 원하는 지식을 얻을 수 있는 이 시대에 무지란 지식의 많고 적음에 달려 있지 않다. 나는 우리가 어떠한 주장에 대해 갖는 믿음의 강도는 '그것을 뒷받침하는 객관적인 근거'의 강도에 비례해야 한다고 믿는다. 객관적인 근거가 부족함에도 자신의 주관적인 선입견 때문에 또는 옛날부터 그래 왔으니까, 주변 사람들이 그렇다고 하니까, 어떤 주장을 강하게 믿는 것이 무지다. 또한 자신의 믿음과 대립되는 객관적인 근거가 있음에도 불구하고, 그것을 외면하거나 자신의 믿음에 맞춰 객관적인 근거를 왜곡하는 것도 무지의 한 측면이라 생각한다.

오늘날 우리 사회의 게임에 대한 일부 왜곡된 시선도 그런 무지의 소산이 아닐까 생각된다. 여러 가지 사실이 보여주는 부정할 수 없는 사실은, 게임은 우리 시대 그리고 향후에 가장 중요한 미디어라는 점이다. 과거 기성 세대에게 준거가 되는 미디어가 영화나 방송이었다면, 게임은 산업적 측면에서뿐만 아니라 그 문화적 영향력에 있어서도, 그런 전통 미디어를 빠른 속도로 추월해나가고 있으며 그 차이는 점점 더 벌어질 것이다.

이제 게임을 이해하지 않고서는 미래 문화를 정확히 이해하기 어렵다고 생각한다. 이 책에 서술된 바와 같이 게임은 인간의 깊은 본성에 강력히 호소하기 때문에, 그토록 강렬한 것이며, 새로운 테크놀로지에 힘입어 이제는 사회적인 미디어로 발전하고 있다. 선진국에서는 게임의 강력한 에너지를 세상을 좀 더 살기 좋은 곳으로 바꾸는 데 활용해보자는 취지에서 게임화gamification라는 새로운 흐름까지 등장하고 있는데, 국내의 기성 세대는 말초적 재미를 제공하는 유해 미디어로만 바라보는 시선이 안타깝다. 이제 우리나라도 미래 핵심 미디어의 부작용을 걱정하는 데서 그치지 않고, 그 잠재력을 긍정적 사회

에너지로 활용하는 움직임이 시작돼야 할 시점이 아닐까?

이 책은 구체적으로는 소셜게임 개발 및 운영에 대한 실무 지식에서부터, 포괄적으로는 심리학, 사회학, 문학 등 다양한 분야를 넘나들며, 왜 그토록 게임이 우리를 사로잡는지 그 근본적인 이유를 파헤치고자 시도했다. 또한 게임의 강력한 힘을 자신의 비즈니스에 응용하려는 사람들을 위한 많은 착안점을 제공하고 있다. 따라서 소셜게임이나 게임을 업으로 삼는 분들뿐만 아니라, 21세기의 새로운 핵심 미디어인 게임을 이해하고자 하는 모든 이들에게 좋은 참고서가 될 것 같다.

나도 국내 게임 관련 서적을 많이 접해봤지만, 기존에 국내에서 번역된 게임 관련 서적 중 가장 방대하고, 충실한 내용을 담고 있는 책이 아닐까 생각한다. 원저자가 좀 더 간결 명료하게 서술했으면, 더 좋은 책이 되지 않았을까라는 아쉬움이 있지만, 번역하면서 저자의 방대한 지식에 감탄했으며, 오랫동안 게임을 업으로 삼아왔던 나에게도 새로운 배움과 자극의 기회가 됐다.

SNS나 소셜게임이 미국에서 시작되어 계속 신종 용어가 생겨나다 보니, 대응되는 적절한 국어 표현이 없는 경우가 많아 번역이 쉽지 않았다. 이 경우 원어 발음 그대로 표시할지, 역자의 재량으로 한글화할 것인지는 개인의 역자가 해결하기엔 매우 어려운 숙제였다. 또한 'engagement', 'flow', 'immersion' 이런 용어의 경우에는 각각 대응되는 적절한 국어 표현이 없어, 모두 '몰입'이라고 번역하자니 세 단어의 구별이 안 되고, 각자 다른 단어로 표시하자니 의미가 어색한 부분도 있었다. 이런 부분에서는 어정쩡한 스탠스를 취할 수밖에 없었다는 점이 아쉬웠고, 용어 부분에서 활발한 공론화가 이뤄졌으면 좋겠다는 생각이 들었다.

이 책이 우리 사회에서 게임의 긍정적 에너지를 발전적으로 활용할 수 있는 작은 계기가 되었으면 하는 바람이다.

목 차

비행기를 타고 날아가 캘리포니아에서 내린 나는 인생을 바꿀 여자를 만나려는 참이었다. 지난 몇 달 동안, 나는 치열한 경쟁과 역경에 용감히 맞서며 경쟁자들을 물리쳤다. 내 운명의 여인을 쟁취한 것이다.

그녀의 이름은 안젤라로, 사진을 통해 나는 그녀가 어떻게 생겼는지 알고 있었다. 공항 게이트에 서 있는 그녀에게 다가가며(공항 보안 검사는 몇 년이 걸리는 것처럼 느껴졌다) 나는 망설임을 느꼈다. 심장의 쿵쾅거리는 소리는 내 귀에 들릴 정도였고, 그녀의 계피향 향수 냄새가 내 후각을 온통 채웠다. 우리는 인사의 표시로 손을 잡았는데, 그 순간 우리 사이에는 불꽃이 튀었다. 그 불꽃은 처음에는 수천 킬로미터를 사이에 두고 시작된 불꽃으로, 상상 속의 세계에서 활활 타오른 바로 그 불꽃이었다.

안젤라와 나는 순전히 전자 신호와 상상력으로 만들어진 엘렌시아Elanthia라는 세계에서 만났다. 나는 라이쓰라는 마법사였고, 안젤라는 카오티라는 이름의 엘프 흑마녀였다. 엘렌시아는 젬스톤Gemstone이란 게임의 무대였는데, 젬스톤은 전 세계 사람들이 모험과 격렬한 낭만, 검이 부딪치는 대결에 이끌려 모여드는 소셜게임이다. 이 게임은 지니GEnie라는 온라인 서비스상에서 플레이됐는데, 지니는 90년대의 소셜네트워크(이 용어는 10년이 지난 후에야 통용됐지만) 중 하나였다.

안젤라와 나는 온라인 게임에서 만나 사랑에 빠졌을 뿐만 아니라, 예술과 게임 비즈니스에 대한 열정을 공유했다. 우리는 마음 깊은 곳에서 멋진 게임을 만들 수 있다고 느꼈고 이 느낌을 행동에 옮겨서, 레전드 오브 퓨처 패스트 Legends of Future Past란 게임을 개발해 인터넷과 컴퓨서브에 출시했다. 이 게임은 몇 개의 상을 받았고, 이 게임을 통해 여러 명의 개발자가 게임 개발자 경력을 시작했다.

90년대 초반에는 수천 명의 사람들이 젬스톤과 레전드 오브 퓨처 패스트를 플레이했다. 오늘날에는 이런 게임의 손자뻘 되는 게임들을 수백만 명이 즐긴다. 기술은 변화됐지만, 게임의 본질은 변하지 않았다. 게임은 수백만 년 동안 변하지 않은 인간 본성의 한 부분이며, 게임 제작 기술은 인류의 문명사만큼이나 오래됐다.

짚고 넘어가기

초기 온라인 게임의 혼돈스러운 시기부터 현재까지, 나는 엔터테인먼트 산업의 내, 외부 양쪽 분야에서 여러 회사를 설립하고 운영하는 행운을 잡았다. 각각의 경험을 통해 나는 사람과 기술 그리고 사람과 사람 사이의 상호작용에 대해 각기 다른 측면을 깨우칠 수 있었다. 이프라이즈란 회사에서는 위키의 선조격인 웹사이트 관리 소프트웨어를 개발했는데, 인간에게는 서로 상호작용하고 정보를 나누고 싶어하는 타고난 욕구가 있다는 사실을 알게 됐다. 게이머DNA는 게이머를 위한 소셜네트워크였는데, 안젤라와 나 같은 경험을 겪는 사람들이 셀 수 없이 많다는 사실을 알 수 있었다. 나와 안젤라는 시대를 앞서 나간 셈이었다. 게임은 사람들에게 새로운 경험의 흔적을 남기고, 사람들은 이 흔적을 바탕으로 변화해나갔다.

이 글을 쓰는 현재, 나는 원래 하고 싶던 일을 하면서 살고 있다. 온라인 게임으로 세상을 즐겁게 하는 일 말이다. 그러나 안젤라와 함께 새롭게 설립했던 회사인 디스럽터 빔에서, 나는 게임 개발 이상의 뭔가를 꿈꾸고 있다는 점을 깨달았다. 나는 사람들이 게임을 새로운 시각으로 바라볼 수 있도록 돕고 싶다. 게임의 특별한 매력을 승화시켜 단순한 게임이 아니라, 세상을 좀 더 살기 좋고 재미있는 곳으로 발전시키는 데 도움이 되는 '게임 묘약'을 만들고 싶다.

알고 보니 이런 생각은 나 혼자만 하고 있는 게 아니었다.

2010년 어느 즈음에 게임화gamification라는 흥미로운 신종 용어가 출현했다. 기본 아이디어는 게임 내에 존재하는 특정 요소를 뽑아서, 각종 비즈니스 또는 소프트웨어 애플리케이션에 살짝 적용해 비즈니스를 강력하게 만든다는 것이다. 유저들에게 경쟁심을 불러일으키기 위해 웹사이트에 순위표leaderboard를 추가할 수도 있고, 배지를 수여해서 유저에게 보상을 제공할 수 있다.

그런데 이런 게임화에 관한 많은 논의에는 뭔가가 빠져 있다.

안젤라와 나는 순위표, 배지 시스템, 포인트 시스템 때문에 만난 게 아니다. 우리는 감정과 상상력 때문에 만났다. 우리가 게임 속에서 공유했던 경험은 강력한 감정, 꿈과 상상력을 불러일으켰다. 물론, 포인트는 중요하다. 배지도 도움이 될 것이다. 순위표도 매력적이다. 하지만 이런 시스템은 게임 디자인의 도구일 뿐이다. 어떤 게임이 성공하는 이유를 설명하기엔 부족하다.

이 책은 소셜게임에 관한 책이다. 사람들이 함께 플레이하는 그런 게임 말이다. 이 책은 여러분을 주인공으로 하는 모험 이야기이기도 하다. 이 책은 여러분이 하는 일에 몇 가지 게임의 마법을 적용해 비즈니스를 변화시킬 수 있는 기법을 알려주기 때문이다. 순위표, 포인트, 배지 같은 시스템은 역시 중요하기에 다루고 넘어가겠다. 또한 나는 인간이 서로 어떻게 상호작용하는지 그리고 이런 경험의 전달 수단으로 소셜미디어가 어떻게 최첨단에 설 수 있게 됐는지 설명하면서, 뭔가에 재미를 주는 것의 본질이 무엇인지에 대해 접근하려고 노력할 것이다.

비즈니스를 새로운 시각으로 바라보는 데 도움이 될 수 있도록 신화, 스토리텔링, 아이디어 브레인스토밍 등을 설명하겠다. 이 책은 온라인에서 자신을 표현하는 몇 가지 요소에 대해 새로운 시각을 제공하려고 한다. 예를 들면 유저 인터페이스는 단순히 컴퓨터 스크린상에 몇몇 요소가 조합된 것이 아니라, 우리가 만들어낸 세계로 고객을 인도하는 출입구로 생각할 수 있다.

자, 이제 여행을 시작해보자.

소셜게임social game이란 사람들이 서로 같이 플레이하는 게임을 말한다. 이런 의미의 게임이라면, 역사가 기록된 이후 항상 존재해왔다.

최근에는 보통 소셜게임이란 용어가 특정 부류의 게임을 지칭하는 데 사용된다. 즉 소셜네트워크상에서 급성장하고 있는 게임을 뜻한다. 이런 소셜네트워크 게임은 맨땅에서 시작해 순식간에 전 세계 수백만 명을 끌어들여, 징가Zynga나 플레이돔Playdom 같은 회사에게 돈다발을 안겨주고 있다. 이 시장을 오해하는 경우도 있는데, 예를 들어 일부 컴퓨터 게임 산업계 전문가들조차 이런 게임은 게임도 아니라고 주장하기도 한다.

이 시장은 새로운 고객을 가진 새로운 시장이며 아직 앞날을 예측하긴 어렵지만 급격히 성장 중이다. 또한 모두가 이런 게임이 무엇 때문에 성공하는지 그 정확한 이유를 아직도 배워가는 중이다. 이 책에서는 소셜게임이 성공하는 이유와, 전통적 유형의 게임과 공유하는 특징의 공통점과 차이점을 논의할 것이다.

그러나 소셜게임의 범위는 신종 장르인 소셜네트워크 게임보다는 훨씬 광범위하다. 지난 10년을 살펴보면 다른 종류의 소셜게임도 출현했는데, 월드 오브 워크래프트World of Warcraft 같은 대규모 멀티플레이 게임과, 리그 오브 레전드League of Legends 같은 실시간 전략 게임이 이에 포함된다. 이런 게임은 소셜게임으로 분류되기에 적절한 특징을 모두 갖추고 있으므로, 마피아 워즈Mafia Wars나 팜빌FarmVille, 디스럽터 빔의 자체 게임인 트루 파이어러츠나 갓 오브 록Gods of Rock 같은 게임과 비교되면서, 그 유사점과 차이점이 논의될 것이다.

많은 소셜미디어 사이트에서 일부 소셜게임의 특징이 채용됐는데, 유투브Youtube, 링크드인LinkedIn 그리고 페이스북Facebook은 게임에서 통했던 것과 똑같은 요소를 일부 훌륭하게 활용한 사례다. 아마존Amazon은 소셜과 게임 요소를 적절히 버무려 전자상거래를 재창조했다. 여러분도 소셜미디어 게임 제작과 유사한 기법을 응용해서, 사회적 관계와 정서의 힘을 빌어 사업적인 성과를 얻을 수 있다.

무엇이든 게임이 될 수 있다면?

이 책의 독자 대부분은 이전에 게임 디자인에 관한 책을 읽어본 적도 없고, 아마도 게임을 비즈니스로 생각해본 적도 없을 것이다. 이런 독자를 위해 책을 읽는 동안 즐길 수 있는 간단한 게임을 소개한다. 자신의 비즈니스를 게임이라고 상상해보라. 고객을 플레이어라고 생각하고, 그들이 재미 때문에 여러분을 찾는다고 상상해보라. 이러한 상상은 고객을 생각하는 방법에 어떤 변화를 주게 될까?

재미는 만병통치약이 아니다. 또 언제든지 통할 수 있는 것도 아니다. 많은 경우, 세상은 진지한 곳이며, 많은 일은 사실 전혀 재미가 없다. 하지만 이런 사고 실험에 빠져볼 기회를 갖는다면, 자신의 문제점에 대해 완전히 색다른 시각을 찾을 수 있을지도 모른다.

내가 때때로 여러분의 게임 또는 여러분의 플레이어라고 언급하면, 혹시 여러분이 개발할지도 모를 게임을 가정해서 말하는 게 아니라는 점에 유의하기 바란다. 그것이 무엇이든 비즈니스에 대해 언급하고 있는 것이다. 이런 비유에 익숙해진다면, 이 책의 내용을 좀 더 쉽게 이해할 수 있을 것이다.

이 책의 대상 독자

이 책은 소셜게임의 마법을 파악해서 실제 비즈니스에 활용하고 싶은 다음과 같은 분들을 위한 책이다.

- 고객을 발견하고 유지하는 데 보탬이 될 게임 활용법을 배우고 싶은 **마케터**
- 고객이 오랫동안 기억할 수 있는 매혹적인 사용자 경험을 창조하고 싶은 **제품 디자이너**

- 방문자 유지와 몰입[1]을 촉진하기 위해 재미 요소를 넣고 싶은 **웹 기획자**
- 조직의 활력을 불러일으켜, 고객 만족을 수익으로 연결시키고 싶은 **경영자**
- 소셜게임의 성공 요소를 이해하고 싶은 **게임 디자이너**

🎭 이 책의 내용

재미 요소를 적절히 조합해서 비상업적 애플리케이션에서 플레이어의 몰입을 촉진한다는 게임화에 대해서는 어떻게 접근할 것인가? 이미 논의된 바와 같이, 성공적인 게임의 핵심은 스토리와 세계관이며, 이 책은 게임을 활용해 비즈니스에 활기를 불어넣을 수 있는 강력한 무기들을 여러분께 선사할 것이다. 이 책의 개요는 다음과 같다.

🦢 1부: 소셜게임의 이해

1부에서는 소셜게임의 정의를 상세하게 다룬다. 게임 이론, 게임 개발 방법, 고객을 게임 플레이어로 생각하는 법과 게임의 재미 요소에 대해 배울 것이다.

- **1장 '이 책을 즐기는 방법'**에서는 소셜게임에서 흥미를 불러일으키는 요인, 이 책에서 자신의 관심사를 찾는 방법, 그리고 몇 가지 질문으로 고객의 숨겨진 욕구를 파악하는 방법을 다룬다.
- **2장 '게임, 비즈니스 현장을 변화시키다'**에서는 게임이 오늘날 인기가 있는 이유, 단골로 등장하는 일반적인 게임 주제, 문화적 트렌드가 소셜게임에 미친 영향 그리고 어떤 사람들이 게임의 영향에 관심을 가져야 될지에 대해 다룬다.

---

1 'engagement', 'flow', 'immersion' 이 세 단어에 개별적으로 대응되는 국어 용어가 확립되어 있지 않으나, 몰입이라는 단어가 공통적으로 가장 잘 어울리므로 대부분의 경우 몰입으로 번역했다. 차이라면 'engagement'는 게임과 유저 간의 참여, 관계가 강조된 몰입이고, 'flow'는 유저로서의 심리 상태를 나타내는 용어이며, 'immersion'은 유저를 둘러싼 환경이 실감나고 현실적이어서 몰입된다는 의미다. - 옮긴이

- **3장 '소셜미디어 게임의 개발'**에서는 소셜게임과 전통적 게임 및 일반 소프트웨어 개발 간의 차이점, 소셜미디어 게임 프로젝트에 필요한 기술과 인력 및 프로젝트 관리를 위한 플레이어 중심적인 디자인 프로세스에 대해 알아본다.

- **4장 '플레이어로서의 고객'**에서는 고객을 게임 플레이어로 바라봄으로써, 고객과의 관계를 긍정적으로 변화시키는 방법을 다룬다. 또한 신화의 힘을 활용해 고객의 생각을 파악할 수 있는 방법과 다양한 기법으로 고객을 분류하는 방법을 배운다.

- **5장 '재미공학'**에서는 게임 심리학 관점에서 어떤 것이 재미있는 이유, 우리가 무언가를 좋아하게 되는 16가지 기본적인 심리 동기, 감정의 위력, 사람들이 좋아하는 42가지 기능 및 브레인스토밍으로 재미있는 게임 아이디어를 개발하는 방법을 다룬다.

- **6장 '일에서 재미로'**에서는 게임화의 기회와 위험 요인, 게임으로 일을 재미있게 만드는 방법, 소셜게임의 기법을 활용해 다른 경험을 좀 더 재미있고 가치 있게 만드는 방법 그리고 게임 내용과 소셜미디어 경험을 진지하게 평가하는 방법을 살펴본다.

2부: 소셜게임의 설계

2부에서는 소셜게임의 설계 방법을 본격적으로 살펴보고, 게임의 다양한 원리를 자신의 비즈니스 모델에 도입하는 방법을 알아본다. 그리고 스토리텔링 기법, 고객이 사이트에 지속적으로 재방문하도록 유도하는 방법 및 가상 상품으로 가득 찬 완벽한 게임 인터페이스를 설계하는 방법을 배워본다.

- **7장 '소셜게임의 구조'**에서는 소셜게임과 페이스북의 연동, 게임을 소셜하게 만드는 특징, 소셜게임 플레이어가 거치게 되는 라이프 사이클 3단계 그리고 소셜 채널을 통해 소셜게임이 퍼지는 양상을 보여준다.

- **8장 '소셜게임 비즈니스의 이해'**에서는 플레이어의 관심을 유지하는 기법, 소셜게임의 수익화 기법 및 플레이어 획득 기법을 다룬다. 플레이어 획득, 플레이어 관심 및 수익을 측정하는 수치분석metric[2]을 살펴보고, 자신이 개발한 게임의 비즈니스 모델을 파악할 수 있는 스프레드시트를 만드는 방법을 배우게 된다. 또한 자신의 게임을 디자인, 개발, 운영할 때 활용할 수 있는 다양한 테스트 기법 및 각 테스트 기법의 장단점을 살펴본다.

- **9장 '스토리텔링을 활용한 디자인 목표 이해'**에서는 플레이어 관점의 이야기 전개로 자신의 게임에서 본질적인 재미를 파악하는 방법, 신화에서 제공되는 도구를 사용해서 게임을 개선하는 방법 그리고 추상적인 아이디어와 제안으로부터 구체적인 목표와 기능을 추출해서 브레인스토밍과 스토리 개선에 활용하는 방법을 살펴본다.

- **10장 '매력적인 게임 시스템 개발'**에서는 게임을 매력적으로 만들기 위해 개발의 흐름과 페이스를 조절하는 방법, 강렬한 상호작용을 유발하는 게임 시스템을 설계하는 방법, 게임 설계 능력을 키울 수 있는 재미있는 방법을 보여준다.

- **11장 '게임 인터페이스 설계'**에서는 각 상황에 적합한 유저 인터페이스로 다양한 게임 설계상의 과제에 대응하는 방법 및 이를 통해 스토리를 전달하는 방법을 다룰 것이다. 또한 게임 플레이어의 스토리를 상호작용 맵으로 전환하는 방법을 살펴본다.

- **12장 '가상 상품 설계'**에서는 누가 어떤 가상 아이템을 구매하는지, 가상 경제의 위험 요인을 어떻게 관리할지 그리고 자신의 게임에서 가상 아이템을 판매하는 기법을 살펴본다.

- **13장 '끝맺음'**에서는 이 책에서 배운 내용을 간략히 요약하고, 소셜게임의 미래에 대해 간단히 살펴본다.

---

2 현업에서는 메트릭이란 원어 그대로 많이 사용함 – 옮긴이

3부: 부록

3부에서는 이 책에서 언급한 중요한 참고 자료를 좀 더 자세히 살펴본다. 또한 간편한 용어사전과 아울러 저자의 마지막 생각이 피력된다.

- **부록 A '용어 사전'**에서는 이 책에서 언급한 용어를 찾아볼 수 있는 편리한 목록이 제공된다. 이 책을 통해 게임 분야를 처음 접한 독자에게는 귀중한 자료가 될 것이다.
- **부록 B '참고 자료'**에서는 이 책에서 언급된 다양한 참고 자료에 대해 좀 더 자세한 정보를 제공한다.
- **부록 C '참고 도서'**에서는 이 책의 각 장과 연관된 다양한 노트와 참고 도서 목록을 제공한다.

이 책을 읽는 방법

방금 살펴본 대로, 이 책은 순차적으로 읽히도록 구성됐지만 크게 보면 게임 이론을 중점적으로 다루는 부분과, 게임 디자인을 중점적으로 다루는 2개 파트로 나뉘어 있다. 당연하겠지만, 여러분이 게임 메커니즘과 게임 디자인 중 어떤 쪽에 흥미를 느끼느냐에 따라 좀 더 관심이 가는 부분이 달라질 것이다.

다음은 이 책을 읽기 전에 알아둬야 할 사항들이다.

책 아이콘

이 책에는 3가지 종류의 아이콘이 등장하는데, 각 아이콘은 독자 특성 타입에 대응된다. 자신의 특성 타입은 1장의 '퀴즈: 여러분은 누구인가?' 단락에 있는 테스트를 풀어보면 판단할 수 있다. 테스트를 풀어보면 자신의 지배적인 특성 타입을 간단히 판단할 수 있다. 이후에 이 책 어디에서든지 자신의 타입에 맞는 메모를 보고 싶을 때는 해당 아이콘을 찾으면 된다.

 **임프리사리오**　이 책에서 임프리사리오는 제작, 마케팅, 유통 등 게임의 사업적 측면에 관심 있는 사람을 의미한다.

 **아르티장**　이 책에서 아르티장은 게임의 성공 요인과 작동 방법을 비롯해 게임 디자인 기법에 좀 더 관심이 많은 사람을 의미한다.

 **오타쿠**　이 책에서 오타쿠는 게임 자체뿐 아니라 관련된 모든 측면에 순수한 열정을 가진 개인을 의미한다. 이들의 과거와 현재의 게임 역사, 우리 시대의 유명 게임 디자이너 및 각종 게임 포럼과 이벤트에 관심을 갖고 있다.

각자의 독서 경로 선택

각 장의 마지막에는, 독자 개인별로 흥미를 가질 만한 부분으로 안내하는 단락이 등장한다.

- **정리**: 해당 장에 등장한 아이디어와 컨셉을 포함, 해당 장과 그 내용을 요약한다.
- **경로 선택**: 해당 장에서 읽은 내용과 연관된 다른 장을 안내해준다. 예를 들어 임프리사리오, 아르티장, 오타쿠 특성 타입에 대한 퀴즈와 논의에 흥미를 느꼈다면 '경로 선택' 단락은 여러분을 4장으로 안내하는데, 4장에는 게임 플레이어 타입을 분류하는 방법이 나와 있다. '경로 선택' 단락은 여기에도 있으므로 바로 시험해볼 수 있다!

경로 선택

게임은 의사결정이다. 그런 취지에서, 자신만의 방법으로 이 책을 즐겨주기 바란다. 보통 방법은 한 번에 한 장씩 순서대로 읽는 것이지만, 이런 류의 책은 여기저기 건너뛰며 읽는 사람이 많다. 앞서 언급한 대로, 각 장의 마지막에서 다음에 어디를 읽어야 될지 알려준다.

그런 취지에서, 다음 목록은 이후 이 책의 어느 부분을 읽어야 될지에 대한 안내다.

- 순서대로 진행하고 싶다면, 다음에 다뤄야 될 주제는 이 책을 읽는 방법에 대한 안내다. 그렇다. 이 책 자체도 게임이다! 자신이 어떤 타입의 독자인지 판단하고 싶다면 간단한 퀴즈를 풀어보기 바란다. 이 책 전체에 걸쳐 사용될 길잡이로 여러분을 안내할 것이다. 자신에 대해 발견할 준비가 됐다면, 1장으로 페이지를 넘겨라.
- 게임의 역사와 게임이 비즈니스에 어떤 변화를 초래했는지 궁금하면 2장으로 넘어간다.
- 소셜게임이 페이스북 내에서 어떻게 동작하는지를 포함해, 곧바로 소셜게임을 속속들이 알고 싶다면 7장으로 넘어간다.
- 소셜게임 기술 활용법을 배우려는 사람들과 커뮤니티에서 교류를 원한다면, 이 책의 온라인 사이트인 www.game-on-book.com을 방문하면 된다.

아니면 원하는 페이지 어디로 가도 좋다. 여러분의 여행이니까!

소셜게임의 이해

이 책을 즐기는 방법

1장의 내용

★ 소셜게임에서 흥미를 끄는 요인
★ 이 책에서 자신의 특정 관심사와 동기를 찾는 방법
★ 몇 가지 질문으로 고객의 숨겨진 욕구를 파악하는 방법

팜빌FarmVille에서 플레이어의 역할은 명확하다. 농부 흉내를 내는 것이다. 월드 오브 워크래프트 같은 판타지 롤플레잉 게임에서 플레이어는 힐러healer[1], 수호 자protector 또는 데미지를 가하는damage dealing[2] 마법사가 될 수 있다. 좀 더 추상적 인 체스 게임에서는 군사 전략가가 될 수 있다. 게임에서 플레이어의 역할을 이해하는 일은 매우 중요하며, 어떤 사람이 여러분이 만든 게임에 끌릴지 이해 하는 데 중요한 열쇠이기도 하다. 더 자세한 내용은 4장에서 페르소나persona를 다룰 때 설명하고, 이번 장에서는 개념의 활용법 정도만 간단히 살펴본다.

1장을 읽다 보면, 자신이 게임에서 흥미를 느끼는 점이 무엇인지, 그리고 이 책에서 그런 정보를 어떻게 찾을 수 있는지 알게 될 것이다. 게임에서의 '역할'을 이해하면, 고객을 좀 더 잘 이해할 수 있다. 더욱 중요한 점은 이런 과정이 자신을 이해하는 계기가 될 수 있다는 것이다. 사람들은 자신에 대해 알고 싶어한다. 이런 정보는 놀라울 뿐만 아니라 그 자체로도 가치 있으며, 낯 선 세계를 탐색하는 좋은 도구가 된다.

---

1 판타지 게임에서 아군 체력의 회복을 담당하는 직업 - 옮긴이
2 실제 MMORPG에서는 주로 데미지 딜링, 뎀딜이라고 불림 - 옮긴이

퀴즈: 여러분은 누구인가?

우리는 모험의 출발점에 있다. 여러분이 게이머라면 이런 상황에 익숙할 것이다. 그러나 게임을 처음으로 접하는 사람이라면, 자신을 문화 인류학자라고 생각해보기 바란다. 원시 종족 속에 몸을 던지고, 게임이 어떻게 진행되는지 살펴보라. 곧 게이머가 실제로는 전혀 유별난 사람이 아니라는 사실을 깨닫게 된다. 게임을 재미있게 만드는 요소는 우리들 누구에게나 통한다. 소셜게임이 성공한 이유 중의 하나는 이전에 자신을 게이머라고 생각하지 않았던 수백만 명의 사람들이 게임이 얼마나 재미있는지 깨닫게 됐기 때문이다. 이들이 바로 여러분의 고객이다!

이 책의 다른 부분에서 고객을 이해하는 일이 얼마나 중요한지 설명할 기회가 있겠지만, 우선은 여러분 자신과, 이 책을 선택한 이유를 조금 알아보는 것으로 시작해보자. 자신에 대해 새로운 사실을 발견한다면, 비슷한 질문을 통해 고객에 대해 얼마나 많은 것을 알 수 있을지 상상해보라.

테스트

각 질문에 대해, 자신과 가장 가깝다고 생각하는 항목을 A, B, C 중에서 선택한다. 정확히 맞는 답이 없다면 비슷한 항목을 고른다. 두 가지 항목이 모두 해당된다면, 2개를 골라도 좋다. 자신과 맞는 항목이 없다면, 다음 질문으로 넘어간다. 질문이 모두 끝나면 자신의 응답에 점수를 매기는 방법이 나와 있다.

1. 새로운 게임을 접할 때, 가장 관심이 가는 점은?

    A. 게임의 비즈니스 모델과 예상되는 수익 규모

    B. 게임의 규칙을 만들 때, 게임 디자이너가 어떤 결정을 내렸는가?

    C. 게임이 재미있을까?

2. 플레이할 게임을 선택하는 주된 방법은?

    A. 테크크런치TechCrunch, 인사이드 소셜게임Inside Social Games, 리드라이트웹ReadWriteWeb 같은 비즈니스 블로그에서 다룬 게임

B. 게임 디자인 블로그에서 언급한 게임

C. 친구들이 플레이하고 있거나, 플레이하려는 게임

3. 게임에 관심을 갖는 이유는?

   A. 게임이 미디어 산업에서 가장 각광받는 분야여서

   B. 게임이 우리 시대의 새롭고도 위대한 예술 형태여서

   C. 게임이 재미있어서

4. 다른 사람에게 게임에 대해 얘기할 때는

   A. 주로 가상 경제, 비즈니스 모델, 고객 획득 프로그램, 게임 산업 외부에 게임 기법을 적용하는 방법과 같은 비즈니스 이슈에 대해 얘기한다.

   B. 게임의 설계를 논하고, 그래픽, 규칙, 게임의 작동 구조를 얘기한다.

   C. 대개 친구나 온라인 지인들과 현재 빠져 있는 게임과 앞으로 하고 싶은 게임에 대해 얘기한다.

5. 이 책을 읽는 이유는?

   A. 고객에게 좀 더 몰입할 수 있는 경험을 제공해, 자신의 회사를 혁신할 수 있는 새로운 방법을 찾고 싶다.

   B. 좀 더 재미있는 유저 경험을 디자인하는 데 사용되는 기법을 이해하고 싶다.

   C. 게임에 대해서라면 무엇이든 배우는 것이 즐겁다.

6. 최근에 구입한 대부분의 책 종류는?

   A. 마케팅, 소셜미디어, 경영 등에 관한 비즈니스 도서류

   B. 기술, 설계 분야를 비롯한 비소설 도서류(비즈니스 제외)

   C. 소설류

7. 사업상 미팅에서 내가 주로 하는 일은?

   A. 리드하고 조직한다.

   B. 창조적 아이디어를 제공한다.

   C. 친구와의 게임 플레이를 상상한다.

8. 게임에 대한 아이디어가 떠오를 때 활용하는 도구는?

   A. 컨셉과 비즈니스 아이디어를 기록할 수 있는 엑셀, 파워포인트 또는 기타 생산성 도구

   B. 아이디어가 실제로 어떻게 보일지 스케치할 수 있는 프로토타입 또는 디자인 툴

   C. 아이디어가 게임 내에서 멋지게 보일지 다른 게임 플레이어에게 물어볼 수 있는 게임 포럼

9. 비즈니스를 게임으로서 구성할 때 가장 큰 잠재적인 장점은?

   A. 고객이 더 많은 돈을 쓸 것 같다.

   B. 고객에게 멋진 인상을 줄 수 있다.

   C. 업무 시간에 게임을 '분석'한다는 그럴듯한 핑곗거리를 얻을 수 있다.

10. 내가 참여할 것 같은 행사는?

   A. 새로운 사업 기회를 논의하거나 업계 인사들과 교류할 수 있는 비즈니스 네트워킹 이벤트

   B. 자신의 경력과 관련된 엔지니어링, 디자인 또는 과학적 이슈에 초점을 맞춘 디자인 네트워킹 이벤트

   C. 온라인 지인들과 만날 수 있는 비공식적인 모임, 또는 게임 관련 팬 행사. 예를 들어, 페니 아케이드Penny Arcade[3] 또는 드래곤 콘 Dragon Con[4]

11. 새로운 모바일 컴퓨팅 기기를 구입할 때 가장 관심이 가는 제품은?

   A. 동료들과 연결이 가장 잘 되는 제품

   B. 디자인이 가장 우아한 제품

   C. 가장 재미있는 게임과 애플리케이션을 갖춘 제품

12. 해적과 닌자 중 좋아하는 쪽은?

   A. 해적: 그들의 라이프 스타일, 자유, 금전적 여유 및 비즈니스 모델의 본질적 자본 효율성은 우리 모두에게 본보기가 된다.

---

3 비디오 게임 및 관련 문화를 다루는 웹 만화 – 옮긴이
4 북미의 게임 전시회 – 옮긴이

B. 닌자: 그들의 기술, 전통 및 끊임없는 자기 개발은 부럽고 존경할 만하다.

C. 해적과 닌자 중 어느 쪽을 좋아하긴 하지만, 위의 이유는 아니다.

결과 채점

퀴즈를 풀었으니 결과를 채점해보자. 몇 문제를 건너뛰거나, 한 질문에 여러 개의 답을 골라도 무방하다.

각 질문을 살펴보고, A를 답으로 고른 횟수를 합산한다. B와 C에 대해서도 같은 과정을 반복한다. 그 다음 가장 많이 고른 답과 그 다음 많이 고른 답을 파악한다. 각각의 답 유형은 특정 유형의 독자 타입과 관련된다. A는 임프리사리오impresario, B는 아르티장artisan, C는 오타쿠otaku를 상징하며, 이에 대해선 잠시 후에 설명한다. 자신의 종합적 타입은 2개 카테고리의 조합이다. 가장 많이 고른 답이 주 카테고리이고, 두 번째 많이 고른 답이 부 카테고리가 된다. 예를 들어 A를 7번, B를 4번, C를 1번 답했다면, 여러분은 임프리사리오-아르티장이 된다.

결과 해석

개인에 따라 이 책에서 특별히 관심이 가는 부분이 다를 수 있다. 이 경우 각 단락 말미에서 성격 카테고리와 관련된 아이콘을 찾아보기 바란다. 자신에게 특별한 흥미를 불러일으키는 내용을 발견할 수 있다. 이 아이콘은 어떤 내용을 건너뛸지 살펴볼지 알려주는 이정표로 생각하면 된다.

 **아르티장**　아르티장은 주로 게임 디자인에 필요한 예술과 기술에 관심이 있다. 이들의 초점은 어떤 게임의 수익성이 아니라, 어떤 게임을 성공시키는 요인이 무엇인가이다. 아르티장은 평생 실제 게임을 만들어보지 못할 수도 있다. 그럼에도 그들은 게임 제작 기술 마니아이며, 그 주제에 대해 많은 지식을 보유하고 있다.

 **임프리사리오**　19세기에 임프리사리오는 극장 프로덕션의 자본가 또는 주최자였다. 오늘날에도 이 용어는 엔터테인먼트 산업에서 콘서트나 이벤트를 주최하는 사람을 언급하는 데 사용된다. 이 책에서는 이 용어의 범위를 넓혀 게임의 비즈니스 측면에 특별한 관심을 가지고, 사람들이 즐길 게임을 제작하거나 구성하는 사람들이 포함되게 했다. 이들은 전통적 게임을 제작, 마케팅, 배급하거나 비즈니스 다른 분야에 게임적 특성을 적용하는 데 관심이 있다. 이 책 전반에 산재된 다양한 임프리사리오 노트는 사업가를 위한 흥미로운 사실과 정보를 알려준다.

 **오타쿠**　사이버펑크의 대부인 윌리엄 깁슨(William Gibson)은 오타쿠를 '정열적이고 집착적인 정보화 시대의 새로운 전문가'라고 칭했다. 오타쿠는 일본 단어로 대중 문화의 어떤 부분에 열광적인 팬을 의미한다. 그 대상은 오래된(vintage) 자동차, 야구 카드, 부엌 용품, 잔디 요정(lawn gnome)[5] 등 어떤 것이든 될 수 있다. 퀴즈 결과가 오타쿠로 나왔다면, 여러분은 게임에 대해 순수한 열정을 가졌을 가능성이 높다. 오타쿠 아이콘에는 게임 팬, 게임 역사가 및 문화 인류학자의 관심을 끌 만한 내용이 표시된다.

성격의 조합

'결과 채점' 단락에서 가장 많이 답한 항목뿐만 아니라, 두 번째로 많이 답한 항목도 기록한 바 있다. 이는 모든 사람이 각 카테고리 특성을 약간씩 갖고 있기 때문이다. 3개의 기본 카테고리가 각각 주 카테고리와 부 카테고리로 적용되면, 총 6개의 조합이 나온다.

- 아르티장–오타쿠
- 아르티장–임프리사리오
- 임프리사리오–아르티장
- 임프리사리오–오타쿠
- 오타쿠–아르티장
- 오타쿠–임프리사리오

5　악으로부터 정원을 지켜준다는 조그만 요정 인형 – 옮긴이

조합(combination)은 게임 디자인의 중요 개념으로 게임 시스템의 복잡도를 파악하게 해준다. 몇 가지 뻔한 결과만 발생한다면, 플레이어는 지루해진다. 반면 게임에 조합을 많이 넣을수록 게임 시스템은 밸런스를 잡고 이해하기에 상당히 어려워진다.

조합에서 순서가 상관이 있을 때는(카드 게임에서 카드를 순서대로 뽑아야 되는 경우 같이) 순열(permutation)이라고 부르는 게 맞다(앞에서 3개의 간단한 카테고리로 6개 조합 카테고리를 만든 것처럼).

3개 카테고리 정도라면 간단히 가능한 순열을 만들어볼 수 있지만, 개수가 많아지면 금방 감당하기 어려운 정도가 된다. 순열의 개수를 계산하는 수학 공식은 다음과 같다.

$$\frac{n!}{(n-k)!}$$

여기서 n은 선택할 수 있는 항목의 전체 개수이고, k는 각 순열에 포함될 항목의 개수이다. !은 팩토리얼(factorial) 표시로, 1부터 해당 숫자까지 곱한 값을 의미한다. 3개의 성격 카테고리 중 2개를 뽑아서 순열을 만드는 간단한 경우에는, 공식은 3!/(3 - 2)!, 즉 (1)(2)(3)/(1)이 되고 계산 값은 6이 된다. 여기에 1개 카테고리만 추가되도 12개의 순열이 만들어진다. 52개의 표준 팩으로 구성된 카드 게임의 경우에, 처음 돌리는 5개 카드의 순열은 311,875,200가지 경우의 수를 갖게 된다. 유효한 조합 유형을 제한하는 규칙이 있는 게임에서는(예를 들어, 이동 가능한 체스판 위치의 순열 같이) 계산이 훨씬 더 까다로워지고, 가능한 개수는 어마어마해진다. 최근의 체스 연구에 의하면, 체스판에서 이동 가능한 순열 조합의 개수는 자그마치 47자리나 된다고 한다.

각 카테고리에 대해 해당 특성에 맞는 사람들의 특징을 간단히 설명한다. 각 카테고리마다 해당 카테고리를 대표하는 유명인이 나와 있다. 이들 중 일부는 게이머가 아니지만, 이들이 자신의 전문 분야에 게임을 활용했다면, 아마 해당 카테고리에 포함될 것이다.

아르티장-오타쿠

게임 디자인의 기술과 과학은 여러분을 매료시킨다. 직접적인 게임 플레이 경험에서 비롯된 타고난 게임에 대한 열정의 영향으로 여러분은 소셜게임의 이상 열기에 흥미를 갖게 됐다. 소셜게임을 플레이하는 엄청난 유저 숫자 때문일 수도 있고, 또는 소셜네트워크가 새로운 형태의 게임 디자인을 실험해볼 수 있는 독특한 환경을 제공해준다는 생각 때문일 수도 있다. 그러나 이 유형은 그들의 게임에 대한 취향을 반영하듯이, 예술 표현 수단으로서의 소셜게임에도 관심이 있다.

- **유명한 아르티장-오타쿠:** 앤디 워홀Andy Warhol, 미국 대중 문화 예술가. 토드 맥팔레인Todd McFarlane, 스폰Spawn의 제작자. 살바토레R. A. Salvatore, 판타지 작가
- **이 책에서 배울 점:** 소셜 기술과 게임 메커니즘을 결합해 고객이 좋아하는 매력적인 경험을 만드는 방법

아르티장-임프리사리오

게임 디자인에 관심이 있는 대부분의 사람이 그러하듯, 여러분은 많은 게임을 플레이해봤고 자신이 무슨 게임을 좋아하는지 알고 있다. 하지만 여러분은 게임에 대한 예술적 관심을 상업적 성공으로 연결시킬 수 있는 방법을 찾는 데 열정을 갖고 있다. 뭔가 재미있는 작품을 만드는 일은 멋지지만, 여러분은 재미와 수익성 모두를 원한다.

- **유명한 아르티장-임프리사리오:** 월트 디즈니Walt Disney, 애니메이터이자 동명의 엔터테인먼트 거대 기업을 설립한 기업가
- **이 책에서 배울 점:** 기억할 만한 인상적인 경험을 만들기 위해 게임의 마법을 활용하고, 이를 통해 상업적으로 성공하는 비즈니스를 창조하는 방법

임프리사리오-아르티장

비즈니스는 궁극적으로 고객의 니즈를 충족시키고, 이에 필요한 관계를 구축하는 일이다. 인간의 동기, 심리학과 비즈니스 모델은 여러분을 매료시킨다. 여러분에겐 창조적인 디자이너가 고객을 위해 좀 더 매력적이고 재미있는 경험을 만들어낼 수 있는 환경이 필요하다.

- **유명한 임프리사리오-아르티장:** 스티브 잡스Steve Jobs, 애플의 공동 설립자 겸 CEO
- **이 책에서 배울 점:** 소셜게임의 힘을 활용해 고성장 비즈니스를 만드는 방법

임프리사리오-오타쿠

여러분은 항상 세상이 더 재미있을 수 있다고 생각한다. 게임의 재미를 좀 더 많은 사람에게 선사할 수 있다면, 세상을 더 좋은 곳으로 만들 수 있다고 생각한다. 또한 그 과정에서 위대한 비즈니스를 일구어낼 수 있을 것이다.

- **유명한 임프리사리오-오타쿠:** 쿠엔틴 타란티노Quentin Tarantino, 비디오 가게 점원일 때 영화에 대한 백과사전적 지식으로 이름을 떨치기 시작해서, 영화 '펄프 픽션', '킬빌', '바스터즈: 거친 녀석들'을 제작했다.
- **이 책에서 배울 점:** 게임에 대한 열정을 비즈니스에 활용하는 방법

오타쿠-아르티장

여러분은 많은 게임을 플레이해봤으며, 게임에서 통하는 것과 통하지 않는 것에 대해 자신만의 강력한 의견을 갖고 있다. 게임을 개선하기 위해 뭘 바꿔야 하는지 알고 있다. 자신의 게임을 제작하는 일에 흥미가 있지만, 다른 게임 제작자에게 그들의 작품을 어떻게 하면 개선할 수 있을지 설명해주는 것도 좋아한다.

- **유명한 오타쿠-아르티장:** 민 리Minh Le와 제스 클리프Jess Cliffe, 재미삼아 하프라이프Half-Life를 해킹하는 것으로 시작해서, 결국 그 게임을 기반으로 카

운터 스트라이크CounterStrike를 개발해서 수백만 부를 팔았다.

- **이 책에서 배울 점:** 소셜게임이 성공한 이유, 소셜게임을 발전시키는 방법 및 우리 문화에서 소셜게임의 역할

오타쿠–임프리사리오

재미에 대한 순수한 열정에 사로잡혀 있지만, 취미 이상의 뭔가를 원한다. 특정 게임 아이디어나 강력한 예술적 기술과 디자인 기술을 보유하고 있을 수도 있지만, 여러분은 자신이 경험한 즐거움을 세상과 공유하는 데 진정한 열정을 갖고 있다.

- **유명한 오타쿠–임프리사리오:** 조스 웨던Joss Whedon, 평생 동안 만화의 열렬한 팬이었던 그는 대중 문화에 대한 관심을 '버피 더 뱀파이어 슬레이어Buffy the Vampire Slayer' 같은 텔레비전 히트작으로 전환시켰다. 제리 홀킨스Jerry Holkins와 마이크 크라쿨릭Mike Krakulik, 페니 아케이드의 설립자
- **이 책에서 배울 점:** 오늘날 소셜게임이 소셜미디어 산업에서 가장 각광받는 분야인 이유와, 소셜미디어를 변모시키는 이유

퀴즈가 무슨 소용?

이런 퀴즈에는 많은 비판이 가해질 수 있다. 우선 과학적이지 않다는 점이다. 어떤 요인은 여타 요인보다 훨씬 더 중요할 수 있다. 우리는 요인 분석이나, 몇 가지 중요한 항목을 기준으로 결과에 가중치를 주지 않았다. 예를 들어, 12번 질문에 '해적'이라고 답한 사람은 너무나 강한 임프리사리오 성향을 지니고 있기 때문에, 이 문항은 다른 항목보다 많은 가중치가 주어지도록 계산할 수도 있다.

게다가 카테고리와 답은 모두 추측으로 만든 것이다. 이 책의 대상 독자가 고려되긴 했지만, 사람들의 동기를 파악하기 위해 그들을 실험실에서 연구하지는 않았다. 이 시장은 항상 역동적으로 급변하는 곳이라, 나의 직관에 의지했다.

남은 한 가지 비판은 퀴즈에 몇 가지 잘못된 딜레마(좀 더 기술적으로 말하자면 잘못된 3분법)가 포함되어 있다는 것이다. 실제로 각 질문에 대한 타당한 선택지는 3가지 이상이 될 수 있지만, 우리는 오직 셋 중에서 골라야 했다. 문제점을 완화하기 위해 질문을 건너뛰거나, 한 질문에 대해 중복 답변을 허용했으나, 아마도 답변 항목에서 여전히 제약이 느껴졌을 것이다.

이 모든 비난에도 불구하고, 이런 퀴즈를 만든 목적이 무엇인지 궁금하다면 다음 설명을 참고하기 바란다.

- **대부분의 사람에게 퀴즈는 재미있다.** 퀴즈가 재미있는 이유는 사람들이 점성술을 재미있어 하는 이유와 똑같다. 자신이 누구인지에 대해 긍정적 피드백을 준다는 점이다. 다음 장에서 살펴보겠지만, 이건 게임 성공의 핵심적인 경험이다.

- **사람들은 그룹의 일원이 되고 싶어한다.** 여러분이 어떤 카테고리에 포함되면, 꼬리표가 붙고, 자신의 관심이 반영된 사회적 그룹의 일원이 된다. 여러분이 스티브 잡스, 쿠엔틴 타란티노를 비롯해 각 카테고리 리스트의 유명 인사와 뭔가 공통점이 있다는 사실은 흥미롭지 않은가?

- **그룹의 일원이 됨으로써, 자신이 가장 흥미를 느끼는 부분을 찾기 쉬워진다.** 이것이 임프리사리오, 오타쿠, 아르티장을 나타내는 아이콘 표지판의 목적이다. 훌륭한 게임은 플레이어에게 큰 폭의 자유도(또는 자유도가 있다는 환상)를 주고, 플레이어에게 자신의 선택을 추구할 수 있는 방법을 보여주는 데 탁월하다.

퀴즈는 사람들이 어떤 그룹의 일원이 되도록 도와주는 방법 중 하나일 뿐이다. 다른 방법으로는 상품, 배지, 또는 그들의 소속을 나타내주는 다른 상징을 제공함으로써, 사람들이 스스로 그룹에 가입하도록 유도할 수 있다. 보이 스카우트에서부터 군대 또는 정치적 단체까지 우리는 상징을 공유하고 싶어한다. 사람들이 스스로 특정 그룹 가입 권리를 노력해서 얻도록 하는 방법도 또 다른 유효한 시나리오다.

아마 여러분도 퀴즈가 재미있다는 점은 인정할 것이다. 선택이 제한되어 있다는 처음의 비판은 어떤가? 우리는 대부분 자유와 해방을 찬양하긴 하지만, 게임 디자이너들은 오래전에 중요한 사실을 발견했다. 선택을 제한함으로써 경험이 더욱 재미있어진다는 점이다. 오늘날 사람들은 끊임없이 밀려들면서 신경을 곤두세우게 하는 의사결정에 직면해 있다. 그러나 게임에서 디자이너는 좀 더 간단한 구조로 알기 쉽게 정리된 의사결정 구조를 제공해 고객을 도와준다. 몇 가지 선택 중에서 고르기만 하면 된다. 게임은 현실 세계를 반영하기 위한 것이 아니다. 게임은 재미를 위한 것이다. 게임 디자이너에 의해 만들어진 선택지는 몇 가지 재미있는 분기를 파악해서, 사람들이 그곳에 집중하게 만든다.

대개는 많은 선택지보다 적은 선택지를 좀 더 편하게 즐길 수 있다. 너무나 많은 옵션은 혼돈과 좌절을 낳을 수 있다. 구글 사이트를 생각해보라. 웹페이지에서 검색 기능과 몇 가지 기능만을 제공한다. 아이폰도 똑같은 이유에서 인기가 있다. 이런 제품의 미덕은 수많은 옵션으로 무장한 데 있지 않고, 대다수 고객에게 필요한 기능을 현명하게 선택한 데 있다.

배리 슈워츠Barry Schwartz는 현대 사회에서의 행복과 선택을 연구한 심리학, 경제학 교수로서, 소비자로서 부딪치는 엄청난 수의 선택이 실제로는 우리를 불행하게 만든다고 결론 내렸다. 『The Paradox of Choice선택의 역설』라는 책에서 그는 "우리가 직면한 선택의 가짓수가 증가할수록, 선택의 자유는 결국 선택의 폭력이 된다. 일상적인 결정들이 너무나 많은 시간과 관심을 빼앗아, 하루하루 지내기가 점점 힘들어지고 있다"라고 말한다. 여러분이 매일 내려야 하는 의사결정을 모두 생각해보라. 이들 중 일부가 이미 결정되어 있다면 정말로 하루를 지내기가 훨씬 쉬워지지 않을까?

훌륭한 게임은 플레이어와 함께 성장하여, 결과적으로 플레이어의 도전과 복잡함에 대한 갈증을 채워준다. 게임처럼, 아이폰과 구글도 좀 더 복잡하게 성장할 수 있다. 아이폰과 구글에 애플리케이션을 설치할 수도 있고, 새로운 활용 방법을 탐색해볼 수도 있으며, 원하는 대로 개인화할 수도 있다. 게임 디자인(그리고 철학)에서 이 개념은 **창발적 복잡성**emergent complexity이라 불리는데, 복잡한 시스템이 단순한 것으로부터 나올 수 있다는 의미다(어떤 것이 처음부터 복잡하다는 의미인 내재적 복잡성inherent complexity과 대조되는 개념이다).

 정리

1장에서 풀어본 퀴즈는 게임 디자인에 포함된 몇 가지 개념을 보여준다. 이 퀴즈를 통해 우리 자신의 역할을 찾고, 이 역할을 길잡이 삼아 복잡한 풍경을 탐색할 수 있다. 또한 제한되고 집중된 선택사항을 제공하는 원리를 보여줬다. 이 내용은 모두 이후의 장에서 좀 더 자세히 살펴볼 것이다.

> **오타쿠** 이 책의 표지판은 속독에 이용될 수 있다. 원한다면, 이 책을 재빨리 대충 훑어봐도 된다. 오타쿠, 임프리사리오, 아르티장 표시 아이콘을 찾아보라. 머잖아 게임에 대한 어떤 대화에서도 자신의 권위를 자랑하는 데 부족하지 않은 사실과 정보를 습득할 수 있을 것이다.

경로 선택

다음에 읽어야 할 부분에 대한 안내

- 게임의 역사와 배경, 게임이 문화에 끼친 영향이 궁금하다면 다음 장으로 계속 진행한다. 다음 장에선 게임이 어떻게 비즈니스를 변화시키는 힘을 갖게 됐는지 알아본다.
- 퀴즈, 역할 및 '페르소나'를 활용해 어떤 방법으로 고객을 좀 더 잘 이해할 수 있는지 궁금하다면, 4장으로 넘어가서 게임으로 고객 타입을 분류하는 방법을 살펴본다.
- 게임을 재미있는 만드는 방법이 궁금하다면 5장 '재미공학'으로 넘어간다. 게임을 재미있게 만들어주는 다양한 게임 내부 구조를 살펴본다.

게임,
비즈니스 현장을 변화시키다

2장의 내용

★ 오늘날 게임이 인기 있는 이유
★ 수천 년 게임 역사에서 등장한 단골 주제
★ 소셜게임 플레이를 이끌고 있는 문화적 트렌드
★ 게임의 영향에 관심을 가져야 하는 사람은 누구인가

옛날 옛적에는 게임을 하는 사람과 게임을 하지 않는 사람이 있었다. 하지만 세상은 변했다. 마이크로컴퓨터, 던전 앤 드래곤Dungeons & Dragons, 닌텐도, 아타리와 함께 성장한 세대가 자신의 가정을 꾸리기 시작했고, 그들의 자녀가 게임을 플레이하기 시작했다.

2008년 가을, 퓨 리서치 센터Pew Research Center는 12세부터 17세까지의 미국 10대를 조사했는데, 10대의 97%가 게임을 하는 것으로 나타났다. 한편, 게임을 즐기면서 성장한 세대 중 일부는 엔지니어, 마케터 또는 비즈니스 리더가 됐다. 그동안 게임을 전혀 접하지 않았던 세대가 있었는데, 이들이 새로운 게임 고객층이 되고 있다. 여성, 가족, 은퇴자 계층으로, 이들은 그동안 게임 산업에서 간과됐던 계층이다. 그 결과, 소셜게임 시장이 역사상 가장 빨리 성장하는 산업으로 출현했다. 2010년 중반경 이 새로운 산업에서 가장 큰 회사인 징가Zynga는 운영 시작 3년 만에 한 달 이용 고객이 2억 5천만 명이 됐다.

소셜게임을 친구와 함께 즐기는 게임이라고 정의한다면, 소셜게임은 수천 년 동안 존재해왔다. 그렇다면 어떤 사회적, 문화적, 경제적 요인이 함께 어우러졌기에 현재 소셜게임이 이토록 인기인가? 2장에서는 세상에서 벌어지고 있는 몇 가지 변화 양상을 살펴보고, 어떤 이유에서 모든 비즈니스 리더가 게임 또는 일 같은work-like 게임에 대해 필수적으로 이해해야 하는지 살펴볼 것이다.

근대 시대의 게임 이야기는 미묘하지만 조금씩 침습하는 '사물'에서 '경험'으로의 변화와 궤를 같이한다.

◉ 경험의 힘

나는 여행, 캠핑, 음악, 뭔가 만들기 그리고 게임 같은 경험이 풍부한 가정에서 자라났다. 동시에 다양한 사고방식을 접했는데, 아마도 부모님의 종교적, 직업적 배경이 다양했기 때문인 것 같다. 엔지니어인 아버지는 뭔가 만지작거리고 배우는 재미를 나에게 가르쳐주셨고, 어머니는 내 상상력에 불을 붙인 이야기에 대한 사랑으로 나를 가득 채워주셨다.

연말 시즌 추억으로 두 종교의 화려한 태피스트리tapestry[1]가 떠오르는데, 하나는 모태 종교인 유대교였고, 하나는 어머니가 믿은 개신교였다. 연말 시즌은 가족 촛대menorah와 드레이들dreidel[2], 크리스마스 트리와 쌀로 만든 푸딩에 파묻혀 보냈다. 이런 경험의 장면과 느낌이 가장 선명하게 기억나는데, 이런 기억이 오늘날의 나를 만들었다.

우연히도 이런 연휴 시즌의 추억에는 게임과 연관된 것들이 있었다. 드레이들에 관한 유대교 전통은 중세 독일의 도박 게임인 토텀totum에서 유래됐는데, 내기에서 이기기 위해 (팽이처럼 생긴 말의) 꼭지를 회전시키는 방식의 도박이다. 비슷한 것으로, 어머니는 쌀로 만든 푸딩 공 안에 아몬드를 집어넣는 노르웨이의 크리스마스 풍습을 가르쳐주셨는데, 아몬드를 먼저 찾는 사람이 마지팬marzipan[3] 돼지를 얻는 방식이었다.

---

1 실내 장식물로 쓰이는 직물류 – 옮긴이
2 사각형의 말, 유대교의 축제에 사용되는 어린이 놀이 도구의 일종 – 옮긴이
3 아몬드, 설탕, 달걀을 섞은 것으로 과자를 만들거나 케이크 위를 덮는 데 사용됨 – 옮긴이

행운, 갈망, 놀라움, 보상, 스토리, 경험과 같은 요소가 결합되어 지속되는 기억을 만들어낸다. 하버드 비즈니스 스쿨Harvard Business School의 연구자인 제임스 길모어James Gilmore와 조셉 파인B. Joseph Pine이 정의한 **경험 경제학**experience economy이란 용어를 빌리자면, 게임이 진화하는 경험 경제학의 선두에 있다는 사실은 놀라운 일이 아니다. 이들의 주장에 의하면, 가정, 차고, 다락방을 가득 채운 온갖 잡동사니 물건들의 과다함에 지친 우리는 기억과 변화 속에서 더 큰 보상을 발견하게 되는데, 이러한 기억과 변화야말로 경험의 진정한 '산물'이라는 것이다.

이는 단지 이상적인 이론이 아니다. 우리에게 가장 큰 행복을 주는 건 경험이라는 가설을 지지해주는 많은 증거가 있다. 리프 반 보벤Leaf Van Boven과 토머스 길로비치Tomas Gilovich는 심리학 연구자로 외부의 물질이 아닌 여가 활동만이 행복의 궁극적 근원이라는 아리스토텔레스의 고대적 주장에 어느 정도 진실이 있는지 밝혀내고 싶어했다. 그림 2-1에 요약된 그들의 데이터를 통해 소득 수준별로 물질적 부가 행복에 끼치는 영향을 살펴볼 수 있다. 세로축은 소비에 따른 상대적인(백분율) 행복의 증가를 보여주고, 가로축은 다양한 소득 수준을 표시한다. 데이터에 의하면, 물질적 상품의 구매에 따른 행복의 증가는 특정 지점을 지나면 감소하는 경향이 나타난다. 반면 스키 타기, 외식, 콘서트 관람과 같은 경험의 결과는 지속적인 행복의 증가로 이어진다.

더욱 최근에는 토머스 들레어Thomas DeLeire와 아리엘 카릴Ariel Kalil이 은퇴자의 경제적 여건에 대한 조사를 진행한 바 있다. 대개 은퇴자는 원하는 일을 할 수 있는 시간적 여유가 있는 사람들이다. 모든 소비 활동 형태를 분석한 결과, 오직 1개의 카테고리, 즉 여가 활동과 관련된 소비만이 행복과 중대한 연관 관계가 있다고 밝혀졌다. 심지어 주택이나 건강 관리 같은 필수적인 소비와 자선적 기부 활동과 같은 선한 행위도 비교가 되지 못했다.

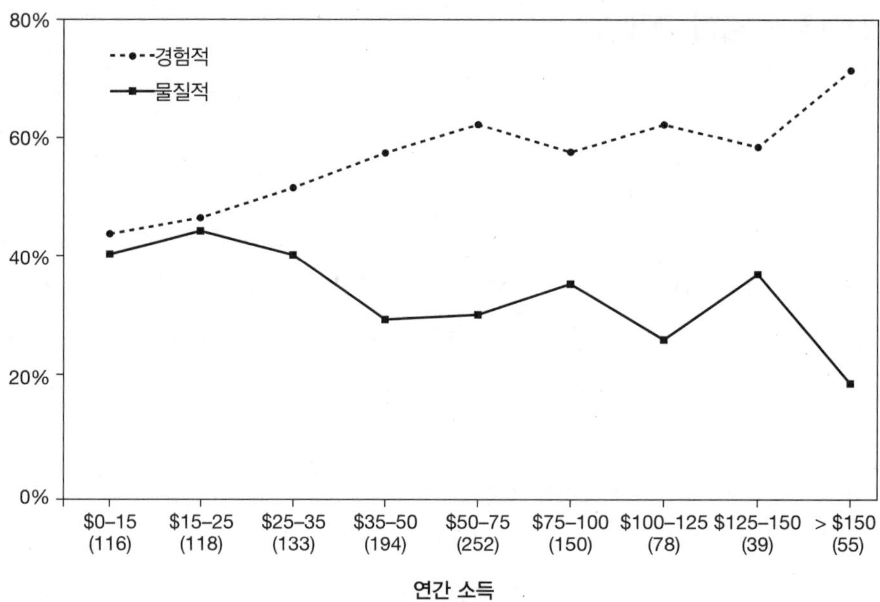

리프 반 보벤과 토머스 길로비치, '할 것인가 가질 것인가? 그것이 문제로다', 미국 심리학 협회 85.6(2003): 1198. 허가하에 게재됨

그림 2-1 소비와 행복

당연히 경험이 행복으로 연결된다는 가설에도 비판이 있을 수 있다. 예를 들면, 우선적으로 아마도 이미 행복한 사람이 새로운 경험을 시도할 가능성이 가장 높다는 것이다. 어떤 연구에서는 긍정적 경험의 전제 조건으로 어느 정도 수준의 물질적 부가 필요하다는 점을 간과했을 수도 있다. 비록 그럴듯한 비판이 앞으로도 계속되겠지만, 사람들이 직접 선택한 경험에서 행복을 느끼기 때문에, 그 직접적 결과로 경험 산업의 매출이 나날이 증가한다는 가설은 부정하기 어려워 보인다.

미디어 산업은 대부분 경험을 포장하고 유통하는 행위에 관한 것이다. 이 중에서 유독 한 산업 분야가 두드러진다. 바로 게임이다. 21세기의 첫 10년 동안 게임은 영화 박스 오피스 매출, 음악, DVD 판매 등의 미디어 산업을 추월했다.

어떤 이유에서 오늘날 게임이 제공하는 경험에 대해 그토록 수요가 많은 것일까? 이런 현상이 계속되리라 기대할 수 있을까? 게임은 비즈니스 환경을 어떻게 변화시키고 있는가, 그리고 게임의 성공에서 배울 수 있는 점은 무엇일까? 이제 이런 질문에 대답해보자.

진정한 게임 머신

게임에 대한 논의를 돕기 위해 미디어 기술이 실현되는 기계를 살펴보자. 기술을 운반하는 데만 사용되는 컴퓨터나 통신용 장비는 논외로 한다. 미디어는 가장 복잡한 기계인 인간 두뇌 속에서 작동된다. 인간의 두뇌는 수천억 개의 뉴런neuron으로 구성되어 있고, 지원 기능을 수행하는 세포 수조 개의 도움을 받으며, 수백조 개의 상호 연결로 이어져 있다. 인간 두뇌에 대한 숫자 놀음은 가장 추상적인 수준을 벗어나면 곧바로 감조차 잡기 어려운 수준이 된다. 이 정도는 약과로, 각각의 개별 두뇌 세포는 30억 개의 유전 명령에 대한 복사본을 갖고 있는데, 각 유전 명령은 각자 고유한 방정식과 단백질 구성을 기반으로 복잡한 방식으로 동작한다.

여기서 작동되는 뭔가를 설계하기엔 정말 대단한 기계 아닌가? 그런데 여기에 복잡한 단계가 하나 더 추가된다. 미디어, 특히 사람들 간의 네트워크에 존재하는 소셜미디어가 그것이다. 개인이 미디어와 어떻게 상호작용하는지 고려해야 할 뿐만 아니라, 소비자 간에 존재하는 사회적 관계의 미묘한 네트워크에 대해서도 고려해야 한다.

이 책에서 다루는 주제 대부분은 게임이라는 미디어에 의해 전달되는 경험의 알맹이와 그것을 성공적으로 전달하는 데 사용되는 기술에 관한 것이다. 지금으로선, 어떤 한 가지만으로 잘 작동되는 게임을 만들 수 없다는 점만 기억하자. 재미에 관한 대통일 이론 같은 건 존재하지 않는다. 게임을 하나의 특징으로 단순화하려는 시도는 게임이 작동되는 신경적, 사회적 기계의 복잡성을 부정하는 셈이다. 그럼에도 불구하고, 게임이 잘 작동되도록 만드는 데 기여하는 몇 가지 요인을 정리해볼 수는 있다. 우선 게임이 21세기를 맞이한 현재라는 특정 시점에 왜 그리도 인기 있는 미디어 형식이 되었는지 살펴보는 것으로 시작하자.

매스 미디어의 진화

1814년 런던 타임즈Times of London는 놀랍고도 새로운 기계를 선보이기 시작했다. 바로 시간당 수천 페이지를 찍어내는 인쇄기였다. 정밀 부품으로 구성되고, 증기 엔진이라는 신기술로 작동된 인쇄기는 산업적 규모로 정보를 유통할 수 있는 능력 덕택에 새로운 미디어 시대를 개척했다. 양면 인쇄 등의 비즈니스 혁명과 결합되어, 신문 인쇄 비용은 급속도로 저렴해졌다. 신문은 공장이 가득 찬 도시뿐만 아니라, 철도로 저렴하게 수백만 명에게 정보를 실어 나를 수 있는 공업 국가라면 그 어느 곳에서든지 소비됐다.

나는 1814년을 매스 미디어 시대가 처음 열린 기념비적인 시기라고 생각한다. 소설이 새로운 건 아니었지만(보통 1605년과 1615년 사이에 출간된 세르반테스의 『돈키호테』를 첫 번째 현대 소설이라고 생각한다), 1814년이 되어서야 찰스 디킨스Charles Dickens 같은 사람이 대중 소비용 인기 소설을 쓸 수 있었다. 이런 성공에는 대량 생산이라는 기술적 진보가 필수적이었지만, 『Pickwick Papers피크위크 클럽의 기록』나 『Oliver Twist올리버 트위스트』가 그토록 성공한 데는 발전된 문화, 비즈니스 모델, 대중의 취향의 힘이 컸다. 신문은 최소 3가지 요인에 직접적 영향을 미쳤다.

- 저렴한 저작물에 대한 광범위한 접근에 힘입은 문맹률의 감소
- 실제 정치 및 문화의 복잡한 이야기에 정기적으로 접촉함으로써, 사람들이 소설에 익숙해질 수 있게 도왔다는 추측이 있다.
- 시리즈물 출간이라는 사업적 혁신으로 인해 사람들이 여러 편의 디킨스 소설을 구매할 때, 비용 부담이 줄었다. 사람들이 실제로 구입하는 건 종이나 잉크가 아니라, 디킨스의 상상력에 대한 접근 권한이라는 점을 고려

한다면, 이러한 시리즈물 소설은 현대의 '가상 상품virtual goods' 개념의 시조라고 하겠다.

19세기의 문학이 오늘날 게임이 인기 있는 이유를 이해하는 일과 무슨 상관이 있단 말인가? 어떤 새로운 미디어라도 그것을 가능케 하는 건 기술이지만, 어떤 시대에 어떤 미디어 형식이 주류가 될 것인지는 문화, 교육, 노동, 가정생활의 복잡한 상호 관계에 의해 좌우된다는 것이다. 게임도 예외는 아니다.

뉴스가 산업적 신문 제작 이전부터 존재했듯이, 게임도 현대 게임 이전부터 오랫동안 존재해왔다. 게임은 인간 문명이 낳은 초기 예술 형태 중 하나다. 오늘날 게임의 인기가 늘어난 건 인간의 심리 및 신경 생리의 오래된 특징과 아울러 최근의 문화적 변화가 게임이 우리 시대의 가장 중요하고 새로운 미디어가 되는 방향으로 수렴됐기 때문이다. 오늘날 게임이 중요해진 문화적 배경을 이해하면, 우리의 경제, 인생 및 진화하는 취향을 특징짓는 힘을 좀 더 쉽게 이해할 수 있다.

진화하는 미디어의 풍경

표 2-1에는 각각의 미디어 시대에 문화를 변화시킨 중요한 변화가 표시되어 있다. 첫 번째 매스 미디어 시대는 문맹률 감소와 미디어 대량 생산 및 광범위한 유통을 가능케 한 경제적 하부 구조의 성장을 특징으로 한다. 두 번째 시대에도 세상은 계속 좁아지는데, 드라마틱한 영상을 바로 가정으로 전송할 수 있게 됐다. 오늘날에는 거리에 상관없이 친구나 동료에게 거의 즉시 연결할 수 있어, 지리적 거리는 무의미해졌다. 이로 인해 정치적 경계까지 허물어지고 있다.

지난 몇 세기 동안 인간 사회가 겪어온 엄청난 변화를 모두 정확히 담아낼 수 있는 표를 만들 순 없지만, 미디어와 경제의 놀라운 발자취를 음미해볼 수는 있다. 다음 단락에서는 이런 트렌드를 훨씬 더 깊이 다룰 예정이다.

	첫 번째: 소설	두 번째: 영화	세 번째: 게임의 시대
시기	19세기	20세기	21세기
경제 원동력	공업	관료주의	창조성
시간	엄격한 시간표	시간표	비동기적
공간	광범위한 상품의 유통	비즈니스와 여가를 위한 여행의 확대, 전화로 좁아진 세상	재택근무, '세계는 평평하다(World is Flat)', 지리의 해체
가정의 중심	부엌	거실	디지털
업무의 사회적 중심	점심 시간	음료수 냉각기 앞	이메일, 블로그
뉴미디어 형식	인쇄된 단어	시각 효과	상호작용, 사회적, 경험
고객	소비자	선택지가 좀 더 많은 소비자	참여자

표 2-1 매스 미디어의 3가지 시대

시간과 공간의 압축

첫 번째 매스 미디어 시대가 시작될 무렵엔, 세계 대부분 지역에서 여전히 태양의 주기가 시간을 재는 기준이었다. 그러나 이 시대가 마무리될 즈음엔 확장된 철도망 덕택에 세상이 좁아졌으며, 저렴한 시계가 광범위하게 보급되어 시간이 규격화되어 갔다. 갑자기 사람들은 시간을 엄격하게 구분해 일, 가정, 수면에 배정하게 됐다. 철도와 공장은 시계 장치처럼 돌아가길 원했다. 공산품의 대량 장거리 운송이 가능해졌다. 신문은 한 장소에서 인쇄되어 멀리 떨어진 도시까지 배달됐으며, 정보와 재미는 순식간에 전파됐다.

공간과 시간이 압축되는 경향은 조금도 수그러들지 않고 두 번째 시대에도 계속되고 있는데, 세 번째 시대에는 당연한 것으로 여겨진다. 요즘 우리는 블로그, 소셜네트워크, 전자상거래 및 게임을 통해 다른 이들과 교류할 수 있는데, 제한된 시간 때문에 이런 방법이 아니고서는 다른 이들과 교류하기가 쉽지 않다. 오늘날 우리는 에너지와 교통 비용을 아끼기 위해, 가정이나 모바일 디바이스를 통해 더 많은 일을 할 수 있는 방법을 찾고 있다.

많은 소셜게임과 멀티플레이어 게임에서, 멀리 떨어진 플레이어 간의 상호작용을 제공하고 있는데, 아이러니컬하게도 게임 산업의 상당 부분은 전통적인 소매 유통에 의존하고 있어, 지역적인 영향을 많이 받는다. NPD[4]의 2010년 10월 보고에 의하면, 게임 소매 판매량의 79%는 물리적 유통 채널을 통해 발생했다. 디지털 유통으로 삶이 편리해질 수 있는 온갖 기회가 있음에도 불구하고, 오래된 채널이 사라지는 데는 시간이 걸린다. 하지만 물꼬는 이미 트였다. 블리자드 같은 게임 회사의 신작은 모두 다운로드를 통해 구매할 수 있으며, 밸브Valve에서 선보인 스팀 플랫폼Steam platform은 다양한 개발사의 광범위한 게임을 사용자의 데스크톱으로 바로 전송할 수 있게 해준다.

물리적 공간의 역할은 변화를 겪는 중이며, 그 변화는 느리지만 멈출 수 없다. 소매 공간의 역할은 개발자와 고객 사이의 임시 상품 저장 장소만으로는 불충분하다. 물리적 장소는 경험을 위한 공간으로 변화되는 중이다. 그런 이유에서, 좀 더 게임을 닮아가고 있다. 마찬가지로, 웹사이트는 비트와 바이트의 덩어리만으로는 불충분하다. 웹사이트는 성공적인 물리 공간으로부터 힌트를 얻어, 사회적 접촉과 독특한 공간에 대한 고객의 욕구를 충족시켜야 한다.

 **임프리사리오**　만일 여러분이 물리적 위치에 상당히 의존적인 비즈니스를 하고 있다면, 어떻게 하면 상호작용과 경험을 위한 중심지를 만들 수 있을까? 만일 여러분이 물리적 위치에 크게 좌우되지 않는다면(예를 들어, 웹 기반 비즈니스 같이), 고객에게 실제 장소에 있는 듯한 경험을 선사하기 위해 무엇을 할 수 있을까?

시간과 공간의 개념이 압축됨에 따라, 주문형on-demand[5]과 같은 개념의 의미도 변화됐다. 첫 번째 시대 이전에는, 주문형으로 뭔가 즐길 거리를 갖는다는 개념은 부유한 엘리트들에게나 가능한 일이었다. 그 시대에는 주문형으로 구할 수 있는 즐길 거리 자체가 한정적이었는데, 아마도 하인이 타 주는 차나 응접실에서 재능 있는 가족이 불러주는 노래 정도가 고작이었다. 또한 주문형은

4　시장 조사 기관 중의 하나 – 옮긴이
5　정확히 대치되는 한글 표현이 없어 주문형으로 번역했으나, 'on-demand'는 소비자가 원하는 대로 바로 이용할 수 있다는 의미임 – 옮긴이

예술가가 후원자를 둔 이유이기도 한데, 이를 통해 부자들은 자신이 원하는 예술에 접근할 수 있는 권리를 돈으로 구매했다.

첫 번째 시대가 끝날 즈음에, 신문은 대중이 이용할 수 있는 주문형 즐길 거리에 가까워졌다. 산업 혁명으로 인해 신문은 한 장소에서 쓰여지고, 다른 장소에서 인쇄되어 따끈따끈할 때 배달될 수 있게 됐다. 신문의 주문형적 본질은 이용이 쉽다는 것뿐만 아니라, 접어서 가지고 다니다 원할 때 바로 소비할 수 있다는 특성에서 유래한다. 아이팟iPod이나 게임 저장save game 기능의 산업 혁명 버전인 셈이다.

두 번째 시대가 무르익자, 사람들은 컬러 인쇄된 만화나 재밌거리 또는 유명한 『뉴욕 타임즈』 크로스워드crossword 퍼즐 같은 콘텐츠 때문에 일요일을 기다리게 됐다. 초기 매스 미디어에서 가장 인기 있는 콘텐츠 중 하나가 게임이었다는 사실은 놀랍지 않다.

두 번째 시대에는 텔레비전이 주부의 낮 시간과 모든 사람의 저녁과 밤 시간을 지배하게 됐으며, 주문형의 개념은 VCR의 형태로 구체화됐는데, 이 시대에도 최신작을 대여하려면 동네 비디오 대여점에서 자신의 차례를 기다려야 했다.

세 번째 시대의 유통망은 인터넷을 통한 전자적 스트리밍 형태로 귀결됐다. 주문형은 거의 '바로 즉시'의 개념이 됐다. 이미 많은 기업이 준비하고 있는 미래의 주문형은 자신이 원하는 것을 스스로 알기도 전에 예견할 수 있는 미디어 유통망을 의미한다.

시계의 독재자

일하는 도중 우리는 종종 변경 불가능한 데드라인에 직면하곤 한다. 부모는 직장, 학교, 축구 게임, 과외 활동 같은 일정의 인질이 되곤 한다. 학생은 대개 특정한 수업 일정을 지켜야 한다. 이렇게 일정이 정해진 활동 때문에, 시간이 정해진 다른 종류의 엔터테인먼트를 즐기기가 어려워진다. 텔레비전 오락 프로를 보기 위해선 시간 맞춰 텔레비전 앞에 앉아야 하며, 친구들이나 가족과 보드 게임을 즐기려면 상당한 시간 조율이 필요하다.

오늘날 우리는 인간 역사상 그 어느 때보다 지리적 위치의 제약을 덜 받기 때문에, 지난 10년 동안, 미묘하지만 널리 확산되고 있는 변화가 일어나고 있다. 이런 변화는 업무 시간 중에 잠깐 이메일을 훑어본다든지, 마피아 워즈 Mafia Wars를 잠깐 플레이한다든지, 티보TiVo[6]에서 텔레비전 예능 프로를 녹화한다든지, 또는 넷플릭스Netflix[7]에서 스트리밍으로 주문형 영화를 볼 때 일어난다. 엔터테인먼트 데이터가 '어디서' 전송되어 오는지가 중요하지 않아졌으며, 이 결과 한 걸음 더 나아가 '언제' 엔터테인먼트를 즐길지도 선택하고 싶다는 것인데, 몇몇 회사는 이와 관련된 새로운 도전을 하고 있다.

비동기적asynchronous 게임 플레이는 여러 사람이 함께 게임을 즐기면서도, 각자 편리한 시간에 게임에 참여할 수 있는 방식을 의미한다. 정확한 게임 참여 순서를 지키기 위해 누군가의 플레이를 제한할 필요가 없다. 소셜게임 대부분은 다른 많은 사람과 플레이하는 것이지만, 자신이 언제 플레이할지 선택할 수 있다는 점에서, 그리고 다른 플레이어의 순서가 끝날 때까지 기다릴 필요가 없다는 점에서 비동기적이다. 이는 흥미로운 도전적 요소를 불러일으키는데, 대부분의 게임은 특정 순서를 염두에 두고 설계됐기 때문이다. 체스를 예로 들어보자. 우리는 상대편이 차례를 마칠 때까지 기다려야 한다.

텔레비전 시리즈물을 시청할 때, 우리는 순서대로 보는 경향이 있다. 하지만 언제 볼 것인가는 우리의 선택이다. 볼 시간을 정하기 위해 방송 편집자와 상의하지는 않는다. 이것도 일종의 비동기적 엔터테인먼트인 셈이다.

우리는 받은 편지함에 도착한 이메일을 언제 볼지 결정할 수 있다. 여러분이 나와 같다면, 아마도 다른 일을 하는 도중 짬짬이 체크할 것이다(방금 이전 문장을 끝내고 이번 문장을 시작하기 전에 이메일을 체크했다). 이것도 비동기적 작업의 한 형태다. 또 다른 형태는 오픈 소스open source라 불리는 소프트웨어 개발의 일대 혁명에서 발생한다. 오픈 소스 개발에서는 프로그래머들이 자발적으로 언제 어

---

6 디지털 비디오 녹화기 제작 회사 또는 그 제품 – 옮긴이
7 미국의 주문형 비디오 스트리밍 회사 – 옮긴이

디서든 원할 때 대형 프로젝트에 참여할 수 있다. 오픈 소스의 '출시release 일정'은 개별 컴포넌트component[8] 때문에 지장이 생기지 않는다.

주식 시장도 비동기적이다. 주식을 팔기 위해 특정 시간이나 장소에 나타날 필요가 없다. 시장이 열려 있을 때면 언제든지 시장이 판매자와 구매자를 연결해준다.

우리가 멀티태스킹에 능하지 않다는 사실을 보여주는 증거가 늘어나고 있다. 신경 이미지 데이터는 대부분의 활동에서 우리가 한 번에 두 가지만 생각할 수 있음을 보여준다. 그렇다면 해결책은 사람들이 일과 놀이를 한쪽으로 치워놓고, 편리할 때 반복해서 돌아올 수 있게 해주는 시스템이다. 비동기 기술은 우리가 여러 가지 일을 한꺼번에 고민하지 않고도 더 많은 일을 처리하는 데 도움을 준다. 엔터테인먼트와 게임의 세계에서는 다른 사람의 플레이에 신경 쓸 필요 없이 플레이어가 원하는 장소와 시간에 재밌거리를 즐길 수 있게 해준다.

 **임프리사리오**　여러분의 고객은 과도한 일정에 지쳐 있다. 어떻게 하면 고객이 원하는 장소와 시간에 여러분과 소통할 수 있게 할 것인가? 특정 시간 또는 특정 순서로 고객이 해줬으면 하는 일의 목록을 정리해본다. 이 중 일부를 비동기적으로 바꿀 수 있는 방법이 있는지 검토해보자. 고객이 감동할 것이다.

창조성의 힘

첫 번째 시대에 창조성이란 주로 소수의 기업가, 예술가 및 과학자만의 일이었다. 두 번째 시대에는 이런 사람들의 수적 비중이 극적으로 높아졌다. 두 번째 시대에 와서는 창조성으로 인해 생활 수준이 급격히 향상된 덕택에 우리 문화는 창조성을 수용하는 데 익숙해졌다. 창조성 경제학 연구자인 리처드 플로리다Richard Florida는 창조성에 관련된 일자리가 전체 노동 시장의 30%를 넘는 수준으로 성장한 것으로 추정한다.

세 번째 시대에는 창조적 노동자의 수적 증가에 발맞춰, 창조성이 누구에게

8　소프트웨어 프로그램의 구성 단위, 부품 – 옮긴이

나 긍정적인 가치로 수용된다. 창조성은 학교에서 장려되고, 수많은 업무 환경에서 보상되고 있으며, 온라인에서는 블로그, 위키 페이지, 페이스북 담벼락 게시글wall post 같은 사용자 생산 콘텐츠의 형태로 번성한다. 한편 기업들이 제공하는 다양한 선택과 개인화customization 옵션의 증가로, 우리는 자신의 창조성과 개성을 표현할 수 있는 상품을 선택할 수 있게 됐다.

창조성에는 몇 가지 형태가 있다.

- **비구조적 창조성**unstructured creativity: 개인의 상상력과 미디어 고유의 한계 외에는 별다른 제약이 없는 경우
- **구조적 창조성**structured creativity: 선택 가능한 옵션에는 중대한 제약이 있긴 하지만, 자신의 가치를 반영하는 독특한 방법으로 요소를 조합할 수 있는 옵션이 있는 경우
- **창발적 창조성**emergent creativity: 창조성이 매우 비구조적이면서, 다른 사람이 제공한 플랫폼에 크게 의존하는 경우

표 2-2는 각 형태의 창조성 사례를 비교한다.

비구조적	구조적	창발적
블로그 게시글	블로그 댓글	블로그 매쉬업[9]
3D 그래픽 모델링하기	아바타 개인화하기	아바타 시스템의 확장 프로그램 설계(세컨드 라이프와 같은 경우)
페이스북 담벼락 게시글	페이스북 담벼락 댓글	페이스북 밈(meme)[10]
게임 디자인하기	게임 캐릭터 만들기	게임 내 캐릭터를 활용한 영화(machinima)[11]나 만화 만들기
곰 인형 뜨개질하기	곰 인형 만들기 수강코스	곰 인형 가지고 놀기

표 2-2 비구조적, 구조적, 창발적 창조성

---

9 각기 다른 콘텐츠와 서비스를 융합해 새로운 서비스를 만들어낸다는 인터넷 용어 - 옮긴이

10 'meme'은 원래 문화적 유전자라는 의미로 전파될 수 있는 문화의 가장 작은 단위를 의미하지만, 여기서는 페이스북에서 나타나는 작은 문화적 유행이라는 의미 - 옮긴이

11 머시니마(machinima): 기계(machine), 영화(cinema), 애니메이션(animation)의 합성어로 게임을 통해 만들어진 영화 예술 장르를 가리키는 말 - 옮긴이

누구나 창조적이길 원하지만, 의지나 시간이 부족하다. 우리는 어떤 경우에는 창조적이지만 그렇지 않을 때도 있다. 여기서 구조적 창조성과 게임이 빛을 발할 수 있다. 게임은 구조적 프로세스를 통해 선택하고 개인화하며 우리 자신을 표현할 수 있는 기회를 제공함으로써 우리의 창조성을 촉진한다.

 **아르티장** 선택은 구조적 창조성의 핵심이다. 선택은 강력한 도구이며, 게임은 본질적으로 모두 선택에 관한 것이지만, 너무나 많은 선택은 게임 플레이어를 혼란스럽게 한다. 고객이 좀 더 창조적이 될 수 있는 방법은 무엇일까? 그리고 그런 방법을 고객이 쉽게 이용할 수 있게 시스템과 조화시키려면 어떻게 해야 할까?

디지털 거실

첫 번째 시대 중에서는 가정 내 모든 상호작용이 식사 중에 일어났다. 상호작용은 대면face-to-face 상황에서 이뤄졌으며 개인적이었다. 두 번째 시대가 마무리될 즈음엔, 라디오 보급으로 변화가 시작되어, 값비싼 콘서트나 공연은 오락의 중심 무대에서 밀려나고, 텔레비전이 가족 오락의 중심이 됐다. 대부분의 가정에 한 대의 텔레비전이 있었으며, 대부분 프로그램이 시간표에 맞춰 방영됐으므로, 가족은 한자리에 모여 동시에 텔레비전 시청을 즐겼다. 사람들 간의 상호작용은 3인칭 시점으로 이뤄졌는데, 주로 미디어에 의해 주어진 프로그램 주인공을 대화 소재를 삼는 것이었다.

오늘날에는 주문형으로 콘텐츠 소비 기술이 출현함으로써, 텔레비전의 시간적 특성에 변화가 생겼다. 사람들이 원하는 장소와 시간에 시청하기 시작한 것이다. 한편 스크린 숫자는 폭발적으로 증가했고, 거실의 중요성은 줄어들었다. 기술로 인해 직접적 대면 커뮤니케이션은 상당 부분 줄어들고, 대신 가상 공간에서 상호작용이 일어나게 됐다.

우리는 디지털 거실을 얘기할 때, 게임 콘솔, VOD 기기, HD 텔레비전 같은 물리적 기기를 갖춘 장소를 떠올린다. 틀린 말은 아니지만, 실제로 디지털 거실은 더 이상 물리적 장소가 아니다. 거실 자체가 디지털화되는 중이다. 우리는 블로그나 페이스북 같은 장소에서 '생활'하며 가족과 메시지를 주고받고,

온라인 게임 안에서 함께 즐거운 시간을 보낸다. 사실은 페이스북이 출현하기 오래전부터 웹상에서 사회적 상호작용 공간을 의미하는 '가상 커뮤니티virtual communities'란 용어가 사용됐다. 가족들이 흩어져 살게 됨에 따라, 소셜 기술이 사람들의 관계를 맺어주고 연결해준다.

우리가 접속plug-in할 수 있는 곳이라면 세상 어디든 디지털 거실이 될 수 있다면, 새롭고 의미 있는 방법으로 가족과 함께 하려면 어떻게 해야 할까?

일터에서의 사회적 접점

디지털 거실과 마찬가지로 직장 내의 사회적 상호작용 공간 역시 진화하는 중이다. 사무실이든 공장이든, 대부분의 비즈니스는 여전히 물리적 위치에서 이뤄지고 있지만, 그 외의 것은 변화하는 중이다. 정수기는 제 역할을 하고 있으며[12], 점심을 먹으러 우리는 여전히 동료들과 만나지만, 사회적 상호작용이 이뤄지는 장소는 서서히 다른 곳, 즉 온라인으로 전환되는 중이다.

이메일과 직장인들이 업무 활동을 조율하기 위해 사용하는 메일링 리스트에서 변화가 시작됐다. 사람들이 온라인상에서 서로 연결을 유지하는 방식에 익숙해짐에 따라 변화는 블로그와 페이스북으로 발전됐다. 페이스북으로 인해 사회적 관계와 직업적 업무 관계의 경계가 희미해졌는데, 이는 전례가 없는 일이다.

업무 환경 내로 소셜네트워크가 통합되는 상황은 앞으로 해결해야 할 새로운 숙제를 던져줬다. 예를 들어, 많은 사람이 동료나 상사의 친구 요청을 받아들이는 데 부담을 느낀다. 어떤 이들에겐 온라인상에서 직업과 사생활의 경계가 모호해짐에 따라 서로 간의 관계가 깊어지는 기회가 생기기도 한다. 심지어 어떤 기업은 소셜 기술을 업무 현장에 통합시키면 계량화할 수 있는 큰 장점이 있다는 점을 터득했다. 세계에서 가장 큰 연구 기반 제약 회사인 화이자 Pfizer의 경우엔, 원격 통신 기술과 인스턴트 메시징 기술을 활용해, 연간 3천만 달러가 넘는 비용을 절감할 수 있었다. 수많은 기업이 직원 단합을 위해 모

---

12 물 마시기 위해 모인 직장인들이 정수기 앞에 모여 대화를 자주 나누기 때문에, 정수기는 직장 내 사회적 상호작용을 상징하는 의미로 사용됨 – 옮긴이

임, 이벤트, 기업 부지 및 기타 방법에 투자하는 비용을 고려해본다면, 소셜게임이 훨씬 적은 비용으로 팀워크와 동료애를 증진시킬 수 있는 수단을 제공할 수 있지 않을까?

참여 문화

전반적인 창조적 발산 기회와 능력의 증가는 동류 의식을 가진 이들을 인터넷에서 찾고 교류할 수 있는 기술과 결합되어, 팬덤fandom의 번영으로 이어졌다. 팬이 출현하는 경우는 제품이 너무나 혁신적이고 독특한 경험을 선사해줘서, 사람들이 단순 소비자에서 찬양자로 입장을 바꿀 때이다. 그들은 제품을 홍보하고 친구를 설득하고, 같은 느낌이 '꽂힌' 다른 이들과 어울릴 때 느끼는 연대 의식을 즐긴다.

경험 산업이야말로 팬을 형성하는 데 최적인 것으로 보인다. 팬이 된다는 건 정말로 변화를 주는 경험이 될 수 있다. 팬은 블로그를 만들고, 팬픽션fan fiction[13]을 쓰고, 행사에 참여하고, 기쁨을 공유하려고 다른 이들을 설득한다. 여러분도 팬을 갖고 싶은가? 그렇다면 사람들이 즐거워하는 경험을 창조하라.

변화되는 소셜미디어의 특성

소셜미디어social media란 용어는 블로그, 소셜네트워크를 비롯해서 사람들이 콘텐츠를 만들고 서로 사회적으로 교류할 수 있게 해주는 온라인 기술을 칭하기 위해 만들어졌다. 물론, 이런 용어 정의 이전에도 소셜미디어는 존재했다. 인터넷 사용이 대중화되기 이전에 전자 게시판 시스템bulletin board system[14], 포럼 및 아메리카 온라인America Online 같은 오래된 온라인 서비스도 소셜미디어와 유사한 특징을 지니고 있었다. 더 이전에는 편집자에게 보내는 편지에서부터 시민 논쟁에 관한 포로 로마노Forum Romanum[15]의 낙서에 이르기까지 다양한 형태의 비전자적인 소셜미디어가 존재했다.

---

13 팬들이 자신이 좋아하는 드라마/영화/게임을 바탕으로 창작하는 이야기 – 옮긴이
14 PC 통신 시대에 온라인에서 사람들이 정보와 자료를 공유하기 위한 시스템 – 옮긴이
15 수도 로마를 비롯해 고대의 로마 도시에 마련된 중앙 광장 – 옮긴이

심지어 '소셜'하다고 생각되지 않는 형태의 미디어도 사회적 생활에 중요한 역할을 한다. 인기 영화의 경우 보는 행위 자체는 사회적이지만 않지만, 영화에 대해 친구와 논의하는 행위는 사회적이다. 대중 문화는 사람들이 서로 교류할 수 있는 이야깃거리가 되는 일련의 공유된 기억, 경험과 스토리를 제공한다.

소셜미디어는 세 번째 시대의 단순한 제품만은 아니다. 소셜미디어는 그것이 없었다면 기술의 고립적 영향에 의해 방치됐을 사회적 공백에 대한 대응이다. 페이스북 같은 소셜미디어는 사회적 상호작용을 위한 공간을 제공해서, 종종 예전이면 의존했을 물리적 만남을 대신해준다. 물리적 만남의 장소와 달리 소셜미디어는 비동기적으로 접근될 수 있어, 우리가 원할 때 사회적 접촉에 대한 우리의 욕구를 충족시켜준다.

통화로서의 사회적 신분[16]

닷컴 붐이 고조됐을 때, 경영학 대가인 피터 드러커Peter Drucker는 더 이상 돈만으로 현대 노동자의 욕구를 충족시킬 수 없다고 예견했다. 그는 이미 직장에서 일어나고 있는, 무언가 경험하고자 하는 욕구를 향한 전환을 감지했는지도 모르겠다. 그는 급여 지급 시스템이 지식 노동자에게 '뇌물'을 주는 것이나 마찬가지라고 묘사했으며, "우리가 지금 하고 있는 것처럼 탐욕을 충족시키는 것으로 더 이상 지식 노동자들의 욕구를 충족시킬 수 없게 되면, 그들의 가치를 충족시키고, 그들에게 사회적 인정과 사회적 권력을 부여하는 방식으로 시스템을 바꿔야 한다"고 주장했다.

세 번째 시대에 접어든 후 10년 동안, 우리가 깨달은 점은 사회적 인정 하나만으로 직장에서뿐만 아니라 인생의 모든 측면에서 사람들의 행동을 결정하고 좌우할 수 있는 거대한 동기요인이 된다는 것이다. 그래서 사람들은 아무런 보상 없이 오픈 소스 프로젝트나 위키에 기여하기 위해 시간을 투자하곤 한다. 사회적 신분은 또한 자선 활동의 주요한 동기요인인 것처럼 보인다.

---

16 여기서는 전통적 의미의 사회적 신분이 아니라 온라인 소셜 세계에서의 신분이나 위치를 의미함 - 옮긴이

소셜미디어는 사회적 신분이 물질적 부 못지않게 중요하다는 사회의 변화되고 있는 가치관에 부합되기 때문에 부상할 수 있었다. 앤디 워홀Andy Warhol은 미래에는 15분 동안 누구나 유명해질 수 있다고 말하기도 했는데, 수학적으로는 불가능한 일이겠지만 소셜네트워크상에서라면 누구나 친구들 사이에서 유명해질 수 있다.

소셜게임이 열광적 인기를 끄는 이유

페이스북은 초기에 자신을 소셜 유틸리티social utility라고 묘사했는데, 그럴싸해 보이는 표현이지만 그리 재미있어 보이지는 않는다. 최근 들어서는 페이스북닷컴의 홈페이지에 "여러분의 인생에서 사람들과 연결되고 공유하는 것을 돕는다"라고 적혀 있다. 무엇을 공유한단 말인가?

페이스북에서 사람들 간에 공유되는 것은 대부분 경험이다. 사진과 이야기는 경험의 결과물이며, 메시지와 일정은 미래의 경험을 조율하기 위해 사용되는 것이다.

그런데 이 모든 콘텐츠의 공통 분모는 원래 페이스북 바깥에서 일어난 경험에 기반하고 있다는 점이다. 반면 게임은 페이스북 내부에서 발생된 경험을 제공하기 때문에, 이런 상황을 바꿔버렸다. 페이스북이 바깥 세상에 대해 이야기하는 장소일 뿐만 아니라, 사회적 경험이 일어난 실제의 '장소'가 된 셈이다. 여기서 몇 가지를 추론할 수 있다.

- **게임, 특히 소셜게임은 인간 사이의 접촉을 촉진한다.** 인간은 사회적 접촉에 굶주려 있다. 다른 형태의 미디어는 콘텐츠를 중심으로 커뮤니케이션이 이뤄져 사회적 상호작용이 국한되는 반면, 게임에서는 사회적 상호작용이 경험 그 자체의 필수적 수단이다. 이제 사회적 접촉을 유지, 촉진할 수 있는 소셜미디어 기술이 존재하므로, 게임은 세 번째 시대에서 가장 중요한 경험적 콘텐츠를 제공한다. 세 번째 시대의 주요 질문 중 하나는 사회적 상호작용에 대한 우리의 생물학적 욕구를 충족시키기에 디지털 세계가 충분하느냐는 것이다. 디지털 세계는 인간 진화의 종착역이 될

것인가 아니면 인간을 '실제 세상'으로 돌려보내는 새로운 수단이 될 것인가? 이미 사람들이 모바일 기기에서 즐기는 게임은 양쪽의 경계를 넘나들고 있는 것으로 보인다.

- **게임은 즐거운 경험이기 때문에 인기가 있다.** 경험이 중요한 이유는 이미 언급한 바 있지만, 경험의 내용을 많이 다루지는 않았다. 영화, 음악, 책 같이 게임은 정보뿐만 아니라 감정을 전달한다. 감정은 우리의 기억을 행동에 연결시키는 심리적 접착제와 같다. 게임이 많은 플레이어에게 그렇게 오래 지속되는 인상을 남기는 건 이런 이유에서다.

- **게임은 규칙을 활용해서 두뇌의 학습 조직을 불러낸다.** 게임이 다른 형태의 미디어와 구별되는 점은 규칙rule의 존재다. 규칙이란 행동의 결과를 명료하게 규정하는 선택 항목의 집합이다(비록 플레이어의 마음에는 종종 모호함이 존재하긴 하지만). 우리 두뇌는 추상적 개념을 만들고, 패턴을 인식하고, 규칙을 밝혀내는 등의 일에 놀라울 정도로 뛰어나다. 어린이에게 하늘이 푸른 이유를 궁금하게 만들고, 물리학자에게 블랙홀의 특성에 의문을 갖게 만드는 것과 똑같은 신경적 구조를 활용해 우리는 게임 내의 규칙을 밝혀낸다.

- **게임은 창조성을 이끌어낸다.** 세 번째 시대의 사람들은 소비뿐만 아니라, 기여하고, 창조하고, 자신을 표현하는 것을 추구한다. 게임을 지배하는 규칙을 밝혀가다 보면, 게임과 함께 플레이어의 경험이 깊어진다. 플레이어는 참신한 방법으로 규칙을 활용할 전략을 발전시키거나 게임을 통해 자신의 독특한 정체성을 표현할 방법을 습득한다.

- **디지털 기술로 인해 게임은 어떤 장소에서도 소비될 수 있다.** 게임은 기록된 역사보다 오랫동안 존재해왔지만, 오늘날의 게임 산업은 디지털 기술에 많은 빚을 지고 있다. 초창기의 컴퓨터 게임도 물리적 유통에 일정 부분 의존했다. 주문형, 디지털 유통이 확산됨에 따라, 게임은 물리적 제품이라는 제약에서 벗어나 어떤 장소에서도 이용될 수 있는 제품으로 변화됐다.

- **게임은 비동기적 소비에 유일무이하게 적합하다.** 세 번째 시대의 대다수 미디어 형식에서 콘텐츠를 한 번에 조금씩 소비할 수 있지만(여기서 한 편 보고, 다른 곳에서 디지털로 한 편 다운로드), 게임에는 각 단계에서 조금씩만 참여해도 오랜 기간 전개될 수 있는 경험을 만들어주는 독특한 기회가 있다. 아직도 많은 게임이 여전히 순서에 좌우되고 시간을 소비하는 방식으로 플레이되지만, 소셜네트워크 기반 신조류 게임이 크게 성공한 요인은 비동기적으로 온라인 세계에 접근하는 추세에 발맞추고 있다는 점이다.

고가치 경험으로서의 게임

신문이 19세기 동안 주로 저렴한 가격 때문에 대중적으로 확산된 것과 마찬가지로, 표 2-3을 살펴보면 게임이 가장 높은 가치의 오락 경험을 제공한다는 점을 부인하기 어렵다.

엔터테인먼트 경험	비용
도서관에서 도서 대여	무료(납세자 부담)
프리미엄(freemium)[17]/소셜게임 플레이하기	무료에서 시간당 몇 센트까지
케이블TV($71/월, 153시간/인/월, 2.54인/가구)	$0.18/시간/인
계정당 일주일에 10시간 월드 오브 워크래프트 플레이하기	$0.35/시간
$7.95에 2시간짜리 영화 관람하기	$3.98/시간 인당
3시간짜리 보스턴 레드삭스 외야석 상단 티켓($12)	$4.00/시간 인당
평균적인 미국 가정 휴가(AAA 데이터: $250/일)	$10.41/시간
2시간짜리 브로드웨이 쇼	시간당 $50~$150
소셜게임에 관한 흥미진진한 책 읽기	값을 매길 수 없다.

표 2-3 2000~2010년 미국의 시간당 엔터테인먼트 비용

---

17 일단 무료로 제공한 후 부가 기능이나 아이템에 과금하는 방식 – 옮긴이

⬤ 5천 년 역사의 소셜게임 주요 트렌드

게임은 우리의 심리학적 삶에 대한 극적인 모델로, 특정한 긴장을 해소해준다. 게임은 엄격한 관례를 가진 집합적이고 대중적인 예술이다. 고대와 문자 사용 이전 사회에서 게임은 자연스럽게 우주 또는 외부 우주 드라마에 대한 생생하고도 극적인 모형으로 여겨졌다.

– 마샬 맥루한(Marshall McLuhan), '게임: 인간의 확장'

1920년대에 레오나드 울리Leonard Woolley는 증기선을 탄 다음, 이라크의 뜨거운 사막을 가로질러 몇 주간 내륙의 빈 지역으로 보이는 오지를 여행했다. 그 지역 밑은 수메르 문명의 매장지로 거의 수천 년 전에 건축된 우르Ur의 왕릉Royal Tombs이 묻혀 있었다.

몇 년 동안의 발굴 결과, 울리는 하인과 군인이 묻혀 있는 무덤을 발견했는데, 그들의 구리 무기는 아직도 온전한 상태였다. 수메르인의 일상이 예술적으로 묘사되어 있었는데, 라피스 라줄리lapis lazuli나 금과 같은 보석, 흑요석 그릇과 도자기 같은 일상생활용품이 발견됐다. 무덤에서 꺼낸 물품 중에는 그림 2-2에서 보이는 우르의 로열 게임Royal Game이 있었다.

고고학자들은 유사 게임과 그들의 규칙을 묘사한 설형문자cuneiform 판을 연구함으로써 로열 게임의 규칙을 밝혀냈다. 본질적으로 우르의 로열 게임은 두 플레이어 간의 경주였으며, 움직일 말과 장소는 전술적으로 선택하고 여기에 운의 요소(주사위 굴리기)를 결합시킨 것이었다.

고대 수메르인이 정교하게 조각되고 칠해진 게임을 왕과 함께 묻었다는 사실은 고대인이 게임에 얼마나 중요한 의미를 부여했는지를 말해준다.

그림 2-2 우르의 로열 게임

**오타쿠** 온라인으로 우르의 로열 게임을 즐길 수 있다. 유물을 소장하고 있는 대영 박물관(British Museum)은 메소포타미아 사이트 http://www.mesopotamia.co.uk에서 웹에서 플레이 가능한 버전을 제공한다.

그림 2-3은 각 시대에 중추적 영향을 끼친 일련의 게임들을 보여준다. '최초'에 신경을 쓰기보다는 예술 형태와 산업으로서의 게임의 성장에 가장 큰 영향을 끼친 것으로 보이는 게임에 좀 더 주목해보자.

역사 전반에 걸쳐 게임의 영향을 추적해보면 몇 가지 주제가 드러나는데, 게임 내에서 예술의 중요성, 게임과 진화하는 인간 사고 간의 상호 관계 그리고 사회적 활동으로서 게임의 역할이 그것이다. 게임 산업은 숙련된 공예가로부터 시작되어 급성장하는 상업적 사업이 되었으며, 오늘날 혁신적인 비즈니스 모델로 산업을 선도하고 있다. 이제 게임 내에서 예술의 역할부터 시작해서 이런 주제 몇 가지를 상세히 살펴보자.

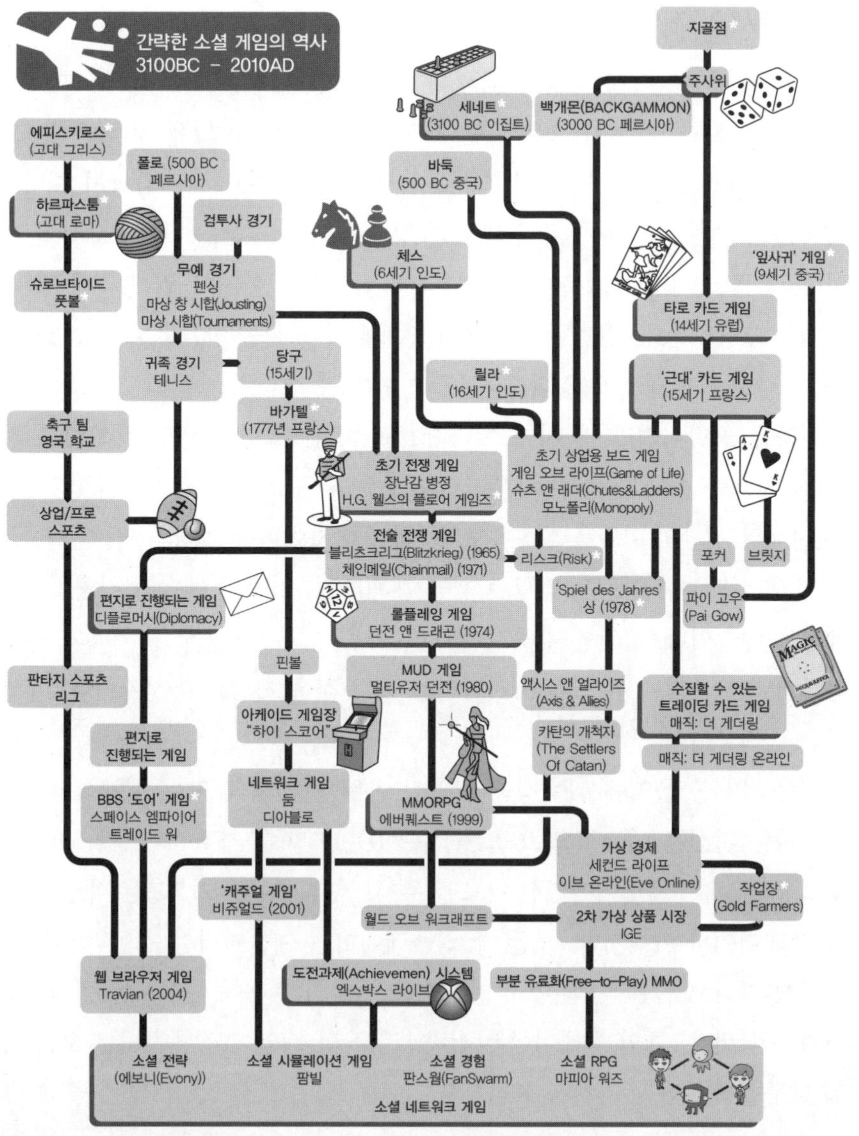

그림 2-3 소셜게임의 역사

* 지골점(Divination with Knucklebones): 고대에 유행한 동물의 손가락 마디뼈로 보는 점술 – 이하 옮긴이
* 세네트(Senet): 왕조 시대 이전과 고대 이집트의 보드 게임
* 에피스키로스(Episkyros): 고대 그리스의 간단한 공차기 게임
* 하르파스툼(Harpastum): 고대 로마의 공차기 게임
* 슈로브타이드 풋볼(Shrovetied Football): 축구의 기원이 된 공차기 게임
* '잎사귀' 게임: 중국 당나라 시대의 카드 게임
* 릴라(Leela): 고대 인도의 보드 게임
* 바가텔(Bagatelle): 핀볼의 기원이 된 게임
* 플로어 게임즈: 『Floor Games』, H.G. 웰스(Wells)의 소설로 모형, 장난감 등 어린이의 게임을 소재로 함
* 리스크: 전쟁 소재의 보드 게임
* 'Spiel des Jahres' 상: 독일에서 열리는 보드 게임과 카드 게임을 위한 상(award)
* BBS '도어' 게임: BBS(전자 게시판 시스템)에서 실행되는 게임, 정확히 'door'는 메인 BBS 시스템의 외부에서 실행되는 프로그램을 의미함
* 작업장: 돈을 벌기 위해 하루 종일 MMO 게임만 하는 사람(또는 단체)

예술로서의 게임

투입된 공예 기술을 음미하기 위해 우르의 로열 게임을 살펴볼 필요가 있다. 이 게임은 돌과 땅 위에 그은 선만 있으면 플레이할 수 있을 것 같은데, 고대의 디자이너는 영구적인 게임 장치를 만들고 장식품으로 치장까지 했다. 그 이유는 게임은 경험이며, 종종 게임의 형식이 게임의 본질보다 중요하기 때문이다. 오늘날 대형 게임은 게임의 감각적 경험을 빚어내기 위해 수백 명의 예술가를 고용하는데, 간단한 게임에서도 예술적 표현을 만들고, 브랜드를 강화하고, 정서를 전달할 수 있다. 게임은 경험의 예술이다.

건축은 공학이지만, 동시에 예술이기도 하다. 빌딩의 외양은 느낌을 전달한다. 천국을 향해 하늘 위로 우리의 시선을 이끌고, 규모로 우리를 압도하도록 설계된 성당의 위엄을 상상해보라. 게임 디자이너는 가상의 땅, 하늘, 공간에 대해서도 권한을 갖고 있다는 점만 제외하면, 건축이 예술인 것처럼 3차원 게임도 예술이다. 공간에서 플레이되어, 마음속에 존재하게 될 건축과 지리를 만들어낸다는 점에서는 좀 더 시각적 요소가 적은 게임도 마찬가지다. 게임은 공간의 예술이다.

무용, 영화, 음악에서는 청중에 맞춰 콘텐츠를 해석 또는 재해석함으로써 연기자는 자신을 예술적으로 표현할 수 있는 기회를 가질 수 있다. 화가이자 평생 동안 체스 플레이어였던 마르셀 두챔프Marcel Duchamp가 "모든 예술가는 체스 플레이어가 아니지만, 모든 체스 플레이어는 예술가라는 개인적인 결론에 도달했다"라고 말한 바와 같이, 분기되는 게임의 흐름에 있어서는 플레이어가 연기자가 된다. 게임 플레이어는 전략, 전술 및 게임에서 제공되는 모든 창조적 도구를 조합해서 자신을 표현한다.

1941년 호르헤 보르헤스Jorge Luis Borges는 '분기 경로의 정원The Garden of Forking Paths'이란 단편 소설에서 독자가 선택하는 경로에 따라 다른 이야기가 전개되는 책을 상상했다. 게임은 그런 방식으로 이야기를 들려준다. 체스에서 우리는 봉건 영주가 되는데, 우리의 선택에 따라 이야기는 승리 또는 수치스러운 포로로 결말이 난다. 현대의 롤플레잉 게임은 한 걸음 더 나아가 여기에 캐릭터, 주제, 플롯을 추가했다. 어떤 경우에는 규칙의 독특한 조합에서 예술가적 기교를 발휘하기도 한다. 모든 스토리텔링 미디어는 이야기의 각기 다른 측면에서 장점이 있다. 글의 경우에는, 읽으면서 등장인물이나 화자의 심리에 몰입할 수 있느냐는 독자의 상상력에 달려 있다. 영화는 액션과 리액션을 보여주면서 꿈 같은 상태에 빠지게 해준다. 게임의 예술가적 기교에는 이 모든 것이 포함되긴 하지만, 게임 이야기꾼만의 가장 독특한 도구는 의사결정이다. 게임은 분기 경로의 예술이다.

게임과 규칙

게임에 영감을 준 우르의 로열 게임과 백개몬backgammon을 비롯해서 가장 오래된 몇몇 게임은 신의 개입과 행운에 의존하는(아마도 그것을 의도했겠지만) 신비주의적 특성을 갖고 있다. 많은 보드 게임에서 사용된 도구인 주사위는 선사시대의 지골점과 비슷한 구석이 많다.

타로 카드tarot card는 주술과 연관되기 오래전부터 게임에 사용됐다. 15세기경 프랑스에서는 게임용 타로 덱deck이 수트suits[18]와 로열티royalty[19]가 갖춰진 현대의 카드 게임과 실질적으로 동일한 형태로 변형됐다. 주사위와 마찬가지로 카드는 게임에 무작위성을 부여하는 수단을 제공한다. 무작위성은 경험에 의외성과 참신함을 부여했지만, 플레이어가 확률을 이해해야만 했다. 확률이란 특정 이벤트가 특정 빈도로 발생할 가능성을 말한다. 확률에 대한 현대 수학적 해석 이전에 이미 고대인들은 게임이란 개념을 통해 '운' 뒤에 숨어 있는 복잡한 수학 문제와 씨름하고 있었던 것이다. 5장에서 살펴보겠지만, 이는 진화의 산물로 우리 마음은 해독deciphering, 조직화 및 패턴 인식에 집착하기 때문이다.

운의 법칙과 플레이 패턴의 일관된 집합은 규칙의 근간이며, 규칙은 게임을 지배하는 법칙이다. 게임을 플레이할 때는 규칙이 어떻게 작동되는지 밝혀

---

18 하트, 다이아, 클로버, 스페이드의 4개 수트를 의미 - 옮긴이
19 King, Queen, Jack 등의 카드 - 옮긴이

내는 데에서도 재미를 느끼곤 한다. 규칙은 주사위 굴리기 방법 같이 간단할 수도 있고, 이브 온라인Eve Online의 완전 개방 경제 시스템처럼 복잡할 수도 있는데, 이브 온라인에서는 우주선 같이 복잡한 물건을 제조하는 데 필요한 모든 재료를 플레이어가 모아야 한다. 확률이 수학적 형식주의로 발전한 시기는 1656년으로, 물리학자인 크리스티앙 호이겐스Christian Huygens가 도박에 관한 파스칼Pascal과 페르마Fermat의 연구를 기반으로 『On Reasoning in Games of Chance운에 좌우되는 게임에서의 추론에 대해』를 출간함으로써 이뤄졌다.

규칙이 반드시 수학적일 필요는 없다. 규칙은 인간의 행동을 지배하는 사회적 규칙과도 관계가 있을 수 있다. 16세기 인도에서 릴라Leela 게임은 도덕적 가치를 가르치는 모델로 취급됐다. 벤자민 프랭클린Benjamin Franklin은 자신의 수필에서 조심성, 정직, 공손함 같은 미덕을 가르칠 수 있는 체스의 기능을 찬양했다. 최근에는 롤플레잉 게임이 인간 성격의 다양한 측면을 살펴볼 수 있는 가능성을 열었는데, 그림 2-4에 예시된 던전 앤 드래곤의 도덕 축이 그 사례다. 이런 점에서 인간의 사회적 행동은 때때로 게임의 배경이 될 뿐만 아니라, 게임 경험의 내용물 그 자체가 된다.

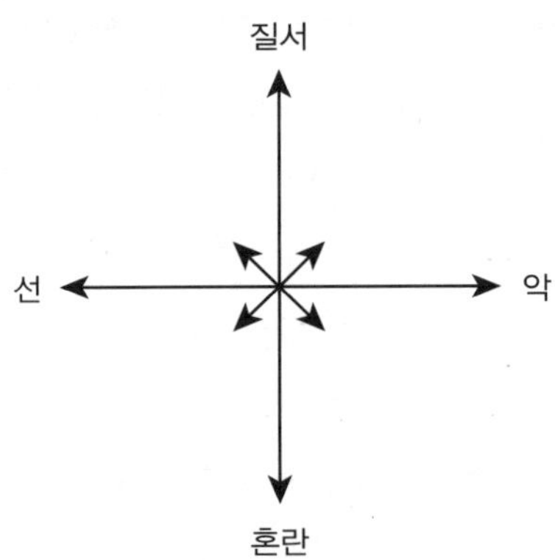

그림 2-4 던전 앤 드래곤의 도덕 축

역사 이래로, 대부분의 게임은 본질적으로 사회적이었다. 솔리테어solitaire[20]나 싱글 플레이 컴퓨터 게임 같이 일부 예외가 있긴 하지만, 대개 게임은 사회적 접촉을 촉진했다. 가장 머나먼 고대로부터 오늘날까지 역사 이래의 많은 게임을 살펴보면 이는 더욱 명확해진다.

우르의 로열 게임과 백개몬은 두 명이 서로 대결하는 게임이었다. 체스와 같은 이후의 게임들도 이런 전통을 기반으로 개발됐다.

한편 이런 추세와 병행해서 다른 경로의 발전이 이뤄졌는데 바로 스포츠다. 폴로는 원래 고대 페르시아에서 군사 훈련의 형태로 구상됐다. 이후 그리스인들은 에피스키로스episkyros라는 격렬한 볼 게임을 즐겼는데, 이는 로마에서 하르파스툼harpastum이란 형태로 변형된 것으로 보이고, 결국 중세의 슈로브타이드shrovetide 축구의 출현으로 이어졌다. 슈로브타이드 축구에서는 종종 경쟁 관계 마을 출신의 사람들이 두 편으로 나뉘어 축구공을 마을 광장에서 특정 장소(골을 득점할 수 있는)로 이동시키려고 겨루게 된다. 자신의 팀에 몇 명을 모을지에 대해서는 규칙이 없었는데, 이는 마피아 워즈나 MMORPGmassively multiplayer online role-playing game의 플레이어 대 플레이어의 대결 양상과 놀라울 정도로 비슷하다. 이 경기가 오늘날 세계에서 가장 인기 있는 스포츠인 축구의 탄생으로 이어졌을 법하다. 축구를 비롯한 상업 스포츠는 최소 두 가지 측면에서 사회적이다. 첫째는 다수의 사람들 간에 플레이되는 게임이란 점이고, 둘째는 관전이 이뤄지는 사회적 이벤트란 점이다.

체스 같은 게임의 엄격한 제한에 만족하지 못한 이들은 전투를 중심으로 열린 결말을 갖는 게임을 만들었다. H. G. 웰스Wells는 『Floor Games플로어 게임스』란 책에서 장난감 병정을 활용해 친구와 전쟁 게임을 벌이는 일련의 규칙을 묘사했다. 전쟁 게임은 더욱 형식을 갖추게 됐는데, 20세기 중반 무렵에는 디플로머시Diplomacy나 액시스 앤 얼라이즈Axis & Allies 같은 상업용 제작 게임이 대규모로 성장하는 게임 시장에서 인기를 끌었다.

---

20 혼자 플레이하는 카드 게임 – 옮긴이

사람들은 통신 기술 출현 이전에도 먼 거리를 뛰어넘어 서로 게임을 플레이하는 데 관심이 있었다. 이미 9세기에 체스는 편지 교환을 통해 플레이됐다. 디플로머시는 1960년대에 편지로 진행되는 인기 있는 게임이 됐다. 추후 같은 게임의 새로운 버전은 이메일에 의해 진행됐다.

전쟁 게임이 클럽과 이메일 방식 플레이를 통해 인기를 끌자, 디자이너들은 다른 시대 소재의 전투를 시험해보기 시작했다. 1971년 게리 가이객스Gary Gygax와 데이브 아네슨Dave Arneson은 중세 시대 전투 게임인 체인메일Chainmail을 개발했다. 개발자들이 게임 내에 스토리텔링과 캐릭터 성장을 포함시킬 수 있다는 점을 깨닫게 되자, 체인메일은 1974년 던전 앤 드래곤D&D으로 변형됐다. 장대한 투쟁, 영웅적인 대립, 마법과 강철의 이야기를 제공하는 극도로 사회적인 게임인 D&D의 인기는 오늘날까지 이어지고 있다.

전쟁 게임과 마찬가지로, D&D의 문제는 시간과 장소였다. 게임을 위해 서로 모이기가 쉽지 않았는데, 특히 대학 진학 후나 취업 후에 그랬다. 전쟁 게임과는 달리, 느린 편지(이메일도 마찬가지) 방식으로 진행하기엔 중요한 움직임과 대화가 너무나 많았다. 이런 문제점에 착안했는지, 1978년과 1980년 사이 에섹스 대학교에서 리처드 바틀Richard Bartle과 로이 트럽쇼Roy Trubshaw는 첫 번째 멀티유저 던전multiuser dungeon, 즉 MUD를 개발했다. MUD 플레이어는 원격으로 가상 세계에 접속해, 이전에는 대면 상호작용이 필요했던 모험과 스토리텔링을 즐길 수 있게 됐다. 그림 2-5는 MUD1의 스크린샷이다.

일반인에게 인터넷이 보급되기 이전에, 이미 MUD는 모뎀으로 접속할 수 있는 전자 게시판을 파고들었다. 그러나 초기의 전자 게시판은 1개의 전화 회선만을 가진 애호가가 운영했기 때문에, 게임에 새로운 기능이 필요했다. 플레이어들이 서로를 방해하지 않고 개별적으로 자신의 턴을 플레이할 수 있는 기능, 즉 비동기 플레이가 필요했다. 도어 게임door game이라고 알려진 이런 게시판 게임들의 게임 패턴은 이후 웹 기반 게임 형태로 재출현된다.

```
unless you had a parachute.
*s
Waterfall.
Before you is an awe-inspiring sight; a waterfall plummets over a cliff and
explodes in a dazzling crescendo of rainbow colour on the menacing rocks
below.
*n
Cliff.
A sturdy ox lumbers past you nearby.
Karnifex is here, carrying nothing
*who
Karnifex is playing
Siggy the legend is playing
Tarinth is playing
*
Karnifex says "Hello, Tarinth!"
*
A distant neighing noise reaches your ears.
*
The Ox has just left.
*
```

그림 2-5 첫 번째 멀티유저 던전 MUD1

　1990년대가 되자 디자이너들은 MUD에 그래픽을 입혀, 훨씬 거대하고 새로운 MMOPRG 시장을 만들어냈다. MMORPG는 같은 서버 내에서 수천 명의 플레이어가 상호작용하고, 수십 명에 달하는 플레이어가 그룹을 이뤄 함께 모험을 즐기기 때문에 '거대massive'하다고 불린다. 초기 게임 중 하나는 울티마 온라인Ultima Online으로, 아이소모픽isomorphic(3차원적으로 보이지만, 머리 위쪽으로 한 가지 특정 시점만 제공하는 게임을 말함) 인터페이스가 특징이다. 추후 3D 기술이 발전함에 따라, 그림 2-6에서 보는 바와 같이, 완전히 렌더링된 환경에 플레이어를 배치할 수 있게 됐다. 에버퀘스트Everquest는 시장에서 대규모 상업적 성공을 거둔 첫 번째 게임으로, 월드 오브 워크래프트가 등장할 수 있는 길을 열었다. 월드 오브 워크래프트는 빠른 속도로 선두 주자가 됐는데, 2010년경에는 1,200만 가입자 규모로 성장했다.

그림 2-6 월드 오브 워크래프트의 두 플레이어

가상 상품의 출현

누군가 던전 앤 드래곤 그룹에서 탈퇴하려고 하면, 종종 "당신의 물건을 가져도 될까?"라고 비꼬는(때로는 진지하게) 투로 말을 거는 사람들이 있었다. 물론 여기서 언급되는 물건이란, 그만두려는 플레이어의 캐릭터에 '귀속된' 아이템을 말한다. 가상적인 아이템이라도 사람들에게 가치가 있다.

리처드 가필드Richard Garfield는 트레이딩 카드의 희소가치와 게임 전략을 조합할 수 있다는 점을 깨달은 수학자로, 그 결과 매직 더 게더링Magic: The Gathering이란 수집형 카드 게임이 출현했다. 이 게임엔 각기 다른 희소가치를 지닌(대부분 비싸 보이는 디자인의) 수천 개의 수집 가능한 카드가 존재한다. 대개 희소가치는 카드의 파워와 연관 관계가 있지만, 카드에 대한 수요는 주로 카드의 파워에 대한 시장의 인식에 의해 좌우된다. 비게임 트레이딩 카드와 마찬가지로, MTG 카드를 사고팔 수 있는 2차 시장이 출현했다. 사람들은 플레이하고 싶은 덱의 완성에 필요한 카드 컬렉션을 모으기 위해 상당한 비용(어떤 경우엔, 수천 달러)을 지속적으로 지불한다. 물리적 상품의 유형적 가치는 거의 없음에도 불구하고(두꺼운 종이에 새겨진 잉크일 뿐), 플레이어는 카드에 대해 중요한 실제적인 가치를 느끼며, 이는 D&D에서 가상의 보물을 모으려는 욕구와 다르지 않다.

D&D에서 부를 획득하려는 욕구와 MTG에서 2차 시장의 출현은 에버퀘스트 같은 게임이 출시된 후에 발생한 사건의 전조였다. 플레이어가 획득하는 희귀 아이템rare item[21]은 현실적 가치가 있으며, 상당한 양의 현금을 대가로 이베이eBay에서 거래될 수 있다. WoW는 플레이어 간의 아이템 거래를 규제함으로써 이를 방지하고자 했으나, 많은 플레이어는 대신 '골드'(WoW의 가상 화폐)를 실제 현금으로 거래하기 시작했다. 게임에서 제시된 서비스 계약 조건을 노골적으로 위반함에도 불구하고, 가상 골드 거래 규모가 너무나 커서, 인터넷 게이밍 엔터테인먼트IGE, Internet Gaming Entertainment 같은 회사는 수백만 달러의 벤처 캐피털 투자를 끌어모을 수 있었다.

비록 WoW는 현금 거래 규제에 상당히 성공하긴 했지만(가끔 그런 거래와 관련된 계정 수천 개를 한 번에 폐쇄시키면서까지), IGE와 같은 회사에게 진정한 위험은 아이러니컬하게도 이러한 가상 상품과 현금의 교환에 대한 소비자의 관심에서 힌트를 얻은 새로운 유형의 온라인 게임이 출현한 것이었다. 넥슨의 메이플 스토리 같은 부분유료화F2P, free-to-play 온라인 게임에서 플레이어는 무료로 참여하고, 자신의 경험이나 캐릭터를 향상시킬 수 있는 아이템에 비용을 지불하게 된다. 가상 세계 플랫폼인 세컨드 라이프Second Life는 그 안에서 사람들이 갖가지 종류의 경험과 게임을 만들어내고, 참가자들이 콘텐츠를 만들어 서로 현금을 주고 거래하는 경제 시스템이 특징이다.

광고 시장의 저조한 성과와 플레이어들이 소셜네트워크에 탑재된 게임에 한 번에 큰 요금이나 가입비를 지불할 가능성이 낮다는 점을 고려할 때, 가상 상품 모델은 징가Zynga나 플레이돔Playdom 같은 회사가 높은 수익성의 급성장하는 사업(닷컴 업계에서는 드문)을 시작할 수 있도록 해결책을 제시했다. 12장에서 가상 상품에서 대해 좀 더 자세히 다룬다.

---

21 MMORPG 게임에 따라 레어 아이템이라고 거의 고유 명사처럼 쓰이기도 한다. ― 옮긴이

🐦 소셜네트워크 게임

소셜게임이 오랫동안 존재해왔기 때문에, 페이스북 같은 곳에서 현재 유행
하는 게임 부류는 소셜네트워크 게임이라 칭하는 편이 좀 더 적당할 듯싶다.
이들의 주요 특징은 소셜네트워크에 구축되어 있는 사회적 관계를 활용하고,
대개 광고와 가상 상품으로 수익을 거둔다는 점이다(후자가 잠재적인 매출의 대부분
을 제공한다). 그림 2-7은 인기 소셜네트워크 게임 프론티어빌FrontierVille의 화면
이다.

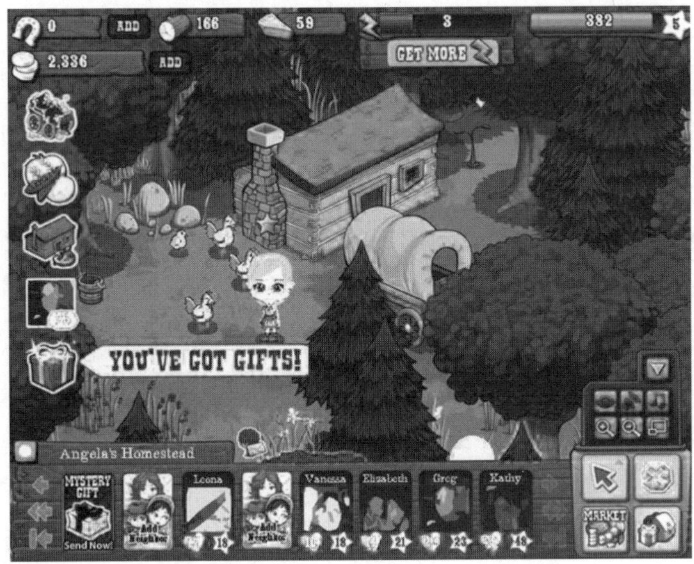

그림 2-7 징가의 프론티어빌 화면

이들 게임은 크게 4가지 카테고리로 구분된다.

- **소셜 롤플레잉 게임(또는 소셜 RPG):** 가상 세계에서 특정 캐릭터를 플레이하는
  게임. 마피아 워즈, 소로리티 라이프Sorority Life, 트루 파이어러츠True Pirates
  같은 게임이 포함된다.

- **소셜 시뮬레이션 게임:** 캐릭터보다는 농장, 레스토랑, 동물원과 같은 환경의
  경영과 개발에 초점을 둔다. 팜빌FarmVille, 카페월드Café World, 주 킹덤Zoo

~~Kingdom~~ Kingdom 같은 게임이 포함된다.

- **소셜 경험 게임:** 소셜네트워크에 유통될 수 있도록 재가공된 게임(퍼즐이나 기타 액션 게임)이나 유저 참여를 강화하기 위해 게임 같은game-like 기능을 차용한 기타 서비스가 포함된다. 비쥬얼드 블리츠Bejewelled Blitz, 플릭스터Flixster, 미유 헬스MeYou Health가 포함된다.
- **소셜 전략 게임:** 보드 게임, 실시간 전략 게임 류의 전통을 기반으로 게임 플레이 도중의 의사결정에 초점을 맞춘다. 에보니Evony와 킹덤즈 오브 카멜롯Kingdoms of Camelot이 포함된다.

소셜게임 시장은 너무나 빨리 성장하는 중이라, 이런 분류는 시간이 지나면 바뀔 가능성이 높다. 앞으로 몇 년 동안, 혁신과 매출의 빠른 추세가 반영되어 신종 카테고리가 시장에 쏟아질 것이다.

소셜게임이 우리의 비즈니스에 주는 의미

새로운 유통 채널은 누가 고객이 될지를 변화시킨다. 고객이 구매하는 방법뿐만 아니라 무엇을 구매할지도 변화시킨다. 고객의 행동, 저축 습관, 산업 구조, 요약하면 경제 전체를 변화시킨다.

– 피터 드러커, '정보 혁명을 넘어(Beyond the Information Revolution)'

소셜네트워크는 친구와 교류하는 방법, 정보를 소비하는 방법 및 공간과 시간에 대해 사고하는 방식을 재규정한다. 미디어와 비즈니스는 우리의 새로운 지리심리학psychogeography을 수용하기 위해 재편되는 중이다. 어떤 이들은 세상이 더 나빠졌다고 주장한다. 우리를 더 자기 도취에 빠지게 하고, 시시때때로 더 자주 방해하여, 그 결과 우리에게 짧아진 집중 시간과 소수의 진정한 친구만 남긴다는 것이다.

이러한 변화의 배경이 되는 원동력은 소셜네트워크만은 아니다. 저렴해진 교통 덕택에 가족과 친구들은 지리적 공간에서 더 멀리 떨어져 분산되어 있다. 나는 오늘 이 책을 매사추세츠에서 쓰고 있는데, 누나는 워싱턴에 있고, 또 다른 누나는 남부 아메리카를 여행 중에 있으며, 부모님은 플로리다에 살고 계시지만, 나는 홀로 있다는 생각이 들지 않는다. 소셜네트워크는 가족과 친구 사이의 공간을 뛰어넘어 서로 연결되는 수단을 제공함으로써, 전자상거래가 지역 소매상에 대한 의존에서 우리를 해방시킨 것과 마찬가지로, 인간관계에서 물리적 제약을 초월하게 해준다.

고백하건대 나는 가끔 동네 가게에 대한 아련한 향수를 느끼곤 한다. 친구들과의 친밀감, 둘러앉아 살을 맞대고 게임을 즐기던 테이블로 돌아가고 싶어서인데, 이제는 일정이 맞지 않아 불가능해진 일들이다. 하지만 나는 온라인 세계에서도 아드레날린이 솟구치는 순간, 친밀함을 느낀 순간, 연대감을 느낀 순간처럼 현실 생활에 못지않은 강렬한 추억을 갖고 있다. 이제 시장에서 걸음마를 시작했을 뿐이지만, 소셜네트워크 게임이 우리를 연결하고 감동시킬 수 있는 거대한 잠재력을 지니고 있다는 점은 분명하다.

우리는 경험 경제하에서 살고 있다. 소셜네트워크는 이런 경험이 많이 일어나는 곳으로, 고객은 경험을 갈망할 뿐만 아니라, 기대하게 될 것이다. 소셜네트워크 특유의 경험과 마찬가지로, 게임은 고객과의 관계를 다시 생각하는 방법을 보여줄 수 있다.

정리

2장에서는 변화하는 경제의 특성(경험이 더욱 중요해지는)에 대한 사례를 제시했다. 소셜네트워크가 있는 곳에서 우리가 겪을 경험을 좌우하는 것은 게임이다.

소셜게임은 역사 이래 존재해왔으며, 다양한 규칙, 예술 및 상호작용을 특징으로 하고 있다. 소셜네트워크 게임은 소셜게임의 가장 최신 버전으로, 소셜네트워크 관계를 활용해서 새로운 게임 플레이 경험을 제공한다.

소셜게임 디자인 기법을 배움으로써, 고객에게 좀 더 몰입할 수 있고 가치 있는 경험을 제공해 비즈니스에 활력을 불어넣을 수 있을 것이다. 이 책의 나머지 부분에서는 이 주제를 다룬다.

경로 선택

다음에 읽어야 할 부분에 대한 안내

- 소셜게임을 개발하려면 무엇이 필요한지 알고 싶다면, 3장 '소셜미디어 게임의 개발'로 계속 진행한다.
- 2장에서 간단히 다룬 가상 상품과 관련된 비즈니스 이슈를 더 알고 싶다면, 12장 '가상 상품 설계'로 건너뛴다.
- 자신에게 적합한 브레인스토밍을 하기 위해 재미의 심리학을 이해하고 싶다면, 5장 '재미공학'으로 건너뛴다.

소셜미디어 게임의 개발

3장의 내용

★ 소셜게임과 전통적 게임 및 비게임 소프트웨어 개발의 차이점
★ 소셜미디어 게임 프로젝트를 위해 필요한 기술과 팀 멤버
★ 프로젝트 관리를 위한 플레이어 중심적인 디자인 프로세스

소셜미디어 게임 개발은 다르다

소셜미디어 게임의 어려운 점 중 하나는 요구되는 기술의 집합과 방법론이 독특하다는 점이다. 소셜미디어 게임은 애자일agile 웹 개발과 전통적 게임 개발 경험에 기반을 두고 있으며, 양쪽의 특징을 공유한다.

2010년 단일 플랫폼용 콘솔 게임의 평균 개발비는 1,000만 달러였으며, 멀티플랫폼이 되면 두 배의 비용이 들어간다. 많은 전통적 게임 개발자가 작은 팀으로 몇 달 만에 큰 성공을 거두는 소셜게임 개발 현실에 적응하는 데 어려움을 겪는 건 놀라운 일이 아니다. 긴 개발 사이클과 높은 제작 비용에 최적화된 콘솔과 PC 게임 개발 프로젝트 관리 접근법은 대부분의 소셜미디어 게임 개발 프로젝트에 채용되고 있는 짧은 기간에 정신없이 돌아가는 신속한 개발 환경에 축소 적용될 수 없다.

웹사이트 개발 팀에는 대개 좀 더 작고 빠른 프로젝트에 익숙한 사람들이

포함된다. 그러나 웹 개발 마인드로 소셜게임에 도전한 많은 팀은 다양한 문제점에 봉착하고, 게임은 이전에 작업한 그 어떤 프로젝트와도 다르다는 걸 깨닫게 된다.

4개의 상위 소셜게임 스타트업의 창업자를 간략히 분석해보면 소셜게임 개발이 독특하다는 사실을 알 수 있다.

- **징가**Zynga: 창립자인 마크 핀커스Mark Pincus는 이전에 소셜네트워크, 지원 소프트웨어 회사, 웹 기반 푸시 기술 회사를 설립한 바 있는 베테랑 기업가다.
- **플레이돔**Playdom: 수학과 해석학에 조예가 깊은 세 명의 기업가가 설립했다. 댄 유Dan Yue는 경제학과 물리학을 공부했으며, 광고 네트워크 회사에서 근무한 바 있다. 박사 후보였던 링 샤오Ling Xiao는 데이터 집합 분석을 전공했다. 구글 엔지니어였던 크리스 왕Chris Wang은 컴퓨터 공학 박사다.
- **크라우드스타**Crowdstar: 창립자인 수렌 마코시안Suren Markosian은 원래 물리학 교육을 받은 엔지니어로, 이메일 마케팅, 포럼 소프트웨어와 IT 보안 회사에서 근무했으며, 또 다른 창립자인 제프리 챙Jeffrey Tseng은 이전에 공동 창립한 시크릿 레벨Secret Level이란 회사에서 전통적인 콘솔 게임을 개발했다.
- **플레이피쉬**Playfish: 크리스티안 세게르스트레일Kristian Segerstrale과 세비스티안 데 헬루스Sebastien de Halleux가 창립했다. 세게르스트레일은 캠브리지 대학교에서 경제학을 배웠다. 학교를 졸업하고 플레이피쉬를 시작하기 전에는 모바일 게임 개발사인 글루 모바일Glu Mobile에 근무했었다. 데 헬루스는 토목 공학을 전공했으며, 노키아의 모바일 광고 기술과 관련된 업무와 추후 글루가 인수한 회사에서 모바일 게임과 관련된 일을 했다.

이들에 대해 관찰할 수 있는 첫 번째 사실은 정말 다양하다는 점이다. 일부는 게임과 관련되어 있지만, 한 회사의 설립자는 비즈니스 스쿨에서 단련된 경험 많은 기업가이고, 한 회사는 과학과 수학 전문가, 다른 회사는 웹 엔지니어다. 여러분이 진입하려는 새로운 영역에 대한 느낌이 오는가? 이 점이 내게는 소셜게임의 흥미로운 점이다. 모두가 새로운 많은 것을 이해하려고 하며, 모든 것이 급속히 변화되는 중이다. 이런 사실은 우리에게 웹 개발이나 게임 경력에서 비롯되지 않은 자신만의 독특한 능력이 큰 역할을 할지도 모른다는 자신감을 줄 수도 있다.

위에 설명한 게임 스타트업의 설립자들 사이엔 큰 차이가 있지만, 그럼에도 중요한 부분이 일치한다. 대부분이 경제학, 물리학, 수학 같이 숫자에 익숙한 사람들이란 점이다. 웹 개발의 많은 영역에서 그렇듯 소셜게임에서도 숫자는 중요하다. 숫자는 사람들이 가장 많이 사용하는 기능, 돈을 소비하는 방식 및 여러분의 고객 접근outreach[1] 프로그램의 효율성을 알려준다.

> **임프리사리오** 최근까지만 해도 소셜게임은 소셜네트워크와 상관없이 플레이되는 게임이었는데, 그런 류로는 월드 오브 워크래프트가 상업적으로 가장 성공한 게임이다. 소셜 미디어 게임은 2007년 페이스북이 개발자 플랫폼을 도입하면서 시작됐다. 2010년 기준, 6천만 명의 미국인, 즉 대략 다섯 명 중 한 명이 소셜게임을 플레이한 경험이 있다.

 애자일 개발

애자일 개발은 게임과 웹사이트 개발 방식을 변화시킨 소프트웨어 개발 접근법이다. 이는 자기 조직적인 팀에 의해 수행되는 일련의 빠른 반복 개선iteration을 통해 소프트웨어를 개발하는 방법에 관한 것이다. 애자일 선언Agile Manifesto은 주요 목표를 다음과 같이 요약한다.

- 프로세스와 도구보다는 **개인과 상호작용**
- 광범위한 문서보다는 **작동하는 소프트웨어**
- 계약 협상보다는 **고객과의 협업**
- 계획 준수보다는 **변화에 대응**

---

1 보통은 자원 봉사 또는 다가가는 서비스란 뜻임. 소셜게임에서 'outreach'의 의미는 불명확하나 고객에 접근하는 프로그램(이메일, 피드, 페이스북 페이지 등)을 의미하는 것으로 추측됨 – 옮긴이

애자일 개발의 목표

게임과 웹사이트는 모두 애자일 기법을 적용했지만, 웹사이트 개발자와 게임 개발자 간에는 기법의 실제 도입 방식에 큰 차이점이 있다. 애자일 개발의 목표를 다룬 후에, 그 차이점을 다시 살펴보고 소셜게임 개발에 대한 시사점을 설명한다.

개인과 상호작용

애자일 개발 팀은 제품으로 고객의 문제점을 해결할 수만 있다면, 솔루션의 양식에 대한 중요 의사결정을 개인 개발자에게 위임하는 경향이 있다. 이는 특정 솔루션의 구현 방법에 대해 좀 더 많은 세부사항을 사전 규정하는 이전의 개발 접근법과 대조된다. 이런 접근법의 장점은 개인 개발자의 창조성을 더 많이 개입시킬 수 있을 뿐 아니라, 해결책을 산출하는 데 있어 개발자의 주인 의식과 책임감 수준을 증가시킬 수 있다는 점이다. 개발자는 지시대로 개발하느라 소프트웨어가 실패했다고 주장할 수 없게 된다.

자기 조직적인 팀은 이 모델에 쉽게 적응하는데, 주어진 위계 질서를 기준으로 임무가 주어지는 경우보다 자기 조직적인 팀에서 이런 개발 프로젝트의 특성에 가장 잘 맞는 사람이 나타날 가능성이 높기 때문이다. 자기 조직적 팀이 잘 운영되기 위해서는, 적절한 커뮤니케이션이 필수적이다. 현재 대기 중인 과제들이 표시되어 모니터링되고 우선순위에 따라 재조정될 수 있는, 명확한 게시판 같은 커뮤니케이션 기법이 필수적이다. 많은 방법론에서 '일일 기립 미팅daily standup'을 요구하는데, 모든 사람이 모여 진행을 논의하고 문제점을 파악하는 미팅으로, 대화가 끝날 때까지 앉는 것이 허용되지 않는다. 나는 팀이 오랫동안 같이 손발을 맞춰가면, 실제로 이런 몇몇 엄격한 프로세스는 시들해진다는 사실을 발견했다. 어쨌든 대면 상호작용을 중요시하기 때문에, 각 팀은 자신에게 가장 잘 맞는 최적의 커뮤니케이션 시스템을 스스로 조직하곤 한다. 요점은 모든 사람, 특히 경영진은 프로젝트 진행 전반에 걸쳐 개방되고 솔직한 커뮤니케이션에 충실할 필요가 있다는 점이다.

작동하는 소프트웨어

뭔가가 어떻게 보일지 궁금하다면 애자일 개발은 파워포인트 문서를 만들기보다는 실제로 동작하는 와이어프레임wireframe[2]과 동작되는 웹페이지를 만든다. 광범위한 문서를 작성하기보다 애자일 팀은 동작하는 프로그램과 주석이 달린 코드를 작성한다.

몇 년 전만 해도 소프트웨어 개발 관리자들은 이렇게 일찍 프로젝트 코딩에 들어간다는 생각을 비웃었다. 그러나 많은 경우에 분명한 이점이 있다. 고객은 아이디어에 반응하지 않는다. 동작하는 소프트웨어에 반응할 뿐이다. 파워포인트 슬라이드를 보고 아이디어에 감탄했지만, 실제 상품을 보고 실망한 경우가 얼마나 많았는가? 상상력이 지나친 나머지 우리는 종종 우리가 원하는 대로 세상이 움직여줄 거라는 착각을 하곤 한다. 우리가 실제 물건을 보고, 만지고, 냄새 맡을 수 있을 때만 현실이 되는 것이다.

다행스럽게도 소프트웨어는 형태상 유연하기 때문에, 변화시키는 것이 가능하다. 운전 중에 자동차 엔진을 수리하는 건 불가능하지만, 소프트웨어에서는 가능하다. 소프트웨어 개발은 과학이지만, 다른 어떤 엔지니어링 분야보다도 개인의 솜씨가 필요한 작업이기도 하다. 멋진 소프트웨어 작품을 만들려면 종종 잘못된 시작과 실패는 불가피하다. 실패가 없다면, 충분한 리스크에 도전하지 않은 것이다. 제품을 빨리 자주 만드는 것, 그리고 이를 통해 배운 점을 토대로 진보하는 것, 이것이 애자일 개발 프로세스로 실제 소프트웨어를 개발하는 작업의 핵심이다.

고객 협업

제품의 진화에는 피드백이 요구된다. 웹 개발자는 다른 종류의 소프트웨어 개발자에 비해 결정적으로 유리한 점이 두 가지 있는데, 이로 인해 애자일 방식이 웹 프로그래머들 사이에 유행하게 됐다.

---

2 설계상에서 물체의 뼈대(여기서는 소프트웨어의 가장 중요한 기능 및 핵심 인터페이스)만 보여주는 모델
    – 옮긴이

- 웹사이트는 거의 언제나 개선을 위해 개발 중인데, 이는 사이트 초기 출시 이후에 언제든지 중요한 기능이나 개선사항을 축적해놓았다가 적용할 수 있다는 의미다.
- 웹사이트는 작은 세부사항까지 분석될 수 있다. 누가 어떤 페이지를 이용하는지, 누가 어디서 구매하는지, 누군가가 얼마나 오랫동안 접속하고 있는지를 분석할 수 있다. 출시 후 이런 데이터를 분석함으로써 웹사이트를 대폭 개선할 수 있다.

데이터만 개발 방향을 잡는 데 도움을 주는 건 아니다. 필수적으로 고객을 제품 리뷰에 참여시켜야 한다. 실제 고객이 가능하지 않을 때는(예를 들어, 수백만 명을 대상으로 한 소비자 상품), 제품 매니저, 마케터, 때로는 CEO가 고객의 입장을 대변해야 한다. 이들은 실제 고객이 해당 제품을 어떻게 사용하고 있는지에 대한 실제 데이터로 무장하고 있어야 한다. 어떤 프로젝트이든 한정된 가용 자원하에서 타협이 불가피하기 때문에 이들은 프로젝트에서 우선순위에 관한 결정을 내려야 한다.

변화에 대한 대응

시장은 변한다. 고객도 변하고 요구사항도 변한다. 장기간에 걸친 소프트웨어 프로젝트의 문제점은 몇 년 후의 시장이 어떻게 될지 예측이 거의 불가능하다는 점이다. 전혀 애자일하지 않은 방법론이 사용된 게임 산업에서는 게임이 출시될 즈음에 그래픽 엔진이 구식이 된 경우도 있다. 여러 차례의 반복 개선을 통해 작동하는 소프트웨어를 개발하는 방식(소련의 5개년 경제 계획의 소프트웨어 개발 세계 버전을 따르는 것과 상반되는)의 장점은 세상의 변화에 적응할 수 있다는 점이다.

어떤 비즈니스 기업에게도 변화는 커다란 리스크다. 소프트웨어 개발에 얼마나 돈이 들어갈지 생각해본다면, 리스크 감소는 애자일 개발의 가장 큰 장점 중 하나다. 개발 과정에 고객을 참여시키고 변화에 대응하기 위해 방향을 수정함으로써, 애자일 개발 팀은 중요한 점에 집중한다. 사람들이 관심을 갖는 제품을 만드는 것 말이다.

🦢 소셜미디어 게임과 전통적 게임

소셜게임 개발에 숫자와 분석이 얼마나 중요한지 그리고 소프트웨어 개발에 있어 데이터 중심적data-driven 접근법이 애자일 개발 프로세스를 강화하는 데 얼마나 중요한지 앞에서 살펴봤다.

전통적 게임 개발에서도 숫자는 사용된다. 게임 퍼블리셔는 잠재적인 소매 판매량, 장기간의 프랜차이즈 가치, 단품 제조 단가 및 개발 비용을 파악하는 데 엄청난 노력을 기울인다. 또한 개발자는 게임의 어떤 부분이 가장 자주 사용될지를 결정하기 위해 숫자를 이용한다. 예를 들어 헤일로3Halo 3를 개발할 때, 번지Bungie는 테스터의 게임 플레이를 한순간도 놓치지 않고 녹화하기 위해 대규모 연구 시설을 구축했는데, 이곳에는 플레이 경험과 표정을 대조하기 위한 동기화된 비디오 녹화 시설도 있었다. 테스터가 플레이하면, 관련된 모든 정보가 데이터베이스에 입력되고 개발자는 이 정보를 활용해 플레이어가 어디에서 움직이고, 막히고, 죽었는지를 보여주는 레벨별 리포트를 작성했다. 그들은 각 레벨에 대한 플레이어의 만족도를 추적했으며, 이 결과가 만족스러울 때까지 개선을 반복했다.

아르티장   몇몇 수치분석(metric)의 장기적인 유용성에 대해서는 소셜게임 개발 내부에서도 논란이 있다. 어떤 이들은 최단 기간에 고객으로부터 돈을 뽑아내는 관점으로만 숫자를 바라본다면, 그 대가로 장기적으로 고객을 잃게 될 것이라고 주장한다. 결과적으로 어느 쪽이 맞을지는 알 수 없지만, 소셜미디어 게임 시장이 전통적 게임 시장과 유사하게 진화한다면, 시간이 지남에 따라 계량화할 수 없는 만족도에 대해서도 좀 더 관심을 갖게 될 것이다.

가장 전통적인 게임 개발 프로젝트에서는 제품이 출시되기 전에 테스트와 수치분석이 이뤄진다. 제품이 세상에 나와서, 사람들이 구매하고, 리뷰어들이 비평을 하고 나면, 큰 변화를 주기에는 이미 늦은 시기다. 한 가지 예외가 있는데, MMORPG(예를 들면, 월드 오브 워크래프트) 게임 회사는 퀘스트 완수 비율, 플레이어들이 게임에서 포기하는 부분, 아이템의 인기도 같은 다양한 변수를 측정한다. 그러나 WoW는 일종의 소셜게임이다. 그리고 소셜미디어 세계의 다른 사촌들처럼 끊임없이 측정하고, 지속적으로 개선한다. 사람들이 오랫동안 즐겨야 매출이 나는 구조이기 때문이다. 이런 점은 헤일로 3 같은 게임과 대조되는데, 이런 게임은 끌어모을 수 있는 매출 대부분이 플레이어가 처음 게임 화면을 띄우기도 전에 이미 발생해버린다.

전통적 게임 개발의 좀 더 정적인 특성 때문에 개발자는 대부분 게임 플레이상의 큰 문제점을 수정하고 버그를 잡는 데 집중한다. 대부분의 게임 개발자는 사람들이 자신의 제품을 즐겨주기를 원한다. 고객이 게임의 확장팩, 후속작이나 동일 퍼블리셔의 다른 제품을 구매하려고 할 때 좋게 생각해주기를 원해서이다. 또한 나는 대부분의 열심히 일하는 개발자들이 자신의 작품에 자부심을 가지고, 순수하게 사람들이 자신의 작품을 사랑해주기를 원해서라고 믿는다. 그러나 이런 비즈니스 모델은 매출이 장기간의 관계에서 발생하는 소셜게임 회사에서는 당연시 여겨지는 잦은 주기의 업데이트, 개선 및 변화를 지원하지 않는다. 전통적 게임 판매의 압도적 대부분은 상용 출시 이후 몇 주(또는 며칠) 내에 집중된다. 따라서 개발 관행은 유저 참여를 확대하기보다는 문제점 해결에 초점을 맞춘, 낮은 빈도의 대규모 빌드build[3]에 그치고 있다. 출시 이후 적절한 규모의 지속적 매출의 부재로 인해, 너무나 빈번하게 제품이 최고 수준으로 개선될 수 있는 가능성이 사라진다.

전통적 게임사는 애자일 개발을 많이 시도하고 있다. 클린턴 키스Clinton Keith는 이 주제를 다룬 훌륭한 책을 집필했는데, 번지Bungie(헤일로Halo 개발사), 밸브Valve(하프 라이프Half-Life, 레프트포데드Left 4 Dead)나 바이오웨어Bioware(매스 이펙트Mass Effects, 나이츠 오브 더 올드 리퍼블릭Knights of the Old Republic) 같은 메이저 게임 개발사의 구인 공고를 자세히 살펴보면 애자일 개발이 엔터테인먼트 소프트웨어 개발에서 자리를 잡아가고 있음을 알 수 있다.

3　프로젝트 개발 버전이란 의미 - 옮긴이

게임 회사는 애자일 방법론을 가장 먼저 채용한 축에 속한다. 애자일이란 용어가 유행하기도 전인 90년대 후반에 밸브는 카발cabal이라 불리는 걸 만들었다. 카발의 목적은 게임의 핵심 요소를 공동 디자인할 수 있는 교차 기능cross-functional 전문가(엔지니어, 레벨 디자이너, 작가, 애니메이터) 팀을 모으는 것이었는데, 이를 통해 구성원 간의 커뮤니케이션을 증진시키고, 전혀 사용되지 않을 기술의 개발을 사전에 방지하고, 좀 더 훌륭한 경험을 창조하려고 했다. 그 과정에서 밸브는 하프 라이프(1998년 출시) 개발 초기에 카발 멤버들이 플레이어와 게임의 상호작용을 관찰할 수 있도록 광범위한 고객 피드백을 진행했는데, 대개 다른 회사에서 이런 피드백 업무는 품질 보증 엔지니어에게 떨어지는 일거리였다.

애자일 방법론은 게임 개발에도 훌륭히 적용될 수 있지만, 몇 가지 차이점이 있다.

- **반복 개선이 비전을 대체하지는 못한다.** 디자이너가 상호작용과 재미의 근원을 찾아 다양한 아이디어를 실험하는 게임 컨셉 형성 초기 단계에서 반복 개선은 유용한 툴이다. 그러나 게임의 브랜드와 재미와 관련된 주요 의사결정이 이뤄지고 나면 팀은 그것을 고수해야 한다. 애자일 방법론은 비전의 대체물은 아니며, 이를 빨리 깨닫지 못한다면 반복 개선을 통해 재미있는 경험에 도달하지 못할 것이다.
- **성공은 모두의 참여를 의미한다.** 애자일 방법론은 소프트웨어 엔지니어에게 초점이 맞춰져 있으며, 현재로서는 이들이 애자일 원리 적용에 가장 잘 훈련되어 있다. 그래픽 아티스트, 작가, 디자이너는 엔지니어만큼 결과물에 신속하고 직접적인 영향을 끼치지 못하기 때문에 가끔은 소홀히 여겨진다. 이를 극복하기 위해서는 엔지니어만이 아니라, 모두를 이끌어주고 참여시키는 강력한 코치가 필요하다. 때때로 이는 엔지니어가 아닌 팀 멤버들이 결과물에 좀 더 직접적인 영향을 미칠 수 있는 툴을 제작하거나 구매하는 것을 의미하기도 한다.

- **애자일의 일부 측면은 게임 개발의 모든 측면에 항상 들어맞지는 않는다.** 게임은 계층 구조적이며, 엄청난 양의 내용물과 그래픽 리소스[4]를 포함한다. 게임에 필요한 리소스가 무엇인지 결정되고 나면, 해당 리소스는 때로는 애자일 프로세스와는 거리가 먼 제작 스케줄에 따라 제작돼야 한다(헤일로 3에서 사용된 반복 개선에 의한 레벨 디자인처럼, 이런 리소스를 레벨과 경험에 통합시키는 일은 매우 애자일하지만).

소셜미디어 게임과 웹사이트

극히 일부분의 웹 개발 프로젝트가 전통적인 게임 개발 예산에 근접할 뿐이지만, 이 순간에도 수백만 개의 웹사이트가 만들어지고 있다. 웹사이트 개발은 애자일 방법론을 최적화할 수 있는 놀라운 디지털 페트리 접시petri dish[5]인 셈이다.

데이터 중심의 고객 피드백과 애자일 방법론에 대한 경험 때문에, 많은 웹 개발 팀은 소셜게임 프로젝트에 뛰어들 준비가 충분하다고 생각한다. 이미 언급된 회사들을 비롯해 성공한 많은 소셜게임 회사를 살펴보면, 웹 개발 경험은 많지만 게임 개발 전문 경험은 거의 없는 팀들을 만나게 된다. 그러나 많은 웹 개발 팀은 자신이 익숙했던 환경과 중대한 차이점을 발견하게 된다.

- **게임에서 재미를 발견하는 일과 비즈니스 수치분석을 최적화하는 일이 반드시 같은 일은 아니다.** 유저 참여 수치분석은 성공을 측정하는 좋은 방법이긴 하지만, 너무나 많은 팀이 '재미'를 나중에 반복 개선을 통해 보완할 수 있는 것이라고 생각하다가 '재미있는 점이 무엇인가'라는 모든 게임의 가장 중요한 문제를 해결하지 못하고 타이밍을 놓쳐버린다.
- **게임의 재미 요소가 무엇인지 답을 찾지 못한 상태에서 유용한 고객 피드백을 얻기는 쉽지 않다.** 잠재적인 고객에게 보여줄 완벽히 살이 붙은 게

4　프로그래밍 코드 외에 게임 내에서 활용되는 이미지, 텍스트, 사운드 등의 데이터를 의미함. 원서에는 'assets(자산)'이라고 나와 있으나 국내에는 리소스란 용어로 통용되고 있어 리소스로 번역함 – 옮긴이
5　실험용의 둥글 넙적한 접시. 디지털로 된 실험 도구란 의미 – 옮긴이

임 데모가 없을 때라도 팀은 시장의 피드백을 얻을 수 있는 최선의 방법을 찾아야 한다. 많은 애자일 팀에겐 익숙하지 않은 과정이겠지만, 때때로 포커스 그룹이 도움이 될 수 있다.

- **많은 게임 경험은 독특한 룩앤필**look-and-feel[6]**, 혁신적인 인터페이스, 또는 브랜드에 의해 좌우된다.** 많은 애자일 팀은 이런 측면을 빚쟁이 피하듯 피하는 실수를 범한다. 그러나 게임의 고유의 맛과 경험은 단순한 프로그래밍이 아닌 이런 요소로부터 나온다. 애자일 팀은 프로그래밍과 관련되지 않은 요소를 팀에 결합시키는 데 익숙해질 필요가 있다.

표 3-1은 전통적 게임 개발, 웹 개발과 소셜미디어 게임 개발을 비교한다.

	전통적 게임	웹사이트 프로젝트	소셜미디어 게임
제품의 예	헤일로, 하프 라이프	아마존, 링크드인	비쥬얼드 블리츠, 마피아 워즈
출시 후 변경 빈도	대개 한정된 몇 번의 버그 수정 패치	잦으면 매일	잦으면 매일
수치분석이 활용되는 시점	주로 출시 전	출시 후	출시 후
재미가 파악되는 시점	제작 전	언제나	첫 번째 프로토타입 기간
고객의 목소리	제품 기획자, 플레이 테스터	고객 인터뷰, 웹사이트 통계 분석	게임 통계 분석
계층 구조적 상호 의존성	콘텐츠의 필요에 의해 방대한 규모	보통 거의 없음	적을 수도, 많을 수도
성공할 수 있는 최저 수준의 제품 개발비	제품 가치에 대한 시장의 기대로 인해 많은 비용 소요	많은 초기 웹사이트 프로젝트가 단순하여 대개 소규모	상대적으로 소규모이며 큰 비용이 들지 않으나, 고객의 기대가 증가하고 있음

표 3-1 전통적 게임, 웹사이트, 소셜미디어 게임 개발의 비교

---

6 보이고 만져지는 '느낌'이라는 뜻 – 옮긴이

🦢 팀

소셜미디어 게임 개발 경력으로 이력서를 채울 수 있는 사람은 많지 않다. 소셜미디어 게임 개발의 성공 여부는 자신의 조직 내부나 전통적 게임 및 웹사이트 개발 경력이 있는 사람들 중에서 재능 있는 사람을 끌어모을 수 있느냐에 달려 있다. 하지만 애자일 게임 개발로 교차 기능 팀을 조직한다면 큰 도움이 될 수 있다.

팀 스킬

구체적인 경력사항에 집중하기보다는, 프로젝트를 수행할 수 있는 올바른 기술 조합을 갖춘 사람을 찾아야 한다. 표 3-2는 대부분의 소셜게임 개발 팀이 필요로 하는 기능을 보여준다.

> **참고**　이 책은 다음의 몇 가지 영역에 대한 이해를 도와주고, 우리가 잘할 수 있는 부분과 도움이 필요한 부분을 파악하는 데 도움을 준다.

필요 기능	설명
게임 디자인 기술	포인트 시스템, 배지, 순위표 구성에 대한 전문성. 감정을 이해하고 재미를 창조하는 방법을 알아야 한다. 훌륭한 게임 디자이너는 또한 훌륭한 의사소통자여야 하며, 자신을 표현하고 규칙과 시스템을 다른 디자이너에게 설명할 수 있어야 한다. 게임의 복잡성에 따라 게임 디자인에는 다수의 하부 영역이 있을 수 있다(아이템 디자이너, 스토리 작가, 레벨 디자이너, 퍼즐 디자이너, 경제 시스템 디자이너).
데이터 분석	스프레드시트나 데이터베이스 같은 분석 툴에 대한 전문성. 웹사이트 분석 툴에 경험이 있다면 큰 도움이 되는데, 특히 전환율(conversions)[7], 구매율, 참여율을 측정하기 위해 맞춤화된 데이터 중심 시스템의 개발 경험이 있다면 최적이다.
유저 경험 디자인	플레이어와 게임 디자이너의 희망과 꿈을 스토리, 스토리보드, 와이어프레임, 프로토타입 또는 미적으로 보기 좋은 인터페이스로 전환할 수 있는 능력

표 3-2 소셜게임 개발 팀 필요 기능

7　서비스 방문자가 회원 가입, 구매와 같이 해당 서비스가 의도한 행동을 하는 비율 – 옮긴이

필요 기능	설명
그래픽 아티스트	프로젝트에 따라, 전형적인 웹사이트 아트 디자이너 외에 일러스트레이터와 픽셀 아티스트[8](한 번에 한 픽셀씩 찍어 아이콘과 그리드 기반의 디자인 리소스를 개발하는) 그리고 어떤 프로젝트는 3D 모델러와 애니메이터가 필요할 수 있다.
프론트엔드(front-end)[9] 프로그래밍	HTML, 플래시, 유니티(Unity) 같은 프론트엔드 기술을 활용해서 플레이어가 게임에서 경험할 기능적 인터페이스를 개발하는 능력
백엔드(back-end)[10] 프로그래밍	데이터베이스, 애플리케이션 서버, 웹 개발 언어를 다룰 수 있는 능력(루비온 레일스(Ruby on Rails), PHP, 플렉스(Flex)가 소셜미디어 게임 개발에서 가장 많이 사용되는 웹 개발 언어임)
프로젝트 관리	애자일 코치와 프로듀서로서 리소스와 산출물을 관리하고, 커뮤니케이션을 조율하고 촉진하며, 이슈 관리 시스템(Issue Tracking System)[11] 같은 인프라를 관리하는 사람
품질 보증	소셜미디어 게임 개발 프로젝트의 잦은 변경 주기를 고려할 때, 직관적이며 직접 부딪쳐 보는 테스터가 스크립트 테스트 환경에 크게 의존하는 사람보다 훨씬 유용하다.

표 3-2 소셜게임 개발 팀 필요 기능(이어짐)

팀의 관심사

내 경험으로는, 훌륭한 게임 디자인 팀은 다양한 관심을 가진 사람으로 구성되어 있다. 팀이 교차 기능적이면, 개별 팀 멤버도 다면적이 되는 경향이 있다. 가장 성공한 몇몇 소셜게임 스타트업을 창업한 이들은 게임에 대한 관심이란 점에서 공통되지만, 그들의 경험 대부분은 게임 산업 외부에서 얻은 것이다.

---

8 국내에서는 보통 도트 디자이너라고 부른다. – 옮긴이

9 국내에서는 보통 클라이언트(client) 프로그래밍이라고 한다. – 옮긴이

10 국내에서는 보통 서버(server) 프로그래밍이라고 한다. – 옮긴이

11 개발 과정에서 발생하는 이슈를 관리해주는 시스템 – 옮긴이

내 팀에선 특정 영역에서 높은 수준의 전문성을 복합적으로 갖춘 사람을 찾았는데, 예를 들면 멋진 최신 기술을 활용해서 정교한 유저 인터페이스 제작 소프트웨어를 개발한 경험과 같은 것이다. 그러나 동시에 팀의 전문성을 넓히는 데 도움을 줄 2차적인 관심사를 찾았다. 만일 주로 기술에 치중된 사람이라면, 문학, 영화 및 예술에 부차적인 관심이 있는지 살펴봤다. 게임 개발의 예술적 측면과 좀 더 인간적인 측면에 초점을 맞춘 사람이라면, 인간 행동, 사고와 숫자에 호기심을 가진 사람을 찾았다.

게임 개발은 좌뇌와 우뇌 양쪽이 모두 필요한 일이다. 우리의 팀과 각각의 팀 멤버가 그러한 현실에 부합될 때, 멋진 제품을 완성할 가능성이 높아진다.

팀 형성

브루스 터크맨Bruce Tuckman은 미 해군 내부의 싱크 탱크think tank에서 심리학자 경력을 시작했는데, 그곳에서 작은 그룹이 효과적인 팀으로 전환되는 과정을 다룬 50개가 넘는 논문을 분석했다. 터크맨의 그룹 개발 단계로 알려진 그의 모델에는 형성forming, 혼돈storming, 규범norming, 성취performing의 4단계가 있다. 이 모델은 해군 함정 내 팀이 작동하는 방식뿐만 아니라 경영 팀, 제품 개발 팀, 창조적 협업자 등 다양한 팀을 이해하는 데 도움이 돼왔다. 대부분 많은 애자일 개발 팀이 신생이므로, 표 3-3에 제시된 단계의 맥락에서 자신의 팀 형성에 대해 생각해보면 도움이 될 것이다.

단계	설명
형성	사람들은 그룹이 운영될 규칙을 이해하는 데 관심이 있다. 다른 사람이 제공할 수 있는 것이 무엇인지 알려고 노력하지만, 서로 많은 정보를 주고받진 않는다. 애자일 개발 팀을 구성하고 있다면, 사람들에게 애자일 개발을 확실히 이해시키는 데 최적의 시점이다. 이번 장을 사람들과 같이 읽어보면 좋은 시작이 될 것이다.
혼돈	사람들이 자신이 잘하는 것을 표현하면서 개인적 자부심이 돌출되기 시작하고 때로는 중심 문제가 된다. 감정이 고조되며, 논쟁이 터져나온다. 이는 팀 형성 과정의 정상적인 부분임을 명심하자. 또한 이 단계는 잘난 체하는 개발자(know-it-all, 종종 자신을 신이 게임 업계에 준 선물이라고 생각하는 개발자 또는 애자일 기법에 경험이 있는 개발자)가 프로세스를 장악하려고 시도하는 시기다. 여기서는 일대일 코칭이 도움이 된다. 모두에게 어느 정도의 충돌은 정상적인 일임을 알리고, 여러분도 뭔가 새로운 걸 하고 있다는 사실을 알려라. 각자의 영역에선 누구나 전문가이지만, 그룹으로서 소셜게임을 만들어본 적이 없으므로 처음에는 어려울 것이다. 앞에서 다룬 전통적인 웹 및 게임 개발에 비해 소셜게임 개발이 다른 점 몇 가지를 강조할 수 있다.
규범	사람들은 서로의 개성을 알게 된다. 대부분의 팀 멤버는 무엇보다 화합에 초점을 맞춘다. 그러나 화합에 대한 그룹의 갈망이 멋진 작품을 만드는 요구사항보다 우선시돼선 안 된다. 외부의 분석적 데이터가 매우 유용한 시기다. 데이터는 사람들이 제품을 어떻게 사용하는지 보여주고, 사람들을 목표에 집중시키면서 그룹 역학에서 자존심을 제거해줄 수 있다. 이 단계 동안에 팀은 서로에게 마음을 털어놓고, '우리'나 '우리의' 같은 말을 많이 사용하기 시작해야 한다. 또한 팀 멤버를 발전시키는 데 서로 도움을 줄 수 있는 분야가 있는지 알아보기에 좋은 시기이기도 하다. 예를 들어, 게임 디자이너와 인터페이스 디자이너가 밀접히 팀을 이뤄, 서로의 지식으로 이득을 볼 수 있다.
성취	그룹 내 정치가 안정되고, 그룹 참여자가 팀에 무엇을 제공할 수 있는지 명확하게 이해하게 된다. 팀은 과제를 위임하고, 업무를 수행할 수 있는 최적의 사람이 누구인지를 파악하고, 새로운 아이디어를 심화시키는 효과적인 수단이 된다. (데이터와 분석이 빛을 발하는) 비즈니스 성과에 초점을 맞추도록 팀을 유지하는 데 성공했다면, 팀은 실용적인 결정을 내릴 수 있게 된다. 게임 디자인과 비전이 훌륭했다면, 팀은 그것을 기반으로 집결해서, 디자인과 비전을 강화할 방법을 찾을 것이다. 만일 게임 디자인과 비전이 성공적이지 않았다면, 변경할 수 있는 방법을 찾거나 아예 새로운 접근법을 고려해보라.

표 3-3 게임 개발 단계

팀 협업을 위한 툴

애자일 프로세스는 문서화보다 커뮤니케이션과 상호작용을 강조하므로, 사람들이 서로 대화하게 만드는 시스템을 만들 필요가 있다. 애자일 방식으로 소셜미디어 게임을 개발하는 팀을 관리하는 데 소프트웨어의 도움을 얻을 수 있다.

팀 협업에 사용되는 가장 흔한 형태의 소프트웨어 중에 위키wiki가 있는데, 팀 중 누구라도 문서에 참여하고 편집할 수 있게 해준다. 우리는 디스럽터 빔에서 모든 프로젝트에 위키를 사용했다. 그러나 위키를 몇 년간 사용해본 결과 지식을 수집해서 저장하는 데는 탁월하지만, 상호작용이나 창조성을 촉진하는 데는 그리 탁월하지 않다는 결론을 내렸다. 위키에서 벌어지는 대화나 변화로부터 이득을 얻으려면 충분히 자주 위키에 참여해야 하는데, 프로젝트에 참여하는 많은 사람이 그럴만한 필연적 이유를 느끼지 못했기 때문이다. 어쨌든 위키를 사용하라. 위키는 분명히 공유 파일 디렉토리를 압도하며, 위키가 없었다면 프로젝트 도중에 먼지만 쌓여 있을 설계 문서에 생기를 불어넣어 준다. 단, 위키가 팀 커뮤니케이션 촉진제가 될 것이라고 기대하지는 마라.

최선의 툴은 디자이너와 개발자가 상호작용 기반으로 함께 일하면서 실제로 제품이 될 산출물을 만들어갈 수 있는 툴이다. 이런 방법이 효과적인 이유는 자연적인 업무 프로세스의 일부분이기 때문이다. 좋은 예는 프로토셰어Protoshare라는 제품인데, 디스럽터 빔에서 브레인스토밍, 와이어프레임, 유저 인터페이스 개발 노력을 진행할 때 누구나 창조 작업과 논의에 참여할 수 있게 해줬다. 프로토셰어와 이런 종류의 몇몇 다른 제품은 부록 B의 '창조성 도구' 단락에 포함되어 있다.

디스럽터 빔에서 사용된 또 다른 귀중한 툴은 스카이프Skype였다. 우리 개발자들 일부는 메인 스튜디오 외부에 있었는데, 이는 전 세계적으로 활동이 조율돼야 함을 의미했다. 누구나 팀의 일부라는 느낌을 가져야 하고, 회사 전체적으로 끊임없이 대화가 지속돼야 했다. 스카이프는 여러 참여자 간에 대화

줄거리가 유지될 수 있게 해줬고, 우리 식의 스탠드업standup 미팅[12]인 다자간 비디오 원격 회의가 활용됐다.

팀이 분산되어 있다면, 모든 사람이 커뮤니케이션하고 있는지 확인하기 위해 좀 더 신경을 써야 한다. 원격 통신이 많은 장점이 있긴 하지만, 실제로 관리 부담은 줄지 않고 오히려 늘어난다.

외부 팀과의 협업

소셜게임 개발 프로젝트에 도전하기 위해 자신의 팀에 필요할 듯한 기술을 고려하다 보면, 주눅이 들지도 모르겠다. 대안으로 소셜게임 개발에 전문성이 있는 스튜디오와 협업하는 방법도 있다. 우리는 디스럽터 빔에서도 그렇게 했는데, 파트너로 일할 수 있는 몇몇 스튜디오를 부록 B에 실어놓았다. 이런 접근 방식의 장점은 이 책에서 제시된 난제들을 이미 겪어본 개발자들과 함께 일하게 된다는 것이다. 이런 경험은 여러분의 회사가 소셜게임 개발에 대한 방대한 지식을 흡수할 수 있는 기회가 될 수도 있다.

다음은 소셜게임 제작을 돕기 위해 외부 개발 팀의 참여를 고려할 때, 체크해야 할 몇 가지 질문이다.

- 여러분이 고려하고 있는 팀은 게임이나 웹사이트 개발에 경험이 있는가? 또는 양쪽 모두? 소셜게임 개발은 웹사이트와 게임 개발 양쪽에 걸친 기술 집합을 필요로 한다.
- 그 팀은 여러분의 독특한 관심사와 요구사항을 이해하고, 행동 계획으로 옮길 수 있는 프로세스를 갖고 있는가?
- 그 팀은 고수준의 디자인부터 지속적인 서버 운영까지 개발 과제 전체를 다룰 수 있는가?
- 여러분이 깊이 관여할 수 있도록 긴밀히 협조할 수 있는 팀인가?

---

12 서서 하는 미팅 – 옮긴이

플레이어 중심적인 디자인

해를 거듭하면서, 제품(특히 소프트웨어) 디자인은 다양한 형태의 고객 중심적 디자인에 좀 더 초점을 맞추게 됐다. 이러한 접근법의 의도는 숭고하다. 제품 디자이너가 원하는 것보다 고객이 원하는 것에 좀 더 초점을 맞추자는 것이다. 하지만 많은 제품 팀이 고객 중심적 디자인 기법을 채용했음에도 불구하고, 여전히 가치를 전달하지 못하는 제품에 머물러 있다.

게임 디자이너라면 이런 기법이 게임 디자인을 계획하는 데 추가적으로 도움을 줄 수 있다고 생각할 것이다.

전통적인 고객 중심적 제품 디자인은 6단계로 구성되어 있다.

- 비즈니스 문제 해결을 위한 일반적인 아이디어를 도출할 수 있도록 혁신하라.
- 인터뷰, 조사 또는 직관에 기반해 고객을 묘사하는 페르소나를 개발하라.
- 사용 사례(고객이 원하는 제품 사용법을 설명하는 이야기)를 개발하라.
- 사용 사례를 가능하게 하는 유저 인터페이스를 개발하라. 디자이너는 유저 대상으로 인터페이스를 테스트하기 위해 프로로타입을 제작하고, 인터페이스가 기대한 대로 동작할 때까지 반복 개선한다.
- 개발자는 실제의 제품으로 넘겨질 소프트웨어를 개발한다. 이 제품은 의도한 대로 동작할 때까지 고객 대상으로 테스트된다.
- 관리자는 완성된 제품이 현장에서 어떻게 사용되는지에 대한 정보를 수집하고, 이 정보를 활용해서 프로세스 전반의 후속 반복 개선사항을 공지한다.

최종적인 플레이어 중심적 디자인 방법론은 부분적으로 전통적인 고객 중심적 디자인 기법을 기반으로 하고 있지만, 게임의 독특한 요구사항, 즉 재미를 만들어야 하는 제품이란 점에 초점을 맞춘다. 그림 3-1은 플레이어 중심적 디자인 프로세스의 전체 흐름을 보여준다.

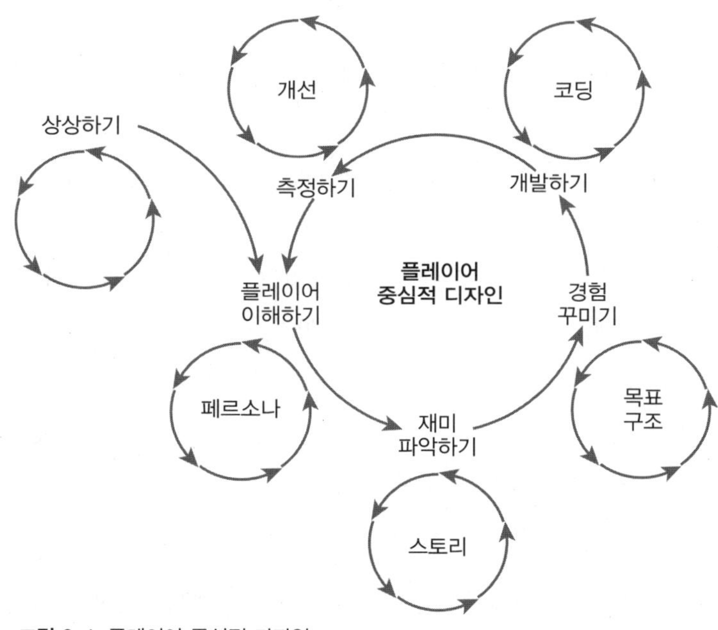

그림 3-1 플레이어 중심적 디자인

게임 컨셉 상상하기

어떤 게임에도 그 뒤에는 선지자가 있다. 자신이 하고 싶은 일에 대한 아이디어를 가진 CEO, 제품 리더, 리드 게임 디자이너 또는 프로듀서가 그들이다. 위원회에서 성공적인 게임이 만들어지는 경우는 거의 없다.

상상의 목적은 만들려는 게임이 본질적으로 무엇에 관한 것인지 결정하는 일이다. 고객이 누구인지 정확히 모를 수도 있고, 어떻게 재미있게 만들지 확신이 없을 수도 있으며, 심지어 게임의 내용이 무엇인지 모를 수도 있다. 그럼에도 불구하고, 게임이 무엇에 관한 것인가를 알고 있으면 프로세스를 진행해 나감에 따라 확신이 생길 것이다. 다음과 같이 '무엇에 관한 게임'이라는 문구를 만들어본다면 도움이 된다.

- 마피아의 짱이 되는 것에 관한 게임
- 자신의 라이프 스타일을 좀 더 환경친화적으로 만드는 것에 관한 게임

- 도시를 디자인하고 도시 경영에 대한 의사결정을 내리는 것에 관한 게임

- 건강해지는 방법을 배우는 것에 관한 게임으로, 실제로 시간이 지나면 행동을 바꾸고 건강해질 수 있다.

- 난이도가 증가하는 퍼즐을 푸는 것에 관한 게임으로, 보석 기반의 뚜렷한 브랜드 주제를 갖는다.

- 단백질의 접히는 구조를 장난감으로 가지고 노는 것에 관한 게임으로 플레이어는 실제로 과학적 기여를 할 수 있다.

- 실제 유명인에 관한 게임으로, 플레이어는 뉴스에서 발생하는 사건을 예측해야 한다.

- 세계를 정복하려는 상대편에 대항하기 위해 장대한 투쟁에 돌입한 판타지 캐릭터로서의 자신을 상상하는 것에 관한 게임

‘무엇에 관한’ 문구 외에도, 상상 단계의 목적은 폭넓은 이야깃거리와 게임 개발을 인도할 핵심 경험에 접근하는 것이다.

때로는 게임이 시작되기도 전에 강력한 비전 선언문이 존재하는 경우도 있지만, 어떤 경우에는 비전 선언문이 몇 가지 조율과 심도 깊은 검토를 거친 후에야 프로젝트 팀이 활용할 수 있는 수준이 되기도 한다. 이런 스토리 제작을 계획하는 데 도움을 얻기 위해, 브레인스토밍, 스토리텔링 및 신화의 기법을 도입할 수 있다. 이는 9장에서 다룰 주제다.

플레이어 이해하기

게임이 무엇에 관한 것인지 알고 싶다면 플레이어에 대해 생각할 필요가 있다. 플레이어는 즐거운 경험을 하고 싶고, 그 대가를 지불할 의사가 있는 고객이다. 가능하다면 플레이어에 관한 모든 것을 이해하는 것이 목적이지만, 특히 게임의 정체성과 관련된 그들의 동기요인이 가장 중요하다. 이 과정을 위한 특별한 방법론으로 플레이어 페르소나를 만드는 방법이 있는데, 페르소나란 게임 플레이어를 동기 중심적으로 묘사하는 방법으로, 4장에서 자세히 다룬다.

🦢 재미 파악하기

여러분의 플레이어에게 동기를 부여하는 것이 무엇인지 알게 됐다면, 게임에서 재미의 근원이 무엇인지 생각해볼 준비가 된 셈이다.

이 지점에서 많은 게임이 실패한다. 고객이 누구인지 파악하고, 플레이 환경이 될 게임 '세계'를 창조하지만, 게임에 재미를 주는 것이 정확히 무엇인지 분명하게 결정되지 않곤 한다. 5장에서 다양한 재미 이론에 대해 논하고, 9장에서는 스토리텔링을 활용해서 게임에서 가장 즐거운 경험을 파악하는 방법을 다루게 된다. 이런 방법들은 게임의 잠재적인 재미를 파악하는 유용한 도구이지만, 어느 시점에서는 "맞아, 이것이 우리가 지켜야 될 재미야"라고 스스로 깨닫는 순간이 와야 한다.

자신이 정말로 게임의 재미를 깨달았는지 어떻게 알 수 있을까? 우선적으로 체크할 점은 스스로 재미를 느끼는가이다. 참여한 모든 개발자가 마음속 깊이 재미가 없다고 느끼고 있는 절망적인 게임 개발 프로젝트의 숫자는 끝이 없다. 팀이 스스로 만드는 게임에 열정이 없다면, 게임이 재미있을 가능성은 매우 희박해진다. 그뿐 아니라 훌륭한 게임은 단순히 개발자 자신을 위해서가 아니라 더 큰 시장을 목표로 만들어지므로, 이 과정에서 고객 피드백이 유용하다. 8장에서 자신이 느끼는 재미가 일반적으로 시장에서 공유될 수 있을지 검증하기 위한 몇 가지 고객 몰입 수치분석과 플레이 테스트 방법을 살펴볼 것이다.

🦢 경험 꾸미기

이 단계에서는 플레이어에게 즐거움을 전달할 올바른 방법을 결정하기 위해 다양한 시도가 이뤄진다. 여기에는 플레이어가 게임에서 가져갈 기억이 무엇인지, 게임을 친구에게 어떻게 설명할 것인지에 대한 고려를 비롯해서, 플레이어에게 주어져야 할 인터페이스와 목표, 어떻게 거부하기 어려운 몰입을 유도할 것인지에 대한 세부 내용까지 포함된다.

이 국면에서는 종종 한 사이클이 며칠 단위인 신속한 반복 개선 과정이 엄청나게 일어난다. 가급적 언제나 사람들이 게임의 여러 측면과 상호작용할 수 있도록 프로토타입이 개발된다. 프로토타입에 대한 반응을 기반으로, 팀은 이전 단계로 돌아갈 수도 있고(때때로 재미의 근원이 기대했던 것만큼 재미있지 않기 때문에), 다시 반복 개선할 수도 있다(재미는 맞지만, 전달 방법이 적절치 않기 때문에).

종종 이 단계에서 프로젝트의 남은 부분을 펀딩할지에 대한 큰 결정이 이뤄진다. 팀이 문제점에 대해 이미 충분히 다양한 접근 방법을 시도했다고 느끼는데도 잠재적 고객이 희망했던 만큼 반응하지 않는다면, 아이디어를 포기하는 방향이 타당하다. 그렇지 않다면, 프로젝트는 파란 불을 받고 다음 단계로 전진하게 된다.

소프트웨어 개발하기

게임이 개발 후반 단계에 접어들면, 좀 더 계층 구조적 개발 프로세스로 변하는 경향이 있다. 대개 좀 더 많은 개발자가 프로젝트에 참여하게 됨에 따라 펀딩 요구가 증가하므로, 여러분은 게임 아이디어가 시험을 통과할 수 있을지 확신을 갖고 싶어진다. 이전 단계까지의 목적은 잘못된 제품을 만드는 리스크를 최소화하기 위한 것이지만, 이 시점에서도 여전히 큰 문제를 발견하고 해결해야 한다.

신속한 반복 개선은 이 단계에서도 계속되는데, 종종 주 단위로 진행된다. 이전 단계 동안 도출된 디자인을 기반으로 특정 유저 인터페이스와 제품 컴포넌트가 계속 개발되고 있지만, 고객 테스트와 피드백은 지속적으로 필요하다. 계층 구조적 경향이 있는 제품의 콘텐츠도 이 단계에서 개발되는데, 서로 맞물리는 의존적 특성 때문에 게임 콘텐츠의 반복 개선은 다소 적을 수 있다.

이 책은 프로그래밍 책이 아니므로, 소프트웨어 개발 이슈에 대해서는 많은 지면이 할애되지 않는다. 대신 이 책은 이번 장에서 제시된 협업과 애자일 개발 기법부터 시작해서 개발 팀을 프로세스에 참여시키는 방법을 논의한다.

🦢 성공 측정하기

게임이 '벌판에 나와' 실제 고객을 접한 이후에는 플레이어가 게임과 상호작용하는 방법을 계량적으로 분석하는 일이 측정의 목표가 된다. 이 단계에서 정보를 활용해서 플레이어를 더 많이 이해하고, 성능을 개선하기 위해 인터페이스를 다듬고, 게임을 발전시킬 기회를 파악한다. 파악된 사항에 따라, 필요하면 개발자를 이전 어떤 단계에도 지속적으로 재참여시켜야 하는데, 이에 대해서는 8장에서 다룬다.

🦢 정리

3장에서는 어떤 성격의 팀이 소셜미디어 개발 프로젝트에 도전해왔는지를 논의하며, 수치 중심적이지만 종종 게임적 배경이 없는 사람들이 거둔 큰 성공에 주목했다. 여러분의 게임 개발 프로젝트에 도움을 줄 수 있는 사람들의 유형을 검토하며, 게임, 웹사이트 및 분석적 능력이 조합된 다양한 재능을 갖춘 사람을 찾으라고 제안했다.

또한 애자일 개발의 장점을 논의했는데, 애자일은 비즈니스 환경 변화에 민첩하게 대응하는 작은 반복 개선을 통해 고객과의 협업에 초점을 맞춤으로써, 고객이 사랑하는 제품을 만드는 방법에 관한 것이다. 또한 각기 다른 방식으로 애자일 개발이 게임과 웹사이트에 도움이 될 수 있는 방법이 논의됐는데, 예를 들어 메이저 소매 게임의 경우 주로 출시 전에 제품을 준비하는 데 활용되는 반면, 웹사이트와 소셜게임은 출시 후 제품의 지속적 진화에 애자일 기법이 활용된다.

마지막으로, 디스럽터 빔에서 활용된 특정 디자인 방법론과 플레이어 중심적 디자인이라는 방법론이 제시됐는데, 이는 비전을 수립하고, 플레이어를 이해하고, 재미를 파악하고, 경험을 꾸미고, 소셜게임 제품을 개발하고 측정하기 위한 프로세스다. 이 책의 나머지 부분에서는 주로 이런 방법론의 다양한 요소에 초점을 맞춘다.

경로 선택

다음에 읽어야 할 부분에 대한 안내

- 고객을 게임 플레이어라고 생각하고 그들의 머릿속에 들어가 본다면, 그들에게 동기를 부여하고 몰입시킬 수 있는 새로운 방법을 발견할 수 있다. 이런 방법에 흥미가 끌린다면, 계속해서 4장을 읽는다.
- 멋진 작품을 꿈꾸고 게임의 재미를 파악하는 길로 여러분을 이끄는 데 도움이 될 수 있도록, 뭔가를 재미있게 만드는 방법이 무엇인지 좀 더 이해하고 싶다면 5장으로 간다.
- 소셜게임 제품 디자인에 대한 검토를 시작할 준비가 됐다면 7장으로 이동한다.

플레이어로서의 고객

4장의 내용

★ 고객을 '플레이어'로 생각해서 비즈니스 관계를 좀 더 긍정적으로 변화시키는 방법
★ 신화(myth)를 창조적 도구로 활용해 고객의 생각을 탐구하는 방법
★ 온라인 게임에서 플레이어를 분류하기 위해 활용하는 방법
★ 우리의 개발 노력을 인도할 플레이어 페르소나를 만드는 방법

고객의 가장 깊은 희망과 꿈 그리고 욕망을 밝혀주는 방법이 있다면, 고객을 새롭고도 신선한 방법으로 생각할 수 있지 않을까? 이런 변화에는 약간의 마법이 필요하므로, 여러분이 활용할 수 있는 간단한 사례를 공유하고자 한다. 이 사례를 가끔씩 스스로 반복해보면 '나의 고객은 플레이어'라고 고객에 대한 생각을 재정의하는 데 도움이 될 것이다.

플레이어 페르소나는 가상의 캐릭터로 게임을 플레이하는 실제 고객의 개인적 성격, 태도, 속성을 포착하기 위한 것이다. 플레이어 페르소나를 활용해서 고객이 가장 재미를 느끼는 점을 중심으로 제품 기능의 우선순위를 정할 수 있으며, 결과적으로 좀 더 많은 고객 몰입과 수익성 높은 관계로 이어질 수 있다. 이번 장에서 여러분은 이런 페르소나를 개발할 수 있는 일련의 도구로 무장하게 되는데, 인터뷰 기법, 동기 부여 심리학과 신화적 원형이 포함된다.

페르소나를 창조하는 과정에는 다음 단계들이 포함된다.

- 핵심 고객 파악하기
- 조사와 인터뷰를 통해 고객 정보 수집하기

- 묘사, 동기, 목표로 정보를 정리하기
- 배운 내용을 토대로 필요한 만큼 반복하기 또는 모르는 점 보완하기

페르소나를 1개 이상 만들고 나면, 어떤 경험이 여러분의 고객에게 가장 큰 행복을 줄지 감이 잡힐 것이다.

🦅 플레이어 페르소나를 활용한 고객 묘사

플레이어 페르소나를 창조하는 첫 번째 단계는 잠재 고객이라고 생각되는 사람과 대화하는 일이다. 일단은 자신의 비즈니스와 관련된 다양한 유형의 사람들을 대표한다고 생각되는 이들을 찾아야 할 것이다. 다음 단계로 그들에게 질문에 던져 그들에게 영향을 미치는 점을 파악해야 하기 때문이다.

고객과 일대일로 대면할 수 있다면 최선이다. 그들을 가까이에서 지켜보며 놀라움, 짜증이나 의심을 전달해주는 미묘한 얼굴 표정을 긴밀하게 관찰하다 보면 적절한 질문을 하는 데 큰 도움이 되기 때문이다. 뭔가 배울 수 있는 사람과 연결되기 위해 여러분이 할 수 있는 일은 다음과 같다.

- **커뮤니케이션을 요청한다.** 잠재적인 고객과 커뮤니케이션하기 위해 블로그나 페이스북 팬 페이지 같은 온라인 커뮤니티를 준비한다.
- **온라인 장소를 활용한다.** 온라인 포럼, 트위터, 페이스북의 소셜 그룹상에서 사람들과의 대화에 참여한다.
- **온라인 광고를 한다.** 자신의 제품과 관련된 키워드를 타깃팅한 온라인 광고를 집행해서, 사람들을 커뮤니티로 유입시킨다.
- **고객에게 질문한다.** 회사와 이전에 접촉한 적이 있는 고객에게 접근해서 그들의 생각을 묻는다. 자신의 피드백이 실제 영향을 준다고 느끼면 대부분의 사람은 매우 호의적으로 응답한다.
- **쇼핑객을 관찰한다.** 각 계층을 대표한다고 생각되는 사람들이 상점에서 쇼핑하는 모습을 관찰한다. 용감하다면, 몇 가지 질문을 던져도 좋다.

- **포커스 그룹을 시도한다.** 다른 방법을 전부 시도해보고 추가적인 도움이 필요하다면, 포커스 그룹을 모으기 위해 시장 조사 회사의 도움을 검토할 수 있다.

일단 대화할 사람을 몇 명 찾았으면, 다음 단계는 뭘 질문할지를 결정해야 한다.

고객 인터뷰 질문 항목

플레이어 페르소나는 고객에 대한 통찰력을 얻기 위한 수단이다. 중요하다는 사실을 이미 알고 있는 요인들을 검증하고 평가하는 데 도움이 되는 좀 더 공식적인 시장 조사와 달리, 고객 인터뷰는 학습과 탐구를 돕기 위한 일이다.

시작 질문은 경쟁자, 행동, 목표에 대한 정보를 드러낼 수 있는 '무엇what' 그리고 '어디서where'에 관한 질문이 되어야 한다. 예를 들면 다음과 같다.

- …에 대해 어떻게 생각합니까?
- …을 대개 어디서 구입합니까?
- …을 찾으려면 어디로 갑니까?
- 팜빌FarmVille에서 레벨은 얼마입니까?
- 주 킹덤Zoo Kingdom에서 사람들에게 준 가상 선물은 무엇입니까?

물론 자신의 비즈니스에 맞춰 질문을 조정해야 할 것이다. 아마 여러분의 고객은 팜빌이나 주 킹덤에는 관심이 없을 수도 있고, 또는 게임 자체에 전혀 관심이 없을 수도 있다. 이 사례들은 여러분이 질문할 구체적 질문의 참조 정도로 활용하기 바란다.

이 단계의 인터뷰에서 얻게 될 가장 유용한 정보는 사람들이 경쟁사 제품으로 무엇을 하고 있는지, 그리고 들어본 적이 없는 몇 가지 제품 이름이 될 것이다. 그러나 수집할 수 있는 최고의 정보는 동기에 관한 것이다. 여러분은 예리한 인터뷰 진행자가 돼야 한다. 어쨌든 인터뷰는 시장 조사가 아니며, 우리는 눈에 보이지 않는 점을 알고 싶은 것이다. 동기를 드러내기 위해서는, '왜why'와 '어떻게how'로 시작되는 많은 질문이 필요하다.

- 왜 팜빌에서 사람들에게 선물을 주지 않습니까?
- 페이스북 뉴스 피드에서 업적을 공유할지는 어떻게 결정합니까?
- 왜 점심 휴식 시간에만 페이스북에 접속합니까?
- 왜 동료들의 친구 요청을 허락하지 않나요?
- 월드 오브 워크래프트 레이드에서 에픽템epic loot[1]을 하나도 획득하지 못하면 기분이 어떤가요?
- 왜 온라인 다이어트 웹사이트를 2주 만에 사용 중지했습니까?

여러분은 설득하기 위해서가 아니라 배우기 위해 인터뷰를 한다는 점을 명심하라. 질문 방식에 편견이 개입되지 않게 하라. 자신이 정답이라고 생각하는 답을 고객이 답했을 때 승인하거나 공감한다는 느낌을 주거나, 고객을 가르치려고 하지 마라. 여러분이 지나칠 정도로 대화를 주도해가면, 대화 상대의 페르소나가 아니라 자신의 페르소나를 만들게 되고, 고객이 여러분의 비즈니스와 상호작용하는 방식에 대한 섬세한 정보를 배울 수 있는 귀중한 기회를 상실하게 된다. 고객 쪽에서 여러분과 공감하기 위해 여러분의 의견을 구할수도 있다. 우리가 정말로 관심이 있는 것은 고객의 생각이며, 그들을 특정 대답으로 유도하길 원하지 않는다는 점을 고객에게 알려라. 인터뷰가 끝난 후에 언제든지 자신의 의견을 고객에게 공유할 것인지 제안할 수 있다.

고객이 허락한다면, 여러분의 잠재 고객이 평상시 하는 일을 관찰해야 한다. 그들이 페이스북을 사용하고, 온라인 게임을 플레이하고, 여러분의 제품과 가장 유사한 제품을 사용하는 모습을 관찰하라. 목표는 그들이 제품을 사용하는 방법을 정확히 파악하는 것이다.

---

1 WoW의 고급 아이템 등급 중의 하나 - 옮긴이

⑤ 조사 결과를 페르소나로 바꾸기

고객에 대한 조사 결과를 취합한 후에, 서로 유사한 인터뷰 목록과 정보끼리 모아서 정리한다. 거의 모두가 비슷하다면 오직 하나의 페르소나가 만들어 지겠지만, 대개는 최소 2~3개의 구별되는 그룹이 만들어진다.

이 단계에서 가장 중요한 사항은 모든 결과를 한두 개의 가공적인 고객으로 '평균화'하려는 유혹에 저항하는 것이다. 사람들과 대화하고 내재된 유사성을 기준으로 그룹별로 정리함으로써, 여러분은 실질적으로 클러스터 분석cluster analysis을 경험하게 된다. 클러스터 분석에서 통계 전문가들은 그룹을 격자상에 표시하여 수학적으로 가장 가깝게 배치된 그룹을 파악함으로써 유사 데이터 그룹을 식별하려고 시도한다. 단, 우리 데이터 대부분은 정성적이기 때문에, 사람들의 유사성 기준에 대해서는 자신의 판단에 초점을 맞춰야 한다.

그룹화하는 도중, 해당 그룹을 가장 잘 대표한다고 생각하는 사람을 파악해 본다. 일부 기초적 정보를 변경하는 건 무방하나(특히 인터뷰 대상자의 개인정보를 노출하지 않기 위해), 다시 한번 강조하지만 실제로 존재하지 않는 누군가로 그들을 평균화하지 않는 것이 좋다.

이런 정보 그룹을 모아서 간단한 설명으로 요약한다. 여러분 또는 팀원 중에 그래픽에 재능 있는 사람이 있다면, 이 정보를 포스터로 만들어서 벽에 붙여놓으면 흥미롭고 유용할 것이다. 포스터로 만드는 과정을 통해 가장 중요한 정보를 표시하는 데 집중하게 된다. 또는 파워포인트 슬라이드, 위키 페이지 또는 이메일에 맞게 한 페이지로 설명을 요약해도 좋다.

페르소나 설명에는 다음 내용이 포함되어야 한다.

- **인구통계**demographics: 전형적 고객에 대한 성별, 나이, 결혼 여부, 교육, 수입, 지리적 위치 정보는 제품을 마케팅하는 데 엄청난 영향이 있다.
- **동기:** 그들이 유사 제품을 사용하는 이유는? 그들의 꿈과 희망은 무엇인가? 우리 제품에서 그들이 원하는 바는? 그들은 유사 제품에 대해 어떤 느낌을 받을 것인가?

- **영웅의 여정 원형**Hero's Journey archetype: 고객이 우리 제품을 사용할 때 그들을 가장 잘 묘사하는 캐릭터는 무엇인가? 해당 고객이 대체 상품을 사용할 때의 느낌과 비교하면 어떠한가?

- **온라인 정체성**: 고객은 온라인에서 어떻게 상호작용하는가? 익명성을 선호하는가? 그들의 온라인 및 게임에서의 정체성과 현실에서의 정체성은 어느 정도 유사한가?

- **불만**: 유사 제품에 대해서 그들이 싫어하는 점은 무엇인가?

- **유사 제품 사용**: 유사 제품을 사용할 때는 보통 언제인가? 보통 그런 유사 제품을 구매하고 사용하는 곳은 어떤 장소인가?

- **미디어 소비**: 그들이 즐기는 웹사이트, 잡지, 텔레비전 등은 무엇인가?

- **하루 일과**: 그들은 매일 어떤 활동을 하는가? 여러분의 제품과 관련된 활동에 초점을 맞춰라.

페르소나 이름 짓기

페르소나는 기억할 수 있는 이름을 필요로 한다. 이름을 지으면 회사의 마케팅 팀, 디자인 팀 및 CEO를 비롯한 모든 직원이 회사의 고객이 누구인지에 대해 공감대를 이루는 데 보탬이 된다. 이름을 유용한 커뮤니케이션 도구로 생각하라.

가끔은 두운법alliteration[2]이 기억하는 데 도움이 된다. 이전에 운영했던 회사에서 게이머DNA닷컴을 개발했을 때, 핵심 게임 플레이어 커뮤니티의 페르소나 세 명은 입증자 폴Paul the Prover, 공유자 숀Shawn the Sharer, 실행자 돈Don the Doer이었다. 이런 약칭 이름으로 이들 플레이어의 다음과 같은 관심사를 쉽게 기억할 수 있었다. (a) 자신이 얼마나 강한가, (b) 자신을 정보 전문가로 여기고 전문 지식을 다른 이들과 공유하기를 원한다. (c) 사이트에서 즉시 도움이 되는 것을 뽑아내는 일에만 관심이 있다(예를 들면, 플레이할 새로운 게임을 찾아내는 일).

---

2 단어의 앞 글자를 맞추는 것 – 옮긴이

페르소나의 9가지 함정

페르소나를 개발할 때, 조심해야 할 잠재적인 문제점이 몇 가지 있다. 이런 우려사항을 명심하면, 좀 더 좋은 인터뷰를 진행할 수 있고 잘못된 판단을 낳을 수 있는 지나치게 상세한 페르소나를 제거할 수 있다.

고객이 아닌 유저를 위한 디자인

많은 회사는 고객보다는 유저를 위해 디자인한다. 유저user는 대부분의 엔지니어가 다른 엔지니어를 위한 제품을 만들던 소프트웨어 산업 초창기에 훨씬 더 기술 중심적이었던 시절에서 유래된 상당히 몰개성적인 용어다.

유저란 용어의 또 다른 문제점은 반드시 뭔가에 비용을 지불하는 사람을 의미하지 않는다는 점이다. 고객customer은 우리가 제공하는 가치에 돈을 지불하는 사람이다. 우리가 유저가 아닌 고객에게 서비스를 제공한다는 사실을 명심하면, 운영이 비즈니스 모델의 테두리 안에서 이뤄져야 한다는 생각을 공고히 하는 데 도움이 된다. 플레이어player는 고객의 한 유형으로 재미를 기대하고 그 대가를 지불할 준비가 되어 있는 고객이다.

> 참고　불행히도 유저란 용어는 소프트웨어 산업의 토착어가 되어버려, 이 책의 나머지 부분에서도 사용되는데, 특히 흔히 사용되는 문구의 일부분으로 사용될 때 그렇다. 혼동을 피하기 위해 어쩔 수 없이 이렇게 하지만, 가능하면 언제나 자신의 용어 사전에서 제거하려고 노력하라.

비즈니스 모델에 대한 고민을 일찍 하지 않는다

분명한 비전을 갖는 것과 마찬가지로, 초기에 비즈니스 모델을 이해하면 제품의 초점을 예리하게 만들 수 있다. 고객이 지불하는 방식은 궁극적으로 제품을 포지셔닝하고, 포장하고, 전달하는 방법에 엄청난 영향을 미친다. 게임에서 비즈니스 모델은 게임 메커니즘 설계 방법과 밀접한 연관이 있다. 정액 기반의 게임은 가상 상품 매매로 유지되는 게임과 전혀 다르다. 비즈니스 모델이 확실하지 않은 경우에도 몇 가지 일반적인 계획은 필요하며, 고객 인터뷰를 활용해서 고객이 어떤 방법으로 지불할 의사가 있는지 확인해야 한다.

비즈니스 모델을 일찍 고민하지 못하면 초점을 잃은 설계 과정으로 이어지는 것처럼, 잘못된 방향으로 생각하는 것도 고통스럽긴 마찬가지다. 고객에게 초점을 맞추고 그들이 어떻게 가치를 인식하는지, 그들이 언제 어떤 방법으로 가치에 지불할 의사가 있는지에 대한 초점을 유지하는 것이 필수적이다. '늘 이렇게 해왔으니까' 또는 '경쟁사들이 하는 방식'이라는 이유로 비즈니스 모델을 강요하는 건 잘못된 방법이다.

헨리 포드의 빠른 말 오류

헨리 포드Henry Ford에 관한 인기 있는 일화 중에, 고객에게 무엇을 원하는가를 묻는다면 그들은 '빠른 말faster horses'이라고 대답할 것이라고 헨리 포드가 말했다고 한다. 이는 종종 고객이 실제로 자신이 무엇을 원하는지 모른다는 의미로 해석된다. 고객이 종종 문제에 대한 적절한 해결책을 상상하는 데 어려움을 겪는다는 건 사실이다. 하지만 고객이 빠른 말을 원하는 건 어딘가 빨리 가기 위해서라는 점은 굳이 헨리 포드에게 물어보지 않아도 될 것이다.

인터뷰를 진행하다 보면, 종종 고객은 문제의 해결책에 대해 나름대로 많은 아이디어를 갖고 있다. 디자이너의 임무는 고객의 생각을 '빠른 말'이라고 무시하는 것이 아니라, 그들의 생각 뒤에 숨은 동기를 밝혀내는 일이다. 게임의 환상적인 사실 중 하나는 사람들이 재미를 느끼는 것에 대해선 항상 의견을 주고 싶어한다는 점이다. 이는 게임이 어떤 비즈니스에서도 고객을 몰입시키는 강력한 도구가 될 수 있는 또 하나의 이유다.

고객을 플레이어로 간주한다면, 고객은 재미를 기대한다. 그들은 자신이 재미를 원한다는 사실을 알고 있다. 참신한 방식으로 재미를 전달할 방법을 찾는 일은 여러분의 몫이다.

동기에 대한 부적절한 초점

페르소나를 만드는 과정에서 종종 고객이 가진 목표의 지나치게 지엽적인 사항에 초점을 맞추기도 한다. 반드시 고객을 목표로 이끄는 동기도 함께 파악해야 하는데, 심지어 목표를 모를 때도 그렇게 해야 한다. 동기는 목표가 중요한 이유를 밝혀주며, 때로는 고객이 대신 집중해야 할 다른 종류의 목표를 알려줄 수도 있다.

위원회에서 만들어진 페르소나

위원회는 고객에 대한 적절한 구체적 지식 없이 페르소나를 만드는 경향이 있다. 페르소나는 실제의 사실보다는 희망과 허구에 기반한 이상화된 고객의 시각이 돼버린다. 때때로 위원회는 결정을 이끌어내기 위해 데이터를 활용하는데, 설계에 도전하는 데이터를 활용하기보다는 그들 자신의 믿음을 강화한다고 생각되는 데이터를 고르곤 한다.

이런 현상은 적절한 비전의 부재가 원인인 경우가 많다. 위원회는 제품에 맞는 올바른 비전을 찾아, 이리저리 시장을 헤맨다. 때때로 정반대의 상황이 나타나는 경우도 있는데, 비전이 너무나 편협하게 정의되어 최선의 해결책을 탐색할 수 있는 디자이너의 재량권을 침범하는 경우다.

불충분한 페르소나 상호작용

고객은 현금 인출기가 아니라 인간이다. 또한 디자이너도 고객과의 상호작용을 통해 미묘한 단서를 분별할 수 있는 능력을 지닌 인간이다. 시장 조사 데이터만으로 고객에 대해 충분히 알 수 없다. 이메일이나 게시판을 통해 메시지를 교환하는 것이 낫다. 전화 통화는 더 좋고, 얼굴을 맞대고 대화하는 방법이 최고다.

조금만 노력해도 온라인 커뮤니티 대응을 통해 고객을 만족시킬 수 있으며, 동시에 중요한 통찰력을 얻을 수 있다. 소셜미디어의 증가에도 불구하고, 이런 행동은 아직도 부족하다. 최소한 페르소나 디자인에 관련된 사람들은 가능한 모든 전자적 수단으로 고객과 직접 커뮤니케이션할 필요가 있다. 그러나 동시에 지역 고객 미팅(또는 트위터로 이뤄지는 미팅)이나 네트워킹 그룹에 참여해보면 어떨까?

정량적 분석 마비

고객에 대한 정량적 데이터는 극히 유용하지만, 리스크를 지는 건 설계자의 몫이다. 모든 결정이 기존 데이터에 의존한다면, 우리는 데이터에 의해 제한될 것이다. 일부 의사결정은 정성적 데이터나 직감적 본능에 의존해도 좋다.

분석 마비analysis paralysis는 데이터가 최고의 자기 방어 전략이 되어버려 모험을 하는 사람에게 불이익을 주는 조직의 증상이다. 대개 작은 비용으로 실패하고 진취적으로 추진하는 구조가 결핍된 조직에서 이런 문제가 발생한다.

측정은 게임을 완성해가는 과정에서 강력한 도구이긴 하지만, 사람들이 실제로 측정과 상호작용할 수 있을 때 더욱 빛을 발한다. 초기 단계에 고객이 누구인지 이해하려고 시도하는 동안에는 지나치게 정량적이 되지 않도록 유의한다.

반페르소나(antipersona)의 결핍

어떤 제품도 모든 사람에게 맞을 수는 없다. 만족시킬 수 있는 고객을 파악하는 일만큼 만족시킬 수 없는 고객을 파악하는 일도 중요하다. 가능한 모든 유형의 고객을 만족시키려는 제품은 지나치게 복잡해져서 인터페이스가 혼란스러워질 것이며, 결과적으로 어떤 고객도 만족시키지 못하게 된다.

트위터는 그들이 만족시키려는 고객 타입을 절대로 혼동하지 않은 웹사이트의 좋은 사례다. 그들의 고객은 간단하고 즉흥적인 메시지를 통해 연결하고 싶은 사람들이다. 어떤 고객은 아마도 훨씬 길고 복잡한 메시지를 제공하는 메시징 서비스를 원한다는 점을 그들도 알았겠지만, 그런 서비스를 원하는 이들은 다른 곳에서 서비스를 받아도 좋다고 생각했다. 마찬가지로 팜빌 같은 소셜네트워크 게임은 좀 더 사실적인 시뮬레이션 경험을 원하는 유저를 위해 수학에 철두철미한 게임이 될 수도 있었겠지만, 그랬다면 엄청난 수의 고객을 소외시켜 버렸을지도 모른다.

경험을 고려하는 데 실패

2장에서 현대 세계 경제에서 경험이 얼마나 중요한지 논의한 바 있다. 종종

제품 디자이너는 **고객 경험**(또는 나쁜 표현으로 유저 경험)을 지나치게 협소하게 생각
한다. 이 용어를 사용할 때, 그들은 정보와 상호작용하기 위한 그래픽 요소나
위젯widget 유저 인터페이스를 얘기하고 있는 것이다. 경험은 고객이 겪는 기억
이거나 변화임을 명심하라. 다른 사람에게 남기고 싶은 경험은 무엇인가?

진화를 고려하는 데 실패

플레이어는 시간에 따라 변한다. 하나의 페르소나로 시작했던 사람이 게임에
충분히 노출되고 나면 다른 페르소나와 비슷해지는 경우가 있다. 마찬가지로
게임이 진화함에 따라 전체 커뮤니티가 변할 수도 있다. 때때로 페르소나를
재검토해야 하며, 한 타입에서 다른 타입으로 플레이어의 변화를 이끄는 몇
가지 경로에 대해 검토해볼 필요가 있다.

앞에서 특정 집합의 고객 욕구를 고수하는 좋은 사례로 트위터를 언급한 바
있다. 트위터는 단문 메시지를 교환하기 위해 존재한다는 믿음에 충실하긴 했
지만, 시간이 지남에 따라 고객이 더 많은 서비스를 요구한다는 점을 깨달았
다. 그래서 트렌드 찾아보기나 팔로우할 사람 추천하기 같은 기능을 추가했
다. 트위터 초기에 이런 기능이 도입됐다면 지나친 기능이었겠지만, 이제 고
객의 레벨이 상승했으므로(게임 용어를 빌리자면) 추가된 복잡성이 적당하다.

🦅 영웅의 여정

고객이 단순히 고객이 아니라면 어떨 것인가? 고객이 악을 물리칠 퀘스트를
완수하고, 세계 평화를 회복시킨다고 상상해보면 어떨 것인가? 고객이 영웅
hero이라면 어떤 의미가 있을 것인가? 신화의 힘을 빌려 플레이어의 페르소나
요소가 떠오르게 할 수 있다면 어떨 것인가?

니체Nietzsche, 융Jung, 프로이드Freud를 비롯한 심리학자와 철학자는 신화와 스
토리에서 되풀이해 나타나는 특정 모티브에 주목했다. 조셉 캠벨Joseph Campbell
은 고전인 『The Hero with a Thousand Faces천의 얼굴을 가진 영웅』에서 이런 관찰

을 그가 '영웅의 여정'이라고 지칭한 모델로 종합했다. 신화적 구조와 영웅, 멘토, 공주 등의 캐릭터는 소설과 꿈 속에서 반복해서 등장한다. 이런 구조는 문화에 뿌리를 둔 깊은 울림을 갖는데, 생물학적 기원까지 가질 수 있다.

이 단락에서는 신화에 등장하는 전형적인 캐릭터를 활용해서 플레이어 페르소나를 개발하는 과정에서 고객에게(그리고 자신에게) 던질 새로운 질문을 생각하는 방법에 초점을 맞춰본다.

> **참고** 이런 전형이 게임 내의 재미 유형에 어떻게 적용되는지 5장에서 추가로 살펴본다. 또한 추후 9장에서는 게임 내 경험을 묘사하는 스토리 작성 도구로 영웅의 여정을 활용하는 방법을 배운다.

신화의 울림

오리지널 스타워즈 3부작에서 루크Luke는 끔찍한 악에 맞서 공주를 구하고 멘토에게서 최후의 전쟁에 맞설 수 있는 훈련을 받기 위해 고향을 떠나야 했으며, 결국 은하계를 구했다.

그리스의 영웅 페르세우스Perseus는 가난한 어부의 아들로 자라나 여러 사건을 겪은 후 자신의 어머니를 악으로부터 구하게 됐다. 신이 준비해준 마법의 선물로 그는 메두사Medusa를 죽이고, 공주를 구해서 왕이 됐다.

대부분의 스토리 위주 게임, 그리고 많은 영화와 소설에서 비슷한 패턴이 등장한다. 영웅은 험난한 상황으로 던져지고, 멘토나 장비의 도움으로 준비되어, 많은 시련을 겪은 다음 최후의 역경에 맞선다. 영웅의 선택에 따라 세상은 좀 더 좋거나 아니면 나쁜 곳으로 변화된다.

인간의 삶에서 이런 캐릭터는 너무나 큰 울림을 주는데, 이런 전형을 고객에게 적용해보면 어떨까? 이런 과정을 통해 고객을 개인적 수준에서 파악할 수 있을 뿐만 아니라, 우리 제품에서 흥분, 깨우침, 변화를 일으킬 가능성이 가장 큰 기능과 특징에 초점을 맞출 수 있다.

🌀 신화 만들기 게임

다음은 신화에 등장하는 30가지 핵심적 캐릭터 전형 목록이다.

예술가	왕	반역자
복수자	순교자	변신자(shapeshifter)
어린이	멘토	이야기꾼
광대	구세주	학생
정복자	괴물	요부(temptress)
아버지	어머니	암흑 마왕
도박자	선구자	그림자
문지기	공주	사기꾼
치료자	죄수	전사
영웅	꼭두각시	마법사

표 4-1 핵심 캐릭터 전형 30가지

이들은 고객에게 적용할 수 있는 궁극적인 전형이다. 우선 캐릭터 목록을 살펴보고, 자신에게 아래 질문을 던져본다.

- 고객이 경쟁사의 제품을 사용할 때 어떤 캐릭터가 그를 가장 잘 표현하는가?
- 제품이 의도된 대로 잘 동작한다면 고객이 실제로 되고 싶은 모습을 가장 잘 표현하는 캐릭터는 어떤 것인가?
- 여러분의 제품이 고객을 자신이 되고 싶은 것으로 변환시켜주는 그런 유형의 캐릭터라면, 어떤 캐릭터가 그것을 가장 잘 표현하겠는가?

각 전형은 고객을 정의하는 성격적 특성에 대해 검토해볼 만한 영감을 줄 수 있다. 각 전형은 사람에 따라 다른 의미로 받아들여질 수 있으므로, 전형에 대해 어떤 특성이 떠오른다면 기록해놓자. 예를 들어, '요부' 전형은 아름다움, 해악과 위험을 떠오르게 한다. 나중에 참조할 수 있도록 위의 질문(자신이 파악한 특성을 포함)에 대한 답을 기록해놓는다. 이런 정보를 활용해서 플레이어 페르소나를 수집할 수 있다.

창조성을 위한 시각적 도구

캐릭터 목록을 활용해서 브레인스토밍하면 플레이어 페르소나 개발을 시작하는 데 도움이 되지만, 시각적 도구를 활용하면 창조성이 더욱 증폭된다. 임상 지원, 마케팅 및 창조적 기업 내부 활용을 위해 신화적 전형을 연구한 바 있는 심리학자 샤론 리빙스턴Sharon Livingston은 전형의 목록을 94개의 아이코니카드Iconicards 덱으로 확장했다(샘플이 그림 4–1에 나와 있다).

그림 4–1 아이코니카드

이런 신화적 상징은 우리 자신의 사고 과정을 개선하는 데 도움이 될 뿐 아니라, 다른 그룹과의 협업에도 아주 좋은데, 그림이 창조성을 불러일으키는 효과적인 방법이기 때문이다. 또한 고객과의 토론에 아이코니카드를 활용해서 평범한 인터뷰보다 좀 더 솔직한 의견을 끌어낼 수 있다. 아이코니카드 세트를 구하는 방법은 부록 B의 자료를 참조하라.

페르소나 개발을 위한 고객 인터뷰에서 아이코니카드를 사용할 수도 있다. 이는 뜻밖의 통찰력을 이끌어낼 수 있는 완전히 새로운 질문들에 대한 영감을 준다. 고객에게 카드를 제시하고 다음과 같은 질문을 던진다.

- 이들 중 어떤 것이 [경쟁사 제품]과 비슷한가?
- 당신이 되고 싶은 캐릭터가 있는가?

인터뷰 과정에 이와 같은 기법을 포함시키면 인터뷰를 약간 더 게임같이 만들 수 있다. 여러분의 고객은 좀 더 참여하고 흥미를 느끼게 될 것이며, 좀처럼 드러내지 않던 면을 보여줄 것이다. 이런 기법은 고객의 결정을 좌우하는 실제의 바람과 동기를 파악하는 데 도움을 줄 수 있는데, 이것이 페르소나의 가장 귀중한 역할이다.

스토리와 신화를 통해 고객의 동기와 꿈을 다시 생각할 수 있는 새로운 방법을 살펴봤으므로, 이제 게임으로 돌아가 고객 동기를 분류할 수 있는 다른 도구를 알아보자.

🦢 다른 사람, 다른 재미

내가 처음 개발한 게임 중에는 1992년에 출시된 텍스트 기반 롤플레잉 게임인 레전드 오브 퓨처 패스트_{Legends of Future Past}가 있었는데, 사람들이 고대의 유적을 탐험하면서 무시무시한 적들과 전투하고, 실시간 롤플레잉 이벤트에 참여하는 게임이었다.

레전드[3]는 2장에서 언급한 바 있는 멀티유저 던전, 또는 MUD라고 불리는 게임 장르의 일종이었다. MUD는 실험하기에 좋은 풍족한 영역이었다. 디자이너들은 갖가지 종류의 세계와 엄청난 집합의 참신한 게임 메커니즘을 상상했다. 컴퓨터 이전에도 소셜게임이 존재하긴 했지만, MUD는 인터넷 환경 고유의 소셜게임이었다. MUD에서 배운 많은 교훈이 오늘날에도 여전히 적용되고 있다.

대부분의 MUD는 공짜였으며, 학생과 애호가에 의해 운영됐다. 레전드와 동시대 작품인 젬스톤_{Gemstone} 같은 소수의 몇몇 게임은 시간당 접속 요금을 받았다. 텍스트 기반 게임 제품에 지불 의사가 있는 사람들만의 극히 제한된 시

3　저자가 만든 'Legends of Future Past'를 지칭함 - 옮긴이

장이었지만, 비즈니스 모델은 고객이 원하는 바가 정확히 무엇인지 배울 수밖에 없도록 만들었으며, 그들이 경험하는 매 순간을 반드시 재미있게 만들어야 했다. 재미없다고 느끼는 순간, 고객은 떠나간다!

다행히도 이런 초기 MUD 게임 시대까지 거슬러 올라가, 소셜게임 플레이어에 대한 상당한 분량의 집단 문화 연구가 수행됐다. 이런 정보는 우리의 목적에 활용할 수 있다는 장점이 있다. 고객 인터뷰를 시작하기 전에 적절히 설명된 게임 동기를 이해하면 잠재적인 플레이어 유형의 윤곽을 잡고 디자인 아이디어를 진화시켜 나가는 데 도움이 된다. 잘 알려진 플레이어 동기 중에 자신의 고객에게 중요한 항목이 무엇인지 분석하기 위해 인터뷰 중에 질문을 맞춤 구성할 수 있다.

바틀의 4가지 유형의 재미

온라인 게임 플레이어의 집단 문화 연구에 관심을 가졌던 연구자 중에 MUD의 창시자인 리처드 바틀Richard Bartle이 있다(3장 참조). 바틀은 MUD 내의 폭넓은 플레이 스타일을 관찰하고 그 배경이 되는 동기를 이해하고자 했다. 우선 어떤 이는 게임 내 다른 플레이어에게 더 많은 관심을 갖는 데 비해, 어떤 이는 게임의 환경에 더 많은 관심이 있다는 사실이 발견됐다. 또한 어떤 이는 '상호작용(누구와 함께 무언가를 하는 행위)'을 선호하는 데 비해, 어떤 이는 '실행(무언가 또는 누군가에게 무엇을 하는 행위)'에 더 관심이 있는 것으로 나타났다. 이들 관심사는 그림 4-2와 같이 간단한 그래프로 나타낼 수 있다.

결과 맵은 네 그룹으로 나뉜다.

- **성취자**achievers: 세계에 뭔가를 하는 사람
- **탐구자**explorers: 세계와 상호작용하는 사람
- **사교자**socializers: 플레이어와 상호작용하는 사람
- **살인자**killers: 다른 플레이어에게 뭔가를 하는 사람

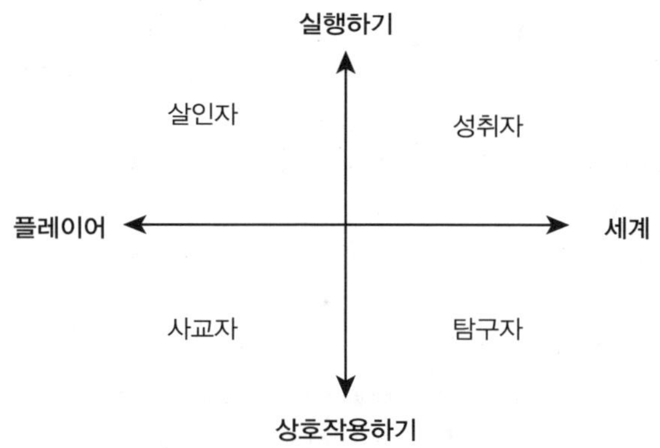

그림 4-2 바틀의 플레이어 관심 그래프

표 4-2부터 표 4-5까지 이를 자세히 다룬다.

설명	성취자는 게임 세계를 정복하는 느낌으로 동기가 부여되는 플레이어다. 이들은 더 강해질 수 있다는 느낌을 좋아하고, 구체적인 목표를 향해 전진하고 나아간다.
성취자의 선호 행동	• 게임을 진행함에 따라 증가되는 레벨과 같은 목표 측정 • 새로운 레벨을 향해 전진하고 있는지를 보여주는 진척도 막대 관찰 • 배지나 업적의 풀기(unlock)[4] 같이 실행하기 어려운 행동에 대해 인정받기 • 자신을 더욱 강하게 해주는 아이템 수집 • 오브젝트, 배지, 이벤트 컬렉션 완성 • 독특하고 희귀한 아이템 획득 • 게임 메커니즘 분석하고 이해하기
현실의 최고 성취자	• 콜린 파웰(Colin Powell): 전 미 국무장관 겸 4성 장군 • 워렌 버핏(Warren Buffet): 세계적 투자가 • 스티브 윈(Steve Wynn): 카지노 개발자 및 예술품 수집가

표 4-2 성취자

---

4 게임에서 이용 불가능했던 아이템이나 행동을 이용 가능할 수 있도록 여는 행위 – 옮긴이

설명	탐구자는 물리적 장소에 상응하는 게임 환경(MUD나 MMORPG 내의 가상 세계 등)이나 게임에 관한 스토리 및 정보에 대해 학습하기를 좋아한다.
탐구자의 선호 행동	• 어떤 장소에 도착할 수 있는 최적의 경로 찾기 • 다른 사람이 모르는 장소 발견하기 • 게임 세계의 역사와 전승(lore)[5] 밝혀내기 • 비밀 알아내기 • 맵 작성하기
현실의 최고 탐구자	• 쟈크 쿠스토(Jacques Cousteau): 스쿠버 혁신자 및 수중 탐구자 • 라마챤드란(V. S. Ramachandran): 두뇌 탐구자 • 스티븐 호킹(Stephen Hawking): 우주 탐구자

표 4-3 탐구자

설명	사교자는 다른 이들과 교류를 즐기는 수단으로 게임을 활용한다.
사교자의 선호 행동	• 사랑받는 것 • 친구를 사귀고 사람들에게 영향을 끼치기 • 그룹에 참여하거나 이끌기 • 새로운 사람 만나기 • 명예 얻기 • 가십(gossip) • 다른 이들이 자주 방문하는 장소나 위치 소유하기 • 역할 행동 • 협력적인 활동 조직하기
현실의 사교자	• 애쉬턴 커쳐(Ashton Kutcher): 수백만 명의 트위터 팔로워를 가진 배우 • 오프라(Oprah): 방송인 및 OWN 소유자 • 거의 모든 정치가

표 4-4 사교자

5　민간으로 전해지는 지식 – 옮긴이

설명	원래 바틀 모델의 살인자는 주로 그리핑(griefing)[6]을 즐기는 사람을 의미했는데, 이는 다른 사람을 괴롭힐 수 있는 자신의 능력에 동기가 부여되는 게임 플레이 방식이다. 시간이 지남에 따라 이 캐릭터의 정의는 진화되어 일대일 경쟁을 즐긴다는 개념을 아우르게 됐다. 많은 플레이어에게 게임의 환경에 맞서 승리하는 것(플레이어 vs 환경이란 의미에서 PvE라고 지칭됨)과 다른 플레이어를 무찌르는 것(플레이어 vs 플레이어란 의미에서 PvP라고 지칭됨) 사이에는 큰 차이가 있다.
살인자의 선호 행동	• 두려움의 대상 되기 • 실제 사람을 지배하기 • 순위표의 맨 위에 표시되기 • 아드레날린의 신체 감각 느끼기 • 자부심을 표현하기
현실의 살인자	(사람을 죽이거나 방해하는 의미가 아닌 경쟁의 의미에서) • 랜스 암스트롱(Lance Armstrong): 뚜르 드 프랑스(Tour de France) 단골 우승자 • 마이클 조던(Michael Jordan): 경기를 지배하는 NBA 선수 • 조너선 웬델(Johnathan Wendel): moniker Fatal1ty란 이름으로 통하는 최고의 퀘이크(Quake) 플레이어

표 4-5 살인자

> **바틀 테스트 받아보기**
>
> 온라인에서 해볼 수 있는 바틀 테스트가 있다. 리처드 바틀의 플레이어 동기 부여 분류를 기반으로 하고 있지만, 그가 만든 건 아니다. 2010년 10월 기준 60만 명이 넘는 사람들이 테스트를 받았고, 많은 MMORPG 플레이어가 자신의 결과를 다른 사람과 공유한다. 다음 사이트에서 테스트를 받을 수 있다. http://game-on-book.com/bartle[7]

---

6 온라인 게임 용어로 다른 사람의 플레이를 의도적으로 방해하는 행위 – 옮긴이

7 실제로는 번역 시점에 해당 URL 접속 시 테스트가 나오지 않는다. 구글 검색이나 다음 URL에 들어가면 바틀 테스트를 받을 수 있다. http://www.gamerdna.com/quizzes/bartle-test-of-gamer-psychology – 옮긴이

바틀 카테고리의 현대화

바틀 카테고리는 플레이어가 소셜게임과 상호작용하는 방법을 검토하는 데 있어 유용한 모델이다. 많은 게임 회사가 고객 동기 부여를 연구하는 수단으로 이 카테고리를 활용하고 있으며 일부 비게임 회사는 유저 경험 디자인 프로세스의 일환으로 페르소나를 개발하면서, 이를 위한 도구로 바틀 카테고리를 검토한다.

바틀 카테고리의 장점은 비교적 이해하기 쉽다는 점이다. 그러나 이 카테고리엔 몇 가지 문제점이 있다. 첫 번째로, 원래 '살인자'라는 개념은 그리핑과 연관된 것으로 생각됐는데, 그리핑이란 말 그대로 다른 플레이어를 비애에 빠지게 행동을 의미한다. 정상적인 경쟁적 게임 플레이하에서는 패배도 경험의 일부분이다. 승자와 패자가 없다면 많은 게임이 성립조차 될 수 없다.

그러나 경쟁이 사람을 행복하게 하지 못하고 불행하게 만든다면, 그건 문제다. 개인적인 패배가 기분 나쁘지 않아야 한다는 뜻이 아니라 전체적 경쟁 환경이 플레이어에게 공정하고 균형 있게 느껴져야 한다는 뜻이다. 실제로 잘못 설계된 게임 시스템의 약점을 악용하는 형태로 플레이어가 비애를 느끼게 된다면, 이는 수정해야 할 버그로 간주돼야 한다.

반페르소나로 취급해야 할 악질 유형의 플레이어가 존재한다고 생각하는 편이 타당할 것이다. 그러므로 이런 악질들에게 호소하는 제품을 만드는 대신, 그들에게 만족스럽지 않은 게임 시스템을 만들기 위해 이 카테고리를 활용해야 한다. 소셜미디어 내에서 악질은 종종 **트롤**troll이라 불리는데, 이들은 대화 중에 혼자 나타나 욕하기나 비하하기 같은 반사회적인 행동을 하여 공분을 일으킨다. 트롤은 거의 환영받지 못하기 때문에, 트롤로 인한 피해를 줄이기 위해 중재moderation, 평점rating, 카르마karma 등의 시스템이 만들어졌다. 트롤을 규제하는 설계는 그들을 쫓아내고 그 결과 다른 고객들을 기쁘게 한다. 이런 정책의 장점은 게이머를 만족스럽고 행복하게 만든다는 점이지만, 악의적이긴 하지만 일부 고객을 잃는다는 단점이 있다. 그러나 통계에 의하면 다른 3가지 카테고리가 악당을 수적으로 압도하므로, 장기적으로는 유리할 것이다.

바틀 카테고리의 또 다른 문제점은 4개 카테고리가 다양한 범위의 동기를 배제한다는 점이다. 탐구자의 개념은 맵을 돌아다니고 말 그대로 게임 세계를 탐구하는 행동을 지나치게 강조한다. 위키피디아 링크 클릭을 즐기는 사람도 지식을 탐구하는 걸 좋아하니까 탐구자라고 부를 것인가? 마음속에서 거짓 이야기를 꾸며내고 사실인 것처럼 가장하기를 좋아하는 사람은 어떠한가? 스토리가 창작의 산물이니까 그런 사람도 성취자인 것인가, 아니면 가장하는 행동을 다른 사람 앞에서 했으니 사교자인 것인가? 너무 광범위한 카테고리는 때때로 페르소나 결정과 이어지는 제품 개발을 곤란하게 만든다.

다음으로 원래의 바틀 분류 시스템의 근본적인 문제 일부를 완화하려고 시도한 두 가지 접근 방법을 간단히 설명한다. 그 후에 각 접근법의 요소를 조합하여 내가 개발한 통합판을 살펴보자.

묵시적 플레이와 명시적 플레이

리처드 바틀은 근본적 모델에 이 같은 문제가 있다는 점을 깨닫고, 8가지 플레이어 유형으로 업데이트된 모델을 개발했다. 업데이트된 모델은 **묵시적**(사건이 벌어진 후 대응하기를 좋아하는 플레이어) **vs 명시적**(먼저 계획하기를 좋아하는 플레이어)이란 차이를 추가했다. 이 2개 축이 추가된 8개 카테고리가 표 4-6에 나와 있다.

카테고리	유형	설명
기회주의자(opportunists)	묵시적 성취자	플레이 특징이 무작위적인 사람들. 이들은 진전에 의해 동기가 부여되지만, 다음에 뭘 할지 일일이 알려줘야 한다.
해커(hackers)	묵시적 탐구자	자발적으로 뭔가를 발견하는 일에 좀 더 동기가 부여되는 사람들
친구(friends)	묵시적 사교자	주로 이미 알고 있는 이들과 상호작용하는 경향이 있는 사람들
그리퍼(griefers)	묵시적 살인자	자신에게 방해가 되는 사람이라면 무조건 짓밟는 사람들

표 4-6 바틀의 8가지 플레이어 유형

카테고리	유형	설명
기획자(planners)	명시적 성취자	스프레드시트로 자기 캐릭터의 개발 계획이나 빌드(build)[8]를 미리 계산해보는 것처럼 앞으로의 발전 계획에 대한 체계적인 계획을 세우는 사람들
과학자(scientists)	명시적 탐색자	게임 플레이 방법의 결정을 위해 체계적인 계획을 세우는 사람들
네트워커(networker)	명시적 사교자	길드를 결성하고, 함께 플레이할 새로운 사람을 찾고, 자신의 영향력을 확대할 방법을 갖춘 사람들
정치가(politicians)	명시적 살인자	다른 이를 조종하는 사람들

표 4-6 바틀의 8가지 플레이어 유형(이어짐)

상기 공식이 사람들의 상호작용을 생각해보는 데 도움이 될진 모르겠지만, 지나치게 복잡한 페르소나 시스템의 사례가 될 듯하다. 예를 들어, 정치가가 실제로 살인자인가? 이는 소셜게임 플레이의 또 다른 차원일 뿐이며, 조종은 살인자와 연관된 아드레날린이나 경쟁과는 그다지 관계가 없다.

업데이트된 바틀의 모델은 많은 플레이어가 각기 다른 플레이 유형을 통해 발전한다는 점을 인식하는 데 도움이 된다. 바틀은 유형 간 전환으로 발전이 이뤄질 수 있다는 점을 시사하는데, 예를 들어 묵시적에서 명시적으로 바뀔 수도 있다.

플레이어 진화

플레이어는 게임에 참여하고 시간이 지나면 변화한다. 성공 방법에 대해 체계적인 계획을 세우고 게임을 시작하는 사람들은 거의 없다. 계획은 경험과 관심이 늘어나야 세워진다. 대분의 사람은 바틀의 기회주의자와 비슷하게 게임을 시작하고, 이후 규칙에 익숙해짐에 따라 기획자로 변해간다.

그러나 규칙을 배우고 계획을 세우려는 의향이 증가하는 것은 시간이 지남에 따라 플레이어가 게임 후반부에 접어들면서 변화되는 요인의 일부분일 뿐이다. 플레이어는 지속적인 신선함과 증가하는 복잡성을 찾는다. 많은 플레이

---

8 게임에서 사용될 때는 build order의 약자로 건물이나 유닛의 업그레이드 순서를 의미 – 옮긴이

어가 게임을 처음 시작할 때는 싱글 플레이 측면에 이끌리지만, 게임에 열성적이 될수록 게임의 사회적 측면에 흥미를 보인다.

페르소나를 발전시킬 때, 시간은 고려해야 할 중요 변수다. 플레이어가 게임에 몇 분, 몇 시간, 몇 개월 참여한 후에 발생한 일을 설명할 페르소나를 갖고 있는가? '소셜게임 플레이 동기의 진화' 단락에서 이를 다시 다루기로 한다.

바틀 다시 생각하기

팔로 알토 리서치 센터의 가상 세계 연구자인 닉 예Nick Yee는 MMORPG 플레이어에 대한 수천 가지의 시장 조사를 실시한 바 있다. 인자 분석factor analysis 기법을 활용해서 그는 플레이어 동기를 3개의 주요 카테고리로 요약했다.

- **성취**achievement: 바틀의 원래 공식의 성취자와 유사점이 있다. 발전과 측정할 수 있는 보상을 포함한 게임에서의 '쟁취'와 관련된 모든 것이 포함되지만, 동시에 게임 메커니즘과 경쟁을 학습하는 데 대한 관심도 추가된다.
- **소셜게임 플레이**social gameplay: 사교(잡담과 우정 쌓기), 관계, 팀워크 및 협업이 포함된다.
- **몰입**immersion: 바틀의 탐색자를 아우르지만, 스토리, 역할 플레이, 현실 도피와 맞춤화 등 게임 경험에 몰입하는 개념이 추가된다.

예Yee의 업데이트된 게임 플레이 모델은 방대한 데이터를 기반으로 하며, 전반적으로 바틀의 4개 요소에 비해 소셜게임 플레이어에 대해 생각할 수 있는 훨씬 더 좋은 틀을 제공한다. 그러나 이 모델 역시 가상 세계 게임에 결부되어 있으며, 소셜게임 시장에 출현한 각양각색의 광범위한 게임에 폭넓게 적용되지는 못한다.

그뿐 아니라 복잡한 인간의 사회 활동로 인해, 사회 지향적인 게임 플레이를 파악하는 데 1개의 '사회적' 카테고리만으로는 충분하지 않다. 바틀의 원래 살인자 개념은 적어도 두 번째로 제시된 (경쟁에 초점이 맞춰진) 사회적 게임 플레이 카테고리다.

바틀과 예의 카테고리는 사람들 간의 가치 시스템이 다르다는 점과 사람들이 커뮤니티 내에서 인식되고 싶은 방식에는 차이가 있다는 점을 시사한다. 다음 단락에서는 페르소나 개발에 사용될 수 있도록, 이런 동기 모델을 하나의 시스템으로 정리해보겠다.

소셜게임 플레이 동기

사회적 동기를 별도의 카테고리로 생각하기보다는, 예와 바틀의 게임 플레이 동기 카테고리를 재가공해서, 소셜게임 내 상호작용을 분석하는 데 좀 더 유용한 4개 유형으로 정리해보자(그림 4-3 참조).

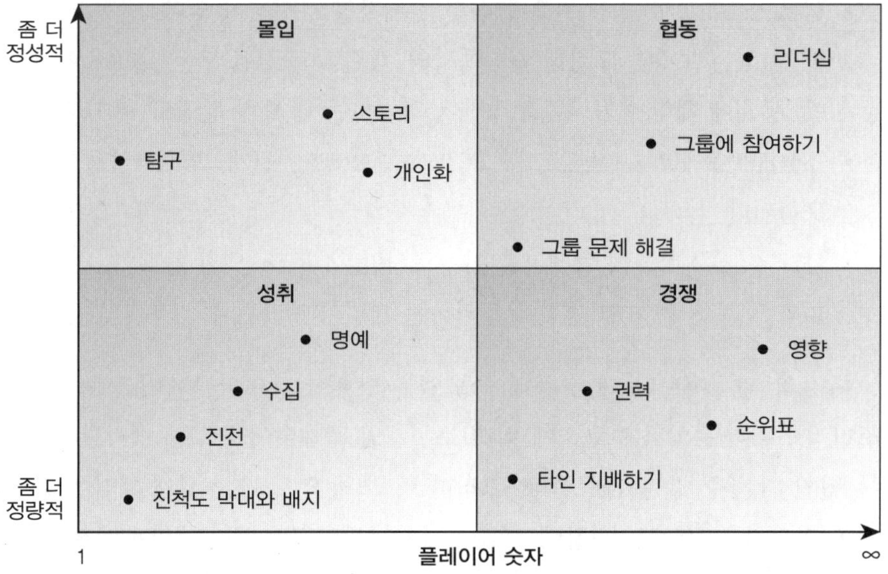

그림 4-3 소셜게임 플레이 동기

수평축은 오른쪽으로 갈수록 싱글 플레이 경험에서 멀티플레이어 경험에 초점을 맞춘 동기를 나타낸다. 수직축은 좀 더 정량적(플레이어가 측정할 수 있는 레벨 등)으로 동기를 고려하는 것으로 시작해서, 위로 갈수록 좀 더 정성적(완수의 느낌 등)이 된다. 이렇게 하면 다양한 동기가 플레이 영역에 흩어져, 대부분 4개

사분면에 포착된다.

- 성취(싱글, 정량적)
- 몰입(싱글, 정성적)
- 경쟁(멀티, 정량적)
- 협동(멀티, 정성적)

성취

소셜게임 플레이에서 성취achievement는 플레이어에게 발전했다는 느낌을 주는 모든 것이다. 뭔가의 수집이나 소유, 레벨이나 배지의 획득 또는 명예의 획득을 비롯해 많은 방법으로 이를 판단할 수 있다. 예를 들어 레벨이 올라갈 때 차오르는 진척도 막대를 지켜보는 것도 성취의 일종이며, 자신이 레벨업했다는 사실을 친구가 축하해준다면 추가적인 보상이 된다.

몰입

몰입immersion은 자신이 실제로 뭔가의 일부분이 된 것처럼 생각되어, 게임과 지속적인 정서적 유대감이 형성되는 느낌이다. 몰입은 탐색할 내용, 풀어나갈 스토리, 밝혀야 할 비밀에 의해 충족된다. 실시간 게임(월드 오브 워크래프트 등)에서 몰입은 주로 즉각적인 몰입을 의미한다. 좀 더 비동기적인 게임(팜빌 등)에서의 몰입은 플레이어가 개인화할 수 있거나 게임을 플레이하고 있지 않을 때도 게임이 생각나게 하는 특징으로 생각하는 편이 유용하다.

경쟁

많은 사람은 단순히 컴퓨터를 이기는 것만으로는 만족하지 못한다. 실제의 인간이라고 알고 있는 상대를 이기는 일에는 특별한 느낌이 결부되어 있다. 이는 경쟁을 본질적으로 사회적으로 만든다. 대개 경쟁competition은 정량적이다. 내가 누군가를 이겼다면, 나도 알고 상대도 알게 된다. 경쟁은 순위표와 같은 도구에 의해 강화될 수 있는데, 이런 도구는 경쟁에서 승리하는 명예를 높여 준다. 또한 경매장에서 가상 상품에 입찰하거나 재능 있는 플레이어를 길드에 가입시키려고 설득하는 등 희귀한 자원을 획득하기 위한 시도도 경쟁에 포함 된다.

협동

협동cooperation은 플레이어들이 비경쟁적 방식으로 서로 상호작용하는 게임 플 레이다. 혼자서는 어렵거나 불가능한 문제를 해결하기 위해 팀을 조직하고 이 끌기, 서로 정보나 선물을 교환해 도와주기, 또는 그저 다른 플레이어를 알게 되기 등이 포함된다.

소셜게임 플레이 동기의 진화

앞서 설명한 대로, 플레이어는 한 카테고리에서 다른 카테고리로 진화하며 시 간에 따라 변한다. 진화는 이런 변화를 고려하는 데 좋은 틀을 제공하는데, 플 레이어는 과거와 관련된 전부를 순식간에 버리지는 않기 때문이다. 그들은 원 래의 동기로 많은 시간을 보내지만, 차차 더 많은 것을 원하게 된다.

처음에 플레이어는 싱글 게임 경험에 좀 더 초점을 맞추고, 그 다음 멀티플 레이어 경험으로 성장해나간다. 이러한 진전이 어떻게 나타날지 검토해보면 유용하다. 앞에서 언급한 좀 더 싱글 플레이 지향적인 카테고리로 시작해서, 어떤 방식으로 많은 플레이어가 시간에 따라 변해가는지 살펴보자.

성취 → 경쟁

이러한 경로를 따르는 플레이어는 대개 그들의 게임 플레이를 향상시킬 수 있 는 방법에 초점을 맞추는 것으로 시작한다. 그들은 게임 내내 진전되는 속도 를 최적화하는 경향이 있으며, 도중에 계획의 수준을 높여간다. 게임의 경쟁 적 요소를 발견하면, 이들은 점점 더 다른 플레이어와 경쟁에 도움이 된다고 생각되는 요소에 성취의 초점을 맞추게 된다. 이들은 경쟁적으로 자신을 테스트하기 시작하고, 처음에는 다소 머뭇거리지만, 결국에는 다른 플레이어에게 승리하는 방법에 집중하게 된다.

성취 ➜ 몰입

이 경로는 플레이어가 다른 플레이어와 상호작용에 그다지 관심을 없음을 의미한다. 하지만 그들은 여전히 게임을 통해 강력한 정서적 경험을 제공받기를 원한다. 잠시 플레이해본 후 이들은 단순히 기계적으로 레벨업을 따라가거나, 배지를 획득하는 것만으로는 만족할 수 없다고 깨닫는다. 이 단계에서 그들은 스토리와 흥미로운 내용을 통해 게임과의 관계를 심화할 수 있는 방법을 찾기 시작한다.

성취 ➜ 협동

이 경로를 추구하는 플레이어는 혼자 하기에는 매우 어려운 일에 도전하는 것으로 시작한다. 그들은 게임의 더 큰 도전에 맞서기 위해 다른 플레이어와 그룹을 형성하는 데 의욕을 느낀다. 그러나 플레이어를 정확하게 파악하도록 주의를 기울여야 한다. 실제로 사람들이 진정으로 원하는 것은 몰입인데(그들 스스로 할 수 있는 일), 억지로 그룹을 형성해야 하거나 다른 이들과 협동해야 된다고 느낀다면 그들은 분개할 것이다. 반면 많은 플레이어는 협동적 플레이에 수반되는 동지애를 즐긴다. 이런 이유 때문에 페르소나를 역동적이고 진화적인 과정으로 생각하는 점이 중요하다. 진화는 플레이어를 더 몰입하게 만들 수 있는(또는 잃을 수도 있는) 기회다.

몰입 ➜ 협동

이 경로를 따르는 플레이어는 성취의 계량적 형태에는 별로 흥미를 느끼지 못한다. 그들이 좋아하는 건 게임의 내용, 스토리와 환경이다. 게임에 있어서 그들의 '진전'은 게임 내에서 겪은 새로운 경험의 참신함에 대한 자신의 판단을 근거로 한다. 게임을 계속 경험해나감에 따라, 그들은 다른 플레이어와 협동할 때 느껴지는 게임의 새로운 차원을 발견할 수 있다. 추가로 그들은 게임과 깊은 정서적 연결을 추구한다. 이 연결이 형성되는 시기는 자신이 게임 세계의 일부분일 뿐만 아니라, 게임 세계의 실제 사람들로 이뤄진 그룹에 속해 있다고 느낄 때다.

몰입 → 경쟁

이런 플레이어는 도피의 일종으로 게임을 찾았다가, 다른 플레이어를 압도하는 사람에게 가장 큰 영향력이 있다고 느끼게 된다. 그러나 좀 더 경쟁적 형태의 플레이를 향해 전환하면서도 그들은 자신의 뿌리를 포기하지 않는다. 그들에게 경쟁은 게임 경험을 좀 더 '사실적'으로 만들어주는 새로운 방법이다.

몰입 → 성취

초기에는 게임의 내용에 이끌렸지만, 이들 플레이어는 게임 메커니즘에 점점 더 흥미를 느끼게 된다. 게임의 내부 동작 속에 감춰진 비밀을 캐내기 시작하기 전에는, 그들은 뭔가 허전하다고 느꼈을 수도 있다. 그들이 계속해서 게임에 몰입하게 하는 최선의 방법은 레벨, 배지 등에 의해 측정되는 게임의 메커니즘을 배우게 하는 것이다. 이런 플레이어에겐 배지와 업적 시스템을 제공하는 것이 중요한데, 이런 시스템은 단순히 동기부여 역할뿐만 아니라 게임 내에서 해야 할 임무에 대한 가이드 역할을 한다.

멀티플레이어 페르소나에 초점을 맞춰야 할까?

4가지 유형의 소셜 게이머 모두를 충족시키는 소셜게임을 기획할 필요는 없다. 많은 게임이 너무나 많은 사람을 위해 너무나 많은 것을 시도하다가, 초점을 잃기 때문에 실패한다.

궁극적으로 특정 게임의 지구력을 결정하는 요소는 새로운 경험을 통한 게임의 진전이다. 주로 성취에 초점을 맞춘 게임을 창작했다면, 이후에 참신한 콘텐츠를 많이 제공해야 한다. 멀티플레이어 상호작용을 게임의 중요한 경험으로 만들고 싶다면, 경쟁을 강조할지 협동을 강조할지 결정해야 한다. 둘 중 하나를 선택하는 결정은 지극히 정상적인 것이며, 경우에 따라 한쪽의 게임 플레이를 완전히 제거할 수도 있다. 협동과 경쟁이 짬뽕이 된 어중간한 게임을 만드느니, 성취에 초점을 맞춘 간단한 게임으로 시작해서 환상적인 멀티플레이어 경험으로 성장하는 편이 낫다.

다음은 구체적인 사례로 매직 더 게더링Magic: the Gathering을 살펴보자. 이 게임은 친밀한 경쟁을 창조적인 표현과 통합해 친구들과 즐거운 경험을 즐길 수 있는 기회를 제공한다.

사례연구: 매직 더 게더링

매직 더 게더링에서 플레이어는 무작위적인 카드 모음이 들어 있는 팩을 구입한다. 각 카드는 적용 규칙이 각기 다른데, 플레이어는 이를 이용해 카드 덱을 모아간다. 양쪽 플레이어가 모두 각자의 가치와 효과가 있는 카드로 구성된 카드 덱을 모았다고 생각하면, 게임이 시작된다. 각자 순서대로 그들의 덱에서 카드를 뽑는데, 한쪽 플레이어가 일정량의 체력health을 잃으면, 상대편이 승리하게 된다. 어떤 카드는 플레이어가 소환한 몬스터로 상대편을 공격해서 체력을 깎고, 어떤 카드는 마법 카드로 플레이어에게 바로 영향을 미칠 수 있으며, 어떤 카드는 플레이어의 능력을 강화할 수 있는 자원을 제공한다. 출시된 수천 개의 독특한 카드마다, 수천 개의 다른 규칙이 존재한다.

사람들이 MTG를 즐기는 데는 몇 가지 이유가 있다. MTG 연구 개발 팀의 초기 멤버였던 마크 로즈워터Mark Rosewater는 그가 플레이어들로부터 관찰한 행동을 기반으로 각기 다른 플레이어를 정의하고 명명하기 위한 시스템을 몇 년에 걸쳐 개발했다. 다음은 로즈워터가 MTG 플레이어를 묘사하기 위해 사용한 실제의 분류 시스템이다.

🦢 MTG 페르소나: 티미, 조니, 스파이크

로즈워터의 MTG 페르소나는 3가지 주요 유형을 기반으로 한다.

- 재미를 원하는 사람(티미Timmy)
- 자신을 표현하고자 하는 사람(조니Johnny)
- 뭔가를 증명하고자 하는 사람(스파이크Spike)

게임 즐기기: 티미

티미는 게임 자체를 즐기는 플레이어다. 로즈워터에 의하면 티미는 '즐거운 시간 보내기'라는 뻔한 이유 때문에 플레이하는데, 정확히는 게임 전후나 주변에서 발생하는 어떤 일보다 실제의 플레이 과정에 내재된 재미를 좋아한다는 의미다. 로즈워터는 티미의 하위 유형 4가지를 발견했다.

- **파워 게이머:** 가장 강력한 카드를 소유해서 게임을 지배하기를 원한다.
- **소셜 게이머:** 승패에는 덜 연연하고, 친구와 함께 한다는 개념을 즐김
- **다양성 게이머:** MTG에서 제공하는 방대한 카드의 다양성을 즐긴다. 이들은 수집, 그래픽 아트 감상, 희귀 카드로 플레이하기를 즐긴다.
- **아드레날린 게이머:** 발생하지 않을 법한 사건으로 게임이 역전될 때 느끼는 스릴과 같은 예측 불가능성을 즐긴다.

자신을 표현하기: 조니

두 번째는 조니인데, 뭔가 표현하기를 즐기는 플레이어다. 조니에게 게임은 자신의 창조성을 위한 마당이다. 글을 쓰거나 악기를 연주할 수도 있지만, 그는 자신의 개성을 표현할 수 있는 방법으로 MTG를 선택했다. 조니의 하위 분류에는 다음이 포함된다.

- **콤보 플레이어:** 카드 간의 조합에 좌우되는 강력한 전략을 발견하기를 좋아한다. 스파이크와 달리 이 플레이어는 승리 자체에 연연하기보다는 별

나고 예상치 못한 조합에 좀 더 관심이 있다.

- **색다른 디자이너**: 특정 유형의 몬스터를 중심으로 덱을 만드는 것처럼 희귀한 주제에 동기가 부여된다.
- **덱 아티스트**: 승리보다는 아이디어 표현에 관심이 있다(나는 번개 천사라고 불리는 빨간색, 백색, 파란색 카드 중심으로 MTG 덱을 만들고, 이것이 미 공군을 상징한다고 선언했으니, 아마 덱 아티스트라 하겠다).
- **우월한 조니**: 아무도 사용하지 않는 기괴한 카드를 활용할 수 있다는 점을 보여주고 싶어하는 고집스러운 플레이어

뭔가 제공하기: 스파이크

마지막으로 스파이크는 뭔가를 증명하고 싶어서 게임을 즐기는 플레이어를 상징한다. 그들의 자부심은 승패에 밀접하게 연관되어 있으며, 해결해야 하는 심리적 수학 퍼즐로 게임을 바라본다. 스파이크의 하위 분류에는 다음이 포함된다.

- **혁신가**: 새로운 카드를 활용해서 오래된 전략을 극복할 수 있는 방법을 탐구한다.
- **조율사**: 다른 플레이어에 의해 실행된 성공적인 전략을 살펴본 다음, 이를 살짝 바꿔서 또 다른 상대에게 미세한 통계적 우위를 얻으려고 한다.
- **분석가**: 메타게임meta-game[9]에 집중한다. 이들은 다른 플레이어에게서 발생하는 게임 트렌드에 관심이 있다. 혁신가가 새로운 덱을 개발해서 인기를 끌면, 분석가 스파이크는 그들을 이기기 위한 덱을 고안한다.
- **실용적 플레이어**: 자신의 전술적 게임 플레이를 발전시키는 것(포커페이스를 유지하고 플레이 각 라운드마다 올바른 행동을 선택하는 것)이 승리의 지름길이라고 생각한다.

---

9 'meta-'는 ~에 대한 정보란 뜻으로 게임에 대한 정보란 의미임 – 옮긴이

위저드 오브 더 코스트Wizards of the Coast는 페르소나를 게임 디자인 프로세스의 지표로 삼아 다년간 재미를 봤으며, 이런 점에서 티미, 조니, 스파이크 트리오는 성공했다. 스파이크와 조니는 특히 잘 설계된 페르소나로, 그들의 하위 분류에 나타난 미묘한 뉘앙스는 전혀 새로운 유형의 캐릭터라기보다는 미묘한 차이가 있는 느낌 정도로 다가왔다.

그런데 티미는 너무 많은 하위 분류로 인해 무리가 생겼다. 플레이어가 재미 때문에 게임을 즐긴다고 말하는 건 하나 마나 한 얘기다. 모든 게임 플레이의 궁극적 목표는 재미이기 때문이다. 아드레날린 티미와 파워 게이머 티미는 밀접히 연관된 것처럼 보인다. 그들은 승리하기를 원하고 내재적인 게임 메커니즘에 집중하지만 그 외의 것들을 획득하는 데는 많은 노력을 투자하지 않는 플레이어다. 사회적 티미의 동기는 상당히 다른 것처럼 보인다. 그들은 이벤트를 조직하고 사람을 모으고 MTG를 다른 이들과 함께 할 수 있는 기회로 바라본다. 그들은 아마 다른 게임을 플레이해도 똑같이 행복할 수 있을 것이다. MTG의 인기 때문에 그룹 활동이 다른 이들의 관심을 끌기 쉽다는 점을 제외하면 말이다. 최종적으로 다양성 티미는 희귀함과 컬렉션 완성에 좀 더 흥미가 있고, 남들에게 없는 것을 갖고 싶어하므로 수집가 티미라고 이름을 바꾸는 편이 낫겠다. 아마도 다음 5가지 카테고리가 좀 더 간단하고, 동기 중심적인 페르소나 목록이 되지 않을까 한다.

- **파워 게이머 티미**: 승리를 즐기지만 게임 메커니즘을 만지작거리는 건 좋아하지 않는다. 덱 빌딩이 많이 필요하지 않은 간단한 카드를 선호한다.
- **조직자 토미**Tommy: 친구들과 시간 보내기를 즐긴다.
- **수집가 태미**Tammy: 카드 수집을 즐긴다. 희귀하고 오래된 카드를 보면 기뻐서 숨이 넘어갈 정도다.
- **토너먼트 플레이어 스파이크**: 주로 승리에 관심이 있다. 단련된 다른 플레이어와 겨룰 수 있는 토너먼트에 등장할 가능성이 가장 높다.

- **마에스트로 조니**: 자신의 창조적 천재성을 표현하는 멋진 조합의 덱을 구성하는 일을 즐긴다.

대부분의 사람은 처음의 동기부여 유형을 완전히 버리지는 못하지만, 아마도 티미나 토미로 시작해서 시간이 지남에 따라 다른 카테고리로 변신하면서 잡종이 되어간다. 따라서 티미는 스파이크가 될지도 모른다. 시간이 경과해, 게임 메커니즘을 좀 더 많이 파악하게 될수록, 그는 승리에 점점 더 관심을 갖게 되고 통계적 우위를 제공하는 사항에 집중하기 시작한다. 비슷한 방식으로 토미는 조니가 될 수 있는데, 창조적 표현에서 나오는 보상의 큰 즐거움은 친구와 공유하는 데 있기 때문이다. 이런 진화는 좀 더 즐거운 경험을 만들기 위해 비즈니스 맨이 게임 디자인에 대해 알고 싶어하는 하는 경우와 다르지 않다. 또한 더 좋은 인터페이스를 개발하기 위해 소프트웨어 엔지니어가 몇 가지 그래픽 기법을 배우고 싶어하는 경우와 다르지 않다.

이번 장에서 제시한 여타 도구와 마찬가지로, 티미, 토미, 스파이크는 플레이어가 가진 다양한 동기와 아울러 사람들이 인식되고 싶어하는 다양한 방식의 검토를 돕기 위해 준비된 것이다. 이는 고객의 진정한 관심사를 파악하기 위해 일련의 질문 기법을 개발하는 데 보탬이 되는데, 이 내용이 다음 단락의 주제다.

🕊 동기를 질문으로 바꾸기

온라인 게임의 동기에 대해 많은 것을 공부했으므로, 이제 앞에서 논의한 동기 카테고리에 기반한 질문을 통해 페르소나 인터뷰를 개선할 차례다. 질문과 답변 구성을 다양화할 필요가 있겠지만, 한 가지 추천하는 방안은 부정적인 질문을 던지라는 것이다. 즉 고객에게 자신의 게임에서 어떤 기능을 좋아하느냐고 묻기보다는, 어떤 기능이 사라졌으면 좋겠는지 물어보라는 뜻이다. 예를 들어, 페이스북이 사진 업로드를 허용하지 않는다면 사람들은 어떻게 느낄 것인가?

유사한 방식으로 특정 기능을 사용하지 않는 이유를 물을 수 있다. 이런 유형의 질문은 고객에 관해 많은 점을 밝혀주고, 추후 경험을 디자인하는 사고 방식에 힌트를 줄 것이다.

이번 장에서 활용된 사례는 게임 내에 존재하는 동기 모델로부터 얻은 것이다. 그러나 이런 동기의 많은 부분은 소셜미디어 웹사이트와 다른 기술 제품에도 훌륭히 적용된다. 경쟁은 사람들이 포인트(그리고 친구)를 획득하도록 유도한다. 협동은 사람들이 서로 도와 가면서 사회적 연대를 형성하도록 이끈다. 글을 게시하고 메시지를 공유하는 행동은 창조성의 형태이며, 인정받는 것은 성취와 사교 양쪽의 형태다. 가능할 때면 언제나, 게임 내에 존재하는 동기를 시험해보고 비교하라. 왜냐하면 게임에서 사람들이 무엇을 즐기는가에 대한 대답은 특정 동기와 연결되며, 이런 동기는 거의 모든 제품에서 기능으로 이어질 수 있기 때문이다. 이번 장의 주문을 명심하라. 여러분의 고객은 플레이어다. 여러분의 목표는 어떻게 하면 고객이 자신의 제품을 좋아할지 알아내는 것이다.

이어지는 단락에는 자신의 게임을 위한 질문을 만드는 데 응용할 수 있는 샘플 질문이 포함되어 있다. 당연히 이런 질문들이 전부 자신의 상황에 적용될 순 없겠지만, 약간의 창조성을 발휘하면 여러분의 고객이 관심을 갖는 그 무엇의 핵심에 접근할 수 있다.

협동

협동에 관한 질문은 사회적 게임 플레이와 관련되어 플레이어가 어떤 것을 하고 어떤 것을 하지 않는지 파악하는 데 초점을 맞춰야 하며, 주로 목표를 달성하기 위해 친구와 협력하는 능력 또는 사회적 접촉에 대한 감각을 심화시켜주는 사항과 관련된다.

- 친구의 도움이 요구되는 기능을 시도하기 전에 얼마나 오랫동안 플레이했는가?

- 반드시 친구의 도움이 있어야만 끝낼 수 있는 거대한 도전을 완수하기 위해 팀을 짜야 하는 기능을 좋아하는가?
- 공유 컬렉션에 친구가 기여할 수 있는 기능을 어떻게 생각하는가?
- 자신의 길드나 팀을 구성하기를 좋아하는가?
- 팜빌에서 땅을 확장하는 친구에게 이웃 요청을 하는 기능을 어떻게 생각하는가?
- 어려운 퀘스트 완료에 도움을 받기 위해, 친구를 엘리트 경비병Elite Guard으로 추가하는 캐슬 에이지Castle Age의 기능을 활용하지 않은 이유는 무엇인가?
- 여러분 모두가 탄소 배출량을 20% 줄이는 데 동의하면, 친구 리스트의 모든 친구가 특별 배지를 받을 수 있다고 하자. 재미있지 않을까?
- 친구에게 게임을 플레이하자고 요청할 의사가 있는가?

경쟁

경쟁에 대한 질문은 플레이어가 서로 직접적(일대일 전투 같이) 또는 간접적(순위표나 희귀자원을 향한 경쟁)으로 대결하게 해주는 부분에 초점을 맞춰야 한다.

- 게임 내에 어떤 플레이어가 다른 플레이어에게 패배했는지 보여주는 차트를 포함시킨다면 어떨 것인가?
- 친구들에 비해 자신이 어느 정도인지를 보여주는 순위표에 관심이 있는가?
- 비쥬얼드 블리츠에서 단지 몇 포인트 앞서 있는 친구를 보면 기분이 어떤가?
- 만일 게임 내에서 플레이어가 자신에게 직접적으로 도전할 수 있다면 기분이 편안하겠는가? 그들이 일방적으로 여러분을 공격하기로 결정할 수 있다면 어떨까?
- 마피아 워즈에서 다른 갱스터를 공격하는 기능을 사용하지 않는 이유는 무엇인가?
- 게임에 엄청나게 특별한 아이템이 추가됐는데, 그걸 차지하려고 다른 플레이어와 경매를 벌일 생각이 있는가?

🦢 성취

성취 지향적인 질문은 플레이어에게 성취, 수행, 완수의 느낌을 주는 사항에
초점을 맞춰야 한다.

- 마피아 워즈에 레벨이 없다면 어떻겠는가?
- 캐슬 에이지의 수많은 컬렉션을 완료한 이유는 무엇인가?
- 현실에서 자신의 신체적 건강을 개선하는 도전과제를 완수한 데 대해 배지를 준다면 여러분은 담벼락에 뭔가 게시할 의사가 있는가?
- 자신이 받은 배지를 다른 플레이어와 공유하지 않는 이유는 무엇인가?
- 월드 오브 워크래프트에서 수많은 월드 이벤트 업적을 완수한 이유는 무엇인가?
- 링크드인LinkedIn 프로파일을 100% 완료하기까지 얼마나 시간이 걸렸는가?
- 특별한 이득을 얻기 위해 색다른 시간에 게임을 하려고 플레이 스타일을 변경할 의사가 있는가?

> **참고** 상기 질문은 모두 감정과 경험 사이의 관계를 중심으로 하고 있음을 알 수 있다. 여러분의 고객이 특정 행동을 기피하는 이유를 밝혀내는 동시에, 특정 행동을 긍정적인 감정으로 강화하는 데 기회가 있다.

🦢 몰입

몰입 질문은 가장 까다롭고 다양하다. 플레이어가 게임 내에서 얼마나 많이
개인화, 발명, 학습하고 '살아가는지' 여기서 알아낼 수 있다. 이 질문들은 고
객의 마음속에 기억을 남길 수 있는 기회가 무엇인지 밝혀주기 때문에 중요하
다. 기억이야말로 모든 경험의 진정한 산출물이다.

- 여러분이 플레이하고 있지 않을 때 주 킹덤의 동물에 대해 어떤 생각이 드는가?
- 팜빌에서 어떤 시점에 농장 꾸미기에 좀 더 관심을 갖게 됐는가?

- 월드 오브 워크래프트의 다양한 경주에 대한 배경 스토리를 읽어본 적이 있는가?
- 자기 캐릭터의 외모를 상세한 디테일로 디자인할 수 있는 기능을 사용할 것인가?
- 게임 플레이 도중 사람들의 실제 페이스북 아바타를 보면 몰입감이 떨어지는 느낌이 드는가?
- 위키피디아에서 기사를 둘러보다가 시간 가는 줄 모르는 경우가 있는가?

답변 해석

우리는 고객에 대해 많은 공부를 했다. 이 모든 정보로 무엇을 할 것인가?

우리가 배운 걸 활용하지 않는다면 페르소나는 아무 소용이 없다. 게임을 만들기 전에도 여러분의 비즈니스에 간단한 변화를 줄 수 있다. 예를 들어, 고객이 다음 항목에 관심이 있다면 적용할 수 있는 몇 가지 변화를 살펴보자.

- **협동**: 이 항목에는 게임에서 강력한 적을 쓰러뜨리기 위해 플레이어들이 협력하는 기능이 포함될 수 있다. 하지만 협동 요소는 게임 밖에서도 많이 발견될 수 있는데, 예를 들어 아마존닷컴에서 도서를 리뷰하고 댓글을 다는 일은 협동을 상업적 경험에 접목한 사례다.
- **경쟁**: 게임에는 순위표와 플레이어 간 일대일 대전이 있을 수 있다. 아마존닷컴 사례로 돌아가면, 누가 가장 도움이 되는 글을 썼는지에 따라 리뷰어 랭킹을 매기는 시스템이 포함된다. 명심해야 할 중요 사항은 누구나가 노력만 하면 다른 사람을 '이길' 수 있다는 느낌을 가져야 한다는 점이다. 시스템에서 상승할 수 있는 가능성을 제공하지 못한다면, 진정한 경쟁이라고 볼 수 없다.
- **성취**: 사람들의 성취를 정확히 알릴 수 있는 시스템을 활용하라. 게임에서는 성취를 인정해주는 레벨, 배지, 포상award 같은 시스템이 활용된다.
- **몰입**: 경험의 기억과 독특함을 강화해주는 요소가 포함된다. 최고의 게임은 독특한 경험을 제공한다. 현실에서도 몰입의 이득을 볼 수 있다. 애플

스토어가 어떤 방식으로 애플 제품의 세계로 방문자를 완벽히 몰입시키는지 생각해보라. 애플 스토어의 몰입은 지니어스 바Genius Bar[10], 유니폼 복장의 스태프, 일관된 룩앤필로 완성된다.

다음 장에서는 다른 유형의 재미와 다른 유형의 사람들의 흥미를 끌 수 있는 게임 시스템에 대해 배운다.

> **아마존닷컴의 리뷰 경쟁 시스템**
>
> 2010년 시작 무렵, 최고의 아마존닷컴 리뷰어는 해리엇 클라우스너(Harriet Klausner)였는데, 무려 20,000개가 넘는 리뷰를 올렸다. 그러나 아마존닷컴은 좀 더 최신의 고품질 리뷰에 초점을 맞추기 위해 방식을 변경했고, 이 결과 시스템이 더욱 역동적이 됐다. 따끈따끈한 수백 개의 '유용한(helpful)'[11] 리뷰만으로도 1위가 될 수 있는 기회가 생겼다. 새로운 사람에게 끼어들 기회를 주는 이 시스템은 경쟁을 위한 훌륭한 게임 디자인이다. 단순히 올려진 리뷰 숫자만을 카운트하는 시스템에서는 불가능한 일이다.

현실과 온라인 정체성의 차이

우리가 예리하게 파악하고 있어야 할 사실 중 하나는 온라인상에서의 사람들 행동과 실제 생활에서의 행동은 다른 경우가 많다는 점이다. 고객을 파악할 때, 그들의 온라인 세계의 행동을 이해하되 그런 행동은 게임 내에서만 다뤄져야 함을 깨달아야 한다. 특히 경쟁적 게임에서 나타나는 격앙된 감정은 많은 플레이어 사이에 최악의 행동을 불러일으킬 수 있다. 페니 아케이드의 그래픽 디자이너는 유명한 '혼자만 보세요not-safe-for-work'[12] 만화에서 이를 함축적으로 묘사했는데, 이 만화는 인터넷에서 'John Gabriel's Greater Internet Theory'라고 검색하면 찾을 수 있다.

---

10 애플 스토어 내에 기술 지원을 위한 장소 - 옮긴이
11 아마존닷컴에서 고객이 다른 고객의 리뷰에 대해 'helpful'하다고 평가를 내릴 수 있다. - 옮긴이
12 선정적이거나 폭력적이어서 직장 같은 공공장소에서 보기에는 적합하지 않다는 용어 - 옮긴이

온라인 탈억제 효과

온라인 행동이 그렇게 다른 이유는 무엇인가? 라이더 대학교의 심리학자 존 슐러John Suler는 이를 온라인 탈억제 효과online disinhibition effect라고 명명했는데, 실제 세계에서는 하지 않는 방식으로 행동하는 사람들의 경향을 의미한다.

우선, 플레이어들은 익명이 되는 환경이라면 어디에서나, 말할 때마다 자신의 명성이 위태로워질 수 있다고 생각하지 않는다. 나고야 대학교의 2008년 조사에서 연구자들은 피험자에게 규칙을 위반하고 금품을 도둑질할 수 있는 기회가 있는 게임을 플레이하게 했다. 기회가 있을 때마다 오직 익명의 참가자만이 규칙을 위반했다. 페이스북 같은 소셜네트워크에서는 실명이 사용되기 때문에 이런 경향이 다소 완화되지만, 많은 게임이 개인의 신원을 알아보기 어렵게 만들기 때문에, 바틀이 염려했던 그리핑 스타일 플레이 같은 행동을 보게 될 수 있다.

온라인 참여자는 때때로 취약한 유저 가입 시스템을 악용하기도 하는데, 대부분의 시스템은 이메일 주소만 있으면 여러 개의 계정을 만들 수 있기 때문에 순전히 메시지 게시용으로만 사용되는 가짜 계정인 '속퍼핏sock puppets'이 만들어진다. 위키피디아에서는 이런 계정이 때때로 자신의 실명을 드러내고 싶지 않은 게시물을 올리는 데 사용되거나, '삭제주의자deletionist[13] vs 포함주의자inclusionist[14]' 논쟁과 관련된 투표에서 득표수를 올리는 데 사용되기도 한다. 게임에서 사람들은 때때로 별도의 계정을 만들어, 메인 계정과 다르게 파괴적이거나 적대적인 방식으로 행동하기도 한다. 이런 건 교활한 10대에게만 국한된 행동일까? 생각을 바꾸시라. 홀푸드Whole Foods의 CEO는 자기 회사와 경쟁사의 주가를 조작하기 위해 속퍼핏으로 메시지를 게시하다 발각됐다.

익명성의 영향은 우리가 페르소나와 게임과 관련된 동기부여를 계획할 때, 신중하게 고려해야 할 사항이다.

심지어 서로 아는 사이에서도 바디 랭귀지 같은 대면 커뮤니케이션이 결핍

---

13 불필요한 게시물을 삭제해 게시물의 품질을 유지해야 한다고 주장하는 사람들 - 옮긴이
14 가능한 한 많은 게시물을 그대로 남겨놓아야 한다고 주장하는 사람들 - 옮긴이

되거나, 심지어 전화 통화에서 느낄 수 있는 미묘한 청각적 단서가 없으면 부정적 감정의 상승으로 이어질 수 있다. 빈정거리거나 농담 섞인 메시지는 곧바로 오해를 불러일으켜, 끔찍한 결과를 낳을 수 있다. 이모티콘을 쓰면 그런 정서적 단서를 전달하는 데 약간 도움이 되는 것으로 나타났다. 연구 결과는 사람들이 전자 메시지를 통해 정서적 상태를 전달하는 자신의 능력을 지나치게 과신하고 있음을 보여준다. 비록 갈 길이 멀긴 하지만, 그나마 온라인 게임 커뮤니티에서는 감정을 커뮤니케이션하는 데 선물, 경험 등과 같은 좋은 방법이 존재한다.

대부분의 온라인 커뮤니케이션과 일반적인 소셜게임의 비동기성에 대해 2장과 앞에서 다룬 바 있다. 비동기적 커뮤니케이션에서 사람들이 대화에 참여하고 빠지는 방식은 선형적 대화에서 우리의 생각이 일반적으로 전개되는 방식과는 많이 다른데, 이는 온라인 정체성의 한 부분으로 별도 검토해야 할 것이다. 이런 사항들이 커뮤니케이션 모델에 어떤 영향을 미치는지에 대해서는 아직 밝혀야 할 사실들이 산적해 있다.

여러분의 특정 고객이 온라인 메시징에 대해 어느 정도 편안함을 느끼는가? 그들은 텍스트로 전달하기 곤란한 빈정거림이나 무례에 대해 수용적일까? 그들이 속퍼핏이나 게임을 '가지고 노는' 또 다른 방식으로 복수의 유저 등록을 악용할 가능성은 어느 정도일까? 이 모든 사항이 게임 시스템뿐만 아니라 페르소나를 디자인할 때 고려해야 할 이슈다.

🦢 모두 우리의 머릿속에?

술러가 관찰한 또 다른 현상은 그가 "자기중심적 내면투사solipsistic introjection" 또는 "모두 내 머릿속에It's All in My Head"라고 칭한 것이다. 구두 커뮤니케이션과 연관된 다른 인지적 기구[15] 없이 텍스트가 바로 머릿속으로 흘러들기 때문에, 우리의 마음은 텍스트를 인물로 상상해서 공백을 채운다. 인물과 대화하는 것이라, 우리는 갖가지 감정이 충만한 상태(예를 들어, 로맨틱하거나 공격적인)에 자신

---

15 사람을 뜻함 – 옮긴이

이 처해 있다고 상상의 나래를 펼친다. 이런 느낌으로 인해 얼굴을 맞대고는 생각하지 않을 말들을 온라인상에서 쏟아내게 된다. 게임은 이런 효과를 증폭시킬 수 있다. 예를 들어, 게임상에서 특정인과의 긍정적인 관계는 실제 현실에서는 존재하지 않았을 그 사람과의 친밀감으로 이어질 수 있다.

사람들이 반대 방향으로 움직인다면, 즉 그들이 상상하는 '인물'이 현실이 아니라고 생각한다면 어떨까? 결국, 그들이 단지 가공의 캐릭터일 뿐이라면 누군가는 상상력이 허락하는 어떤 방식으로도 마구 다룰 수 있다고 느낄지도 모르고, 그 결과 반사회적인 상호작용으로 이어질 것이다. 게임은 허구의 세계 속에 존재하기에, 상황을 악화시킨다. 종종 게이머들이 반사회적인 행동을 하고, '단지 게임일 뿐'이라고 합리화하는 경우를 보게 된다. 반면에 게임은 다소나마 우리를 일상생활에서 분리시켜, 안전한 상황에서만 할 수 있는 일들을 실험해보게 해주므로, 이런 상상력이 긍정적인 방식으로 유도될 때는 환영받을 만하다. 각각의 페르소나는 다른 플레이어 및 우리가 제공한 허구의 캐릭터와 어떻게 상호작용할 것인가?

평등 효과

마지막으로, 온라인 커뮤니티는 평등leveling 효과를 지니고 있다. 우리는 누가 권력자인지 아닌지 개의치 않고 말하고 행동할 때 편안함을 느낀다. 여러모로 이는 게임이 강점을 가진 부분이다. 게임에서는 어떤 권위적 계층 구조보다 규칙이 결과를 결정하는 협동적이고 경쟁적인 환경을 접하게 된다(검투사로 뛰었던 몇몇 로마의 황제처럼 권력자는 게임에서 이득을 보기 위해 자신의 위치를 이용하지 말아야 할 의무가 있긴 하지만).

온라인 행동의 의미는 복잡하다. 이를 이해하는 최선의 방법은 자신의 게임과 가장 비슷한 게임이나 제품을 찾은 다음, 게임 내부와 게임을 둘러싸고 있는 커뮤니티와 게시판상에서 발생하는 커뮤니케이션을 면밀히 관찰하는 것이다. 특정 고객이 서로 어떻게 상호작용하는지 알게 되면 페르소나를 개선할 수 있는데, 페르소나는 고객의 행동과 갈망을 여러분의 비즈니스에 도움이 되는 긍정적인 결과로 이끌어준다. 예를 들어, 여러분의 고객은 커뮤니티의 몇몇 핵심 오피니언 리더를 따를 가능성이 높은가? 아니면 좀 더 민주적인가? 그들은 협동을 선호하는가, 경쟁을 선호하는가? 이런 동기와 취향은 여러분이 제품에 어떤 종류의 기능을 넣을지에 대해 심대한 영향을 미치게 된다.

정리

플레이어 페르소나를 통해 여러분의 팀은 자신의 게임(또는 게임 같은 기능으로 이득을 얻을 수 있는 다른 제품)을 플레이하는 다양한 유형의 사람들을 이해할 수 있다. 신화적 전형, 동기 모델 및 인터뷰를 비롯한 다양한 도구를 활용해서 고객을 위한 재미있는 기능을 디자인하는 데 도움이 되는 정보를 다듬을 수 있다. (온라인 게임에서 사람들의 행동 방식에 대한 연구에 기반한) 소셜게임 플레이 동기 모델은 여러분의 제품에 활용할 수 있는 협동, 경쟁, 성취, 몰입의 요소를 파악할 수 있게 도와준다.

페르소나는 의사결정을 돕기 위한 도구다. 자신의 고객이 누구인지, 그들에게 동기를 부여하는 것이 무엇인지 이해함으로써, 이후의 플레이어 중심적 디자인 프로세스에서 혜택을 얻을 수 있는 출발점이 된다. 다음에는 페르소나를 활용해서 위대한 비즈니스 성과를 창출할 수 있는 경험과 기능의 우선순위를 정해보자.

경로 선택

다음에 읽어야 할 부분에 대한 안내

- 뭔가를 재미있게 만드는 데 대해 배우고 싶다면, 5장으로 계속 진행한다. 재미의 심리학과 신경 과학을 살펴보고, 위대한 게임을 만들기 위해 고려해야 할 42가지 출발점을 확인해본다.

- '영웅의 여정' 단락에서 논의한 신화적 전형의 개념이 흥미롭다면, 9장으로 건너뛸 수 있다. 이 개념을 확장해서 게임의 내러티브narrative[16]와 고객 경험을 결정하는 고객 스토리 양쪽에 활용하는 방법을 보여준다.

- 여러분은 어떤 종류의 게임을 좋아하는가? 온라인에 접속해서 자신이 협동, 경쟁, 성취, 몰입 중 주로 어떤 부분에 흥미를 느끼는지 밝혀주는 간단한 퀴즈를 풀어보라. http://game-on-book.com에 접속해서 비밀 코드 상자에 'quiz'라고 입력하라.[17]

---

16 스토리(story)와는 조금 다른 의미로 쓰이는 내러티브는 언어로 기술이 불가능한 모든 종류의 서사성 전부를 포함하는 이야기의 개념으로 이해된다. 쉽게 얘기해서 스토리가 언어로 표현되는 이야기라고 한다면, 내러티브는 언어 외의 수단으로 표현되는 이야기를 의미한다. - 옮긴이

17 번역이 이뤄지는 현 시점에 위 기능은 지원되지 않고 있다. - 옮긴이

재미공학

5장의 내용

- ★ 무엇이 재미있는 이유(게임의 비밀에 대한 신경 과학 및 심리학)
- ★ 우리가 좋아하는 것의 배후에 있는 16가지 기본 동기
- ★ 게임에서 감정의 위력
- ★ 재미있기 위한 규칙의 중요성
- ★ 사람들이 좋아하는 42가지 기능
- ★ 브레인스토밍 게임 플레이를 통해 더욱 재미있는 자신만의 게임 아이디어 개발하기

디즈니에서 경험 디자이너는 이매지니어imagineer라 불리는데, 상상imagine과 엔지니어링engineering을 섞은 단어다. 디즈니에서 만든 테마파크 놀이공원처럼 게임은 전적으로 상상의 차원 속에 존재하며, 게임은 놀이기구나 영화에 비해 좀 더 쌍방향적으로 우리를 몰입시킨다. 5장에서는 게임을 '재미'있게 만드는 측면을 논의한다.

재미를 목표로 경험을 디자인하면, 몰입과 참여 및 기억이 증진된다. 메이저 엔터테인먼트 회사의 디자이너만이 아니라, 누구나 이런 일을 할 수 있다. 이를 재미공학fungineering이라 칭할 수 있다.

어른들이 스티커를 그만두지 못하는 이유

이 책을 쓰기 1년 전에, 내가 해본 일 중 가장 도전적이고 보람 있는 일에 착수했다. 다섯 살짜리 아이에게 읽기를 가르치는 일이었다. 아이가 새로운 단어를 읽는 방법을 이해하게 됐을 때, 새로운 세대에게 성공적으로 지식을 전

수했다는 짜릿한 기분이 들었다. 성공을 위해서는 아이가 재미를 느끼게 만드는 방법을 파악해야 했다.

나는 전 세계 유치원 교사들이 애용하는 유서 깊은 보상 기법에 의지했다. 바로 스티커다. 아이들은 스티커를 좋아한다. 그들은 스티커의 모양, 스티커에 담긴 칭찬을 좋아하고, 다른 사람들에게 자신의 성공을 자랑하고 싶어한다. 스티커가 훌륭한 이유는 거의 공짜로 엄청난 양을 찍어낼 수 있고, 치아 부식을 유발하지도 않으며, 대부분 오래 지속되지 않는다는 점이다.

'읽기 게임'이 진척됨에 따라, 나는 스티커를 새로운 방법으로 활용하기 시작했다. 스티커를 화폐로 만들었다. 충분한 스티커를 모으면, 나의 제자는 스티커 전체 세트를 다른 보상(장난감 가게의 게임 등)과 바꿀 수 있었다. 스티커는 원래의 수집품 및 칭찬의 시각적 상징으로서의 가치를 넘어, 독자적 가치를 획득하기 시작했다. 벌이가 되자, 아이는 더 많이 원하게 됐다. 일정량을 모으면 다른 보상을 얻을 수 있다는 사실은 구체적인 목표로 작용했다. 아이는 스티커를 투자로 생각하기 시작했다.

어른도 역시 스티커를 좋아한다. 어른들의 스티커는 다른 이름으로 불린다. 내가 어렸을 때는 그린 스탬프Green Stamps 시스템이 인기가 있었다. 이 시스템에 참여하는 식료품점, 주유소 및 기타 상점에서 구매를 하면 스탬프를 받는다. 스탬프를 일정 개수 모으면, 카탈로그에 있는 상품과 교환할 수 있었다. 그린 스탬프는 더 이상 1980년대처럼 흔하지 않지만, 넘쳐나는 새로운 보상 프로그램이 그 자리를 대신하고 있다. 항공사의 단골 고객 마일리지, 신용카드 사의 포인트 보상 시스템, 호텔 단골 투숙객 프로그램 등이 그것이다. 심지어 유프라미스Upromise란 회사는 이 개념을 발전시켜 온라인 구매 포인트로 대학 등록금을 버는 상품까지 만들어냈다.

 **임프리사리오** 이 책의 핵심 주제는 여러분의 비즈니스가 게임이라고 상상하는 것임을 명심하라. 마케팅, 제품 디자인, 고객 서비스의 모든 측면을 충분히 생각해본 다음, 이를 게임 기능으로 재개념화하고 게임 디자이너가 활용하는 동기요인과 비교함으로써, 개선될 여지가 있는지 살펴보는 것이다.

🐦 소유 효과와 손실 혐오

보상 프로그램이 이토록 성공적인 이유는 무엇일까? 한 가지 설명은 행동 경제학에서 소유 효과endowment effect라 부르는 기본적 심리학 원리를 기반으로 하고 있다는 것이다. 소유 효과란 실제로는 동등한 가치일지라도 새로 구매하려는 것보다 자신이 이미 보유한 뭔가를 더 가치 있게 여기는 경향을 의미한다. 이 원리의 쌍둥이로 손실 혐오loss aversion가 있는데, 사람들이 이미 소유하고 있는 것을 잃어버리기 싫어하는 경향을 의미한다. 이 충동이 너무나 강하기 때문에 대부분 우리는 뭔가를 더 획득하려고 고민하기에 앞서, 이미 획득한 것에 대한 위험 회피를 선택한다. 보상 포인트를 획득하면, 우리는 그것이 소멸되거나 경쟁자에 의해 가치가 하락되도록 내버려둘 수 없게 된다. 비이성적이긴 하지만, 우리는 등급을 유지하기 위해 조금 더 돈을 쓰곤 한다.

소유 효과와 손실 혐오는 보상 프로그램에 대한 충성뿐 아니라 다른 폭넓은 범위의 행동도 설명해준다. 투자자가 어떤 이유로 오르는 주식을 팔고 내리는 주식에 집착하는지 설명해준다. 종종 투자자의 이런 집착은 장기적으로 파괴적인 결과로 이어진다. 게임 세계를 살펴보면, 수많은 MMORPG 개발사가 월드 오브 워크래프트와 경쟁하기 힘든 이유를 설명해준다. 사람들은 자신이 오랜 시간을 투자한 캐릭터와 획득한 장비에 큰 가치를 부여한다. 오랫동안 플레이할수록, 그동안 더 많은 레벨과 장비를 획득할수록, 사람들은 더욱 충성스러워진다.

5장에서 배울 다른 모든 동기요인과 마찬가지로 이런 경향은 생물학적 뿌리가 있는 것으로 밝혀졌다. 우리 두뇌에는 공포의 감정을 담당하고 있는 조그만 아몬드 모양의 편도체amygdala란 기관이 있다. 편도체는 원시 숲에서 투쟁 아니면 도주fight-or-flight 상황에 대처하도록 진화됐다. 호랑이로부터 도망가기 위해 나무에 오를 것인가 아니면 싸울 것인가? 투쟁 아니면 도주 반응을 겪을 때, 우리의 숨은 거칠어지고, 심장 박동은 요동치고, 스웨터는 땀에 젖게 마련이다. 이런 반응은 생사가 달린 분투에 우리를 준비시키기 위한 우리 두뇌 나름의 방식이다. 그러나 생명을 보존하기 위해 진화된 신경 회로는 기술과 현대 문명의 빠른 발전에 보조를 맞추지 못했다. 편도체는 주식 시장, 충성도 프로그램, 컴퓨터 게임 같은 문명의 이기에 원시 시대 수준으로 반응한다.

통제된 실험에서 편도체에 손상을 입은 개인들이 실제로 더 뛰어난 투자 결정을 내릴 수 있다는 사실이 입증됨으로써, 편도체가 손실 혐오의 원인이라는 점이 알려졌다. 스탠퍼드, 카네기멜론, 아이오와 대학교의 신경 과학자들이 진행한 공동 실험에서, 처음에 참여자에게 20달러가 주어졌다. 매 실험에서 각 참여자는 2.5달러를 획득할 수 있는 기회(간단한 동전 굴리기로 결정되는)에 1달러를 투자할 것인지 질문 받았다. 동전 굴리기에서 지면 1달러를 잃게 된다. 수학적 조건으로 보면 각 회의 기대값(확률 계산된)은 평균 1.25달러 획득이므로, 언제나 투자하는 쪽이 옳은 결정이다. 논리적으로는 대부분 사람들이 25%의 수익률이면 매우 훌륭하다고 인정한다. 그러나 대부분의 사람은 손실을 감수하기보다 이미 가지고 있는 돈을 유지하는 쪽을 선택한다. 편도체에 손상을 입은 사람들은 여기서 제외되는데, 이들은 감정이 섞이지 않은 결정을 내리므로 훨씬 높은 수익률을 보인다.

비록 서바이벌 호러 장르 같은 일부 게임이 공포의 감정에 초점을 맞추긴 하지만, 충성도 시스템이 효과적이 되려면 훨씬 많은 것들이 들어가야 한다. 어쨌든 보상 포인트(스티커, 스탬프, 배지)를 획득하는 경험을 재미있게 만들어야 한다. 게임 표현으로 말한다면, 보상 포인트 시스템은 일종의 컬렉션 게임이다. 수집은 본질적으로 재미있는 일인데, 그 이유에 대해서는 이번 장에서 배우게 된다.

이어지는 단락에서는 대부분의 사람을 움직이는 기본 동기요인을 살펴보는데, 이런 요인은 모두 진화 생물학에 뿌리를 두고 있다. 이를 기반으로 기본적 동기요인을 활용하는 게임 메커니즘의 구체적 유형을 파악할 수 있는데, 모두(어떤 비즈니스 경험에도 활력을 불어넣을 수 있는) 소셜게임을 개발하는 데 활용될 수 있다.

🦢 게임에 관련된 우리의 두뇌

게임을 재미있게 만드는 방법을 고려할 때는 언제나, 두뇌는 믿을 수 없을 만큼 매우 복잡한 시스템이라는 점을 명심하라. 두뇌는 과학이 알고 있는 가장 복잡한 시스템이다. 공포와 손실의 원인이라고 여겨지는 편도체는 일부분일 뿐이다. 두뇌에는 측좌핵nucleus acumbens 같은 보상과 즐거움을 위한 기관이 있으며, 바다의 해마seahorse처럼 생긴 해마hippocampus는 기억을 저장한다. 집합적으로 이들은 변연계limbic system라고도 불리는 두뇌 영역의 일부분이며, 변연계는 감정과 기억에 깊이 얽혀 있다. 기억이나 경험은 단순한 사건의 연속이 아니다. 기억은 엄청난 양의 입력 때문에 순수한 인지적 방법만으로 우리가 의사결정을 내리기 어려울 때 이를 돕는 감정적 도화선에 연결되어 있다. 게임 플레이와 관련된 일부 주요 두뇌 기관이 그림 5-1에 나타나 있다.

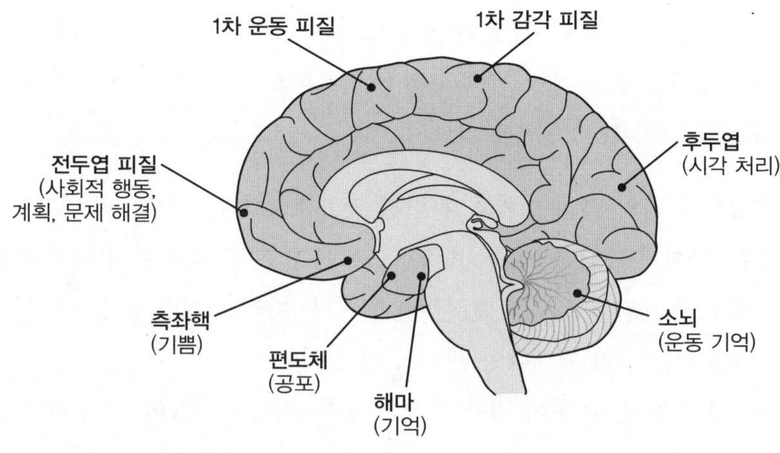

그림 5-1 게임과 연관된 주요 신경 구조

변연계는 계획과 문제 해결을 관장하는 전두엽 피질과 긴밀히 연결되어 있다. 이것이 게임에서 문제 해결이나 결과 상상이 즐거운 이유의 큰 부분이다. 이 기관의 또 다른 기능은 다른 사람의 동기나 믿음을 예측하는 능력과 관련되어 있는데, 이는 문제 해결 및 감정과 사회적 행동은 모두 하나의 큰 시스템의 일부임을 의미한다. 인간의 두뇌가 여타 포유 동물보다 훨씬 커진 이유에 대한 설명 중 하나는 인간이 복잡한 사회적 행동을 할 수 있기 때문이라는 것인데, 그 결과 도시 국가, 국가, 기업 또는 온라인 게임 내의 길드, 파벌 같은 것들이 생겨났다.

두뇌의 다른 기관들도 게임 플레이와 연관되어 있다. 후두엽(두뇌의 뒷부분 영역)에서 퍼져나오는 큰 조직들은 시각 입력을 수신하고 해석하는 데 관련이 있다. 두뇌의 좀 더 오래된 기관 중 하나인 소뇌는 운동 기술의 습득과 조정을 돕는데, 이는 신체 스포츠 및 손과 눈의 조화가 필요한 모든 게임에 매우 중요한 부분이다. 우리 두뇌의 최상단 표면에 가까이 있는 운동 피질은 근육의 의식적인 제어를 관장한다. 두뇌 최상단 표면 부근에 있는 또 다른 중요한 영역인 감각 피질은 감각 자극의 수신과 통합을 관장한다. 이들 시스템은 중계와 상호 연결의 복잡한 집합을 통해 통합되는데, 모두 게임 플레이 중의 판단과 의사결정에 기여한다.

게임과 관련된 각 두뇌 기관의 역할을 다루자면 그것만으로도 족히 한 권의 책을 만들 수 있으므로, 신경 해부학을 다루지는 않겠다. 대신 게임에 대한 이해를 돕는 두 가지 관찰 의견을 검토해보자.

- **게임은 두뇌의 많은 영역과 관련된 것으로 보인다.** 운동, 즐거움, 문제 해결, 사회적 조직, 언어를 비롯한 그토록 많은 두뇌 기관이 관련되어 있기 때문에 게임이 그토록 매력적인 것이다. 따라서 게임 플레이의 다양한 측면을 잘 엮어야 매력적인 게임이 될 것이다.
- **재미와 관련된 각 두뇌 기관 사이의 공통 분모는 감정이다.** 우리는 스토리와 기억을 감정으로 채운다. 게임이 그토록 성취감을 주는 이유는 상징, 스토리와 경험에 우리가 개입되기 때문이다. 읽기 게임에서 보상으로 스티커를 제공한 사례나 충성도 보상 시스템 등을 생각할 때, 실질적으로 '포인트'는 경험에 변화를 주거나 거부할 수 없는 경험을 만들기 위한 평범한 인지적 장치에 불과함을 명심하라. 이런 인지적 장치는 감정과 결부될 때만 충분한 깊이를 갖게 되어, 오래 남을 기억과 변화를 주는 경험을 만들게 된다.

🦅 16가지 인간 동기요인

마케팅 101[1]은 대개 제품의 기능보다는 장점에 초점을 맞추는 편이 훨씬 낫다고 가르친다. 예를 들어, 자동차가 단순히 크럼플 존crumple zone[2]을 갖고 있다기보다 사고에서 우리의 생명을 구할 수 있도록 설계됐다고 이해하는 편이 훨씬 중요하다. 크럼플 존의 장점을 이해하긴 어렵지만, 생존은 쉽게 이해된다. 자신의 생명 보존과 안전이라는 기본적인 인간 동기요인에 호소하는 편이 어떤 기술적 설명보다 훨씬 와닿는다.

게임은 겉으로는 단순한 오락거리로 보일지도 모르지만, 우리의 마음을 사로잡는 이유는 인간의 심리학적, 생리학적 동기요인에 작용하기 때문이다. 실제로 이것이 무슨 말인지 살펴보기 위해, 팜빌을 오직 기능 측면으로만 묘사해보면 어떻게 보일지 생각해보자.

- 농부로서 연속적인 레벨업하기
- 농장처럼 보이는 2D 그래픽 인터페이스와 상호작용하기
- 농작물을 심고, 비료 주고, 수확하기 위해 스크린을 클릭하기
- 농작물을 시장에 팔기
- 농장을 꾸밀 장식물을 구입하기 위해 게임 머니 축적하기
- 고급 과제 완수를 위해 친구를 농장 '이웃'으로 전환시키기

이 설명은 그다지 와닿지 않는다(게임 업계의 많은 사람이 농장 운영에 관한 게임이 이토록 인기를 끌 줄은 몰랐다). 농장을 운영한다는 이해하기 쉬운 게임의 내러티브는 많은 사람을 끌어들이는 데 도움이 됐다. 기능과 규칙이 성공적인 게임의 뼈대를 구성할지는 모르겠지만, 팜빌을 성공으로 이끈 점은 사람들에게 느낌을 주는 방식이었다.

---

1 마케팅 기초라는 의미. 유형별로 마케팅 101 시리즈가 있음(예: 인터넷 마케팅 101, 모바일 마케팅 101 등) – 옮긴이
2 자동차에서 사고 발생 시 탑승자를 보호할 수 있도록 쉽게 접히게 설계된 부분 – 옮긴이

- 소유하고, 기르고, 돌보는 느낌

- 친구들과 좀 더 연결된 느낌

- 환경을 정복하고 제어하는 느낌

- 친구들이 좀 더 성공하는 데 도움을 주는 물품을 제공할 수 있어, 같이 플레이하는 친구들 사이에서 자신이 더 중요해졌다는 느낌

- 흥미로운 컬렉션을 완성하고 만들어가는 느낌

많은 경우 게임 플레이로 얻어지는 건 감정적 보상이다. 포인트 시스템과 보상 메커니즘은 플레이어에게 감정적 가치가 있는 뭔가를 향해 잘 가고 있다고 알려주는 피드백 제공 수단일 뿐이다. 이전 단락에서 설명한 바와 같이 게임 경험에 감정을 더 많이 엮어 넣을수록 플레이어와 게임의 교감은 깊어진다.

감정은 복잡다단한 주제로, 심리학자들과 신경 과학자들은 감정의 일관된 정의에 대해서도 합의를 보지 못했다. 영어에는 죄책감, 기쁨, 자부심, 탐욕, 분노, 희열과 같이 다양한 감정에 관련된 최소 수백 개의 단어가 있다. 감정은 두뇌를 초월해 확장되며, 우리를 움직인다. 우리는 공포에 떨고, 탐욕으로 불타오른다. 감정의 효과와 경험 대부분은 우리의 육체성에서 기인한다. 감정은 우리가 하는 모든 일에 끼어든다. 미래를 기대하게 만들고, 상을 주거나 벌을 주며, 행동을 좌우하며, '직관적 결정'을 하는 능력을 주고, 깊이 있는 스토리와 의미를 준다.

감정의 구성요소는 동기요인motivator으로, 우리의 생존을 지탱하는 타고난 행동과 본능으로 표출된다. 동기요인을 분류하는 데 있어 어려운 점은 두뇌에 대해, 그리고 그런 분류에 대해 구체적인 생물학적 기반이 있는지 아직까지 모르는 점들이 너무나 많다는 것이다. 동기요인과 감정에 대한 대부분의 지식은 두뇌 자체의 공학적 분석보다는 인간과 동물에 대한 관찰에 근거하고 있다.

역사적으로 많은 심리학자는 인간의 동기요인을 기쁨과 고통 같이 이원론적으로 분리하는 경향이 있었다. 다른 이들은 **내재적**intrinsic(자신의 내부에 타고난)과 **외부적**extrinsic(자신의 바깥에서 오는) 동기요인으로 나누기도 한다.

2000년경 인간의 동기요인에 깊은 관심을 가진 심리학자인 스티븐 라이스 Steven Reiss 박사는 편협한 이원론적 접근법에 불만을 느꼈다. 이에 대한 대응으로 그는 생물학에 기반을 둔 16가지 인간 욕망 테스트 시스템을 개발했는데, 이 시스템이 좀 더 구체적이고 게임 디자이너에게 유용한 것으로 보인다. 아직까지 불완전한 인간의 지식을 감안할 때, 그 어떤 동기요인 카테고리 목록도 완벽할 순 없다. 그럼에도 불구하고, 표 5-1에 요약된 라이스의 카테고리 분류는 단순성의 미덕으로 득을 보고 있다. 이 분류로 감정을 불러일으키는 주요 동기요인을 검토하는 데 도움을 얻을 수 있다. 그뿐 아니라 이런 동기요인은 4장에서 다룬 플레이어 페르소나를 묘사하는 데 유용한 특징을 파악하고, 브레인스토밍하고, 서로 결부시키는 데 도움이 된다.

동기요인	욕구의 목적
권력(power)	영향력
호기심(curiosity)	지식
독립(independence)	자립
수용(acceptance)	그룹의 일원 되기
질서(order)	조직
저축(saving)	뭔가를 수집
명예(honor)	부모나 커뮤니티에 대한 충성
이상주의(idealism)	사회적 정의, 평등
사회적 접촉(social contact)	동료애
가족(family)	아이들 양육
신분(status)	사회적 위치
복수(vengeance)	경쟁, 되갚아 주기
로맨스(romance)	섹스와 아름다움
식사(eating)	음식
신체적 활동(physical activity)	신체 운동하기
평온(tranquility)	정서적 평화

표 5-1 라이스의 16가지 기본 동기요인

동기요인 목록을 살펴보면, 소셜게임이 왜 이토록 인기가 있는지 감이 온다. 초기 컴퓨터 게임에는 플레이어가 자신의 경험을 의미 있는 방법으로 공유할 수 있는 기능이 결여되어 있었다. 사회적 측면이 없는 이런 1인용 게임은 수용이나 신분 같은 좀 더 강력한 동기요인의 이점을 누릴 수가 없었다. 멀티플레이어 게임 경험에서는 수용이나 신분 같은 동기요인을 만족시키기가 용이하다. 다음 단락에서 배우겠지만, 게임에는 거의 모든 심리학적 생리학적 동기요인이 표출되는 상황이 실제처럼 느껴지는 환상을 창조해낼 수 있는 능력이 있다.

믿음과 가믿음³의 힘

게임에서 질서, 저축, 권력 같은 동기요인에는 어떻게 호소할 것인가? 팜빌에서 밀을 재배하거나, 엑스박스 라이브Xbox Live에서 도전과제를 달성하거나, 월드 오브 워크래프트에서 마법검을 획득하더라도 결국 우리가 실제로 물건을 모으는 것은 아니며, 단지 몇 개의 전자 신호 형태로 존재할 뿐이다. 이것들은 실제로 존재하지 않는다. 마찬가지로, 킹덤스 오브 카멜롯에서 비축한 모든 군사는 실제 세계에 영향을 미칠 수 없다. 그런데 왜 관심을 쏟는 것일까?

공포 영화가 약간의 설명을 제공해준다. 나는 '에이리언Alien'을 처음 봤을 때, 괴물이 우주 비행사의 뱃속을 뚫고 나오는 장면에서 소름이 끼쳤다. 너무나 역겨워서 눈길을 돌리고 이건 현실이 아니라고 자신에게 상기시켰다. 영화

---

3 철학 심리학 용어로 자동적이거나 습관적인 믿음을 의미. 특히 이성적 판단에 의한 믿음과 대조적인 관계에 있는 경우. 가(假)믿음이란 용어가 국내에 완전히 정착되지는 않은 듯하다. – 옮긴이

에서 이런 장면을 볼 때, 우리에겐 두 부분의 마음이 작동되는 것으로 보인다. 우리 두뇌의 논리적인 부분은 우리가 절대로 안전하다는 사실을 알고 있지만, 우리 두뇌의 좀 더 오래된 원시적 부분은 그 상황이 실제인 것처럼 반응한다.

때때로 우리 두뇌의 비논리적인 쪽이 승리한다. 예를 들어, 나의 장인은 캘리포니아의 위험한 고속도로에서는 운전을 한다. 그러나 교통 흐름이 느리고, 상황이 안전해 보이는데도 불구하고 다리 위에선 운전하지 않는다. 이건 드문 상황이 아니다. 다리가 안전하다는 사실을 알면서도 많은 사람이 다리 가장자리를 벗어날 것만 같은 공포를 느끼는데, 이들은 일반 도로에서 들쭉날쭉 탈선할 때는 거의 개의치 않는다.

2008년 예일 대학교 철학 인지 과학 교수인 타마르 서보 젠들러Tamar Szabó Gendler는 이 주제를 다룬 영향력 있는 논문을 발표하면서, 자신이 **가믿음**alief이라 칭한 용어를 소개했다. 어떤 상황에 대해 자신이 진실이라고 알고 있는 현실과 대립되는 태도를 보인다면, 그것이 가믿음이다. 다리 위에서 운전하는 사례처럼, 젠들러는 그랜드캐니언 스카이워크Grand Canyon Skywalk에 사람들이 어떻게 반응하는지 관찰했다. 그랜드캐니언 스카이워크는 사람들이 절벽 가장자리 너머 20미터까지 걸어갈 수 있게 해주는 투명 보도다. 많은 사람이 스카이워크를 방문하기 위해 라스베이거스에서 200km 가까이 이동해와서는, 자신이 그 위를 걸어갈 용기가 없다는 사실을 깨닫는다. 스카이워크는 분명히 훌륭히 건설되어 다른 단단한 도로와 마찬가지로 안전함에도 불구하고 말이다. 가믿음의 실례다.

또 다른 실험에서 연구자는 피험자들에게 도미노 설탕Domino sugar[4] 한 박스를 줬다. 피험자들은 정말로 보통 설탕이라고 얘기를 들었다. 그 다음 2개의 빈 유리잔을 주고 또 다른 2개의 유리잔에는 설탕을 넣지 않은 쿨에이드Kool Aid[5]를 넣어서 줬다. 그 다음 피험자들에게 2개의 빈 잔에 설탕을 붓고 하나는 설탕이라고 라벨을 붙이고 하나는 시안화나트륨[6]이라고 이름을 붙이게 했다. 그

---

4 미국의 설탕 브랜드 – 옮긴이
5 미국의 탄산음료 튀김 – 옮긴이
6 독성이 강한 염 – 옮긴이

안에 있는 것이 설탕이라는 사실을 알고 있었고, 자신이 전체 상황을 완전히 통제할 수 있었지만, 많은 사람은 자신이 방금 시안화라고 라벨을 붙인 설탕을 넣은 쿨에이드를 마시기 꺼려했다. 이렇게 글을 쓰고 있지만, 나도 똑같이 행동할 듯싶다.

용어가 생긴 건 최근이지만, 극장, 문화, 영화 등 모든 미디어의 창작자는 가믿음에 대해 오래전부터 알아왔다. 또한 극작가, 소설가, 게임 디자이너는 공포의 감정에만 가믿음이 국한되지 않는다는 사실을 알고 있다. 앞서 언급된 기본 동기요인 대부분을 불러일으킬 수 있다. 이를 위해선, 플레이어의 마음에 게임의 이해에 도움이 되는 스토리를 각인시킬 수 있는 내러티브가 필요하다.

팜빌의 기본 메커니즘을 순수하게 수학적으로 추상화하면 다음과 같을 것이다.

- 2차원 격자판으로 시작한다.
- 격자판의 특정 사각형에 타이머를 배치하기 위해 다수의 자원 포인트를 사용한다.
- 타이머가 만료되면 다수의 승리 포인트를 획득한다.
- 병행 작동하는 또 다른 타이머를 기반으로, 허용하는 최대값에 다다를 때까지 자원 포인트를 다시 올린다.

그러나 팜빌은 친구들이 우리를 도와야 하는 그럴듯한 명분을 제시한다. 우리가 원하는 건 농장을 키우는 것만이 아니고, 농작물이 시들어도 신경이 쓰인다. 이 때문에 팜빌은 지루한 수학적 퍼즐에서 가믿음을 활용하는 게임으로 변신된다.

가믿음은 우리 두뇌의 감정적 영역으로부터 스토리, 사실, 지각 등이 투사된 것처럼 보이지만, 순수한 인지적 과정까지 대체할 수 있다.[7] 이 현상은 감정의 위력을 디자이너에게 상기시켜준다. 가믿음은 실제적이지 않은 것들, 예를 들어 가상 아이템이나 배지 수집 같은 개념이 게임의 강력한 동기요인이

---

7 원문 자체가 이해하기 어려운데, 가믿음은 감정에서 출발했지만 감정과는 관련 없는 순수한 이성적 사고 과정까지 대체할 수 있다는 의미인 것으로 추측됨 - 옮긴이

되기에 충분한 현실적인 느낌을 주는 이유를 설명해준다. 고객을 위한 경험을 디자인할 때, 자신에게 다음의 질문을 던져보라.

- 어떻게 하면 감정적으로 충만한 시각적 구조, 언어, 아이디어로 고객 경험의 배경이 되는 내러티브를 만들 수 있을 것인가? (스토리로 경험을 창조하는 데 흥미가 있다면, 9장을 참고한다.)
- 논리적 이성을 건너뛰어 오래되고 깊으며 좀 더 정서적인 두뇌 영역에 직접 호소할 수 있도록 어떻게 가민음을 활용할 수 있을까?
- 실제로 표 5-1의 동기요인을 활용한 경험을 창조할 수 없을 때라도, 고객이 재미있다고 느끼기에 충분한 현실적인 느낌을 줄 수 있을까?

보상으로서의 사회적 신분

소셜네트워킹 웹사이트는 자신의 친구나 가족과 사회적 접촉을 유지하기 위해 좀 더 나은 방법을 사람들에게 제공하기 위해 만들어졌다. 예상치 못했던 또 다른 효과는 소셜네트워크가 구성원들의 사회적 신분을 좌우하는 위력을 지니게 됐다는 점이다. 이런 동기요인의 위력은 소셜네트워크의 폭넓은 대중화에 의해 입증된다. 아래는 2011년 1월을 기준으로 한 내용이다.

- 6억 명이 넘는 사람들이 페이스북을 사용한다.
- 1억 명이 넘는 사람들이 오르컷Orkut을 사용한다. 오르컷은 구글이 소유한 소셜네트워크로 브라질과 인도에서 인기가 있다.
- 중국에는 렌렌RenRen.com을 필두로 몇 개의 토착 소셜네트워크 서비스가 있는데, 합계 1억 명이 넘는 사용자를 보유하고 있다.

동료애를 이해하기는 매우 쉽다. 사람들은 지리적, 시간적으로 떨어져 있는 지인들과 연결을 유지하기 위해 소셜네트워크를 사용한다. 이런 동기요인은 피드feed에 간단히 메시지와 사진을 게시하거나 메시지를 주고받으면 충족된다.

동료애가 사람들과의 관계 유지에 관한 것이라면, 사회적 신분은 최선의 짝을 찾고 유혹하려는 유전적 지상 과제에 깊은 뿌리를 두고 있다. 사회적 신분을 얻는 데 중요하다고 우리가 믿는 것들은 전적으로 사회에서 중요한 것이 무엇인가에 대한 우리의 인식에 근거를 두고 있다. 아마도 사회적 신분에 대한 최고의 가이드는 막스 베버Max Weber로 거슬러 올라갈 듯하다. 그는 한 세기도 더 전에 사회적 계층의 3개 구성요소 모델을 개발했다. 3개 구성요소에는 다음이 포함된다.

- **부**wealth: 어떤 사람이 보유한 물질적 자원의 양. 금전, 부동산과 자본의 소유권은 일반적으로 사회적 신분을 상승시킨다.
- **권력**power: 다른 사람의 행동에 영향을 미치거나 행동을 제어할 수 있는 능력. 일반적으로 정부, 종교 기관, 기업 같은 기관에서의 직위로부터 발생한다.
- **명예**prestige: 어떤 사람이 특정한 자질로 유명한 정도

사회적 신분의 각 구성요소는 서로 독립적으로 존재할 수 있다. 예를 들어 민주 국가의 정부 공무원은 상당한 부 없이도 권력을 가질 수 있으며, 유명 과학자는 상당한 명예를 누릴 수 있지만 부와 권력은 부족할 수 있다. 각 구성요소의 중요도는 그 사람의 구체적 역할에 크게 좌우된다. 추가로 문화에 따라 각 요소는 다르게 수용되기도 한다. 중국에서는 명예가 부보다 중요하다고 여겨진다.

도박을 제외하면, 대개 소셜게임에서 '실제'의 권력이나 부를 얻을 수는 없지만, 가믿음 효과로 인해 권력과 부에 대한 환상만으로도 많은 사람에게는 충분하다. 징가 포커Zynga Poker에서 실제 돈으로 환전할 수 없는 가상 칩을 사람들이 구매한다는 사실이 입증됐을 때, 많은 사람이 충격을 받았다.

부와 권력은 가상으로 남아 있지만, 실제 사람들과 플레이하고 있기 때문에 우리는 실제의 명예를 획득할 수 있으며, 게임 플레이 도중 성취한 업적은 소셜 영역 내에서 관심과 화제의 실질적 대상이 될 수 있다.

오늘날 게임은 소셜네트워크 내에서 독특하고 강력한 위치를 점하고 있다.

게임은 사람들에게 실질적인 사회적 신분으로 보상할 수 있다. 최고의 멤버에 초점을 맞추는 순위표나 커뮤니티 스포트라이트spotlight[8] 같은 기능이 훌륭한 역할을 하는데, 바로 사회적 신분으로 연결되는 명예를 공인해주기 때문이다. 6장에서는 소셜미디어 웹사이트와 게임이 공유하는 몇 가지 속성을 살펴본다.

고객이 재미있다고 느끼는 42가지

게임이 재미있는 이유를 이해했으므로, 이제 이를 활용해서 아이디어를 평가해보고, 상상하는 게임에 잘 맞는지 판단해보자. 이 단락에서는 사람들이 구체적으로 뭘 재미있다고 생각하는지를 다룬다. 당연히 사람들이 재미있다고 느끼는 건 무진장 많겠지만, 이번 단락에서는 가장 중요한 42가지를 논의한다.

이번 단락에 제시된 정보는 3가지 방법으로 살펴볼 수 있다.

- 하나씩 아이디어를 흡수하고 배워가면서, 42개 아이템을 순차적으로 살펴본다.
- 가장 관심이 가는 동기요인 카테고리를 파악한 다음, 표 5-2의 열을 살펴보면서 해당 카테고리와 가장 관련이 있는 재미있는 것들을 찾아본다 (식사 동기요인은 목록에서 제외됐다. 몇 가지 먹고 마시는 게임이 있긴 하지만, 소셜게임의 재미 요인에 초점을 맞춘 목록에 포함될 만큼 충분하진 않다).
- 또는 42가지 재미있는 일 게임을 플레이한다.

42가지 재미있는 일 게임의 규칙

창조적 브레인스토밍으로 여러분에게 도움이 되는 게임을 개발하는 일은 흥미롭고 보람 있다. 이 단락에 포함된 '고객이 재미있다고 느끼는 42가지 목록'으로 즐길 수 있는 간단한 게임을 소개한다.

8　온라인 커뮤니티에서 첫 화면에 띄워준다든지 해서 특정인을 스포트라이트해주는 기능 – 옮긴이

1. **10면 주사위를 찾아라.** 여러분이 나 같은 괴짜라면, 이미 수없이 많이 갖고 있을 테지만, 그렇지 않다면 장난감 가게에서 구매하거나, 동일한 기능을 해주는 애플리케이션을 모바일 폰에서 다운로드한다. 폰의 앱 스토어에서 '주사위dice'라고 검색하면 몇 개 무료 항목이 나올 것이다.

2. **주사위 두 짝을 굴리고, 첫 번째 주사위는 첫 번째 자리, 두 번째 주사위는 두 번째 자리에 배정한다.** 이 결과 1부터 100까지의 숫자가 나온다(00은 100으로 간주). 어떤 '재미있는 일'을 가리키는지 알기 위해 표 5-2에서 '주사위 굴림' 숫자를 찾아본다.

3. **주사위를 다시 굴린다.** 그 다음 표 5-2의 두 번째 항목을 찾아본다.

4. **이제 자신에게 질문한다.** 이 두 가지 '재미있는 일'을 어떻게 조합시킬까? 예전에 해보지 않은 뭔가가 떠오른다면, 이미 재미가 녹아 있는 완전히 새로운 게임 컨셉을 갖게 된 셈이다.

#1: 패턴 인식하기

모든 게임에는 게임 내에서 성공하는 방법을 규정한 규칙의 집합이 있다. 틱택토Tic-Tac-Toe 같은 간단한 게임은 몇 가지 간단한 규칙으로 설명할 수 있지만, 좀 더 발전된 게임에서는 승리 패턴을 관찰하고 학습하는 일이 만만치 않다. 패턴 인식은 게임을 재미있게 만드는 일의 핵심인데, 인간의 두뇌는 놀라울 정도로 호기심이 많으며 질서를 추구하는 패턴 인식 기계로, 뭔가 해결할 때마다 우리에게 보상을 주기 때문이다. 몇 가지 주요 패턴 유형은 다음과 같다.

- **시각:** 비쥬얼드와 같은 게임으로, 플레이어는 똑같은 모양의 보석이 서로 가까이 위치하도록 이동시켜야 한다.
- **동작:** 팩맨에서 유령의 움직임 같은 경우
- **전략:** 체스에서 최적의 포석 학습하기 같은 경우
- **수학:** 마피아 워즈에서 시간 대비 최적의 경험치 획득 비율 학습하기 같은 경우

	동기요인	권력	호기심	독립	수용	질서	저축	명예	이상주의	사회적 접촉	가족	신분	복수	로맨스	신체적 활동	평온
01–03	#1: 패턴 인식하기		X			X										
04–06	#2: 수집하기	X				X	X					X				
07–09	#3: 무작위 보물 찾기	X					X					X				
10–12	#4: 완수의 느낌 달성하기	X		X		X										X
13–14	#5: 성취에 대해 인정받기				X					X		X				
15–17	#6: 혼돈으로부터 질서 창조하기					X										X
18–20	#7: 가상 세계 개인화하기			X						X		X				
21–23	#8: 지식 모으기		X							X		X				
24–26	#9: 사람들의 그룹 조직하기					X				X	X	X		X		
27–29	#10: 내부자 참조* (insider references) 알아채기				X					X						
30–32	#11: 관심의 중심 되기	X										X		X		

* 내부 사람만 알아볼 수 있는 표시 등의 의미인데 국어로는 적절한 표현이 없어 내부자 참조라고 번역함 – 옮긴이

표 5-2 42가지 재미있는 일

동기요인	권력	호기심	독립	수용	질서	저축	명예	이상주의	사회적 접촉	가족	신분	복수	로맨스	신체적 활동	평온
33–35 #12: 아름다움과 문화 경험하기					X								X		X
36–38 #13: 로맨스							X			X			X		
39–41 #14: 선물 교환하기				X			X			X			X		
42 #15: 영웅 되기	X		X				X	X	X		X	X	X		
43 #16: 악당 되기	X		X									X			
44 #17: 현명한 노인 되기	X		X	X			X				X	X			
45 #18: 반역자 되기	X		X						X		X	X	X		
46 #19: 통치자 되기	X				X		X			X	X	X	X		
47–48 #20: 마법 궁전에 사는 척하기		X						X					X		X
49–50 #21: 이야기 듣기		X							X						
51–52 #22: 이야기 들려주기	X			X							X				
53–54 #23: 미래 예측하기				X											
55–57 #24: 경쟁	X										X	X		X	
58–59 #25: 정신분석		X			X										
60–62 #26: 미스터리		X											X		

표 5–2 42가지 재미있는 일(이어짐)

	동기요인	권력	호기심	독립	수용	질서	저축	명예	이상주의	사회적 접촉	가족	신분	복수	로맨스	신체적 활동	평온
63–65	#27: 기술 마스터하기	X		X											X	
66–67	#28: 정의와 복수 행하기	X											X	X		
68–70	#29: 양육하기			X				X			X	X			X	
71–73	#30: 흥분														X	
74–75	#31: 투쟁에서 승리하기	X										X				
76–78	#32: 이완하기															X
79–80	#33: 기이하거나 요상한 경험하기		X													
81–82	#34: 우스꽝스럽게 되기				X											X
83–84	#35: 웃기														X	X
85–86	#36: 무서워하기														X	
87–88	#37: 가족 관계 돈독히 하기							X		X	X					
89–90	#38: 건강 증진하기														X	
91–93	#39: 과거와의 연관성 상상하기		X			X										
94–96	#40: 세계 탐색하기		X	X												
97–98	#41: 사회 개선하기							X	X				X			
99–00	#42: 깨달음		X	X												X

표 5-2 42가지 재미있는 일(이어짐)

🦢 #2: 수집하기

이번 장은 모든 사람이 얼마나 수집을 좋아하는지 얘기하는 것으로 시작했다. 사람들은 뭔가 얻게 되면 소유한 걸 잃기 싫어하는데, 이런 특성이 고객 충성도에 기여할 수 있다. 하지만 손실 혐오는 수집 게임이 그토록 재미있는 이유 중 하나일 뿐이다. 신경미학neuroesthetics[9]과 내재적 동기요인이 좀 더 이해됐으니, 이제 수집이 그토록 강력한 동기요인이 되는 그 밖의 이유를 살펴보자.

- **많은 경우 수집은 신분을 말해준다.** 구하기 힘든 물건은 어떤 사람을 사회적 그룹에서 좀 더 중요하게 만들어준다. 특히 컬렉션을 과시할 수 있다면 더더욱 그렇다. 과시는 게임의 프로필 페이지, 캐릭터 아바타, 페이스북 뉴스피드의 게시글 등에서 표현될 수 있다.
- **수집은 체계화를 의미한다.** 플레이어에게 산뜻하게 카테고리로 정리된 수집해야 할 목록이 제공되면, 질서의 필요성이 부각된다. 이것들은 일종의 할 일 목록to-do list이 되어 게임 내에서 우리가 뭘 획득해야 하는지 알려준다. 구하지 못한 아이템이 목록에 남아 있을 경우, 질서와 완수의 욕구가 자극된다.
- **수집에 대해 보상을 받는다.** 일부 게임에서는 힘을 늘려주는 게임 기능이나 능력에 접근하려면 아이템과 세트를 수집해야 한다.
- **부를 위해 수집한다.** 자신이 수집한 물건이 희귀하다는 걸 알게 되면, 사람들은 일종의 부라고 생각할 것이다. 특히 해당 자원을 그들이 원하는 다른 물건과 교환할 수 있다면 더욱 그렇다. 충성도 보상 프로그램, 게임 내의 '골드', 마피아 워즈의 대부 포인트Godfather Points 등이 사례다.
- **수집은 기념품이다.** 많은 수집 아이템은 실제 생활이나 게임의 지난 에피소드에서 자신이 한 일을 기억하게 해주는 일종의 기념품이다.

---

9 미학원리를 과학적 지식을 토대로 검토하는 학문 – 옮긴이

⑤ #3: 무작위 보물 찾기

해변에서 조개 껍질 찾기, 크래커 잭Cracker Jack[10] 박스 안의 깜짝 선물, 슬롯 머신에서 대박 터지기, 월드 오브 워크래프트 보스에서 에픽템 루팅[11] 등은 모두 무작위 보물 찾기의 사례다. 수집이 동기요인의 하나였으나, 질서에 대한 욕망도 마찬가지다. 패턴을 인식하고, 새로운 아이템을 어디서 어떤 방법으로 획득할지 파악하고, 더 많은 보물을 얻기 위해 필요한 행동을 반복하는 행위는 재미있다. 플레이어는 어쨌든 보물을 얻게 되리라는 사실은 알고 있지만, 정확히 무엇을 얻게 될지는 모른다. 사람들이 이 맛을 알게 되면 다시 찾아온다!

⑤ #4: 완수의 느낌 달성하기

과업의 완수는 평온과 질서의 느낌에 기여한다. 효과적인 게임은 플레이어에게 뭔가 완수했다는 느낌을 끊임없이 제공하고, 이어서 다음에 해야 될 일에 대한 정보를 제공하는 데 능숙하다. 이는 다음과 같은 형태로 나타날 수 있다.

- **진척도 막대:** 일단의 과업을 완수하기까지 얼마나 남았는지 알려준다.
- **다양한 형태의 할 일 목록:** (MMORPG에서) '퀘스트 저널' 같은 기능이나 (마피아 워즈와 유사 게임에서) 임무 목록으로 둔갑되어 있다.
- **도전과제 시스템:** 예를 들면, 특정 과제를 완수한 대가로 플레이어에게 배지를 수여한다. 이미 언급했듯이, 이 기능은 일종의 수집 게임 형태와 겹쳐진다.
- **레벨:** 게임 내에서 얼마나 진척됐는지 알려주는 수치 표시

⑤ #5: 성취에 대해 인정받기

도전과제 시스템은 사람들에게 성취감을 주지만, 인정 수단으로 효과적이려면, 자랑할 수 있는 기능이 필요하다. 예를 들면 다음과 같다.

---

10 미국의 국민 과자 – 옮긴이
11 MMORPG에서 보스를 처치하고 나오는 전리품 아이템을 획득하는 행위를 일컫는 말 – 옮긴이

- 자신이 성취한 일에 대해 자랑할 수 있는 뉴스피드 게시물
- 게임 내부 활동 피드activity feed 및 메시지 방송
- 커뮤니티 스포트라이트
- 플레이어 이름이나 프로필 페이지에 붙일 수 있는 '직위title'
- 가상 트로피 상자와 배지 갤러리

#6: 혼돈으로부터 질서 창조하기

물건의 구분, 정렬, 분류는 환경을 제어할 수 있다는 느낌을 준다. 많은 게임이 플레이어의 결벽증을 충족시켜주는 수단을 제공한다. 예를 들면 소지품을 인벤토리에 정리하기, 농장과 도시 건물을 효과적 구조로 정리하기, 테트리스에서 모양 격자 제거하기 등이다.

#7: 가상 세계 개인화하기

사람들은 세상에 자신의 흔적을 남기고 싶어한다. 이런 욕구는 게임에서 아바타를 개인화하고 가상의 집과 아이템을 건설하고 꾸미는 행위로 충족된다.

실험적 증거는 자신이 만든 물건에 사람들이 큰 가치를 부여한다는 사실을 보여준다. 동일한 현상이 게임에도 나타나는데, 이는 게임 세계에서 구할 수 있는 재료로 가상 아이템을 제작할 수 있게 해주는 '크래프팅 시스템crafting system'이 인기 있는 이유다. 좀 더 간단한 게임에서는, 사람들이 자신의 캐릭터, 자신의 집, 자신의 펫 등에 이름을 붙이는 간단한 기능으로 유사한 욕구가 충족될 수 있다.

이런 창조성에 의해 충족되는 동기요인에는 다음 항목들이 포함된다.

- 더욱 개인화되었다는 느낌을 주고, 그래서 더욱 독립적이 되었다는 느낌 주기
- 가상 장식품으로 성적으로 더욱 매력적이 되었다는 느낌을 주고, 개인적인 아름다움과 로맨스에 대한 욕구 충족시켜주기

- 게임에서 가상의 부를 늘려 플레이어가 자신의 제작물을 팔고 거래할 수 있게 해주기. 이는 추가적으로 수집 욕구에 불을 지핀다.
- 제작템을 통해 플레이어의 힘과 제어 능력을 향상시키기. 게임 메커니즘에 따라 일부 플레이어 제작템은 게임 내의 성공에 도움이 된다.

#8: 지식 모으기

공부는 재미가 없다. 수업 받기가 재미있는 경우는 드물지만, 배우기는 즐겁다. 근본적으로 우리의 마음은 호기심으로 가득 차 있으며, 뭔가 새로운 걸 깨달았을 때 '아하!' 하는 순간은 인간의 가장 순수한 즐거움 중 하나다. 앞서 설명했듯이 패턴 인식은 게임을 재미있게 만들어주지만, 무작위적인 상식, 지식과 정보를 모으는 행위도 그렇다. 비결은 사람들을 억지로 가르치려고 하기보다는, 자연적으로 지식이 흡수될 수 있는 경험에 몰입하게 하는 것이다.

특별한 지식 유형 중에 가십gossip이 있다. 가십은 우리의 자연적인 호기심을 충족시켜줄 뿐만 아니라, 사회적 구조를 이해하는 데 도움을 준다. 부정적인 가십은 실수를 한 사람에 비해 자신이 우월하다고 느끼게 해주지만, 특정 행동을 칭송하는 가십은 이상주의와 가족에 대한 욕구를 강화할 수 있다. 페이스북 뉴스피드에 올라오는 댓글을 살펴보면, 대부분은 가십이라는 사실을 알 수 있다.

#9: 사람들의 그룹 조직하기

목표를 달성하면 자체적인 보상이 있긴 하지만, 공통의 목표를 달성하기 위해 사람들을 조직하는 일은 또 다른 즐거움의 원천이다. 그룹의 리더는 권력과 사회적 신분의 느낌을 즐길 수 있다. 목표에 초점을 맞춘 그룹 멤버는 수용과 동료애라는 느낌을 얻을 수 있다. 게임에 길드, 조직된 팀 및 과업 완료를 위해 친구들의 도움을 요청하는 시스템이 있는 이유다.

그룹을 형성하도록 플레이어를 자극하는 동기요인에 외에, 마케팅 목적으로 그룹을 활용해야 하는 또 다른 강력한 이유가 존재한다(좀 더 자세한 정보는 8장을 참조하라).

🦢 #10: 내부자 참조 알아채기

이스터 에그easter egg는 대개 눈 빠지게 찾아봐야만 발견할 수 있는, 게임 내에서 찾기 어려운 부분이다. 대개 우리는 딴 곳에서 얘기를 들었기 때문에 우연히 찾을 수 있을 뿐이다. 마찬가지로 특정 이름, 비유, 내부적 농담 또는 심지어 특정 숫자를 사용하는 이유가 플레이어가 관심 가질 만한 다른 콘텐츠, 게임 또는 아이디어를 암시하기 위한 것일지도 모른다. 플레이어는 이를 알아채면, 질서에 대한 욕구, 여태까지의 지식 모으기 노력에 대한 보상, 그리고 수용의 느낌(내부자 그룹의 일원이 됐다는)까지 얻을 수 있다.

🦢 #11: 관심의 중심 되기

인간은 관심에 탐욕적이다. 어려서 부모님의 관심에 굶주렸을 시절에 형제 자매와의 경쟁부터 시작해서, 이 욕구는 결코 멈추지 않는다. 관심은 사람들이 온라인에서 댓글을 다는 일에 열중하는 큰 이유다. 플레이어를 영웅적 스토리의 중심에 위치시키거나, 다른 플레이어와의 실제 상호작용이 게임의 중심 기반이 되도록 설계함으로써, 플레이어가 관심의 중심에 있다는 환상을 느끼게 할 수 있다.

🦢 #12: 아름다움과 문화 경험하기

게임은 그래픽 디자인, 음악, 우리의 감각에 호소하는 설계를 특징으로 한다. 오랫동안 실감 나고, 실사적인 인터페이스가 강조돼왔다. 그러나 새로운 게임들은 때로는 현대 미술, 그래픽 소설, 정교한 산업 디자인처럼 보이는 새로운 예술적 가능성을 탐색하는 중이다. 비록 페이스북의 최신 소셜네트워크 게임은 우스꽝스러워 보이지만(팜빌이 생각난다), 이는 디자이너들이 새로운 고객층에 호소할 수 있는 새로운 디자인을 탐색하기 시작했다는 징조다. 그래픽 디자인은 향후에도 지속적으로 게임을 차별화할 수 있는 중요 영역이 될 것이며, 미래에 소셜네트워크 게임이 자신을 차별화할 수 있는 큰 기회가 있는 영역이다.

#13: 로맨스

이 책의 서문에서, 녹아내린 지구 표면이 아직도 식어가는 중이고 공룡 게임들이 여전히 인터넷상에서 횡행하고 있던 1991년, 젬스톤이란 온라인 게임에서 내 아내 안젤라를 어떻게 만나서 함께하게 되고, 현실에서 결혼하게 됐는지 설명한 바 있다.

당시에는 흔치 않은 이야기였을지도 모르지만, 그 이후로 많은 사람이 게임을 통해 사랑과 로맨스를 찾아왔다. 게임은 추파를 던지고, 구애하고, 선물을 교환하고, 자신을 미화하고, 기사도를 발휘할 수 있는 엄청난 기회를 제공하는데, 이 모두가 로맨틱한 감정에 도움이 된다. 일부 사람들은 현실 생활의 로맨틱한 결과에도 관심이 없지만, 로맨스 경험은 많은 게임이 활용할 수 있는 소재다. MMORPG와 같이 좀 더 방대한 소셜게임에서는 로맨스가 일반화됐지만, 소셜네트워크 게임에는 기회의 영역이 많이 남아 있다.

#14: 선물 교환하기

친구들은 서로 선물 교환하기를 즐기는데, 주는 행동은 호혜reciprocity의 욕구를 불러일으킨다. 대개 사람들은 다른 선물을 주는 것으로 답례한다. 페이스북에는 선물 주기 인터페이스가 내장되어 있지만, 소셜네트워크 게임도 역시 게임 메커니즘의 하나로 선물 교환에 의존하게 됐다. 활동이 감소하려는 사람이 재방문하게 함으로써, 가상 선물은 게임에 대한 고착도stickiness를 높여준다.

#15~19: 자신을 캐릭터로 상상하기

사람들은 자신을 실제의 자신과는 다른 누군가로 상상하길 좋아한다. D&D 같은 롤플레잉 게임은 명백한 좋은 사례이며, 마피아 워즈, 로드 투 페임Road to Fame 같은 온라인 소셜게임 아니면 내러티브 구조를 갖춘 그 밖의 소셜게임도 마찬가지다. 누군가 다른 사람인 체한다는 개념은 다양한 엔터테인먼트 경험을 가능하게 해준다. 두 가지 사례로 코스튬 파티 참석과 디즈니 월드에서 특정 놀이기구 방문이 있다. 대부분의 소설 형식도 이런 개념을 기반으로 한다. 영화나 책에서 자신을 어떤 캐릭터와 동일시하게 되면, 그들의 곤경이 자신의 일처럼 느껴진다. 캐릭터 유형에 따라, 16가지 동기요인의 많은 부분을 경험하게 될 것이다. 권력, 영향력, 수용, 명예, 이상주의, 로맨스가 가장 흔하다.

4장에서 영웅의 여정 개념을 제시하면서 소설에는 반복적으로 등장하는 주제가 있다고 설명한 바 있다. 많은 플레이어가 자신이 그 역할을 수행한다고 상상하면서 즐거움을 느낀다. 다음은 42가지 재미있는 일에 포함될 수 있는 주요한 항목들 중 일부다.

- **영웅 되기(#15):** 영웅은 다른 이들을 위해 거대한 개인적 모험에 도전하고, 종종 끔찍한 희생과 결정을 감수하는 사람이다. 사람들은 영웅 역할을 좋아하는데, 권력, 영향력, 명예, 이상주의, 복수, 위신, 그리고 자주 로맨스에 대한 욕구에 호소하기 때문이다. 월드 오브 워크래프트 같은 MMORPG나 캐슬 에이지 같은 소셜네트워크 게임은 플레이어를 영웅의 역할에 몰입시키는 데 초점을 맞춘다.
- **악당 되기(#16):** 영웅 되기를 즐기는 것처럼, 동시에 사람들은 악당 역할도 즐긴다. 사회적으로 허용되는 경계를 탐색하고(때로는 넘어서고) 다른 이들에게 권력을 휘두르기도 한다. 이는 결과에 개의치 않는 힘에 대한 환상에 기인한 것이다. 악당 역할은 많은 사람에게 자신의 어두운 측면을 안전하게 탐색하게 해준다. 정확히 그런 판타지에 몰입하기 위해 2010년 기준 매월 2천 5백만 명이 넘는 사람들이 마피아 워즈에 참여한다.
- **현명한 노인 되기(#17):** 융Jung이 주창한 이 전형은 여성이 될 수도 있지만, 대부분의 소설은 남자 역할로 만들었다. 멀린, 간달프, 오비완 캐노비와 미야기 씨가 그들이다. 사람들이 이런 캐릭터를 좋아하는 이유는 그들이 구사하는 힘뿐만 아니라, 가족 동기요인에 호소하는 높은 신분적 역할 때문이다(전형적으로 멘토는 주인공의 대리 아버지 역할을 한다).
- **반역자 되기(#18):** 사람들은 기본적으로는 선함을 유지하면서, 때때로 사회의 규칙을 무시하는 역할을 하곤 한다. 소설에서 인기 있는 반역자에는

한 솔로Han Solo, 로빈 후드Robin Hood, 드리즈트 두어덴Drizzt Do'Urden[12]을 비롯
해 대부분의 해적과 뱀파이어가 포함된다.

- **비밀 지식의 수호자, 마법사 되기**: 사람들은 남들이 모르는 지식을 알고 있거
  나, 남들이 할 수 없는 일을 하는 사람이 되는 상상을 즐긴다. 현대에서
  이런 역할은 데이비드 블래인David Blaine[13]이나 데런 브라운Derren Brown[14] 또
  는 심지어 특정한 비전esoteric 지식을 보유하고 있는 과학자에 의해 대중적
  으로 수행된다.
- **통치자 되기(#19)**: 다른 사람에게 상당한 권력을 행사할 수 있는 사람

이들은 게임 내에서 활약하는 주요 전형 중 일부이며, 4장에서 소개한 신화
만들기 게임에서 재미있고 영웅적인 캐릭터로 자신을 상상할 수 있도록 고객
을 도와주는 다른 방법에 대한 아이디어를 얻을 수 있다.

#20: 마법 궁전에 사는 척하기

다른 사람인 척하기를 즐기는 것과 마찬가지로, 사람들은 자신이 있는 현재
장소와 다른 세계에 살고 있다고 상상하기를 즐긴다. 예를 들어, 다른 규칙에
의해 통치되고 흥미로운 사람들이 살고 있으며 마법에 걸린 장소 같은 곳이
다. 이는 사람들이 소설을 읽고, 영화를 보고, 디즈니의 마법 왕국을 방문하
고, 일상생활과 동떨어진 곳으로 자신을 데려다 주는 소매점이나 레스토랑에
들르는 이유다.

#21: 이야기 듣기

사람들이 스토리를 좋아하는 이유에 대해서는 많은 이론이 존재한다. 스토리
는 사람, 장소와 물건에 대한 우리의 호기심을 자극한다. 스토리의 내용에 따
라 로맨스, 평온 또는 다른 동기요인에 대한 욕구를 충족시켜준다. 스토리는

---

12 D&D 시리즈의 캐릭터 – 옮긴이
13 직업 마술사 – 옮긴이
14 직업 마술사 – 옮긴이

게임의 추상적 규칙과 메커니즘을 기초로 좀 더 이해하기 쉬운 내러티브, 주제, 캐릭터를 만들 수 있게 해준다.

#22: 이야기 들려주기

이야기 듣기의 상반된 측면으로 사람들은 이야기 들려주기를 좋아한다. 어린이가 장난감을 가지고 노는 행동을 관찰하면, 대개는 장난감을 소품으로 자기 자신에게 이야기를 들려주고 있다는 사실을 발견할 수 있다. 게임은 좀 더 조직화된 체계 속에서 플레이어가 똑같은 일을 할 수 있는 환경을 제공해준다. 게임의 각 요소를 자신만의 독특한 내러티브 속으로 결합시킬 수 있게 해주는 정교한 기법을 제공하거나, 또는 뉴스피드 게시물, 활동 피드 및 다른 게임 경험 공유 기능 같은 자동화된 도구를 제공해, 플레이어가 이야기를 들려주도록 할 수 있다.

#23: 미래 예측하기

사람들은 자신이 미래 예측에 능하다는 느낌을 좋아한다. 경마, 주식, 판타지 풋볼과 거의 모든 전략 게임은 자신이 미래를 예측하기에 충분할 만큼 상황을 파악하고 있다는 사람들의 관념에 호소한다. 미래를 예측하거나 새로운 트렌드를 예견하는 일은 자신이 똑똑하고, 상황을 통제하고 있으며, 영향력이 있다고 느끼게 해준다.

#24: 경쟁

경쟁 환경을 조성하려면 누군가는 승리하고 누군가는 패배해야 한다. 예를 들어 두 사람 간의 일대일 대결은 공공연한 형태의 경쟁이며, 좀 더 완화된 형태로는 순위표의 순위 경쟁이 있을 수 있다. 경쟁이 효과적인 이유는 사람들이 승리에 수반되는 권력의 느낌을 좋아하고, 패배하면 복수를 꿈꾸기 때문이다.

#25: 정신분석

소셜게임으로 비즈니스에 활력을 불어넣는 방법을 다룬 책을 읽는 것을 보면, 여러분은 인간 본성에 대해 호기심이 많을 가능성이 높다. 다른 사람이나 동물에게 동기부여하는 요인에 관심을 갖는 습성은 많은 사람에게 공통된 점이다. 이런 본능은 심지어 무생물에게 확장될 수도 있다('왜 이 컴퓨터는 나를 미워하는 거지?'). 다른 사람(또는 사람의 대리물)의 동기요인을 추측, 예측, 이해하는 행위는 재미의 원천 중 하나다.

#26: 미스터리

'앨리어스Alias', '로스트Lost', '프린지Fringe' 같은 유명 드라마의 제작자인 J.J. 아브람스Abrams는 미스터리야말로 자신이 만든 모든 텔레비전 시리즈물의 핵심 재미라고 주장했다. 텔레비전 시리즈물은 이상한 일들이 왜 그렇게 된 건지 궁금해하는 우리의 호기심에 의존한다. 약간의 정보 드러내기(시청자의 노력에 대한 보상)와 숨기기(알고 싶은 욕구가 완벽히 충족되지 않도록) 사이에 균형을 유지함으로써, 거부할 수 없는 재미있는 경험을 만들어낼 수 있다.

#27: 기술 마스터하기

플레이어에게 진전됐다는 느낌을 주는 한 가지 방법은, #5에서 언급한 레벨과 같이 진전됐다고 알려주는 것이다. 더 중요한 점은 어떤 일에 더 능숙해졌다는 느낌을 주는 것이다. 이는 플레이어가 능숙해지면 도전의 수준을 미묘하게 증가시켜야 한다는 사실을 의미한다. 그러지 않으면 그들은 지루해질 것이다. 플레이어가 좌절하지 않고 꾸준히 자신의 능숙함이 늘어난다고 느낄 때 이를 몰입flow이라고 부르며, 10장에서 자세히 다룬다.

#28: 정의와 복수 행하기

사람들은 불의를 혐오하며, 부당한 일이 바로잡혔을 때, 이상주의, 평온, 복수

의 느낌을 갖게 된다. 많은 롤플레잉 게임은 세계에 정의를 회복시키는 영웅
적 행동에 관한 것이다. 우리가 악당 역할을 하는 게임에서조차, 개인적 정의
를 경험하는 일이 가능하다. 예를 들어 마피아 워즈에서 누군가 여러분을 부
당하게 괴롭힐 때, 여러분의 친구들이 합심해서 가상의 망나니를 물리쳐주면
'정의'가 느껴진다.

⚙ #29: 양육하기

가족, 농장의 농작물, 펫 등을 양육하는 재미는 가족, 저축 및 권력에 대한 동
기요인에서 비롯된다. 이 3가지가 가장 인기 있는 3개 페이스북 게임인 프론
티어빌, 팜빌, 펫 소사이어티의 기반이 된다는 점은 놀랍지 않다.

⚙ #30: 흥분

중국에서 자이언트 인터랙티브Giant Interactive란 회사는 플레이어에게 특별 경품
이 담긴 가상 보물 상자를 제공한 적이 있다. 이 기능이 너무나 흥분을 불러일
으키고 매력적인 나머지 중국 정부에서 더 이상 해당 기능을 제공하지 못하도
록 금지시켰는데, 그 결과 매출이 급감했다.

이 사실은 흥분이란 감정이 실감나는 3D 배경 게임만의 전유물이 아니라,
모든 게임의 한 부분이 될 수 있음을 보여준다. 서스펜스, 공포, 경쟁적인 액
션, 갈망 같은 요소는 어느 게임에서든 모두 중독적이고 흥분을 자아내는 요
소다.

⚙ #31: 투쟁에서 승리하기

고등학교 국어 시간으로 돌아가 인간 대 인간, 인간 대 자연, 인간 대 사회,
인간 대 기술 등 투쟁에 관해 배운 모든 것을 회상해보라. 이런 내러티브는 플
레이어에게 승리의 느낌을 제공해준다. 투쟁의 형태는 스토리, 전략 또는 플
레이어와 게임 간의 전술적 대결 등을 기반으로 할 수 있다.

🦢 #32: 이완하기

때때로 우리는 이 모든 것들로부터 벗어날 필요가 있는데, 강렬한 게임 경험은 더욱 스트레스를 줄 뿐이다. 많은 캐주얼 게임의 훌륭한 미덕은 몇 분간 잠깐 방문해서 정신적 휴식을 취하고, 마음을 이완할 수 있다는 점이다. 소셜게임 시대 이전에는 마작Mahjong, 솔리테어Solitaire, 테트리스Tetris를 비롯한 간단한 게임이 이런 필요성을 충족시켜줬다. 페이스북은 소셜게임으로 알려진 게임들로 가득 차 있는데, 많은 사람은 소셜게임을 새로운 종류의 솔리테어처럼 즐긴다.

🦢 #33: 기이하거나 요상한 경험하기

#20에서 사람들이 마법 세계에 있는 자신을 상상하기를 즐긴다고 언급했는데, 동시에 사람들은 완전히 이상한 것도 즐거워한다. 예전에는 사람들이 기괴함에 대한 취향을 충족시키기 위해 서커스의 '기괴한 쇼(오늘날 기준으로 볼 때 등골이 오싹하거나 착취적인)'를 구경하곤 했다. 오늘날에는 경이로운 게임 기술의 발전으로 인해 자신의 컴퓨터에서 이상한 믿음과 생물학 및 문화를 가볍게 안전하게 맛볼 수 있게 됐다.

🦢 #34: 우스꽝스럽게 되기

최근 가장 혁신적인 콘솔 게임 중 하나는 괴혼Katamari Damacy이었는데, 쫀득쫀득한 공을 점점 더 큰 물건들 위로 굴리는 게임이다. 종이 클립이나 찻잔 같이 조그만 아이템에서 시작해, 아이템의 크기가 점차 커져, 나중에는 고양이, 자동차, 공룡, 항공모함 같은 걸 모으게 된다. 배경 스토리는 모든 우주의 왕King of All Cosmos(반은 왕이고 반은 광대인 70년대 디스코가 어울릴 듯한 기괴한 복장을 입은)이 예전에 별과 행성을 파괴해버려, 이를 재창조하는 데 필요한 재료를 여러분이 모아야 한다는 식이다.

괴혼은 얼마나 많은 사람이 우스꽝스러운 경험을 즐기는지 보여준다. 세상은 진지함과는 거리가 먼데, 너무나 많은 게임이 진지한 듯하다.

#35: 웃기

비극이나 공포 영화에도 긴장을 풀고 사람들에게 다음에 올 사건을 준비시키기 위해 약간의 웃기는 요소가 있다. 사람들은 웃기를 좋아한다. 특히 자신의 친구들과 함께 하면 동료애의 느낌까지 온다. 그러니 웃음을 경험의 일부분으로 만들 방법을 찾아라.

#36: 무서워하기

대부분의 사람들에게는 자신의 안전에 대한 걱정 때문에 무서운 건 재미가 없다. 앞서 언급한 가믿음 덕택에, 사람들은 실제 위험 없이도 무서운 느낌을 즐길 수 있게 됐다.

#37: 가족 관계 돈독히 하기

게임의 위대한 발견 중 하나는 게임이 현대 가족 생활의 일부가 되는 방법을 찾았다는 점이다. 월드 오브 워크래프트에서는 가족이 함께 접속해 이라크에 배속된 아들, 딸과 같이 게임을 즐긴다. 록 밴드Rock Band에서는 아버지가 자신의 어린 시절에 유행한 노래를 아이들과 공유한다. 팜빌에서는 할머니와 손자가 서로 헛간 건설을 도와준다. 협동적인 플레이를 장려하고 폭넓은 연령층에 통할 수 있는 쉬운 콘텐츠를 제공하면, 세대 간의 간극을 이어주는 게임을 만들 수 있다.

#38: 건강 증진하기

거의 대부분 사람이 건강하다는 느낌은 좋아하는 반면, 운동은 싫어한다. 인정, 수집과 성취에 기반한 게임 메커니즘으로 사람들이 운동 프로그램을 계속할 수 있도록 도움을 주는 방법이 있을지에 대한 탐색이 이제 막 시작됐다. 이 영역에서의 사례연구는 6장에서 살펴본다.

#39: 과거와의 연관성 상상하기

과거는 마법과 같다. 대부분 숨겨져 있지만, 모든 것과 모든 사람을 함께 연결해준다. 우리가 과거와 연결되는 이미지는 강력하다. 과거에 대한 우리의 호기심은 너무나 강하기 때문에 J.R.R. 톨킨Tolkien의 중간계Middle Earth 역사 같이 완전히 신화적인 과거에 흥미를 갖는 것인지도 모른다(아마도 그런 과거가 자신의 것이기를 원하면서).

#40: 세계 탐색하기

사람들은 자신의 환경에 대해 대단히 궁금해한다. 옛날에는 부근 지리를 얼마나 잘 아는지, 어디서 최고의 음식을 구할 수 있는지, 어디서 쉼터를 발견할 수 있는지를 아느냐에 따라 생존이 좌우됐다. 오늘날에도 어떤 장소를 드나드는 방법을 아는 것은 여전히 유용하며, 자신의 환경을 이해해야 권력과 통제에 대한 감을 가질 수 있다. 이런 본능을 활용하려면, 어떤 가상적 풍경으로 게임 환경을 구성하더라도 플레이어에게 다음 코너를 살펴볼 수 있는 기회를 줘라. 3D 환경이든, 맵 세트이든, 서로 링크된 웹페이지의 재미있는 집합이든 말이다. 위키피디아는 한 번에 몇 시간씩 둘러보고 싶어지는 멋진 장소의 예다.

---

15 2009년 첫 시즌이 방영된 미국 드라마 – 옮긴이

🦢 #41: 사회 개선하기

2008년에 퓨 리서치Pew Research는 10대의 97%가 게임을 즐긴다는 사실을 발견한 연구를 수행했다. 연구는 청소년 문화의 쇠락에 대해 절망하기보다 게임이 10대에게 세상을 개선할 수 있는 방법을 가르치고 있다는 사실을 발견했다. 예를 들어, 10대들은 심시티Sim City를 통해 공공 정책이 어떻게 도시에 영향을 미치는지 배우게 됐다.

나는 내가 태어났을 때보다 더 좋은 세상을 후손에게 물려주고 싶다. 다른 이들도 그렇게 생각하리라 믿고 싶다. 이상주의는 16가지 동기요인 중 하나이므로, 게임 안에서 위대한 사회적 자산에 대한 갈망에 호소할 수 있다. 게임이 반드시 뭔가 때려부수는 것일 필요는 없다는 점을 상기하자. 게임은 사람들이 삶에서 가치 있게 여기는 다른 많은 것을 반영할 수 있다. 6장에서는 게임 메커니즘을 활용해 사람들이 좀 더 환경친화적이 되도록 도와주는 웹사이트인 프랙티컬리그린닷컴PracticallyGreen.com에 대해 논의해본다.

🦢 #42: 깨달음

허구적 환경은 세상이 실제로 어떠한지, 세상이 어떻게 될 수 있는지 또는 세상이 어떻게 되어야 하는지 보여줄 수 있는 힘을 지니고 있다. 아인 랜드Ayn Rand의 소설 『Fountainhead마천루』는 객관주의objectivism 철학, 또는 이성적 이기주의rational self-interest의 발판으로 활용됐는데, 비디오 게임 바이오쇼크Bioshock는 이 철학의 결점을 보여주려고 시도했다. '스타워즈Star Wars'의 세계관은 포스Force라는 유사 종교 철학을 제시한다. 게임은 주로 의사결정과 그 결과를 다루므로, 단방향적인 소설에서는 불가능한 방식으로 플레이어에게 깨달음을 줄 수 있으며, 이상주의에 대한 플레이어 동기요인을 충족시켜줄 수 있다.

🐚 정리

5장에서는 어떤 것이 재미있는 이유와 뭔가를 재미있게 만들어주는 수많은 특징을 살펴봤다. 이제 여러분은 기존의 소셜게임에 깊이 파고들어 그 작동법을 파악할 준비가 됐으며, 한발 더 나아가 자신의 게임을 어떻게 설계할지 생각해볼 수도 있다.

이번 장에서는 이 책 전반에 사용된 하나의 원칙을 활용했는데, 거의 모든 일을 간단한 게임으로 바꿀 수 있다는 원칙이다. 또한 제품 기능을 브레인스토밍하는 방법과 참신한 방식으로 재미있는 기능을 조합하는 무작위적인 방법을 시도했다. 이 과정의 산출물은 '예상치 못한 보물'이나 여러분 자신의 창조성의 한 형태로 생각될 수 있다. 재미 삼아, 주사위 몇 개와 아이디어 목록을 집어들고 점심 시간 동안 사람들이 좀 더 창조적으로 생각하도록 만들 수 있는지 실험해보라. 결과를 즐기게 될 것이다!

5장에서 강조한 2개의 중요한 주제는 게임에서 규칙의 역할과 감정의 역할이다. 게임은 규칙으로만 만들어지는 게 아니다. 규칙 시스템의 인식, 학습 및 탐색이 게임이 재미있는 우선적으로 큰 이유이긴 하지만, 깊고 인상적인 경험을 만들기 위해선, 이런 규칙들이 감정적 보상의 큰 틀 안에서 존재해야 한다.

🐚 경로 선택

다음에 읽어야 할 부분에 대한 안내

- 오늘날 플레이되는 인기 있는 몇 가지 소셜게임을 파헤쳐보고, 이번 장에서 설명한 다양한 기법이 어떻게 적용되는지 살펴보고 싶다면, 6장으로 계속 진행한다.
- 스토리를 활용해서 여러분의 제품, 게임과 고객 경험의 영향력을 증가시키고 싶다면, 9장으로 건너뛴다.

- 이번 장에서 잠깐 건드린 중요한 게임 디자인 기법인 몰입flow의 중요 개념에 대해 좀 더 이해하고 싶다면, 10장을 참고하라.
- 온라인에 접속해서 이번 장에서 언급한 재미 요인들을 어느 게임이 최고로 활용하는지에 대한 다른 독자들의 생각이 궁금하다면, www.game-on-book.com에 접속해서 비밀 코드 박스에 'fun'이라고 입력한다.

일에서 재미로

6장의 내용

★ 게임화의 기회와 위험
★ 게임으로 과제와 목표를 재미있는 경험으로 만드는 방법
★ 소셜게임의 기법을 적용해 많은 비게임 경험을 재미있고 가치 있게 만드는 방법
★ 게임과 소셜미디어 경험의 콘텐츠를 비판적으로 평가하는 방법

이번 장 전반에 걸쳐, 다양한 소셜게임이 상상, 감정, 명확한 진척 및 목표 설정과 같은 게임 요소를 활용해 플레이어를 위한 매력적이고 재미있는 경험을 빚어낸 방법을 살펴보자.

게임으로 일상적인 과제를 중독성 있게 만드는 방법

저 눈부신 돔! 저 얼음의 동굴!
그리고 들은 사람은 모두 거기서 그걸 봐야 해,
그리고 모두 울어야 해, 조심해! 조심해!
그의 번뜩이는 눈, 그의 떠다니는 머릿결!
그의 주변에 원을 세 번 엮어라,
그리고 성스런 두려움에 눈을 감아라,
왜냐하면 그는 감로(甘露)를 먹었고
천국의 우유에 취했으니까.

– 사무엘 콜리지(Samuel Coleridge), '제나두(Xanadu)' 47~54행

나와 아내가 우리 집으로 이사 왔을 때, 우리는 그곳을 특별한 장소로 만들고 싶었기에 집에 이름을 붙여줬다. 기쁨의 돔Pleasure Dome이라고. 이 이름을 쾌락주의 라이프 스타일을 풍자적으로 수용한 것이라고 해석하는 사람이 완전히 틀리지는 않았다. 하지만 좀 더 중요하게 참조한 건 좋아하는 시인 콜리지의 '제나두'였다. 천국의 우유는 상상력의 경이로운 위력을 상징하며, 어떻게 상상력이 예술가와 정복자가 동시에 비전을 갖게 하고, 상상력에 근거해 행동하도록 만들었는지를 상징한다.

상상력은 세상의 현재 모습보다 우리가 원하는 세상의 모습을 보여주기 때문에 우리를 행동하게 한다. 우리 집에 특별한 이름을 지어준 건, 무엇이든 가능하고 멋진 꿈을 꿈꿀 수 있는 장소에서 살고 있다고 상상하고 싶었기 때문이었다. 이름과 스토리가 상상력의 세계를 헤쳐나갈 수 있게 해준 것처럼, 게임도 같은 일을 할 수 있다. 게임은 플레이어가 중요한 역할을 맡아서 결과에 영향을 미칠 수 있는 의미 있는 내러티브 속으로 플레이어를 엮어준다.

많은 사람은 자신만의 기쁨의 돔으로 자신을 옮겨주는 게임의 마법적인 특성을 인식하고 있다. 이를 서문에서 언급한 최근의 게임화(게임 메커니즘을 일상적인 제품과 비즈니스에 적용하는) 트렌드와 비교해보라. 불행히도 게임화의 의미는 통상적인 게임 메커니즘(배지, 레벨과 진척도 미터 등)이 폭넓은 범위의 행동을 유도할 수 있는 특효약인 것처럼 해석되는 경향이 있다. 비록 효과적인 피드백 메커니즘이긴 하지만, 게임 메커니즘에는 상상력과 감정이 결여되어 있으며, 상상력과 감정이 미디어, 스토리, 게임에서는 항상 함께 작용해야 한다.

이제 기쁨의 돔으로 돌아가 게임 메커니즘이 어떻게 대부분의 사람이 엄청나게 지겨워하는 노동의 한 형태, 즉 가사일에 적용될 수 있는지 살펴보자. 초어 워즈Chore Wars 게임은 www.chorewars.com에서 플레이 가능하며 그림 6-1에 화면이 나와 있다. 초어 워즈는 욕실 청소, 잠자리 준비하기, 저녁 준비 같은 일들이 올바른 맥락에서 제시될 때 어떤 식으로 모험이 될 수 있는지를 보여준다.

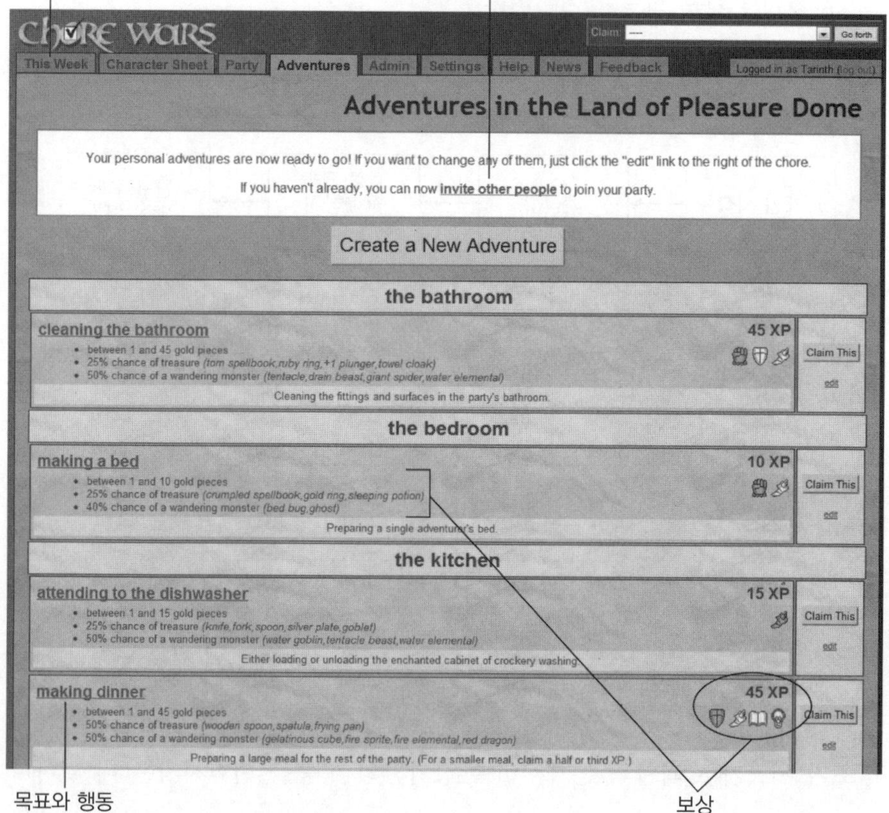

그림 6-1 초어 워즈

보통의 일상적인 일에 재미를 부여하는 초어 워즈의 몇 가지 핵심 포인트는 바로 알아챌 수 있다.

- 게임은 너무 진지한 체하지 않는다(가사일을 중심으로 판타지 어드벤처를 만든다는 생각은 기본적으로 우스꽝스러운 일임을 알고 있다).
- 각각의 일은 보상과 연관되어 있다(경험치와 다양한 부엌용품 같은 '보물').
- 초어 워즈의 사회적 측면에 있어 다른 사람을 참여시켜 우리의 목표 성취를 돕도록 해주며, 팀으로서 협동할 수 있는 수단을 제공한다. 예를 들어, 아이들을 초대해서 참여시키고 다양한 형태의 가사일을 통해 그들

의 캐릭터를 '레벨업'시키도록 할 수 있다. 초어 워즈의 전체 흐름을 그림 6-2의 플로우 차트로 정리했다.

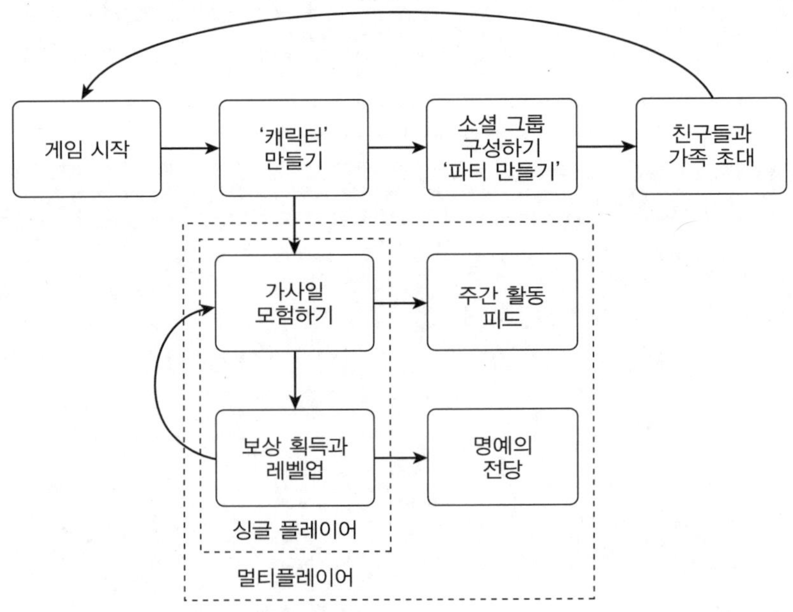

그림 6-2 초어 워즈의 게임 플레이 흐름

초어 워즈가 효과가 있는가? 비록 장기간의 행동을 변화시키는 데 얼마나 효과적인지 알기는 어렵지만, 많은 가정에서 가족이 함께 모여 가사 문제를 해결하는 기회를 제공했다는 점을 인정했다. 단순하게 똑같은 콘텐츠에 내내 의존하지 않고, 신선함과 새로움을 유지하는 일은 게임에 필수적이다. 초어 워즈의 경우에는, 보통은 허드렛일이라고 생각되는 일에 게임이 재미를 불어 넣을 수 있다.

❧❦❧

우리 집에는 9살, 8살, 7살인 아이 셋이 있어요. 아이들이 자기 일을 끝내고 집안 일을 돕도록 하기 위해 상상할 수 있는 묘책은 다 짜내봤어요. 허드렛일 차트, 용 돈, 특별 보상 등 모든 게 며칠 지나면 용두사미가 됐지요.

초어 워즈에 접속! 애들과 같이 앉아서, 자신의 캐릭터와 모험을 보여주니까, 말 그대로 껑충 뛰어올라 골라진 허드렛일을 끝내러 달려갔지요. 8살짜리 우리 아들 이 이부자리 펴는 건 처음 봤다니까요! 막내는 20분도 안 돼서 모든 일을 다 해치 웠죠(대개는 아주 간단한 일 한 가지도 한 시간씩 걸렸거든요).

– 텍사스의 초어 워즈 고객 겸 부모

√√√

🦅 뭔가를 게임으로 바꿔야 할 때

이 장을 파고들기에 앞서 분명히 해야 할 중요한 점이 있다. 모든 것을 게임으로 바꿔서는 안 된다는 점이다. 때때로 게임 플레이 과정은 새로운 단계를 추가하 고, 짜증을 유발하며, 그 과정이 없었다면 간단한 일을 번거롭게 만들 수도 있 다. 게임 플레이 추가가 적절할지 판단하는 데 도움이 되는 질문을 살펴보자.

- **해당 활동이 건강이나 생명에 영향을 미치기 때문에 최대한 빨리 처리돼야 하는 일 인가?** 극단적인 예를 들자면 세동제거기defibrillator[1]를 게임으로 바꾸고 싶 지는 않을 것이다. 반면, 세동제거기 사용법 훈련 프로그램은 게임적 요 소에 의해 혜택을 볼 수 있다(응급 상황 발생 전에).
- **게임 아이디어의 내러티브가 변화시키고 싶은 근본적인 행동과 동떨어져 있는가?** 보통은 기발한 스토리를 생각해내는 일이 그 스토리에 맞는 게임 메커니 즘을 정의하는 일보다 쉽다. 게임 요소나 내러티브가 제시하려는 시스템 의 이해에 방해가 되지 않는지 체크해보라.
- **해당 활동은 주로 실용적인 일인가?** 예를 들어 특정 정보(아마존에서 주문한 패키지 상태)에 접근하려고 할 때, 추가적인 유사 게임 단계가 끼어들어 귀찮아지 고 싶지는 않을 것이다. 그러나 게임 요소가 (해당 과정을 지연시키는 추가 단계 없이) 주문 상태 시스템과 상호작용하는 경험을 아우르면서 심화되는 방 식으로 통합된다면 여전히 쓸 만할 것이다.

---

1 심장 박동을 정상화시키기 위해 전기 충격을 가하는 데 쓰는 의료 장비 – 옮긴이

현대 게임의 비즈니스 의사결정 이해하기

많은 소셜게임은 다음 요소를 몇 가지(전부는 아닐지라도) 공유한다.

- **기본 메커니즘**: 친구에게 게임을 소개하는 행동을 촉진해, 또 다른 잠재 고객을 게임에 유입시킨다. 동시에 플레이어의 몰입과 게임에 대한 충성도를 심화시킨다.
- **기회와 인터페이스**: 친구와 진척 상황을 공유하기 위한 것이다.
- **분명한 경로**: 다음에 해야 할 일을 파악하고, 다음 단계에 얼마나 근접했는지 알려주는 피드백 메커니즘을 위한 것이다.
- **개인화 또는 창조성 요소**: 플레이어가 자신의 경험을 개인화할 수 있게 해준다.
- **인정**: 명예의 가치는 종종 부를 능가한다.
- **비동기적 게임 플레이**: 다른 플레이어의 진행과 상관없이 독립적으로 게임을 진행할 수 있다.

초어 워즈에는 이 모든 요소가 존재했는데, 플레이어 소개, 진척도의 공유, 목표 설정 인터페이스, 아바타 개인화 및 최고 성과 플레이어 인정에 대한 강조 등이다. 마찬가지로 이런 측면은 대부분의 성공한 소셜게임에도 존재한다. 현재의 게임은 이런 요소를 활용해 좀 더 좋은 게임이 됐다.

영광의 날들: 갓 오브 록

내 회사인 디스럽터 빔은 많은 이들이 가끔씩 공유하는 판타지, 즉 뮤직 슈퍼스타가 되는 꿈에 호소하는 게임 제작에 착수했다. 갓 오브 록Gods of Rock에서 여러분은 팝, 컨트리, 힙합 또는 록스타가 될 수 있다. 그림 6-3에 핵심 요소 일부를 보여주는 스크린샷이 나와 있다.

그림 6-3 갓 오브 록의 게임 플레이

단순히 미션이나 퀘스트를 클릭하는 것만으로는 충분히 재미있는 게임 플레이가 될 수 없었다. 자기 고유의 색깔을 살리고 자신의 창조적인 면을 살리는 방식으로 플레이어가 특정 이벤트에 기여하게 하고 싶었다. 좋은 예로 에픽 기그Epic Gig[2]에서는 플레이어가 친구와 함께 우드스탁Woodstock[3]이나 라라팔루자Lalapalooza[4] 분위기의 이벤트에서 연주할 수 있다.

에픽 기그를 만들면, 등장하는 이벤트 발표가 너무나 재미있기 때문에 플레이어는 자신의 담벼락에 공유하고 싶어진다. 공유된 게시물은 친구나 가족들

---

2 Gig는 소규모 연주회를 뜻하는 단어로 Epic Gig는 갓 오브 록의 메뉴 중 하나를 뜻하며, Gig 중에서 등급이 높은 단계의 연주회를 의미하는 것으로 추정됨 - 옮긴이

3 미국의 유명 뮤직 페스티벌 - 옮긴이

4 미국에서 매년 열리는 뮤직 페스티벌 행사 - 옮긴이

이 보기에 흥미롭고 독특해 보이기 때문에, 그들도 좀 더 참여하고 싶어지고 역시 게임에 몰입하게 된다. 지루하고 기계적인 담벼락 게시물의 시대는 가고, 사람들의 또 다른 자아를 중심으로 개인화된 미니 스토리의 시대가 오고 있다.

도착한 친구들은 '록아웃Rock Out' 같은 기본적 행동으로 장대한 공연에 기여할 수 있다. 슈퍼스타로 성장하면서, 오래된 플레이어들은 다양한 공연 전략을 찾아냈는데, 어떤 것은 진기하고, 어떤 것은 전설적이다. 플레이어는 이런 진기한 공연을 최대한 활용하고 극적으로 청중의 반응을 끌어올려, 추가적인 팬을 얻고 참여한 모두를 위해 돈을 벌어야 한다. 추가로, 충분히 많은 참여자가 담벼락에 에픽 기그를 알려서 '우리 편을 모집'해주면, 모두를 위한 특별한 공연이 펼쳐진다. 그림 6-3에 나와 있는 모두가 탐내는 메가 모쉬 핏Mega Mosh Pit[5]이 그것이다.

막대에 달린 당근[6]: 월드 오브 워크래프트

월드 오브 워크래프트WoW는 현존하는 가장 성공한 소셜게임 중 하나로, 2010년 10월 기준 1천 2백만 명이 넘는 가입자를 보유하고 있다. 소셜네트워크에서 플레이되지 않지만, 협동적인 면과 경쟁적인 면 양쪽에서 폭넓은 소셜게임 플레이의 특징을 보여준다. 5장에서 설명했듯이 소셜게임은 대개 싱글 플레이어 경험으로 시작할 필요가 있는데, 사람들은 싱글 플레이를 해보고 나서 다른 이들과 상호작용하려고 하기 때문이다. WoW는 '막대에 달린 당근'이라 불리는 싱글 플레이어 경험을 멋지게 활용했다. 그림 6-4에서 그 방법을 보여주는데, 다음에 해야 할 일과 이후 완수할 목표 리스트를 일목요연하게 보여주는 것이다.

---

5 모쉬 핏은 공연 도중 청중이 가운데를 비워놓고 춤을 추는 곳이나 행위를 의미함. 'Mega'는 모쉬 핏이 크게 벌어진다는 의미로 게임상 이벤트를 의미하는 듯 – 옮긴이
6 carrot on a stick, 말이 앞으로 가도록 당근을 보여주지만, 막대에 달린 당근은 절대로 가까워지지 않는다. 결국 당근 자체는 주지 않는다는 의미 – 옮긴이

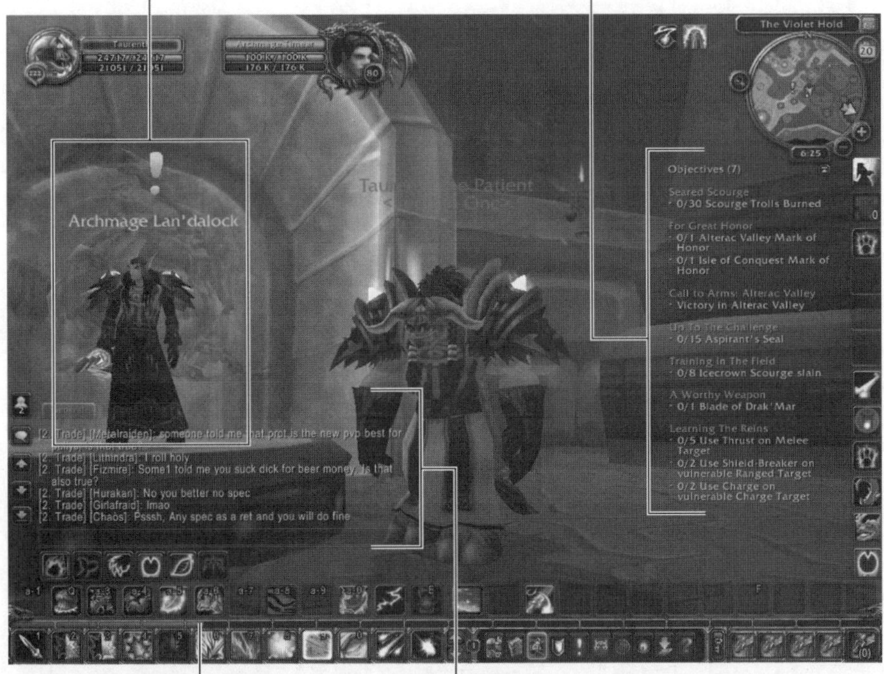

그림 6-4 월드 오브 워크래프트의 진척도와 목표

WoW 유저 인터페이스의 구조는 몇 가지 사회적 역학과 게임 플레이 역학을 보여준다.

- 우측 편에 보이는 퀘스트 리스트는 다음에 해야 할 일을 나열한다. 끊임없이 뭔가 더 해야 할 일이 있다는 점을 상기시켜준다. 할 일은 거의 무궁무진하게 넘쳐난다.
- 왼쪽의 캐릭터 머리 위에 느낌표가 있는데, 그가 새로운 퀘스트를 제공한다는 의미이고, 새로운 퀘스트는 우측의 목표 리스트에 추가된다.
- 왼쪽 하단의 채팅 창에서 게임의 다른 플레이어들과 커뮤니케이션할 수 있다. 여러 명의 파트너와 협동이 필요한 퀘스트를 진행하려는 사람들과 연락하고 서로 활동을 조율하는 데 유용하다.

- 화면 하단의 가로 막대 바는 퀘스트를 수행함에 따라 늘어나는데, 다음 레벨(더 강한 적을 만날 수 있는)에 얼마나 가까워졌는지를 알려준다.

이런 인터페이스 요소는 전반적인 WoW 게임 플레이의 중심에 놓여 있으며, 그림 6-5에 표시되어 있다.

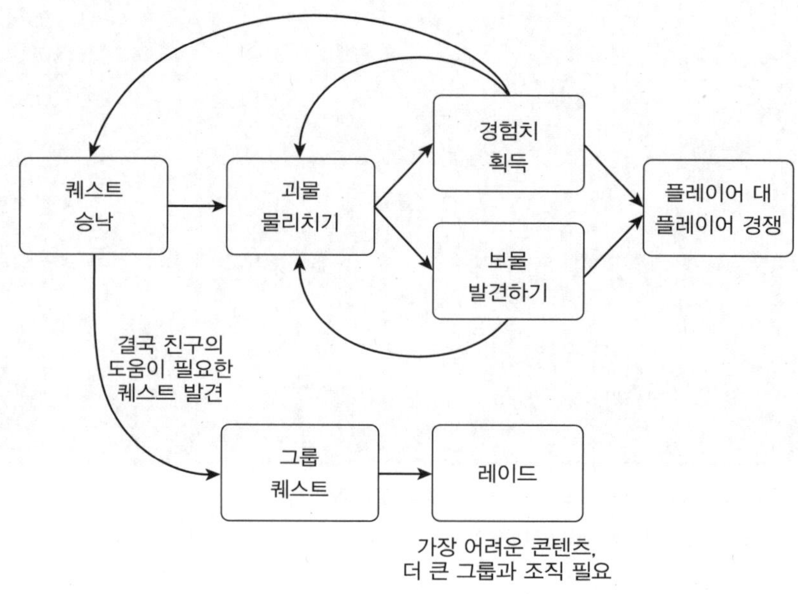

그림 6-5 월드 오브 워크래프트 게임 플레이

⏳ 언제나 할 일이 있다: 팜빌

팜빌은 2011년 현재 페이스북에서 가장 인기 있는 게임으로, 최고 8천만 명이 넘는 플레이어를 기록했으며, 올해 말쯤이면 대략 5천만 명 정도가 될 것 같다. 그림 6-6은 팜빌의 게임 플레이 흐름을 보여준다.

팜빌의 농작물은 작물별로 정해진 시간이 경과되면 수확되는데, 이는 플레이어가 게임에 정기적으로 재방문해야 함을 의미한다. 플레이가 끊임없이 개입하도록 하는 이런 영리한 메커니즘은 사람들이 능동적으로 게임에 몰입하도록 유지하는 데 도움이 된다. 월드 오브 워크래프트가 막대에 달린 당근으로 플레이어가 전진하는 데 중점을 뒀다면, 팜빌은 당근과 채찍에 가깝다. 실제로 팜빌은 충분히 자주 참여하지 않는 플레이어에게 벌을 주기 때문이다. 돌아온다면 이득을 보고, 경험치와 돈을 번다. 하지만 제시간에 돌아오지 못한다면 농작물은 시들고, 재배 과정을 다시 시작해야만 한다. 플레이를 계속하다 보면, 생산량을 늘리고, 독특한 농작물을 심고, 자신의 경험을 개인화하는 구조물로 팜을 꾸밀 수 있는 방법을 터득하게 된다. 특히 독특한 동물과 펫이 인기 있는 것으로 나타났다.

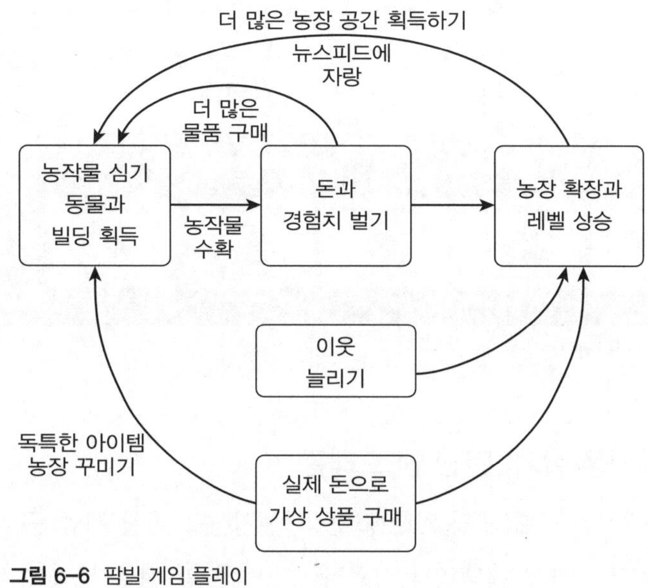

그림 6-6 팜빌 게임 플레이

페이스북 뉴스피드 게시물을 통해 자신의 성취를 과시하고, 농장 확장에 필요한 '이웃'(그림 6-7 참조)을 초대할 수 있는 풍부한 기회를 제공함으로써, 팜빌의 바이럴viral[7] 플레이어 획득이 실현됐다.

---

7   사전적으로는 '바이러스성', '바이러스'의 의미인데, 국내에서도 통상적으로 바이럴이라는 원어 발음 그대로 통용됨. 소셜네트워크의 관계를 타고, 피드나 친구 초대 등에 의해 게임이 바이러스처럼 전파된다는 의미 – 옮긴이

그림 6-7 팜빌 인터페이스

🦢 상상했던 인생 살기: 던전 앤 드래곤

던전 앤 드래곤은 현대 게임 역사에 가장 큰 영향을 미친 게임 중 하나다. 소설적 내러티브 속에서 레벨이나 경험치 같은 개념을 처음 도입한 게임 중 하나다. D&D는 WoW 같은 판타지 롤플레잉 게임에서부터 팜빌 같은 캐주얼 소셜게임에 이르기까지 모든 게임에 영향을 미쳤다. 던전 앤 드래곤을 이해하는 열쇠는 캐릭터 시트인데, 각 게임 세션과 연관된 대부분의 게임 플레이 요소가 드러나 있다.

D&D의 플레이어는 자신의 캐릭터 시트(그림 6-8의 사진 참조) 한 부를 갖고 있는데, 여기에는 보유 캐릭터의 레벨, 진척도, 파워, 소유물이 기록되어 있다. 여러모로 D&D는 최초로 구현된 본격적 '가상 상품' 게임이었는데, 대부분 게임 플레이의 중심이 희귀한 마법 아이템의 획득이기 때문이었다. 이런 아이템

이 있어야 모험가는 위대한 업적을 이룰 수 있었다.

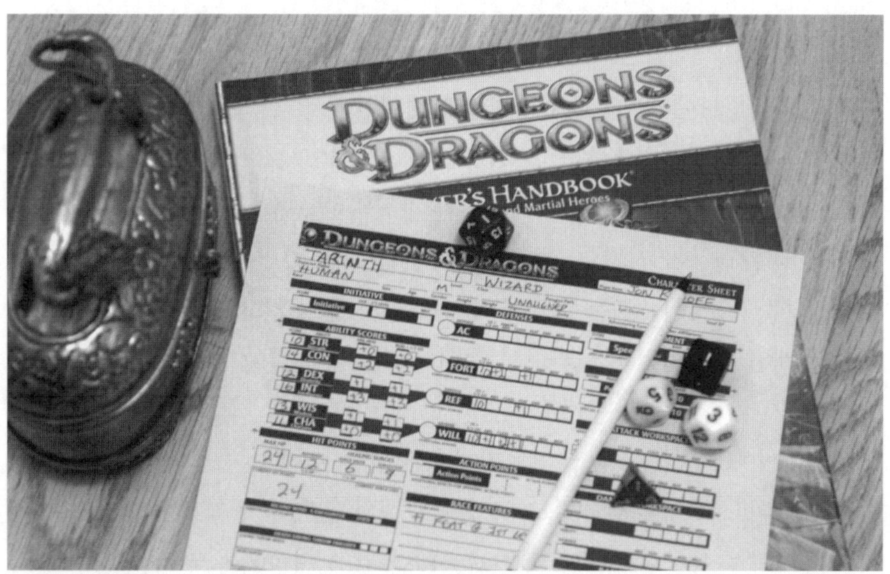

그림 6-8 던전 앤 드래곤 용품

D&D의 기본 게임 플레이 모델을 살펴보면, 앞서 언급한 월드 오브 워크래프트나 팜빌의 모델과 놀라울 정도로 유사하다. D&D 게임 플레이의 주요 요소는 그림 6-9에 도표화되어 있다.

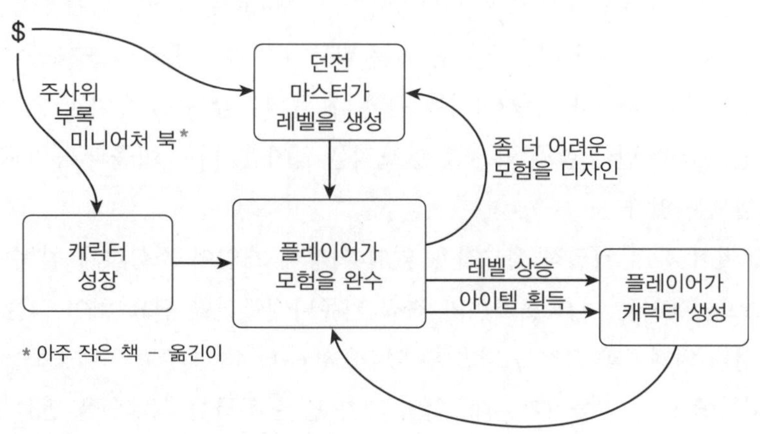

그림 6-9 던전 앤 드래곤 게임 플레이

보물과 포인트를 얻으면 더 강력한 몬스터와 싸울 수 있는 끊임없는 쳇바퀴(몬스터를 이기면 더 강력한 보물과 포인트를 얻고, 그래서 한층 더 강한 몬스터와 싸울 수 있는…)와 비교할 때 던전 앤 드래곤이 그토록 매력적인 이유는 무엇일까? 정답은 전체적인 내러티브에 있다. 훌륭한 D&D 캠페인에서, 플레이어는 스토리를 탐험해나간다. 던전 마스터(이야기를 이끌고, 던전을 생성하고, 심판 역할을 하는 사람)가 창조하는 스토리가 있다. 또한 플레이어가 자신의 마음속에서 창조하는 스토리, 즉 자신의 캐릭터가 시간이 지나면 어떻게 진화할 것인지 상상하는 스토리가 있다. 스토리 없이 D&D는 그렇게 재미있을 것 같지 않으며, 확률과 추상적인 변수가 개입된 끊임없는 노가다일 뿐이다. 이 경우 일을 재미로 바꿔주는 건 스토리다.

플레이어에게 자신이 발전하는 방법을 상상할 수 있는 능력을 제공하고, 사회적 그룹이 스토리를 얘기하고 목표를 달성하기 위해 규칙을 탐색해가는 체계화된 수단을 제공함으로써, D&D는 40년 넘게 지속되는 저력을 발휘하고, 여러 세대의 디자이너와 플레이어에게 영감을 주고 있다.

커뮤니티의 진화: 스포어

인기 있는 PC 게임 스포어Spore는 자신을 '방대한massively 싱글 플레이어'라고 설명하는데, 게임 안에서 많은 플레이어가 공존하고 콘텐츠를 공유하지만, 서로 직접적으로 교류하지는 않는다. 이는 비동기적 게임 플레이를 제공하는 새로운 방법을 보여준다. 플레이어는 원할 때 플레이할 수 있으며 다른 이들이 살고 있는 우주 안에 함께 있는 듯한 느낌을 받지만, 다른 이들과 게임 세션을 맞출 필요는 없다.

플레이어 간의 직접적 상호작용 없이 어떻게 게임이 소셜하게 될 수 있을까? 스포어에서는 다른 플레이와 직접 커뮤니케이션할 필요 없이 그들에 의해 생성된 외계인과 교전을 벌일 수 있다(그림 6-10 참조). 우주의 내용물은 다른 플레이어에 의해 만들어지는데, 십억 개가 넘는 독특한 외계인을 만들 수 있는 정교한 생명 생성기를 이용해서 만들어진다.

스포어의 생명체 콘텐츠는 모두 플레이어가 창조한 것이다.

그림 6-10 스포어의 방대한 싱글 플레이어 콘텐츠

하나하나의 독특한 외계인에 각 플레이어의 이름을 연결시킴으로써, 스포어는 플레이어가 자신의 창조성을 과시할 수 있는 무대가 됐으며, 다른 플레이어와 대전하기 위해 시간을 조율할 필요를 없앰으로써, 스포어는 자신의 스케줄에 따라 들락날락할 수 있는 독특한 비동기적 게임 플레이 환경을 구축했다.

스포어는 스토리와 게임의 창조적 면면 때문에 그 자체로 재미있다. 이런 재미는 플레이어가 자신의 창조성이 플레이어 커뮤니티에 공개된다는 점을 알기 때문에 더욱 배가된다. 이는 자신의 산출물이 다른 이들에게 보인다는 걸 알고 있을 때, 사람들이 창조하고, 댓글 달고, 콘텐츠에 대한 흥미를 다른 이들과 공유하는 소셜미디어의 기능과 흡사하다.

정치 드라마: 킹덤즈 오브 카멜롯

처음에 킹덤즈 오브 카멜롯Kingdoms of Camelot(그림 6–11 참조)은 도시 건설 게임 같
아 보였다. 그러나 좀 더 몰입하다 보면 실제로는 동맹과 정치에 관한 게임임
을 알게 된다. 많은 '소셜게임'이 충분히 소셜하지 않다는 비판을 받고 있는
데, 킹덤즈는 예외다. 소셜 그룹을 발견하고 다른 사람과 협력할 수 있을 뿐만
아니라, 성공의 필수 조건이다.

그림 6–11 킹덤즈 오브 카멜롯

킹덤즈에서 동맹이 할 수 있는 일은 다음과 같다.

- 조직화된 다른 플레이어 그룹의 대규모 습격으로부터 여러분을 보호해 준다.
- 적에 대한 공격에 협조한다.
- 자원을 공유 관리하고, 혼자서는 거의 불가능한 건물을 함께 짓는다.
- 실시간 채팅을 통해 서로 활동을 조율한다.

킹덤즈는 동기적 게임 플레이와 비동기적 게임 플레이의 흥미로운 조합을 제시한다. 플레이어가 원할 때면 언제든 플레이가 가능하지만, 공격은 특정 시간에 동기적으로 이뤄진다. 플레이어가 시간과 장소를 자유로이 선택할 수 있는 게임에 이런 종류의 예정된 활동을 약간 섞는 방법은 접근성과 몰입의 두 마리 토끼를 잡을 수 있는 방법으로 부각되고 있다.

많은 게임에서 플레이어는 팀을 구성하고 활동을 조율한다. 소셜미디어에서는 '그룹'을 통해 특별한 친밀감을 공유하는 사람들에게 메시지를 남길 수 있다. 다른 그룹과 경쟁하는 도중에 서로 협동할 수 있는 방법이 있다면 어떨까? 킹덤즈에서 힌트를 얻어 전형적인 소셜미디어 그룹에 활력을 불러일으킬 수 있는 방안을 상상해보라.

🦢 언제나 신 역할 하기: 갓핑거

2010년에 가장 매혹적인 게임 중 하나는 엔지모코ngmoco의 갓핑거Godfinger인데, 우리는 신의 역할을 맡게 된다. 레벨이 상승함에 따라 신의 권능에 어울리는 새로운 능력을 얻게 되는데, 비를 내리게 한다든지, 번갯불을 던진다든지, 홍수를 일으키는 일 등이다. 우리의 추종자들은 농사로 골드를 벌고, 우리에게 예배하여 마나mana를 얻는다. 갓핑거의 화면이 그림 6-12에 나와 있다.

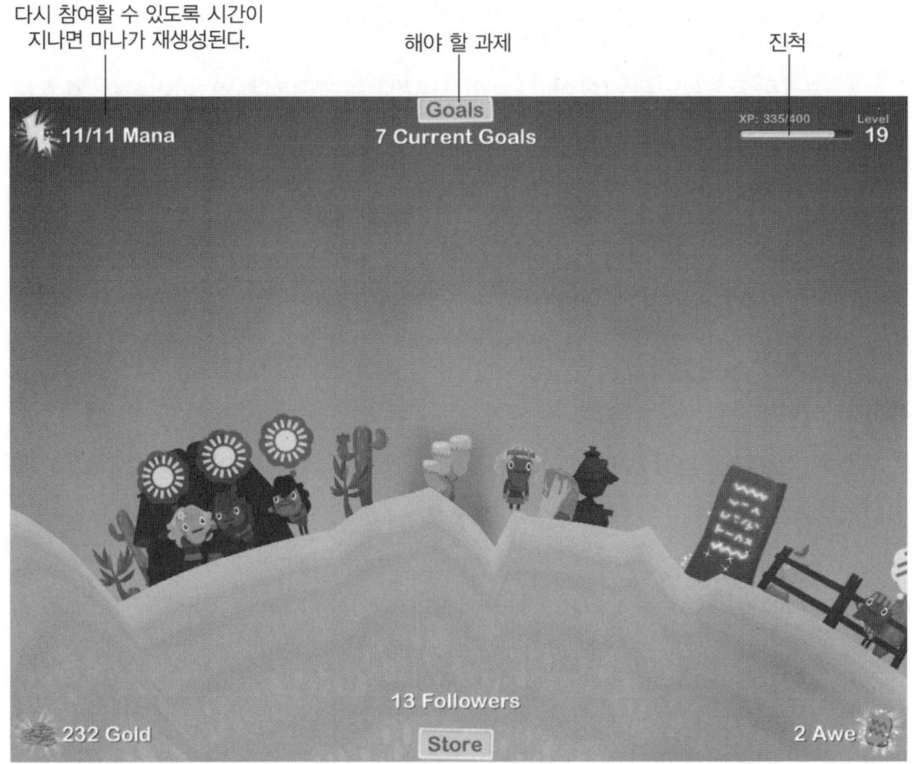

그림 6-12 갓핑거

갓핑거는 아이패드iPad의 터치 특성을 혁신적으로 활용했다. 자신의 숭배자를 터치해서 드래깅하면 내던질 수 있다. 행성 둘레로 손가락을 회전시키면 행성을 회전시킬 수 있으며, 구름에서 땅을 향해 손가락을 드래깅하면 비를 내릴 수 있다. 인터페이스와 새로운 힘을 얻는 데 빠져들다 보면, 사회적 측면이 드러난다.

- **레벨업하면, 여러분의 행성 모습이 이미지로 저장된다.** 이 이미지는 페이스북 계정에 자동적으로 게시된다. 갓핑거의 독특한 비주얼 덕택에 스크린샷에는 독특한 콘텐츠가 담기며, 지극히 평범한 뉴스피드 게시물보다 훨씬 더 페이스북 친구들의 관심을 모을 수 있다.

- **갓핑거에서 여러분의 행성을 확대하면, 하나의 우주를 소유하고 있음을 발견하게 된다.** 팜빌과 마찬가지로 여러분의 행성에 친구가 흔적을 남길 수 있다. 서로 행성을 방문해 도와줄 수 있고, 좀 더 빨리 게임을 진척시킬 수 있는 선물을 교환할 수 있다.

모바일 디바이스와 소셜 게이밍의 융합은 비동기적 게임 플레이를 위한 최적의 조합이다. 아이패드의 휴대성 덕택에, 플레이어는 PC 기반 웹 브라우저에 묶여 있을 때보다 좀 더 자주 자신의 행성에 체크인할 수 있다.

갓핑거는 어떤 방법으로 스토리를 활용해서 화면에 오브젝트를 배치하는 일을 재미있게 만들 수 있는지 보여주는 또 하나의 좋은 사례다. 게다가 자신의 친구와 연결할 수 있으며, 모바일 디바이스를 통해 언제나 접속할 수 있다. 일은 친구와 함께 할 때, 서로 도와줄 수 있는 간편한 방법이 있고, 약간의 과시가 허용된다면 더욱 재미있어진다. 조그만 사고 실험을 해보자. 여러분의 비즈니스가 갓핑거와 좀 더 비슷해진다면 더 재미있어질까?

명예는 재산보다 중요하다: 징가 포커

온라인 도박은 상용 인터넷만큼이나 오래됐다. 하지만 실제로 징가 포커_{Zynga Poker}는 도박이 아니다. 실제 돈으로 베팅하지 않기 때문이다. 징가 포커를 3천 5백만 명 플레이어를 자랑하는 게임으로 이끈 혁신은 두 가지 인식을 기반으로 한다.

- 포커를 사회적 활동으로 즐기는 사람들의 숫자는 진지한 도박으로 플레이하는 사람의 숫자와 비슷하거나 더 많다.
- 게임을 즐기기 위해 실제 돈을 딸 필요는 없다. 플레이로 획득하는 가상의 명예는 수백만 명의 사람을 만족시키기에 충분하다.

징가 포커의 이런 측면은 그림 6-13에 드러나 있다.

비즈니스에 적용할 수 있는 잠재력은 막대하다. 실제로 고객이 원하는 건 단지 인정을 받는 것뿐인데, 많은 기업이 직접적인 금전 인센티브 제공(할인, 시상, 무료 서비스 등)에 초점을 맞췄다는 것이다. 고객에게 명예를 수여하는 방법은 훨씬 효과적이면서도, 많은 경우 공짜다.

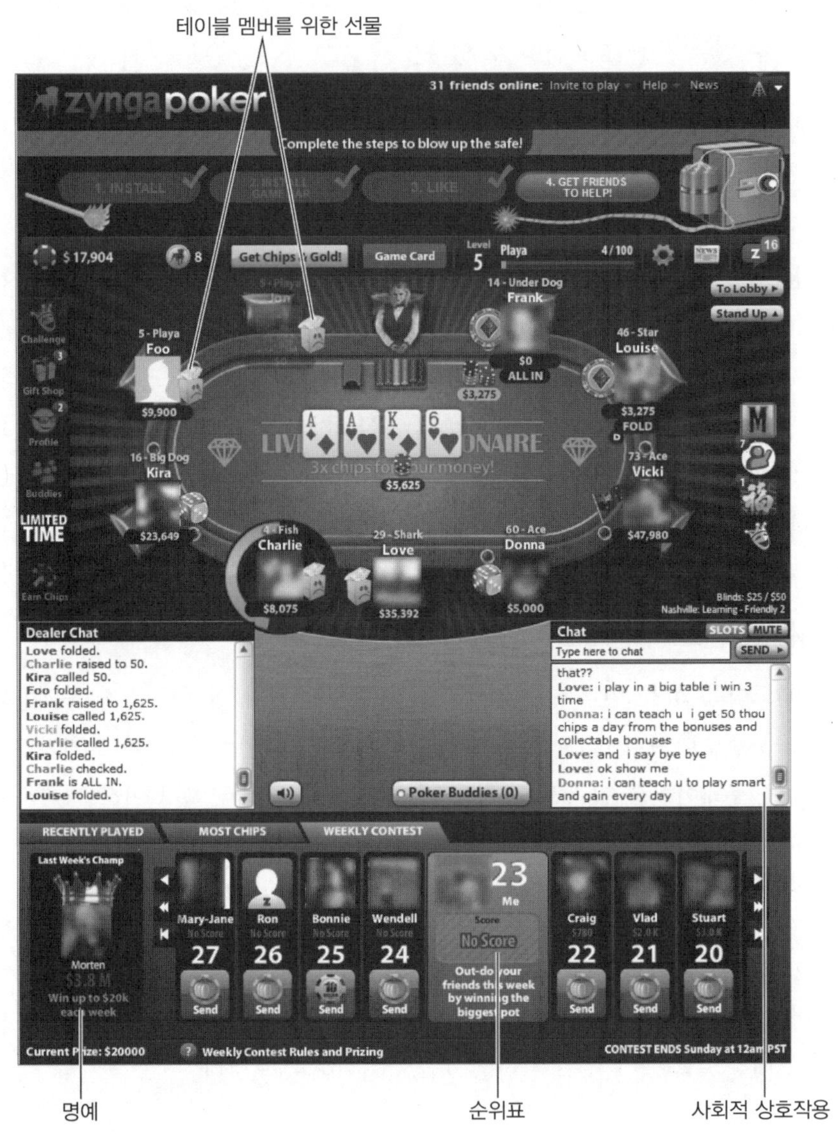

그림 6-13 징가 포커

🦢 메타게임: 엑스박스 도전과제

엑스박스 360에서 플레이어는 자신이 구입한 게임에서 다양한 과제를 완료하면 도전과제achievements라 불리는 배지를 획득할 수 있다. 각 게임의 포인트는 게이머스코어gamerscore라는 포인트 시스템으로 합산되는데, 각 엑스박스 보유자가 전반적으로 얼마나 성취했는지를 기록한다. 각 게임이 정해진 최대값만큼만 게이머스코어에 영향을 미칠 수 있도록, 각 게임은 개발자에 의해 정의된 방식으로 최대 1,000포인트까지 할당받는다.

엑스박스 도전과제 시스템은 그림 6-14에 나와 있는데, 엑스박스 라이브 플랫폼에 놀라운 보너스를 가져다줬다. 플레이어는 순전히 도전과제 시스템을 클리어하기 위해 게임을 플레이하고 구입하며, 360보이스닷컴360voice.com처럼 다른 플레이어와 도전과제 진행을 공유할 수 있는 웹사이트에 참여했다.

마이크로소프트가 게임 플레이로 배지를 획득하는 개념을 발명한 것은 아니다. 포고닷컴Pogo.com 같은 사이트는 이미 그렇게 하고 있다. 그러나 엑스박스는 배지의 가치를 대규모로 입증했다. 마이크로소프트는 사람들이 각 콘솔당 평균 8.9개의 게임을 구매하는 이유 중 하나로 도전과제 시스템을 지목했다. 이는 업계 최고 수준의 부속판매율attach rate[8]이다.

다음은 엑스박스 라이브 도전과제 시스템이 대성공을 거둔 이유다.

- 도전과제는 게임 간의 전체 스코어를 합산해 플레이어의 '게임 카드'에 보여주며, 플레이어가 방문하는 다른 웹사이트에 공유할 수 있게 해준다.
- 도전과제는 플레이어에게 좀 더 과시할 수 있는 기회를 제공한다. 몰입과 재미있는 경험을 위한 로드맵을 제공함으로써 게임의 재미를 배가시킨다.
- 캐주얼 게임 포털이 하는 것처럼 자신만의 도전과제 시스템을 디자인하기보다, 마이크로소프트는 도전과제 시스템을 모든 엑스박스 개발사에게 크라우드소싱crowdsourcing[9]함으로써, 도전과제의 전반적 질과 양을 증진시켰다.

---

8 주 제품에 대해 얼마나 많은 부속 제품을 구매하는지의 비율 – 옮긴이
9 기업이 제품이나 서비스 개발 과정에 외부 전문가나 일반 대중이 참여할 수 있도록 하는 방식 – 옮긴이

- 도전과제 시스템은 플레이어가 게임 내의 멋진 콘텐츠를 파악할 수 있는 표준 유저 인터페이스를 제공한다.
- 도전과제 시스템은 자신의 컬렉션에 있는 각 게임의 '완료' 상태와 현재의 진척도를 비교할 수 있는 수단을 제공한다.
- 도전과제 시스템은 특정 게임에서 자신이 달성한 성취에 대해 다른 플레이어와 얘기할 수 있는 간편한 방법을 제공한다.

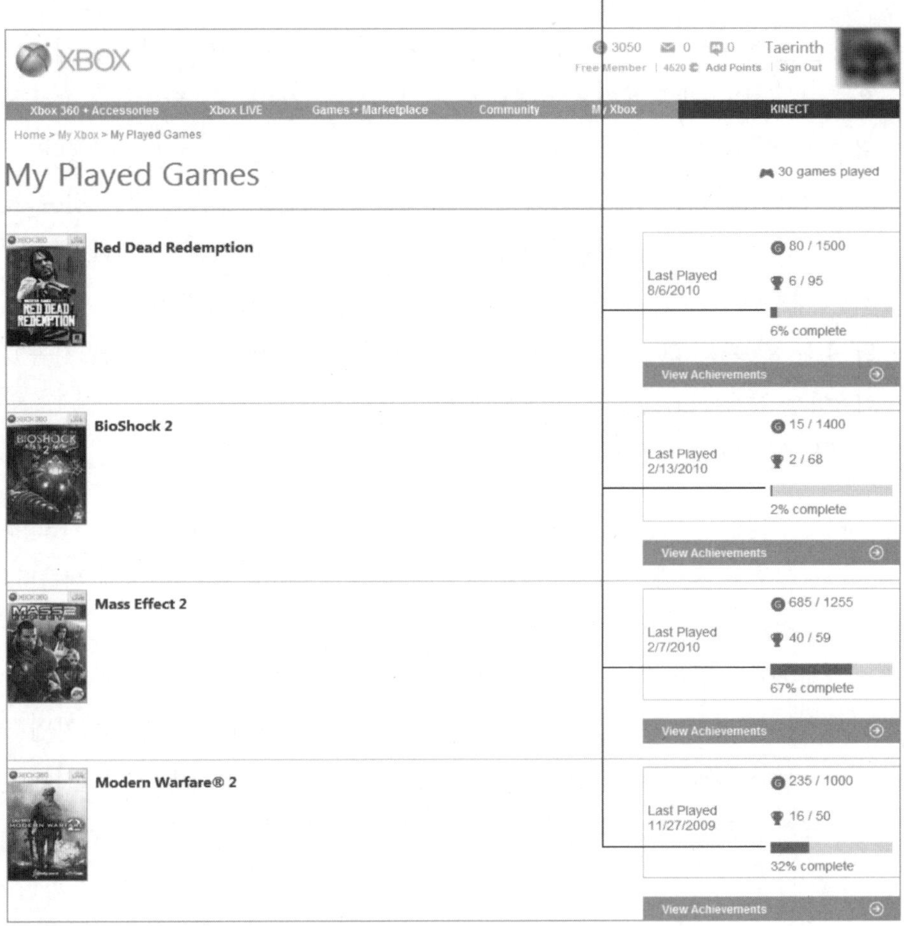

그림 6-14 마이크로소프트 엑스박스 라이브

많은 엑스박스 라이브 도전과제는 플레이어가 절대로 신경 쓰지 않았을 낯
설고 애매한 활동을 위한 것이다. 그러나 포상 시스템이 제공됨으로써, 플레
이어에게는 달성할 수 있고 친구에게 과시할 수 있는 목표가 주어진 셈이다.
도전과제 없이도 이런 것이 가능하겠지만, 도전과제가 있어 더욱 재미가 있
다. 다른 많은 제품도 진척도 공유 시스템과 아울러 분명한 안내를 제시하기
만 한다면, 훨씬 더 재미있어질 것이다.

기능성 게임의 문제점

게임업계 외부 사람들도 배지, 사회적 신분, 명성, 진척도 미터 등은 게임에
서와 동일한 방식으로 사람들의 행동을 바꿀 수 있는 강력한 인지적 지렛대라
고 인정하고 있는 기법이다. 엔터테인먼트는 부차적이고(또는 아예 없거나) 주로
행동 교정이나 기능 교육을 위해 만들어진 제품을 **기능성 게임**serious game이라 한
다. 그러나 종종 이들은 심각하게seriously 기대에 못 미친다.

기능성 게임의 문제점은 근본적인 하나의 이슈로 귀결된다. 즉 그들의 진지
함seriousness이다. 게임은 기본적으로 재미있어야 한다. 재미는 게임의 정서적
콘텐츠에 기인한다. 이는 게임 플레이를 사람들의 정열, 흥미, 상상력에 연관
지을 때 발생하는 것이다. 이런 측면이 무시될 때, 기능성 게임은 심각하게 지
루해지곤 한다.

세상에는 훌륭한 교육용 소프트웨어, 훌륭한 시뮬레이션, 훌륭한 교육 시스
템이 필요하다. 이런 많은 시스템은 몇 가지 게임 디자인 기본 원리로부터 혜
택을 볼 수 있다. 예를 들어, 목표 달성에 얼마나 근접했는지를 알려주는 진척
도 미터나, 자신의 성공을 친구와 함께 축하할 수 있는 사회적 요소 등이다. 그
럼에도 불구하고 이런 제품들 대부분은 실제로 게임이라 불릴 수 없는데, 게임
을 그렇게 매력적으로 만들어주는 정서적 요소를 망각하고 있기 때문이다.

기능성 게임 제작을 고려하고 있다면, 학습 과정에 혁신을 일으키려는 여러
분의 정열에 박수를 보낸다. 기능성 게임의 문제점을 제기하는 이유는, 여러

분을 낙담시키기 위해서가 아니라 시장의 많은 제품에서 목격되는 몇 가지 함정을 여러분이 피하도록 돕기 위해서다. 다음은 대개 힘들고 어려움 투성이라고 생각되는 몇 가지 활동의 사례다.

- 외국어 공부
- 좀 더 친환경적인 라이프 스타일 채택하기
- 계단을 더 자주 사용하도록 생활 습관 바꾸기

이어지는 단락에서 게임 형식으로 감정을 불어넣어 이런 일을 좀 더 재미있게 만들 수 있는 방법을 살펴본다.

🦢 배우기는 재미있다

게임이 그토록 효과적인 이유는 우리를 배우는 과정에 개입시키기 때문이다. 학습은 탐색과 발견 과정을 통해 자연스럽게 이뤄질 때 정말 재미있어진다. 많은 사람이 학교에서 경험하듯이, 배우는 것이 아니라 가르침을 받는 것이라면 훨씬 재미없어진다.

대부분 사람들은 도움말 시스템을 좋아하지 않는다. 그들이 도움말을 들여다보는 경우는 대개 절박할 때다. 소프트웨어 도입부에 실행되는 튜토리얼 모드를 꺼버린 적이 얼마나 많은가? 여러분이 다른 이들과 같다면, 도움말이 진행을 늦춘다고 생각할 것이다. 우리는 도움말이 필요 없을 정도로 알기 쉬운 소프트웨어를 원한다.

뭔가 진행되기 전에 미리 상세한 세부사항을 드러낼 필요는 없다. 우리는 계속되는 조작과 반응의 과정을 겪어가면서, 자신의 행동으로 환경이 어떻게 변화하는지 관찰하면서 학습해나간다. 게임과 상호작용할 때는 다음과 같은 질문을 자신에게 던지게 된다. 내가 졸pawn을 이 위치로 옮기면 어떻게 될까? 이 상자를 열면 무슨 일이 생기게 될까? 문 뒤에는 무엇이 있을까? 적 기지를 융단 폭격하면 그들은 어떻게 반응할까?

본질적으로 우리는 게임을 플레이할 때 일련의 실험을 수행하고 있는 셈이다. 결과가 좋으면, 반복하게 된다. 이것이 학습이다.

🦢 로제타스톤

소셜게임 내의 사례를 살펴보기 전에, 시장에서 가장 인기 있는 학습 제품인 로제타스톤Rosetta Stone 내에서 게임 메커니즘이 언어 학습 문제에 어떻게 적용되고 있는지 살펴보자. 로제타스톤 내에서 게임의 성공 사례를 활용한 수많은 학습 기법을 발견할 수 있다.

로제타스톤에서는 전형적인 언어 학습 요소인 어휘 목록과 문법 규칙이 제시되지 않는다. 대신 로제타스톤은 일상의 사람, 사물 및 상황의 사진을 제시한다. 이 이미지와 함께 단어가 화면에 표시되며, 발음이 나온다. 다음 화면으로 진행하려면, 발음되는 단어를 그림 중 하나와 매치시켜야 하는데, 이를 위해선 어떤 규칙이 적용되는지 파악해야 한다. 그림 6–15는 로제타스톤에서 스페인어를 배울 때 처음 보게 되는 화면 중 하나다.

높은 시각적 몰입

학습자는 패턴 인식으로 상호작용한다.

그림 6–15 로제타스톤

다음으로 진행하기 위해서는, 상단의 두 그림 사이의 차이가 한 명은 남자고 한 명은 여자라는 점을 파악해야 한다. 'una mujer'[10]가 들릴 때, 이미지를 오른쪽 아래 여자와 정확히 연결하면 다음 화면으로 진행할 수 있다.

로제타스톤은 언어 세계, 구체적으로는 이미지와 연결된 소리의 세계에 자신을 몰입시킴으로써 언어에 익숙해지게 한다. 이는 어린이가 말하기를 배우는 방법이다. 또한 재미있기까지 하다. 각 개별 페이지는 즉각 피드백을 주고, 자체로 완결적이다. 각 화면 하단에서 학습이 얼마나 진척됐는지 알 수 있으며 편할 때 다시 공부하러 돌아올 수 있다.

로제타스톤의 또 다른 측면은 사진을 보는 경험이 텍스트나 사운드 하나만 있을 때보다 깊은 정서적 연결을 참여자에게 불러일으킬 수 있다는 점이다. 하지만 로제타스톤은 소셜게임이 아니다. 참여자는 전적으로 개인으로서 프로그램과 상호작용한다. 여기에 제시된 게임적인 기능에 게임 플레이의 사회적 측면을 결합시킨다면 언어 학습 같은 프로그램을 어떻게 개선할 수 있을까?

🐦 라이브모카의 언어 학습

그림 6-16에 보이는 라이브모카Livemocha는 언어 학습을 위한 소셜 애플리케이션이다. 로제타스톤과 마찬가지로 이미지가 강화된 학습 과정을 제공한다. 패턴 인식과 규칙 탐색은 적지만 대신에 게임 메커니즘과 교사와 학습자 간의 사회적 상호작용을 특징으로 한다.

라이브모카에서 학습자는 학습 프로그램에 참여하는 대가로 포인트를 획득한다. 그 외에도 역할 행동을 함께 할 파트너를 찾을 수도 있고, 교습자로서 자질이 뛰어난 멘토를 찾을 수도 있다(멘토는 그 대가로 포인트를 획득할 수 있다). 향후 로제타스톤 같은 시스템의 심화된 게임 메커니즘과 라이브모카의 좀 더 사회 지향적인 학습 시스템이 결합되면 학습 방식에 일대 변화를 일으킬지도 모른다.

언어 학습은 소셜게임 메커니즘으로 이득을 볼 수 있는 사례 중 하나이지만, 마찬가지로 유망한 다른 사례도 있다. 건강하도록 도와주는 게임은 어떨까?

---

10 스페인어이며 '한 명의 여자'란 뜻

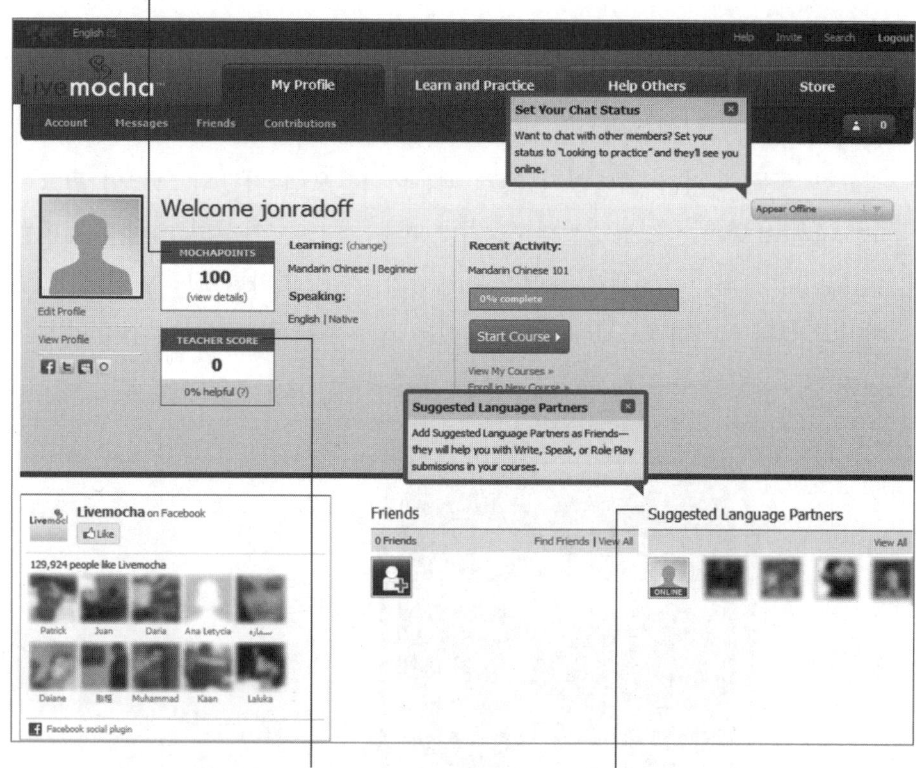

그림 6-16 라이브모카

🏃 건강 증진을 위해 게임 활용하기

게임에 관해 인정할 수밖에 없는 사실은 신체적 건강 증진에는 그리 보탬이 되지 않는다는 점이다(최소한 앉아서 하는 게임 종류는). 앉아서 하는 게임의 특성은 칼로리를 덜 소비하게 만들고 신체적 건강을 방치하게 한다. 도대체 게임을 하는 것이 누군가의 건강에 긍정적 변화를 촉진할 수 있단 말인가?

미유 헬스MeYou Health는 '건강한 삶을 성취하고 유지하도록 사람들을 참여시키고, 교육시키고, 능력을 주는 일에 헌신하는' 보스턴 지역의 스타트업이다. 미유 헬스의 모회사인 헬스웨이즈Healthways는 주로 건강 관리 개선을 통해 의료 비용 절감을 도와줌으로써 수익을 발생시키는 회사다. 이 회사는 게임 제작에 투자함으로써, 사람들의 행동을 변화시켜 보험 비용을 감소시키는 동시에 사람들이 좀 더 건강하게 살 수 있도록 돕기를 기대하고 있다.

의료 서비스는 게임에게는 만만치 않은 시장인데, 좀 더 건강해지는 데 필요한 행동 교정이 재미있지 않기 때문이다. 오랜 기간의 노력이 필요하고, 때때로 변화는 고통스럽다. 그러나 미유 헬스는 자신의 게임 모뉴멘탈 Monumental(그림 6-17 참조)에서 성취감과 재미의 통합, 명확한 진척도 피드백 및 자신의 성취를 사회적으로 자랑할 수 있는 기능 때문에 사람들이 건강 증진을 위해 적극적인 노력을 시도한다는 점을 발견했다.

진척도를 백분율로 표시

시각적인 진척도 표시

구체적인 진척도 표시

그림 6-17 모뉴멘탈

모뉴멘탈의 기본 구상은 간단하다. 사람들이 계단 오르기를 해보게 하는 것이다. 현실 세계의 장소에 기반한 일련의 도전과제가 주어지는데, 필라델피아 예술 박물관의 72계단으로 시작된다. 뭔가 성취했다고 느끼기에 충분한 계단이지만, 압도될 정도로 많지는 않다. 게임이 아이폰에서 실행되기 때문에, 내장 모션 센서 기술을 활용해서 실제 올라가는 과정을 추적할 수 있다. 계단 오르기 진척도는 몇 가지 방법으로 보고된다.

- 시각적 진척도 미터는 자신이 실제로 올라가는 장소의 그래픽 이미지를 조금씩 단계적으로 보여준다.
- 자신이 완료한 비율
- 실제 올라간 계단의 숫자 대 시뮬레이션으로 올라간 장소의 계단 숫자
- 여러 장소의 개요. 각 장소는 진척도에 따라 색상이 바뀐다.

예술 박물관 이후에는 자유의 여신상이나 빅벤Big Ben과 같이 좀 더 도전적인 오르기를 시도해볼 수 있다. 성취를 좀 더 재미있게 만들기 위해, 오르기 완료 후에 자신의 성취를 페이스북 친구들과 공유할 수 있다.

모뉴멘탈에서 훌륭한 점은 진척도 미터 하나만으로는 경험을 재미있게 만들 수 없다는 점을 깨닫고 있었다는 점이다. 자신의 진척도를 실제 세계의 장소와 연동시킴으로써, 우리는 단순한 계단 등반가 이상이 됐다. 내러티브 내의 캐릭터가 되었으며, 모든 사람에게 익숙한 위치 아이콘을 통해 자신의 경험을 들려주게 된 것이다. 자신의 진척을 허드렛일에서 스토리로 승화시킴으로써, 우리는 건강 증진에 필요한 변화에 좀 더 깊은 고리로 연결된다.

🎮 게임으로 세상을 개선하기

게임이 학습이나 건강을 통해 자신을 개선하는 데 도움이 되는 것처럼, 또 다른 종류의 소셜게임은 세상을 좀 더 살기 좋은 곳으로 만드는 일에 착수했다. 이 경우의 좋은 사례는 프랙티컬리그린닷컴PracticallyGreen.com으로 좀 더 환경친화적인 삶을 사는 방법을 홍보하기 위해 노력하는 사이트로 그림 6-18에 나와 있다.

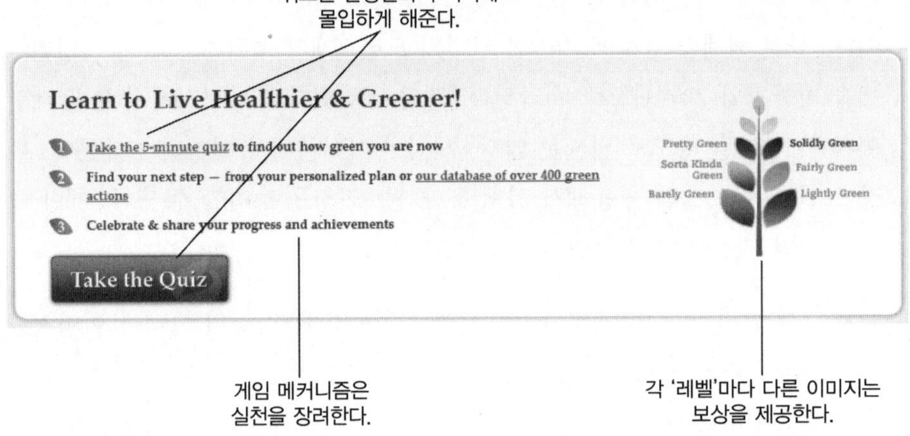

그림 6-18 프랙티컬리그린닷컴

프랙티컬리그린닷컴에 방문하는 대부분의 사람들은 처음에는 사이트가 퀴즈(1장에서 나온 것과는 다른)라고 생각한다. 퀴즈는 방문자들이 환경에 대한 자신의 영향을 좀 더 개인화되고, 재미있는 방식으로 배우게 해준다. 여기서부터 레벨이 주어진다. 아마도 간신히 환경친화적Barely Green이나 약간 환경친화적Lightly Green으로 시작하겠지만, 최고로 환경친화적superbly Green 등급으로 레벨업할 수 있는 기회가 주어진다. 포인트와 성취를 좀 더 환경친화적 라이프 스타일로 이어질 수 있는 일상적인 실천과 연계시킴으로써, 프랙티컬리그린닷컴은 방문자에게 좀 더 환경친화적이 될 수 있는 분명한 길을 제시한다.

자신의 성취를 친구들과 공유함으로써 최고로 환경친화적이 되어가는 과정을 자축할 수 있다. 여기서는 과시를 넘어선다. 정서적 보상은 단지 자부심뿐만이 아니라, 자신을 푸른 세계의 지지자로 보여주는 것이며, 다른 이들을 선도하는 것이다.

🦅 게임으로서의 소셜미디어

5장에서 설명했듯이, 사회적 신분은 우리 대부분이 욕심 내는 보상이다. 친구와 동료에게 인정받으면, 존경, 칭찬, 승인 어떤 것을 즐기든, 우리의 마음속에는 훈훈함이 피어난다. 이런 보상은 소셜미디어가 그렇게 많은 사람에게 자연적으로 퍼지고 참여되는 이유 중의 큰 부분이다. 또한 소셜미디어는 자신을 창조적으로 표현하게 해주고, 다른 이들과 연결되어 있다는 느낌을 받게 해준다. 이는 다른 전통 미디어에서는 충족되지 못했던 깊은 정서적 욕구다. 이런 요소의 많은 부분은 게임에서 유래됐으며, 각기 나름대로의 성공을 거뒀다.

🦅 링크드인이 비즈니스 인맥을 게임으로 만든 방법

링크드인LinkedIn(그림 6-19 참조)을 처음 접했을 때, 나는 업무 모드였다. 즉 어떤 종류의 게임 경험을 찾은 것이 아니라, 단지 직업적 수준에서 사람들과 접촉하기 위해서였다. 아마도 작업 모자를 쓰고 있었기에, 할 일 목록을 끝내야 한다고 느꼈을지도 모른다. 진척도 막대가 존경할 만한respectable 레벨을 채울 때까지 성실하게 프로필과 업무 경력을 기입했다. 그러자 어떤 사람들은 분명히 나보다 더 많이 연결되어 있을 거라는 생각이 들었다. 그건 참을 수 없었다. 나의 연락처contact list에 있는 모두를 초대하고 나서 심지어 매력적인 자신만의 인맥을 가진 사람들 중에 내가 간신히 알고 있는 이들까지 초대했다. 나 같은 비즈니스맨이 이기라고 만들어놓은 게임 같았다. 그래서 나는 승리했다.

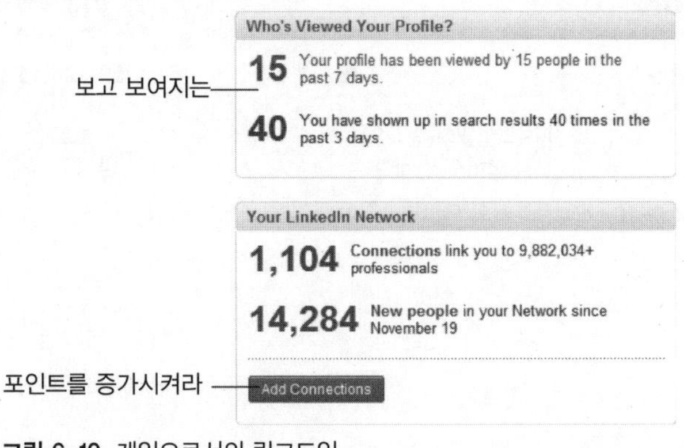

보고 보여지는

포인트를 증가시켜라

그림 6-19 게임으로서의 링크드인

유튜브로 유명 인사 되는 방법

알렉사Alexa에 의하면, 유튜브는 구글, 페이스북, 야후 바로 다음으로 미국에서 네 번째로 큰 웹사이트가 됐다. 이유는 다양하다. 기술이 멋지게 적용됐고, 웹 기반 콘텐츠에 비디오를 끼워 넣기가 쉬우며, 번성하는 커뮤니티가 있다. 이 모두가 함께 작용해서 최고의 게임 메커니즘이 만들어졌다.

콘텐츠 기여자 입장에서 유튜브(그림 6-20 참조)는 유명 인사 되기 게임이다. 각 동영상의 조회수는 경쟁의 기본이다. 매번 동영상을 업로드할 때마다, 사람들은 조회수가 천정부지로 치솟길 기대한다. 그러나 유튜브는 단지 콘텐츠 기여자의 게임만은 아니다. 유튜브의 '공유' 게임 역시 유명해지기 전에 새로운 콘텐츠를 발견하는 데 자신이 능하다는 기분으로 보상받을 수 있도록 공들여 만들어졌다.

그림 6-20 게임으로서의 유튜브

🦢 이베이가 평판과 상호주의를 활용하는 방법

그림 6-21에 나온 이베이eBay의 게임은 인간의 강력한 두 가지 동기를 끌어들이는데, 바로 명예와 상호주의다. 거래 이력이 공개되기 때문에, 이베이는 참여자의 정직을 보증한다. 이력은 사람들이 판매자들을 비교할 때 활용하는 스코어가 된다. 높은 등급의 신뢰에 도달하면 배지(각기 다른 색상의 별)까지 획득할 수 있다.

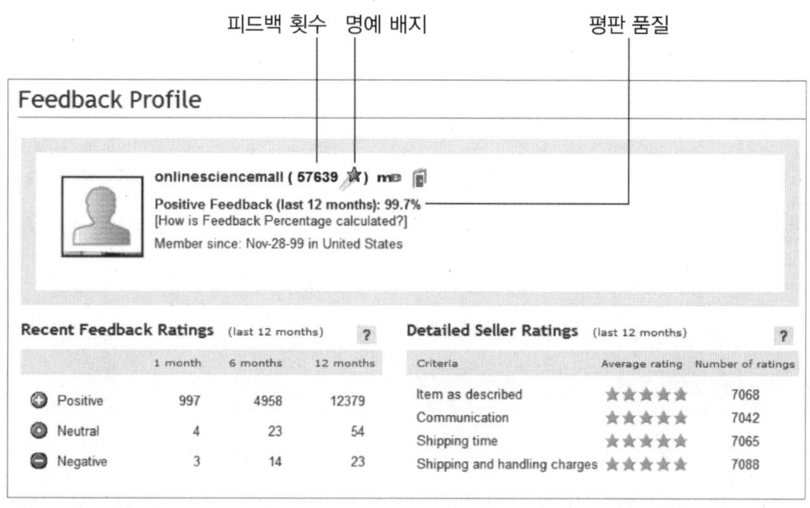

그림 6-21 게임으로서의 이베이

소셜미디어는 종종 게임처럼 작동될 뿐만 아니라, 실제로도 하나의 게임이다. 평판, 명성, 진척, 성취 등 정서적으로 충전된 이러한 웹사이트 요소는 사이트를 너무나 매력적으로 만들어준다. 게임 플레이가 없었다면, 이런 사이트는 단지 비디오를 업로드하고, 명함 정리기를 유지보수하고, 경매 거리를 중개하는 애플리케이션이었을 뿐일 것이다. 진척도 막대, 컬렉션과 사회적 주목 같은 게임 메커니즘은 그들을 깊고, 좀 더 참여적인 경험으로 변화시켰다.

🦢 위치가 일을 재미있게 만드는 방법

모바일 디바이스 덕택으로 그냥 기다리느라 보낼 시간에 게임에 접속할 수 있는 또 다른 방법이 생겼다. 이런 의미에서, 모바일 디바이스는 비동기적 게이밍에 안성맞춤이다. 열차에 타고 있을 때나 병원에서 기다리는 중에 모바일 디바이스를 집어들고 곧바로 게임 플레이로 순간을 보낼 수 있다. 그런데 새로운 가능성이 부상 중이다. 모바일 디바이스의 위치 인식 기능을 결합해 완전히 새로운 유형의 게임을 만드는 것이다.

🦢 포스퀘어가 경쟁과 컬렉션을 활용하는 방법

그림 6-22에 나온 포스퀘어Foursquare는 자신이 위치한 장소에 '체크인check-in'할 수 있게 해주는 모바일 애플리케이션이다. 레스토랑, 학교, 자신의 집 어디에서든 가능하다. 좀 더 자주 체크인할수록 더 많은 포인트를 획득하게 된다. 포스퀘어는 부가적 인센티브 차원에서 다양한 활동을 완수하면 200개가 넘는 다양한 배지를 제공해준다.

- 증가하는 개수의 장소에 체크인하기(10, 25, 50개의 다른 장소)
- 같은 장소에 여러 번 돌아오기
- 며칠 연속으로 체크인하기
- 특정 종류의 장소에 체크인하기(극장, 피자 가게, 학교, 행사장)
- 브랜드 및 텔레비전 프로그램과 연관된 구체적인 장소 방문하기(텔레비전 프로그램이 촬영된 장소를 방문해서 얻을 수 있는 가십 걸 배지 등)

본질적으로 포스퀘어는 심부름을 재미가 넘치는 활동으로 바꿀 수 있다. 간단한 경쟁 형식은 포스퀘어의 또 다른 일면이다. 다른 사람보다 많이 체크인하면 해당 장소의 '시장mayor'이 될 수 있다. 이는 자신의 시장 자리를 지키거나(항상 체크인하도록 기억하는) 경쟁하기 위한(다른 사람을 따라잡기 위한) 습관적인 행동으로 이어질 수 있다.

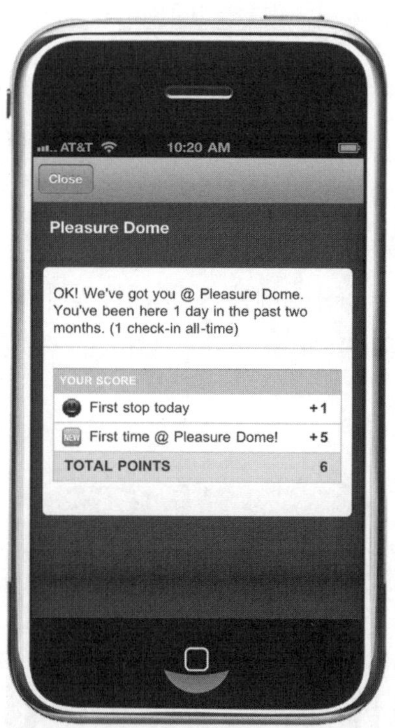

그림 6-22 포스퀘어

컬렉션을 완성하고 배지를 열기 위해 일정한 재미가 있긴 하지만, 포스퀘어의 진정한 경험은 실제로 장소를 방문하고, 해당 장소의 독특함을 발견하는 행동이다. 어떤 장소에 있는 동안 다른 사람들이 남기는 댓글을 볼 수 있는데, 그것으로 뭘 해야 할지 아이디어를 얻을 수 있다. 이런 댓글은 블로그, 페이스북 페이지, 포럼에서의 댓글 역할과 똑같은 기능을 실제 장소에 대해 제공한다.

포스퀘어는 약간의 '체크인 피로'가 있다는 점과 사람들이 결국에는 포인트를 위한 포인트 쌓기에 지루해질 것이라는 점을 인식한 것으로 보이며, 이미 새로운 기능을 도입 중인데, 참여자가 다른 사람들이 해당 장소에서 했던 일을 파악하고, 자신이 하고 싶은 활동 목록을 모을 수 있게 해준다. 비록 포스퀘어는 포인트 획득을 다루는 피상적인 게임이긴 하지만, 경험을 더 많이 다루게 될수록 더 큰 성공을 거둘 것이라고 본다.

SCVNGR와 창조성, 운동

포스퀘어는 자신들이 설정한 배지 세트를 제공하는 반면, SCVNGR는 다른 방향으로 접근한다. 해당 장소에서 사람들이 하고 싶은 활동에 초점을 맞추고, 사람들의 능력을 크라우드소싱하여 그곳에서 완수할 수 있는 새로운 '도전과제'를 추가하는 일이다. 마이크로소프트의 엑스박스 라이브 서비스에서 게임 개발사들이 자신의 도전과제를 제작할 수 있게 했던 사례와 마찬가지로, SCVNGR는 위치 소유자들이 흥미로운 경험으로 사람들을 유도할 활동을 만들어내게 한다(그림 6–23).

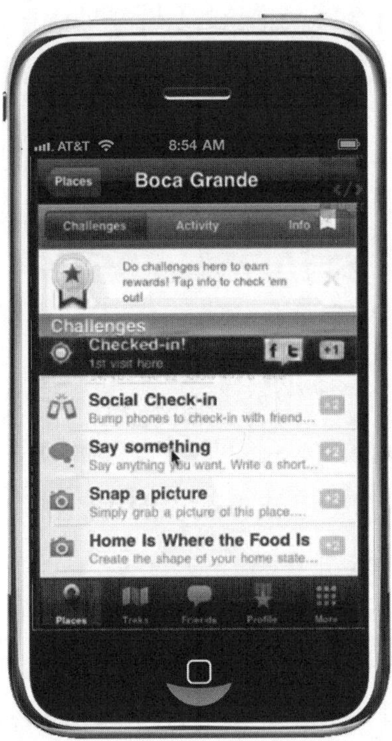

그림 6–23 SCVNGR

포스퀘어는 자신을 새로운 것을 발견할 수 있는 애플리케이션으로 묘사한 반면, SCVNGR는 자신이 게임이란 점을 분명히 한다. SCVNGR의 모델은 '발견 도구'보다는 모험에 좀 더 가깝다. 마치 월드 오브 워크래프트에서 이곳저곳을 여행 다니는 것처럼, SCVNGR는 도전이 기다리는 장소로 우리를 데려다주는데, 장소에 도착하는 간단한 퀘스트를 수행하는 일과 유사하다. 여행과 도전 과제를 완수하면, 보상을 받을 수 있다.

SCVNGR는 위치 기반 게임의 새롭게 떠오르는 트렌드를 반영한다. 즉 포인트 시스템을 초월해서 스토리와 탐색, 도전을 기반으로 경험을 제공한다는 것이다. 그림 6-24에 SCVNGR의 게임 플레이가 도표로 표시되어 있다.

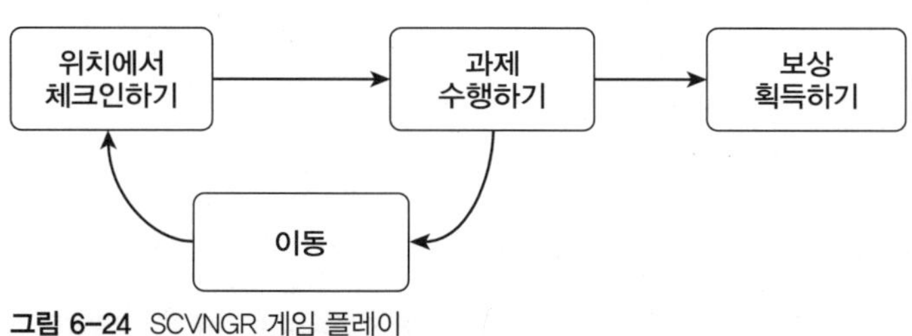

그림 6-24 SCVNGR 게임 플레이

분주한 일상 속에서 여행을 다닐 때, 위치 기반 게임은 같은 길을 떠나는 다른 이들이 있다는 느낌을 주고, 새롭고 흥미로운 방법으로 커뮤니티와 연결해준다. 사실은 인정하자. 이곳저곳으로 이동하는 동안 견뎌야 하는 일들이 재미는 없지 않았는가? 또한 새로운 장소를 접하는 일은 종종 겁나지 않았는가? 게임은 이런 경험을 변화시켜 목표, 스토리, 도전과제로 만들어준다.

🦅 정리

6장에서는 소셜게임의 핵심 요소를 살펴봤다. 비동기적 게임 플레이, 친구와의 연결, 사회적 인정과 목표에 대한 명확한 커뮤니케이션은 스토리, 도전과제 및 효과적 유저 인터페이스로 확립될 수 있다. 게임은 겉으로 보기엔 지루해 보이는 일(장소 이동하기, 작업 완료하기, 아이템 수집하기 등)을 뭔가 재미있는 일로 바꾸는 데 비상한 재능을 보인다. 일상생활의 많은 일을 게임으로 재구성한다면 좀 더 재미있어질 수 있으며, 그 결과 미래에 반복할 가능성이 높아진다.

이미 게임은 엔터테인먼트를 넘어 다양한 애플리케이션을 변화시키고 있다. 건강, 학습 및 소셜미디어는 그 일부일 뿐이다. 다음 장에서는 여기서 살펴본 접근법을 활용해서 자신만의 소셜게임 경험을 설계하는 방법을 배운다.

◉ 경로 선택

다음에 읽어야 할 부분에 대한 안내

- 소셜게임의 구조와 메커니즘을 이해할 준비가 됐다면, 7장으로 시작되는 2부로 넘어간다.
- 온라인에 접속해서 게임 메커니즘을 새로운 애플리케이션에 적용하는 다른 웹사이트에 대해 알고 싶다면, www.game-on-book.com을 방문해서 비밀 코드 박스에 'websites'를 입력한다.

소셜게임의 설계

소셜게임의 구조

7장의 내용

★ 소셜게임이 페이스북과 연동되는 방법
★ 게임을 소셜하게 만드는 기능
★ 소셜게임 플레이어 경험의 3단계 라이프 사이클
★ 소셜게임이 소셜 채널로 전파되는 방법

소셜게임 업계는 소셜게임의 정체성과 게임이 유통되는 장소와 결부시킴으로써 '상황을 혼란스럽게 만들었다. 소셜게임을 말 그대로 플레이어들이 서로 상호작용하는 게임으로 좀 더 넓게 생각해보라. 향후 수년 동안 소셜게임은 점점 더 유통되는 장소가 아니라, 플레이되는 방법에 의해 정의될 것이다. 소셜게임 구성요소를 논의할 때, 소셜네트워크 내부 및 외부에 존재하는 사례들을 함께 다룰 예정인데, 이런 사례를 통해 소셜게임의 작동 방식을 좀 더 전체적인 시각에서 이해할 수 있기 때문이다.

소셜네트워크상에서 플레이되는 많은 게임에서, 사회적 상호작용은 바이럴 마케팅에 국한되어 있다. 게임에는 고객이 자신의 경험을 친구들과 나눌 수 있는 메커니즘이 제공된다. 비슷한 방법으로 소셜미디어는 비게임 애플리케이션과 비즈니스에 대한 관심을 퍼뜨리기 위해 친구들 사이의 긴밀한 유대 관계를 활용하려고 노력해왔다. 게임은 이를 더욱 발전시켜 배지, 과시할 수 있는 특권 및 순위표 등의 형태로 사회적 인센티브를 제공하고 있다.

그러나 가장 설득력 있는 소셜게임과 애플리케이션은 배지 같은 인정 시스템을 뛰어넘어 사회적 상호작용을 게임 플레이의 실제 본질로 만든다. 이런 현상은 사람들이 좀 더 어려운 도전에 승리를 거두기 위해 실시간 팀으로 협력해야 하는 월드 오브 워크래프트 같은 대규모 예산의 몰입형 소셜게임에만 국한되지는 않는다. 점점 더 많은 소셜네트워크 게임이 단순한 마케팅 거래를 넘어서는 매력적인 상호작용을 주무기로 삼고 있다.

- **갓 오브 록**은 비동기적으로 팀 도전 과제에 참여할 수 있는 기능을 특징으로 하는데, 각 도전과제에서 친구들은 '에픽 기그' 내의 특별 동작과 액션으로 팀 승리를 돕는다.
- **징가 포커**는 가상의 포커 테이블에 둘러앉은 이들과 정겨운 농담에 참여할 수 있는 기능과 플레이 도중 친구에게 자신의 마음을 담은 선물을 보낼 수 있는 기능을 특징으로 한다.
- **킹덤즈 오브 카멜롯**에서는 다른 플레이어에게 도전하고 세계를 정복하기 위해 플레이어들과 동맹을 결성해야 한다.
- PC 게이머를 목표로 한 하드코어 타이틀인 **스타크래프트 2**는 페이스북과는 별개로 운영되지만, 페이스북의 친구 목록 정보를 활용해서 이미 스타크래프트 2를 하고 있는 친구들을 찾을 수 있게 도와준다.

게임 외에도 소셜네트워크 안팎에서 작동 중인 유사한 메커니즘을 발견할 수 있다.

- 소셜 애플리케이션 코지즈Causes는 사람들이 선호하는 자선 프로그램을 홍보하게 해줌으로써 비영리 기관을 위해 3천만 달러가 넘는 금액(2011년 1월 기준)을 모금했다. 코지즈는 사람들이 자선 단체에 '자신의 생일을 기부'하도록 돕는데, 이는 페이스북에서 생일을 둘러싸고 빈번하게 발생하는 높은 수준의 커뮤니케이션을 자선 기부의 기회로 활용한다. 자선 기관을 도울 뿐만 아니라, 생일 맞은 사람을 긍정적 사회적 활동의 중심으로 만들어주는 셈이다.

- 아마존닷컴 회원은 가장 유용한 제품 리뷰를 제공하기 위해 경쟁한다. 보상은 명예뿐 아니라 경제적 이득으로 전환될 수 있다. 리뷰어는 순위표의 자리를 차지할 수 있으며, 궁극적으로는 아마존 바인Amazon Vine[1]의 자격을 얻어, 추가 노출을 위해 돈을 지불할 의사가 있는 판매자가 제공한 무료 제품을 받을 수 있다. 이 경우 사회적 거래는 단순히 많은 숫자의 리뷰를 게시하는 것이 아니라, 리뷰의 유용성에 대한 다른 회원들의 평가다.

>  **아르티장**   페이스북의 초기 게임들은 바이럴 마케팅 프로그램을 전개하는 데 사회적 상호작용을 활용했다. 그 다음, 게임들은 자신의 게임 플레이에 사회적 상호작용을 활용하기 시작했다. 사회적 상호작용으로 인해 사회적 연결 없이는 성립될 수 없는 완전히 새로운 종류의 게임 플레이가 창조될 수 있을까?

소셜게임이 작동되는 장소의 이해

페이스북 바깥의 게임을 포함, 소셜게임은 갈수록 더욱 페이스북의 소셜 그래프social graph를 활용하고 있다. 소셜 그래프는 페이스북에 존재하는 유저 및 서로 연결되는 친구 목록에 대한 모든 정보의 맵이다. 소셜 그래프 내의 데이터는 페이스북 서버에 저장되어 있으며, Graph API라고 불리는 애플리케이션 프로그래밍 인터페이스를 통해 접근할 수 있다. 어떤 애플리케이션이든지 Graph API를 활용해서 다음 정보를 호출할 수 있다.

- 이름이나 소속과 같은 유저에 대한 정보
- 친구 목록
- 페이스북 유저에 의해 '좋아요' 체크된 콘텐츠
- 페이스북 페이지
- 페이스북 유저가 일정을 잡은 이벤트
- 유저가 소속된 그룹

---

1   아마존 멤버십 프로그램의 등급 - 옮긴이

- 유저의 의해 설치된 애플리케이션

- 페이스북 유저에 의해 업로드된 사진

이런 정보에 대한 애플리케이션의 접근을 제어하기 위해 페이스북 회원은 다양한 개인정보 설정을 할 수 있다. 애플리케이션을 처음 설치하면, 특정 데이터만이 Graph API에 의해 접근될 수 있다. 유저의 개인정보 데이터에 접근하려면, 애플리케이션은 허가를 구해야 한다.

애플리케이션이 페이스북 유저 인터페이스 내에 존재할 때, 캔버스 애플리케이션canvas application이라고 한다. 페이스북의 캔버스 애플리케이션은 페이스북 유저 인터페이스와 긴밀히 통합되어 있는 것처럼 보이곤 하지만, 실제로 페이스북 장비 위에서 실행되는 것은 아니다. 모든 소셜 애플리케이션은 독립적으로 운영되는 서버에서 실행된다. 캔버스 애플리케이션은 다음 두 가지 중 한 가지 방법으로 콘텐츠를 전송한다.

- 페이스북 마크업 언어FBML, Facebook Markup Language는 HTML의 특수 버전을 사용하는 페이지를 생성해낼 수 있다. 여기에는 페이스북의 룩앤필을 공유하는 특정 인터페이스를 생성하는 태그tag가 포함되어 있다. FBML 애플리케이션은 페이스북 서버에 의해 검사된 페이지를 생성하고, 유저의 웹 브라우저에서 해석될 수 있는 HTML로 변환된 다음, 유저에게 다시 서비스된다.

- 애플리케이션은 iframe 안에서 서비스될 수 있는데, iframe은 개별 웹사이트로부터 페이지의 일부분을 전송할 수 있는 표준 웹 기술이다. 이 모드에서는 애플리케이션 서버가 유저의 웹 브라우저와 바로 커뮤니케이션하므로 FBML은 필요하지 않다. 페이스북은 단지 원격 서버로 직접 넘겨주는 페이지의 일부를 제공할 뿐이다.

비록 소셜게임에 의해 발생되는 매출 대부분이 페이스북에서 일어나고 있지만, 페이스북이 소셜게임을 유통할 수 있는 유일한 장소는 아니다. 사실 페이스북 외부에서 소셜게임을 유통하는 방법은 한 가지 중요한 장점이 있다. 경쟁이 적다는 점이다. 모든 이들이 페이스북 시장을 나눠 먹고 있기 때문에, 몇 가지 다른 선택사항도 고려해 봐야 한다.   .

- **트위터**(Twitter)는 인터넷상에서 가장 인기 있는 소셜네트워크 중 하나로 회원 간의 단문 메시지 교환에 초점을 맞춘다. 트위터는 구성원 간에 느슨한 유대 관계를 특징으로 하는데, 페이스북에서 형성되는 쌍방향 우정 관계와는 달리 자신이 관심 있는 누군가를 '팔로우'하기 때문이다(일방향 관계). 하지만 트위터상의 게임은 그리 성공적이지 못했는데, 트위터 회원은 게임 관련 메시지에 덜 관대하고, 누군가가 관심 없는 정보를 쏟아낸다고 느끼면 곧바로 팔로우를 끊는 경향이 더 강하기 때문이다. 그러나 트위터에서의 게임은 완전히 다른 형태가 될 수도 있다. 단지 페이스북에서 통한 방식이 트위터에선 먹히지 않은 것일 수도 있다.

- **마이스페이스**(MySpace)는 페이스북과의 경쟁에서 큰 어려움을 겪고 있으며, 그 결과 2009년 이후로 인기 랭킹이 추락하고 있다. 하지만 아직도 인터넷에서 가장 인기 있는 사이트 중 하나이며, 많은 게임이 이곳에서 번창했다. 무엇보다 경쟁이 적다. 마이스페이스는 그곳에서 모험을 해보려는 개발사를 좀 더 도와줄 가능성이 있다.

일부 소셜네트워크는 미국 밖에서 큰 인기를 끌고 있다. 비록 유저당 매출이 적은 경우가 많지만, 신규 고객 획득 비용도 적다.

- **오르컷**(Orkut)은 구글 소유로 특히 브라질에서 인기가 있다.
- **VZ네트웍스**(VZ-Networks)는 독일어권에서 인기리에 성장 중인 소셜네트워크다.
- **렌렌**(RenRen, 人人網: 중국어로 모든 사람의 네트워크를 의미함)은 중국 본토의 학생 등에 의해 사용되는 인기 네트워크다.

페이스북 생태계_ecosystem_ 내에 존재하지만, 페이스북 캔버스 페이지에는 등장하지 않는 애플리케이션도 있다. 스타크래프트 2와 같은 게임이 그 사례인데, 페이스북 정보를 활용하지만 전적으로 별도 프로그램으로 운영된다. 이런 애플리케이션도 유저에 대한 정보를 호출하는 데 사용하기 위해 **Graph API**(몇몇 경우에, 페이스북 API 예전 버전)에 대한 접근 권한을 갖고 있다.

그림 7-1은 페이스북 애플리케이션 생태계를 보여준다.

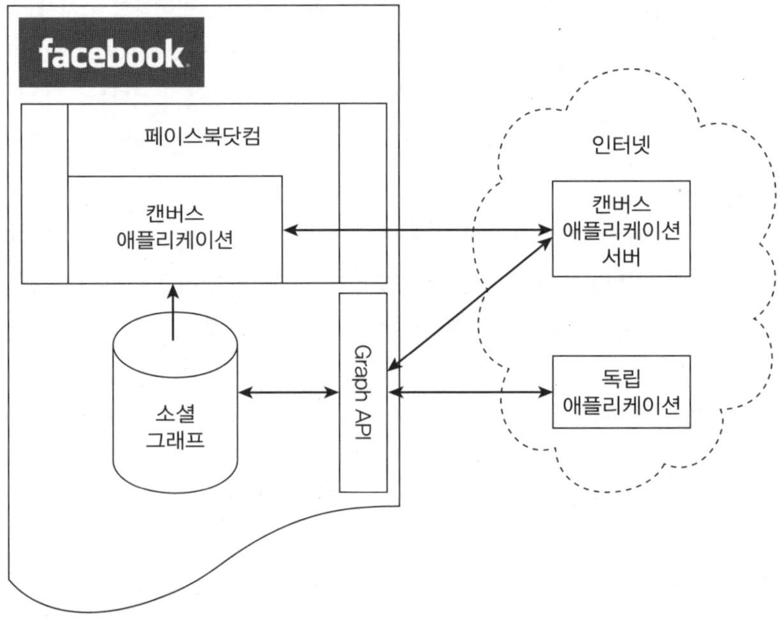

그림 7-1 페이스북 생태계

플레이어 라이프 사이클 3단계

플레이어의 라이프 사이클을 깔때기로 생각해보면 도움이 된다. 플레이어와 모든 상호작용은 다음 단계로 이동할 기회이거나, 아니면 고객으로서의 그들을 상실할 위기다. 그림 7-2는 모든 플레이어 라이프 사이클의 3단계를 상세히 보여준다.

1. 광고나 다른 소셜 플레이어와의 커뮤니케이션에 의해 플레이어가 게임을 발견discover한다. 이런 커뮤니케이션은 대개 뉴스피드 메시지, 상태 업데이트나 직접 메시지 형태를 띤다.

2. 해보고 재미있으면, 플레이어는 게임에 몰입engage한다. 게임에서 진전을 위해 활동을 반복한다. 당장 할 일이 떨어지면 잠시 멈추지만, 시간

이 정해진 이벤트, 플레이 중인 친구의 알림notification, 또는 다른 재몰입 reengagement 메커니즘에 의해 게임을 다시 방문한다.

3. 이벤트를 앞당기거나, 특별 콘텐츠를 열거나, 자신의 경험을 개인화하기 위해 플레이어는 경제적 거래economic exchange를 수행한다.

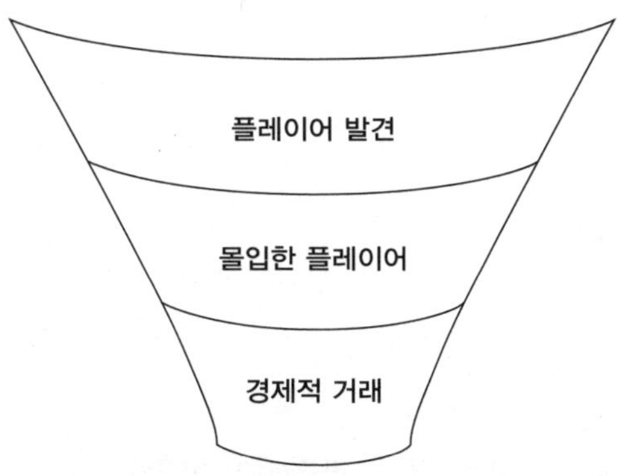

그림 7-2 소셜게임의 플레이어 라이프 사이클

도중에 플레이어는 다른 플레이어를 게임에 초대하는 행동을 실행(본질적으로는 경제적 거래의 특별한 유형 중 하나)하고, 지속적으로 새로운 콘텐츠에 재몰입한다.

다음 단락에서는 플레이어 라이프 사이클의 각 단계를 파고들어 본다. 2부의 나머지 부분에서 이 주제를 계속 다루게 된다.

페이스북에서 플레이어 발견

여러분은 플레이어 획득을 '고객 획득'이라고 생각할지도 모르겠다. 그러나 고객의 관점에서 보면, 그들은 획득될 수 없다. 그들이 여러분을 발견하는 것이다. 고객이 여러분을 어떻게 발견하고 여러분의 랜딩 페이지landing page[2]에 도착한 이후 무엇을 하게 될지가 고객과 장기적 관계를 맺는 첫 관문이다. 페이스북에서 플레이어가 게임을 발견하는 방법과 그곳에서 무슨 일이 벌어지는지 파헤쳐보는 것으로 시작한다.

---

2 온라인 마케팅 용어로 광고 배너 등을 클릭했을 때 처음 나타나는 페이지를 의미 – 옮긴이

🌀 소셜 커뮤니케이션 채널로 고객 발견하기

대부분의 사람들은 두 가지 방법 중 하나로 특정 소셜게임을 발견한다. 광고를 보거나, 또는 소셜 커뮤니케이션 채널을 통해 게임 콘텐츠를 접하는 것이다. 후자에는 소셜네트워크상에서 회원들이 서로에게 콘텐츠를 퍼뜨릴 수 있도록 구축된 모든 기능이 포함된다.

발견 스토리

페이스북의 신규 소셜게임을 플레이어가 인지할 수 있게 해주는 기본적인 자동화 방법은 발견 스토리discovery story를 통해서인데, 이는 자신의 친구들 몇몇이 동일한 게임을 플레이하고 특정 몰입 기준을 넘게 됐을 때 페이스북이 여러분의 뉴스피드에 자동적으로 쏴주는 게시물이다. 누군가의 뉴스피드에 발견 스토리를 표시하는 데 개입할 수 있는 직접적인 방법은 전혀 없지만, 몇 가지 방법으로 확률을 증가시킬 수 있다.

- 몰입시키는 경험을 만들어, 플레이어들이 평균보다 많은 시간을 게임에 사용하도록 만든다.
- 플레이어가 게임을 '좋아요' 체크하도록 독려한다.
- 게임을 하는 플레이어가 다른 친구들과 좀 더 자주 상호작용하도록 독려한다.

아마도 페이스북의 에지랭크EdgeRank[3] 계산과 동일한 알고리즘에 기반해 발견 스토리도 뉴스피드에 표시되는 것으로 보인다. 이에 대해서는 이 장 후반부의 '사회적 재몰입' 단락에서 논의한다.

초대와 요청

페이스북의 게임과 애플리케이션은 뉴스피드 시스템 외부에서 발생한 특정 메시지를 여러분에게 보낼 수 있다. 여러분이 개별적으로 응답하거나 또는 묵

---

3 페이스북에서 뉴스피드에 보여질 게시물을 선택하는 알고리즘 – 옮긴이

살할 수 있기 때문에 이것들은 '요청'이라고 하며, 그림 7-3에 나와 있다.

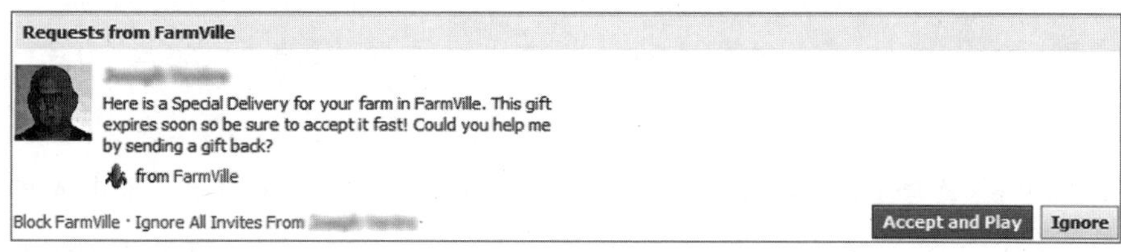

그림 7-3 페이스북 요청

한때는 페이스북 요청이 훨씬 중요했었다. 그러나 페이스북은 변경을 통해 회원들이 덜 자주 방문하는 인터페이스 영역으로 요청을 숨겨버렸다. 요청이 게임에 새로운 페이스북 회원을 끌어들이는 데 도움이 될 순 있지만, 대부분의 활동적 페이스북 유저에겐 무시되는 경향이 있다. 이런 이유로, 대부분의 게임은 뉴스피드 사용으로 중심을 옮겼다.

채팅

페이스북 애플리케이션은 친구 중 누가 로그인되어 있는지 감지할 수 있다. 온라인 친구와 채팅 시스템을 통해 대화를 나누어, 자신이 하고 있는 게임에 참여하도록 친구에게 요청할 수도 있다. 추가로 게임과 애플리케이션은 페이스북의 XMPP 서버에 직접 연결할 수 있는데, 해당 회원이 애플리케이션에게 허가했다면, 다른 채팅 유저에게 직접 메시지를 보낼 수 있는 기능이다.

소셜 채널 활용의 함정

소셜 커뮤니케이션 채널은 우리의 제품을 많은 고객 앞에 선보일 수 있는 강력한 방법이 될 수 있지만, 그만큼 쉽게 역효과를 낳을 수도 있다. 사람들을 짜증 나지 않게 할 만큼 충분히 적은 빈도로 좋은 내용물의 메시지를 생성하는 데 초점을 맞춰야 한다. 다음은 게임에서 소셜 채널을 활용할 때 범하기 쉬운 흔한 실수를 피하는 팁이다.

- **플레이어가 자신의 피드가 통제 불능이라는 느낌이 들지 않게 하라:** 소셜 애플리케이션은 특정인의 뉴스피드에 바로 메시지를 게시하도록 허용해달라고 요청할 수 있지만, 플레이어에게 알리지 않고 메시지를 게시하면, 그들은 허용을 취소하거나, 심지어 애플리케이션 사용을 중단할 수도 있다.

- **지나친 스팸을 만들지 마라:** 플레이어의 게임 활동에 대해 자질구레한 것까지 일일이 게시하면, 플레이어가 게임을 쳐다보지도 않고 블록할 것이라고 예상하라.

- **해당인의 친구와 관련 있는 내용으로 유지하라:** 사람들은 선물을 받을 수 있거나, 재미있는 내용을 볼 수 있거나, 또는 어떤 종류의 이벤트에 참여할 수 있게 해주는 담벼락 게시물을 환영할 것이다. 단지 게임의 존재를 광고할 뿐인 내용이라면, 사람들은 신경 쓰지 않을 것이다.

- **행동 유발의 결핍:** 반응할 것이 없는 단순한 소음에 불과하다면, 사람들은 신경 쓰지 않을 것이다.

플레이어가 여러분을 발견했을 때 해야 할 일

플레이어가 여러분의 게임에 연결된 링크를 클릭했을 때, 매 순간이 절대적으로 중요하다. 매초 매 클릭이 중요한데, 플레이어는 언제든지 포기하고 다른 곳으로 갈 수 있기 때문이다.

누군가가 페이스북 게임에 처음 접속했을 때 제일 먼저 보게 되는 화면은 게임에 대한 몇 가지 허가를 얻는 화면인데, 그림 7-4에 나와 있다.

이 시점에서 다음 일들이 벌어지면, 플레이어는 그만둘지도 모른다.

- **과도한 허가:** 플레이어가 공유하기 원하지 않는 뭔가에 대한 허가를 요청하는 경우. 일부 사람들은 이 화면에 큰 신경을 쓰지 않지만, 플레이어에게 너무 많은 것을 허용해달라고 하면(이메일 접근 요구 등), 일부 사람들은 더 이상 진행하려고 하지 않을 것이다. 이 시점에 그들은 여러분에 대해서 잘 모른다. 그들이 사적이라고 간주하는 정보를 여러분에게 위임하라고 요구하는 건 지나친 일이다.

- **지루한 설명**: 소셜게임을 설치할지의 결정은 게임 설명에 의해 좌우되는 경우가 흔하다. 게임 설명은 플레이어에게 브랜드 인상을 심어줄 첫 번째 기회라고 생각하라. 흥미를 불러일으키고 긍정적 기대를 갖게 하라.

- **지루한 로고와 이미지**: 게임에 표시되는 로고나 조잡한 이미지가 흥미를 잃게 만들 수 있다.

- **복잡한 인터페이스**: 처음 접했을 때 이해해야 사항이 지나치게 많다면, 그들은 떠날 것이다.

- **지나친 담벼락 게시물에 대한 우려**: 여러분의 게임이 허가를 받지 않고, 담벼락 게시물을 게시한다고 생각하면, 플레이어는 떠난다.

- **긍정적 피드백과 리뷰의 부족**: 페이스북 소셜 애플리케이션에는 리뷰가 달리는데, 많은 플레이어는 긍정적 리뷰를 보고 게임을 신뢰할 수 있다고 생각한다. 우리 게임을 좋아하는 플레이어에게 긍정적 리뷰를 공유해달라고 요청하면 도움이 된다.

- **즉각적인 만족의 부족**: 결국 게임은 재미를 위한 것이다. 수많은 요청, 기입해야 할 양식 또는 게임을 즐기는 데 방해가 되는 다른 요구를 던지지 마라.

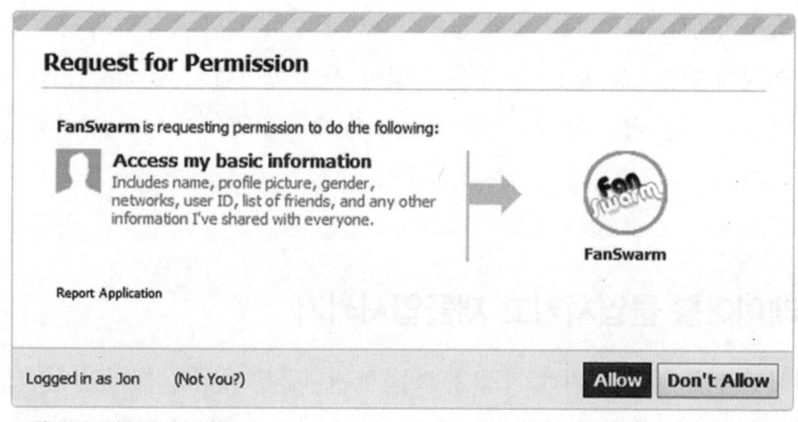

그림 7-4 애플리케이션 허가

플레이어가 애플리케이션을 설치하기로 결정한 후에도, 매초 계속 진행 여부가 판가름된다. 첫 화면은 흥미롭고, 유익하고, 재미있어야 한다. 첫 화면이 지루하고 복잡하게 보이거나, 무슨 게임인지 알 수 없다고 느껴지면, 플레이어는 떠난다고 예상해라. 다음은 이러한 처음 몇 초, 몇 분 동안 고려해야 할 점이다.

- 처음 몇 분 동안 게임에서 뭘 해야 하는지에 대해 플레이어가 구체적인 목표를 세울 수 있어야 한다.
- 초기의 상호작용으로 플레이어는 재빠르게 뭔가를 할 수 있어야 한다. 길고 일방적인 튜토리얼이나 동영상은 게임 포기로 이어질 수 있다. 사람들이 동영상이나 도움말 시스템이 필요하다고 생각하면, 대개 더 심각한 문제다. 게임이 지나치게 혼란스럽다는 뜻이다. 이런 요구는 반드시 추가적인 튜토리얼을 제공하라는 요구가 아니라, 게임의 좀 더 큰 이슈를 재검토하는 기회로 삼아라.
- 들어오자마자 처음 한두 번의 클릭으로 게임의 실제 액션에 플레이어가 참여할 수 있도록 목표를 세워라.
- 플레이어에게 실제 돈으로 구입할 수 있는 아이템에 대해 얘기하거나, 성공하기 위해 그런 아이템이 필요하다고 암시하면 너무 일찍 누군가를 멀어지게 만들지도 모른다. 많은 사람이 가상 아이템 구매 의사가 있지만, 게임이 어떤지도 모르는 상황에서 그것 때문에 골머리 앓고 싶어하진 않는다.

플레이어를 몰입시키고 재몰입시키기

당연하겠지만, 몰입을 위해 가장 중요한 메커니즘은 게임을 재미있게 만드는 것이다. 게다가 재미있는 게임은 플레이어가 다음에 할 일을 알려주는 데도 능숙하다. 나쁜 게임은 그 일을 혼란스럽고, 애매하고, 배우기 어렵게 만든다. 게임에서 몰입을 키우는 데 가장 중요한 측면은 플레이어에게 끊임없이 다음

할 일을 알려주는 것이다. 더 이상 할 일이 없거나, 다음에 뭘 해야 될지에 대해 아무런 안내가 없다면, 플레이어를 (아마도 영원히) 잃게 된다.

소셜게임의 경우에, 몰입의 기술은 주로 재몰입에 관한 것이다. 이는 게임을 끈끈하게sticky 만들어주는 핵심이다. 소셜게임에서는 이런 목적으로 널리 활용되는 방법이 몇 가지 있다.

- 시간 기반의 제약
- 순위표
- 사회적 재몰입, 게임 메커니즘과 소셜 채널을 함께 활용해서 플레이어가 반복적으로 재방문하도록 유도함

시간 기반의 제약

때때로, 다음에 해야 할 일은 명확하지만 플레이어가 즉각적으로 그 일을 하지 못하게 만들 수도 있다. 이 방법은 한자리에서 플레이어가 게임에 대한 흥미를 소진하지 않게 해주고, 차후에 돌아올 여건을 조성한다.

많은 소셜게임은 특정 시간 동안에 플레이어가 소비할 수 있는 콘텐츠와 게임 플레이의 분량에 제한을 둔다. 한 가지 기법은 '에너지energy' 같은 자원을 만들고, 플레이어가 액션을 수행하면 고갈되게 하는 것이다. 결과적으로 에너지가 0으로 소모되면 일정 시간을 기다려야 계속 진행할 수 있다. 갓 오브 록이나 마피아 워즈 같은 게임에서 사용한 접근법이다.

소셜게임에 사용되는 또 다른 기법은 시간 경과가 필요한 액션을 하게 하는 것이다. 팜빌에서 농작물을 심거나, 킹덤즈 오브 카멜롯에서 건물을 지으면, 시간이 지나야 그 액션의 결과가 완료된다. 많은 플레이어는 필요한 시간을 체크하고 계속하기 위해 시간에 맞춰 게임으로 돌아올 것이며, 어떤 이들은 시간을 체크하러 브라우저 탭을 항상 열어놓을 수도 있다(그림 7-5 참조).

그림 7-5 팜빌에서 수확될 아이템

또한 게임에 정기적으로 방문하는 플레이어에게 보상을 조금씩 나눠서 줄수도 있다. 이 경우 일정 시간 경과 후 자원이 소비되거나 액션이 완료되는 것이 아니라, 수행할 수 있는 액션의 빈도가 제한된다. 반복되는 액션의 빈도를 제한하는 타이머를 종종 **쿨다운**cooldown이라 부른다. 그림 7-6에 나타낸 페이스북 게임 뱀파이어 워즈Vampire Wars에서 쿨다운의 사례를 볼 수 있다.

페이스북 외부의 몰입형 게임에서도 시간 기반 메커니즘은 흔하다. 예를 들어, 월드 오브 워크래프트는 이를 몇 가지 방법으로 활용한다.

- 많은 특수 능력은 사용 빈도 제한을 위해 쿨다운을 갖는다. 일부 경우엔 플레이어가 강력한 공격을 과용하지 않게 하는 전술적 제한이고, 일부 경우엔 타이머가 더 길고 플레이어는 좀 더 흥미로운 기능을 사용하기 위해 기다려야 한다.

- 플레이어가 자신만의 아이템을 만들 수 있지만(제작 또는 크래프트라고 불림), 특정 레어 아이템은 일정 기간에 한 번씩만 제작될 수 있다. 이런 아이템을 만들 수 있는 빈도를 최대화하려면 플레이어는 정기적으로 게임에 재접속해야 한다.

- 특정 콘텐츠는 특정한 빈도로만 소비될 수 있다. 예를 들어 플레이어는 '영웅 모드'에서 24시간마다 한 번씩 던전에 입장할 수 있는데, 좀 더 강한 보스와 싸워서 보통 때보다 좋은 아이템을 획득할 수 있다. 레이드raid라는 좀 더 큰 이벤트에서는, 같은 콘텐츠를 반복하려면 일주일을 기다려야 한다.

- 플레이하지 않는 동안, 플레이어의 캐릭터는 '휴식' 중이 되는데, 돌아온 후 일정 시간 동안 빠른 비율로 경험치를 획득할 수 있다. 마지막 플레이 이후 휴식 기간이 길수록, 돌아올 때 얻는 이득이 커진다.

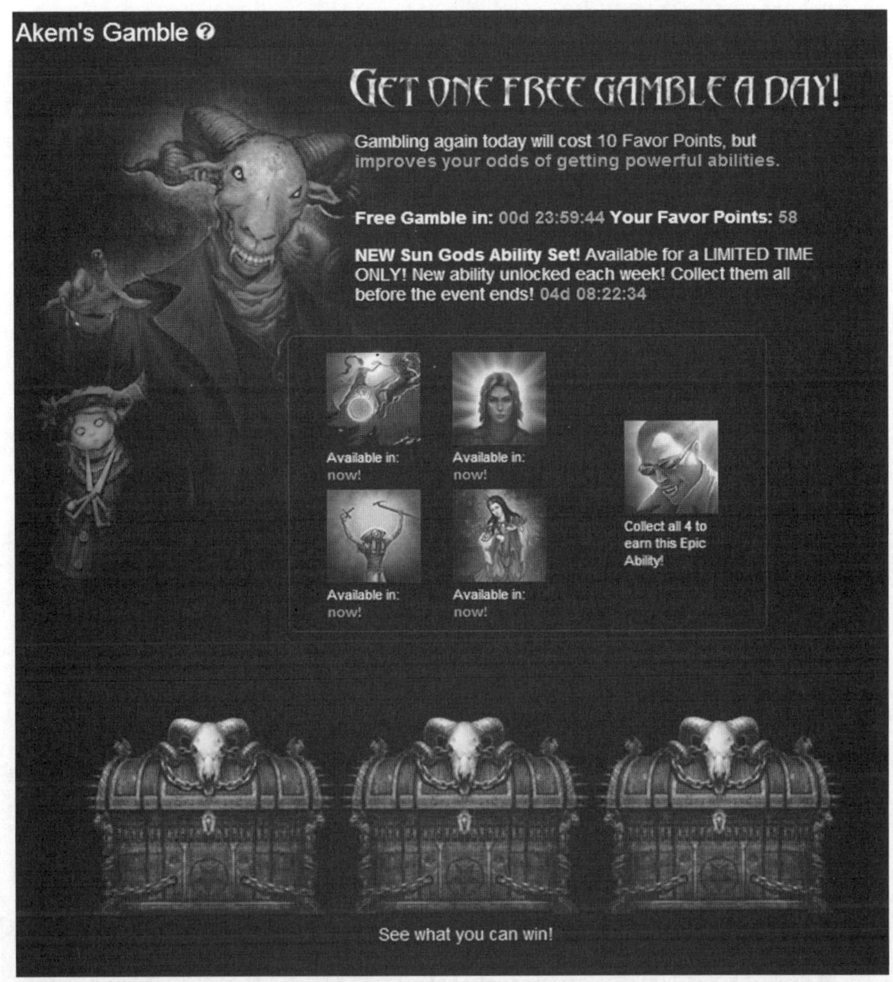

그림 7-6 아켐의 도박(Akem's Gamble)[4]

4　뱀파이어 워즈의 메뉴 중 하나로, 하루에 한 번씩 3개 상자 중 하나를 열어서 스크롤을 얻을 수 있다. – 옮긴이

현실에서는 소매점들이 고객의 정기적 재방문을 유도하기 위한 좋은 수단
으로 쿨다운과 시간 한정 세일을 활용하고 있다.

- 고객 방문당 한 번으로 스페셜 제안을 제한하기
- 펀치 카드를 활용해서 고객 방문 횟수를 추적하고, 방문 횟수를 기준으로
  스페셜 할인 제공하기
- 미래 판매 계획 발표하기

순위표

순위표는 게임에서 몇 가지 역할을 한다. 다른 플레이어와 비교해서 보여줌으
로써, 경쟁 동기요인에 호소할 수 있다. 외부에 표시되면, 순위표는 플레이어
가 게임에 재방문하도록 유도하는 역할도 한다. 플레이하지 않으면 랭킹이 내
려가므로, 자신의 순위를 유지하기 위해서는 재방문해야 한다는 사실을 플레
이어에게 상기시켜준다.

사회적 재몰입

소셜 커뮤니케이션 채널은 누군가를 처음 게임에 몰입하게 만드는 것처럼, 누
군가를 게임에 다시 돌아오도록 유도하는 데는 훨씬 더 효과적일 수 있다. 게
임을 계속하기로 결심한 후에, 사람들은 게임 내에서 새로운 콘텐츠를 열거나
진도를 나가는 데 도움이 되는 것들에 좀 더 관심을 갖게 된다.

- 게임에서 새로운 액션을 하게 해주거나, 캐릭터를 좀 더 빨리 성장시킬
  수 있는 선물을 친구들로부터 받을 수 있다.
- 플레이어는 이벤트를 발표하고 자신의 친구들이 참여하도록 초대할 수 있다.
- 친구들은 좀 더 어려운 게임상의 과제를 달성하기 위해 서로 도움을 요청
  할 수 있다.
- 오직 제한된 시간 동안 가능한 특별한 기회가 플레이어에게 제공될 수 있다.

추가로 소셜네트워크에서 이용 가능한 소셜 채널은 재몰입을 자극하는 데 활용될 수 있다. 페이스북에서는 주로 뉴스피드와 직접적인 담벼락 게시물이 해당된다.

뉴스피드

여러분의 친구들이 자신의 뉴스피드에 메시지를 게시할 때, 그들의 메시지는 자동적으로 여러분이 페이스북에서 볼 수 있는 뉴스피드로 취합된다. 여기에는 그들이 수동으로 게시한 게시물과 그들이 사용한 게임과 애플리케이션으로부터 자동 유입된 메시지가 포함된다. 그림 7-7은 게임에서 온 뉴스피드 항목의 사례를 보여준다.

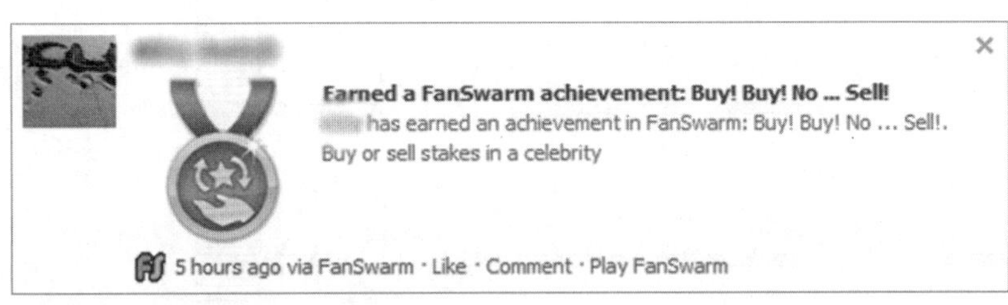

그림 7-7 페이스북 뉴스피드 항목

2010년 9월 현재, 페이스북은 해당 게임 플레이어에게만 보이도록 담벼락 메시지의 표시를 제한하기 시작했다. 게임 게시물이 게임에 관심 없는 이들을 당혹스럽게 만든다고 느낀 수많은 사람의 불만에 대한 대응이었다. 원래 담벼락 게시물은 완전히 새로운 플레이어에게 게임의 존재를 알리기 위한 것이었지만 그런 시대는 저물었다. 대신, 담벼락 게시물은 이미 게임을 하고 있는 사람들을 재몰입시키는 데 활용되고 있다.

페이스북은 자신과 가장 높은 수준의 상호작용을 하는 친구들의 게시물을 우선하여 자동적으로 뉴스피드를 정렬해준다. 담벼락에 올려진 각 게시물에는 페이스북이 에지랭크EdgeRank라고 부르는 지표가 할당되는데, 이는 우리가 친구 목록의 특정 개인과 얼마나 많이 상호작용하는 것으로 보이는지를 기준으로 계산된 각 뉴스피드 항목의 스코어다. 페이스북이 이런 일을 하지 않는다면, 우리는 게시되는 메시지 양에 압도될 것이다. 특히 방대한 친구 목록을 갖고 있다면 더욱 그러할 것이다. 그림 7-8은 뉴스피드를 골라내는 과정을 보여준다.

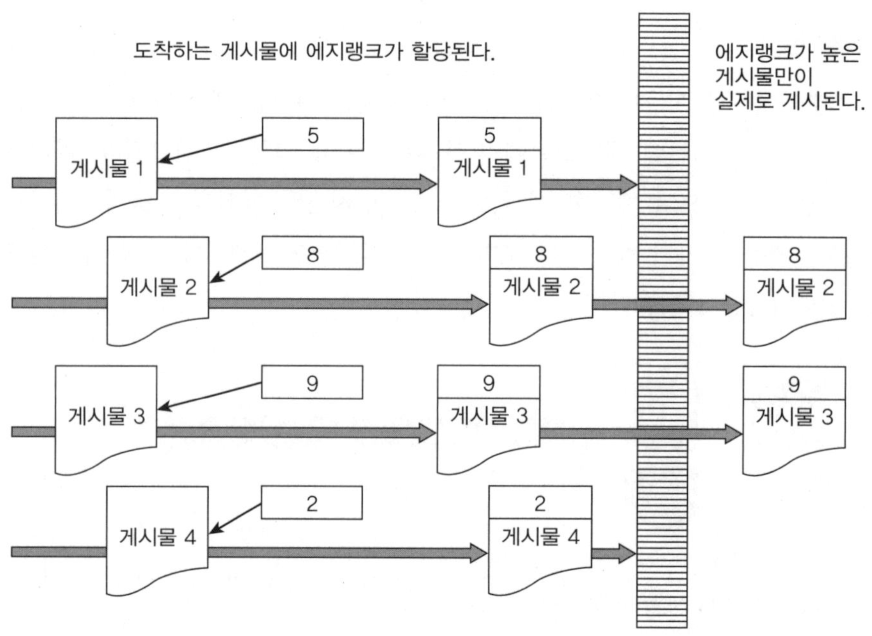

그림 7-8 페이스북 에지랭크

페이스북에서 누군가와 상호작용할 때마다, 페이스북이 에지Edge라고 부르는 것이 만들어지는데, 이는 우리의 상호작용에 대한 기록이다. 개별 에지의 값은 다음과 같이 산출된다.

- **우리가 자신의 소셜 그래프 내의 개인과 얼마나 친밀한가를 결정하는 친밀감 스코어:** 페이스북은 정확히 어떻게 친밀감이 결정되는지 밝히지 않았지만, 친구들의 뉴스피드 게시물에 얼마나 자주 응답하는가, 그들의 프로필에 얼마나 자주 방문하는가 또는 개인적인 메시지를 얼마나 자주 교환하는가 등에 근거를 두는 것으로 보인다.
- **특정 상호작용에 대한 가중치:** 뉴스피드 게시물에 대한 댓글, 그들의 콘텐츠

에 대한 '좋아요' 표시 또는 콘텐츠에 태그$_{tag}$ 달기는 각각 관련된 다른 가치를 갖고 있다. 이들 중 어떤 항목이 가장 큰 영향이 있는지는 분명하지 않지만, '좋아요'가 가장 중요한 역할을 하는 것으로 보인다.

- **시간 경과 요인:** 가장 최근의 에지는 과거 오래전에 발생한 에지보다 누군가와 더 중요한 관계를 시사한다.

소셜 그래프상의 개별 친구에 대한 에지 스코어는 모두 합산되고, 이 스코어가 우리의 뉴스피드에 최종적으로 표시될 항목을 결정한다.

친구들이 여러분의 관심을 끌고 싶다면, 여러분의 뉴스피드에 바로 메시지를 게시할 수 있다. 이는 친구로부터 받을 수 있는 구체적인 가상 선물을 제안할 때와 같은 경우에 흔히 일어난다.

에지랭크과 페이지랭크

비록 수학적으로는 다르지만, 페이스북의 에지랭크 알고리즘과 구글의 페이지랭크 (PageRank) 알고리즘은 공통점이 많다. 구글은 처음 시작했을 때, 공동 설립자인 래리 페이지(Larry Page)가 개발한 페이지랭크라는 알고리즘을 사용했는데, 각 페이지로 유입되는 링크의 개수를 파악해서 웹페이지의 중요도를 평가하는 방법이었다. 페이지랭크는 검색 결과에 어떤 항목이 처음으로 표시돼야 하는지를 결정하는 데 사용됐다(비록 제한된 범위이긴 하나, 오늘날에도 여전히 사용되고 있다). 에지랭크의 목적도 비슷하다. 가장 관련성 있는 콘텐츠를 보여주는 것이다. 페이스북에서는 자신의 친구 목록에 있는 사람들과의 관계 강도가 기준이 됐다. 구글의 페이지랭크 알고리즘은 검색 엔진 최적화(SEO, Search Engine Optimization)라 불리는 사업의 탄생으로 이어졌는데, 구글의 검색 인덱스(index)를 이용해서 유저들이 자신의 웹페이지를 발견하기 쉽게 해주는 기법이다. 개발자들은 페이스북의 에지랭크를 조작하기 위해 뉴스피드 최적화 기법을 활용했다. 이는 검색 엔진 최적화가 링크 빌딩(link building)[5]에 초점을 맞춘다면, 뉴스피드 최적화의 미래는 '좋아요 빌딩(like building)'[6]에 의해 지배될 것인가라는 질문을 낳았다. 구글의 검색 엔진이 끊임없이 공식을 변경하는 것처럼, 부당 활용을 방지하기 위해 페이스북도 끊임없이 엔진을 변경할 것으로 예상된다.

---

5   자신의 웹사이트에 유입되는 링크를 만드는 과정. SEO의 한 방법으로 활용됨 - 옮긴이

6   SEO를 위해 유입되는 링크(inbound link)를 만드는 작업을 했다면 마찬가지로 페이스북의 에지랭크에서 유리한 랭크를 얻으려면, 좋아요(like)를 만드는 작업을 해야 한다는 의미 - 옮긴이

직접적인 뉴스피드 게시물

취합된 뉴스피드 말고도, 친구들은 우리의 뉴스피드에 바로 게시할 수 있다. 이를 위해서 그들은 우리를 구체적 메시지 수신자로 선택해야 하는 수고를 들여야 한다. 그 결과 우리가 해당 메시지를 볼 가능성은 훨씬 높아진다. 페이스북에서 우리의 프로필 페이지를 방문하는 다른 사람들도 역시 우리에게 남겨진 메시지를 보게 될 것이다.

경제적 거래

예전의 소셜게임 플레이 방식에서는 플레이하기 이전에 경제적 거래가 이뤄졌지만(체스판을 구매한 이후에, 친구들과 플레이를 시작한다), 대부분의 성공한 온라인 소셜게임에서는 제품의 수명 주기 내내 경제적 거래의 기회가 생겨나므로 오랫동안 지속 가능한 비즈니스가 됐다. 대부분의 페이스북 소셜게임에서 경제적 거래란 개인화하고, 시간을 당겨주고, 콘텐츠를 열어주는 가상 아이템을 플레이어에게 판매하는 일을 의미한다. 거래를 발생시키는 그 밖의 방법은 다음과 같다.

- 표적화된 고객에게 광고 노출하기
- 경제적 거래가 일어날 수 있는 다른 제품이나 웹사이트를 위한 잠재 고객 발생시키기lead generating[7]
- 공동으로 고객으로부터 수익을 이끌어낼 수 있는 좀 더 폭넓은 게임, 제품, 상호작용의 네트워크에 플레이어를 개입시키기
- 유용한 가치를 지닌 고객에 대한 정보 수집

많은 웹 기반 제품과 달리, 게임은 고객이 돈을 지불하거나, 게임을 계속하

---

7 'Lead Generating'이란 온라인 광고 용어로 사전적 의미는 특정 제품이나 서비스에 대한 잠재적 소비자의 관심이나 질문을 만들거나 이끌어낸다는 뜻이나, 구체적으로는 CPA 광고를 의미하며 잠재적 고객이 광고주가 원하는 행동을 하면 고객에게 보상을 주는 광고 방식임. 소셜게임에서는 흔히 오퍼(offer)라고 불리는데, 예를 들어 광고를 보거나 클릭하면 게임 내 아이템을 주는 방식이다. – 옮긴이

기 위해서 특정한 행동을 하기에 충분한 인센티브를 준다. 웹 기반 게임은 오래 지속 가능하다는 뜻이다. 시간 경과에 따라 게임이 창출하는 수익은 플레이어 획득이나 좀 더 깊은 몰입을 이끌어낼 수 있는 게임 개선에 재투자될 수 있다. 8장에서는 소셜게임에서 수익을 창출하는 목적으로 활용되는 다양한 모델과 수치분석에 대해 살펴볼 예정이다.

그림 7-9는 이번 장 전반에 걸쳐 논의한 전체 가치 창출 흐름을 요약한다.

 **오타쿠**　온라인 게임에서 경제적 거래는 소액의 부분유료화(microtransaction) 모델에만 국한되지는 않는다. 엔트로피아 온라인(Entropia Online)은 가상 우주 리조트에 사용된 10만 달러의 소행성 판매 기록으로 2008년 기네스북 세계 기록에 올랐다. 이 기록은 2010년 33만 달러의 크리스탈 팰리스 스페이스 스테이션(다시 엔트로피아 온라인에서) 판매 기록으로 갱신됐다.

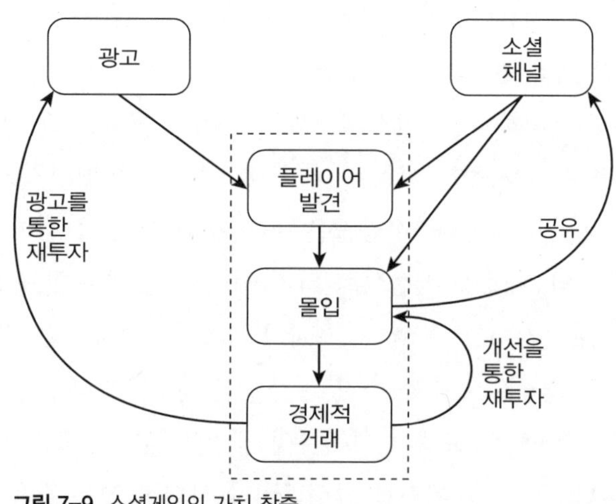

그림 7-9 소셜게임의 가치 창출

비즈니스에 소셜게임 응용하기

이번 장에서는 소셜게임의 구조에 대해 논의했다. 그런데 이런 구조를 비게임 비즈니스에는 어떻게 응용할 수 있을까? 여러분 스스로 도전해볼 수 있는 몇 가지 방법을 소개한다.

- **사회적 보상과 특전을 만들어라.** 대부분의 비즈니스는 특정 소비자군에게 제품과 서비스의 형태로 직접적인 가치를 제공하는 데 초점이 맞춰져 있다. 어떻게 하면 여러분의 고객을 영웅으로 만들 수 있을까? 아마존은 최고 리뷰어들에게 사회적 위신(때로는 실제의 선물)을 아낌없이 선사하며 그들을 영웅으로 만들었다. 똑같은 일을 할 수 있는가?

- **소셜 커뮤니티를 구축하라.** 소셜미디어는 고객과 상호작용할 수 있는 새로운 방법을 제시했으며, 많은 기업이 이미 이를 실행하고 있다. 하지만 어떻게 하면 여러분의 고객이 서로 상호작용하게 할 수 있을까? 고객들이 서로 돕고 지원하기 시작하고, 우리의 브랜드를 지지해주기 시작한다면, 우리는 단순한 소셜미디어를 소유한 것이 아니라 경쟁자에게 강력한 장벽을 칠 수 있는 커뮤니티를 보유하게 된 것이다.

- **게임은 발견, 몰입, 경제적 거래에 관련된다.** 고객 획득의 단계는 거의 모든 비즈니스에서 유사하지만, 자신의 비즈니스에서 이러한 각 단계를 플레이어에게 게임을 선사하는 기회로 다시 생각해보면 어떨까? 심지어 식료품점도 게임이 될 수 있다. 사람들은 쿠폰 절취 게임, 상점까지 최단 경로 발견하기 게임, 새로운 상품 발견하기 게임, 식품에 관한 새로운 사실 배우기 게임을 플레이할 수 있다. 자신의 비즈니스에서 모든 과정을 분석해서 재미있는 경험으로 만들 수 있는 방법을 상상해보라.

- **소셜 채널을 활용하라.** 고객이 여러분의 게임을 플레이하고 서로 상호작용하고 있다면, 공유, 페이스북 담벼락이나 사회적 신분 같은 기능을 활용해 재몰입을 위한 기회를 창출하라.

2부의 나머지 장에서는 게임에서 위에 언급한 모든 일을 어떻게 실행할 수 있는지 살펴본다. 읽어가면서 여러분이 비즈니스에서 성취해야 할 목표가 무엇이든, 그 목표에 소셜게임의 기법을 응용할 수 있는 방법에 대해 기록하라.

🪙 정리

7장에서는 소셜게임의 고객 라이프 사이클이 어떻게 3단계로 구성되는지 배웠다. 3단계는 플레이어가 게임의 존재를 알게 되는 기간인 플레이어 발견, 플레이어가 게임을 즐기고 몰입을 증가시키는 기간인 몰입, 플레이어가 자신의 게임 플레이 경험을 개선하거나 지속하기 위해 행동(돈의 지출을 포함)을 결행할 의사가 생기는 시점인 경제적 거래로 구성된다.

소셜 커뮤니케이션 채널은 플레이어가 게임을 발견하도록 돕고, 이미 플레이하고 있는 게임에 재몰입하도록 하는 데 절대적으로 중요하다. 이는 페이스북에서 에지랭크 알고리즘에 의해 지배되는 뉴스피드 같은 기능을 효과적으로 사용하는 방법을 의미한다. 뉴스피드는 가장 빈번히 상호작용하는 친구를 기준으로 유저에게 콘텐츠를 전달하는 수단이다.

2부를 계속 읽어가면, 이번 단락에서 소개한 모든 개념을 좀 더 자세히 이해하게 될 것이다.

🪙 경로 선택

다음에 읽어야 할 부분에 대한 안내

- 이번 장에서 소개한 비즈니스 모델을 좀 더 배우고 싶다면, 다음 장에서 다양한 형태의 경제적 거래를 좀 더 상세히 살펴볼 수 있는데, 성장, 매출 및 고객 획득을 모델링하는 방법이 소개된다.
- 소셜게임 경험을 디자인하는 데 중요한 재미 유형을 복습하고 싶다면 5장으로 돌아간다.
- 자신의 소셜게임 디자인을 시작하는 방법에 대해 좀 더 읽고 싶다면 11장으로 건너뛴다.
- 이번 장에서 언급한 소셜 커뮤니케이션 채널을 활용하기 위한 최신 기법을 파악하고 싶다면, www.game-on-book.com에 온라인 접속해서 비밀 코드 박스에 'channels'라고 입력한다.

소셜게임 비즈니스의 이해

8장의 내용

★ 관심(attention)이 소셜게임에서 궁극적 통화(currency)인 이유
★ 플레이어로부터 수익을 올리기 위해 소셜게임에서 사용되는 접근법
★ 플레이어 획득 기법
★ 플레이어 획득, 관심 및 수익을 측정하는 수치분석
★ 게임의 비즈니스 모델을 포착하는 스프레드시트 만들기
★ 게임을 설계, 개발, 운영하기 위해 활용할 수 있는 다양한 테스트 모드

8장에서는 고객 획득 비용을 관리하고 수익 극대화를 통해 소셜게임이 수익을 올리는 방법을 보여준다. 몇 가지 간단한 도구의 도움으로 자신의 제품(게임이든 아니면 게임이고 싶어하는 것이든)을 검토해볼 수 있다. 이번 장의 중심 개념은 관심이 게임 내에 존재하는 궁극적 통화이며, 성공적인 게임의 사업적 목표는 그러한 관심을 현찰로 전환하는 것이라는 점이다.

또한 이 책 전반에 걸쳐 다루는 감정과 숫자의 조합에 대해 좀 더 깊이 살펴본다. 감정은 우뇌와 연관되어 있으며, 주관적, 직관적, 무작위적인 데 비해 숫자는 선형적 추론, 객관적 분석을 담당하는 좌뇌 모드의 일부다. 그럼에도 불구하고, 양쪽 모두 게임 디자인에 필수적이며, 특히 소셜미디어 게임에서는 더욱 그렇다.

감정은 게임 경험을 이끌어주고, 사람들이 게임을 플레이하고 재미있어 하는 이유를 설명해준다. 감정 없이 게임은 존재할 수 없지만, 숫자의 냉정함을 통해 우리가 기대하는 감정을 이끌어내고 있는지 파악할 수 있다. 감정은 관심을 만들어내는 방법이며, 읽다 보면 깨닫겠지만, 성공적인 소셜게임 개발의 핵심이다.

관심을 돈으로 전환하기

거의 모든 미디어 유형의 비즈니스 모델에는 고객의 관심을 돈으로 바꾸는 과정이 포함된다. 수백만의 사람들이 텔레비전 프로를 시청한다면, 광고는 그런 관심을 광고주로부터 끌어모은 돈으로 바꿔준다. HBO에 의해 과금되는 구독료 같은 것은 관심을 수익화한 또 다른 방법이다. 프리미엄 프로를 시청해보고 재미가 있다면 사람들은 구독료를 계속 지불할 것이다. 이런 방법과 광고 간의 유일한 차이점은 돈을 지불하는 사람이 누구인가 하는 점뿐이다.

비록 모든 형태의 미디어에서처럼 관심이 게임에 필수적이긴 하지만, 게임에는 몇 가지 중요한 차이점이 존재한다.

- **대부분의 미디어는 소비 길이가 유한하다.** 예를 들어 노래나 영화는 그 길이가 각기 정해져 있어, 끝나고 나면 똑같은 걸 반복하게 된다. 반면 각각의 게임 경험은 다르므로, 참여하는 시간에 제한을 두는 게임은 거의 없다.
- **게임은 상호작용적 특성 때문에 관심을 필요로 한다.** 게임은 뒷배경으로 시청되거나 청취될 수 없다. 텔레비전을 보다가 일어나 냉장고 문을 열면서도 배경으로 들리는 텔레비전 소리를 들을 수 있지만, 동일한 상황에서 게임은 잠시 멈춰야 한다. 물론 텔레비전도 잠시 멈출 순 있지만, 게임과 똑같은 방식을 요구하지는 않는다.
- **게임은 대개 비선형적 경험이므로, 더 큰 호기심을 자아낸다.** 플레이어들은 게임에서 새로움을 탐색하는 일에 흥미를 느끼고 관심을 기울인다. 다른 유형의 미디어에서는 소비자가 수동적으로 정보를 수용하는 반면, 게임에서 요구되는 관심은 시청하거나, 청취하거나, 심지어 독서할 때보다 깊은 수준의 상호작용이다.
- **소셜게임은 우리의 친구와 함께 공유된 활동에 참여할 수 있게 해준다.** 텔레비전 프로를 보고 나중에 친구와 함께 그에 대해 얘기를 나눌 수도 있지만, 게임은 플레이하는 도중에 서로 수많은 상호작용을 나눌 수 있게 해준다.

🦢 캐주얼 게임과 하드코어 게임

캐주얼과 하드코어, 인위적으로 규정된 두 게임 카테고리 사이에는 지난 수년 간 긴장이 지속돼왔다.

- **캐주얼 게임**casual game: 전형적으로 접근이 쉽고, 웹 브라우저를 통해 자주 플레이할 수 있으며, 짧은 시간 동안 즐길 수 있는 게임으로 정의된다. 이전에 다른 게임 경험이 거의 없어도 즐기는 데 지장이 없으며, 게임을 많이 접하지 않았던 플레이어를 고객으로 끌어모았다. 비쥬얼드 같은 게 임이 캐주얼 게임의 전형이다.
- **하드코어 게임**hardcore game: 월드 오브 워크래프트와 콜 오브 듀티Call of Duty 같 은 게임은 콘솔 보유자에게 호소하는데, 상당한 시간 투자를 요구하고, 보통 숙련된 게이머만이 구매한다.

비쥬얼드 같은 게임은 접근을 아주 쉽게 만들 경우, 게임이 얼마나 큰 성과 를 거둘 수 있는지 보여준다. 그러나 심하게 몰입되고, 깊이 참여하며, 자주 방문하는 플레이어를 원한다는 의미에서, 나는 모든 디자이너가 '하드코어' 게 임을 만들겠다는 열망을 가져야 한다고 생각한다. 비록 '캐주얼' 게임이지만, 사람들이 비쥬얼드를 플레이하는 방식은 하드코어하다. 예를 들어, 철강 도급 업자인 마이크 레이드Mike Leyd는 비쥬얼드 2에서 2010년 최고의 스코어를 거 두기 위해 2,200시간 넘게 플레이했다.

어떤 사람들은 소셜게임을 캐주얼 게임의 최신 카테고리로 생각하며, 마치 바이럴 마케팅과 친구 목록이 내장된 하찮은 경험인 양 생각한다. 나는 다르 게 생각한다. 소셜게임 플레이는 거의 모든 게임 경험에서 깊은 수준의 몰입 을 만들어낼 수 있는 방법이다. 달리 말하면, 더 많은 관심을 끌어내는 데 도 움이 된다.

비쥬얼드 2가 하드코어 플레이어를 가진 간단하고 접근이 쉬운 게임의 멋진 사례인 것처럼, 좀 더 캐주얼한 고객들의 품 속에서 길을 찾은 콘솔 기반 게임 을 찾기도 어렵지 않다. 2009년에 최고조에 달했던 음악 게임 열기는 좋은 사레다. 록 밴드Rock Band나 기타 히어로Guitar Hero 같은 게임은 (나이트 클럽, 파티, 이벤트) 현장에서, 보통은 '하드코어' 콘솔 게임을 집어들지 않는 사람들에 의해 플레이된다.

비쥬얼드 프랜차이즈는 5천만 부가 넘게 팔렸는데, 어떤 최고의 하드코어 게임보다도 많은 수치로, 이 게임이 깊은 몰입을 충족시켜줌을 입증한다. 많은 요인이 이 시리즈의 성공에 기여했겠지만, 깊이 몰입시키는 플레이 경험이 없었더라면 그런 숫자 근처에도 미치지 못했을 것이다. 게임 시리즈 판매는 상당한 수익을 거뒀지만, 게임의 퍼블리셔인 팝캡PopCap은 소셜게임 영역에서 추가적인 수익을 거둘 수 있음을 깨달았다. 소셜게임으로 더 많은 플레이어를 게임에 무료로 끌어들일 수 있으며, 스코어를 올리는 데 사용할 수 있는 다양한 부스트boost를 제공해 수익을 거둘 수 있다. 이는 가상 상품을 활용해서 게임을 향한 관심으로부터 추가적인 수익을 거두는 방법의 좋은 사례다.

관심 발생기로서의 소셜 플레이

5장에서 사회적 상호작용이 어떻게 우리의 두뇌에 고착화되어 있는지 설명한 바 있는데, 이는 우리 마음의 최고 순위 프로세스에 개입되는 게임의 위력을 이해하는 데 도움이 된다. 이렇게 관심을 이끌어낼 수 있다는 점이 소셜게임의 위력에 있어 큰 부분이다. 소셜게임 플레이가 관심을 이끌어내는 또 다른 이유는 사람들이 함께 즐길 수 있는 추가적인 기회를 제공한다는 점이다. 싱글 플레이어 컴퓨터 게임이나 다른 단독 활동(독서 등)은 누군가가 고립 상태로 돌입하려는 의사가 있을 때만 즐길 수 있다. 반면 소셜게임은 사람들이 함께 모이는 곳이라면 그곳이 파티이든지, 스포츠 이벤트이든지 또는 페이스북이든지에 상관없이 어디에서나 즐거움과 상호작용을 제공하는 활동이다.

소셜게임 플레이가 관심을 이끌어내는 데 얼마나 중요한지 보여주는 좋은 사례로 음악 게임 장르가 있다. 2007년에 기타 히어로 3Guitar Hero 3와 록 밴드Rock Band는 서로 한 달 기간 안에 발매됐다. 부수로는 기타 히어로 3가 더 많이 판매됐지만, 록 밴드의 플레이어들은 다운로드 가능 콘텐츠, 즉 다운로드해서 친구들과 함께 즐길 수 있는 신곡을 더 빈번하게 구매했다. 2008년 3월 기준, 아직 두 게임 모두 상대적으로 신작이었지만, 기타 히어로 3 보유자는 15일당 한 곡의 비율로 신곡을 구매한 반면, 록 밴드의 플레이어들은 10.7일당 한 곡의 비율로 더 자주 구매했다(예상되는 바와 같이 게임 수명 후반부에는 비슷한 수준으로 평준화됐지만).

왜 록 밴드가 더 좋은 결과를 낳았는지에 대해 다양한 설명이 가능하다. 아마 사람들이 단지 록 밴드에서 선곡된 노래를 기타 히어로에서 제공한 노래보다 더 좋아했기 때문일 수도 있고, 하모닉스Harmonix(록 밴드의 퍼블리셔)가 그런 점을 잘 홍보했기 때문일 수도 있다. 게다가 하모닉스는 신곡을 더 자주 출시했다.

이제 다른 가설을 살펴보자. 기타 히어로 3는 발매 시점에 여전히 주로 싱글 게임 경험으로 구성됐다. 반면 록 밴드는 친구를 보컬이나 드러머 등의 밴드 포지션으로 끌어들이는 개념을 막 도입했는데, 이는 사람들이 개인보다는 그룹으로 플레이하는 경향을 간파한 것이다. 증가된 소셜 플레이는 훨씬 큰 관심으로 이어졌고, 높은 수준의 관심은 높은 DLCdownloadable content(다운 가능한 콘텐츠) 판매 결과로 이어졌다.

이 두 게임이 출시될 시점에, 나는 이전 회사인 게이머DNA에서 사람들이 플레이하는 게임을 추적하는 기술을 개발하느라 분주했다. 이런 경험을 통해 나는 사람들이 각 게임을 플레이하는 빈도에 대해 약간의 통찰을 얻었다. 그림 8-1과 그림 8-2는 게이머DNA에 의해 추적된 많은 사람이 기타 히어로 3와 록 밴드를 제각기 어떻게 플레이했는지 보여준다.

게이머DNA가 추적한 플레이어의 숫자가 비슷한 범위에 있긴 하지만, 두 게임에 있어 중요한 것은 절대적인 숫자가 아니라 곡선 형태다. 기타 히어로 3 플레이어는 뚜렷한 감퇴를 보여주는 반면, 록 밴드는 다소 성장했다.

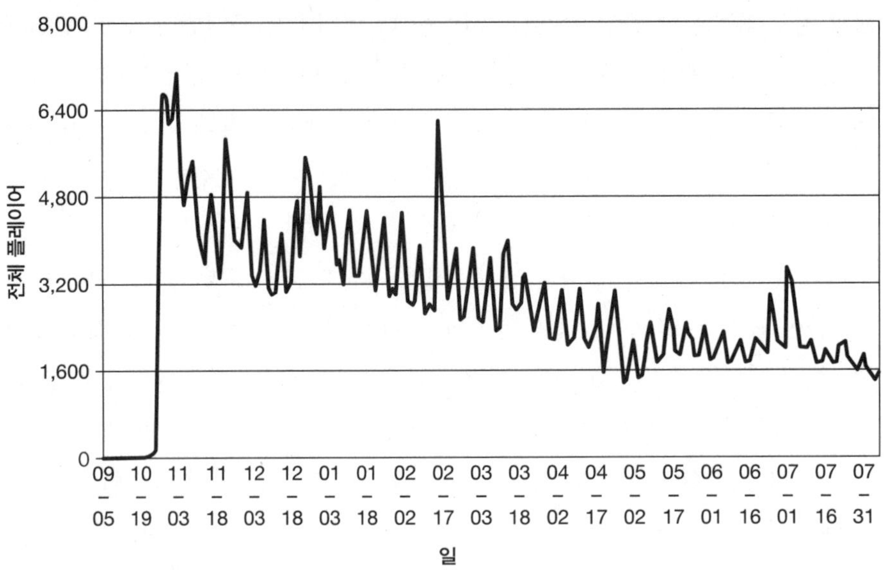

그림 8-1 기타 히어로 3 플레이어/일

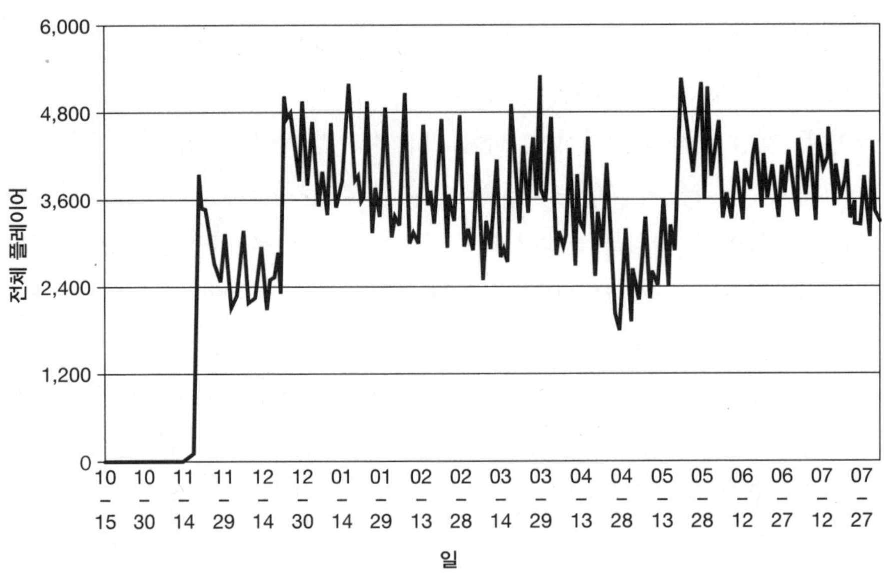

그림 8-2 록 밴드 플레이어/일

각 게임이 받은 관심의 지대한 차이는 한 가지 중요한 게임 플레이의 변화
로 설명된다. 바로 록 밴드의 소셜게임 플레이다. 이런 사실로 DLC 판매의

연관성과 함께 관심이야말로 게임의 성공을 측정하는 최고의 방법임을 여러 분이 확신할 수 있기 바란다.

소셜게임 비즈니스 모델

관심으로부터 얻는 이득은 두 가지다.

- 게임에 가장 몰입되어 있는 플레이어가 자신의 친구를 플레이하도록 유도할 가능성이 가장 높은데, 특히 친구 대 친구의 상호작용을 허용하는 소셜게임에서는 더욱 그렇다. 이는 심지어 무료 유저도 나중에 경제적 거래에 참여할 사람을 게임에 초대함으로써, 상당한 가치를 발생시킬 수 있음을 의미한다.
- 또한 게임에 가장 큰 관심을 쏟는 사람들은 가장 많은 돈을 쓸 사람들이다. 또는 여러분의 제품에 중요한 다른 거래에 참여할 사람들이다.

7장에서 플레이어 발견, 몰입, 경제적 거래의 3가지 구분되는 단계를 가진 깔때기의 관점에서 소셜게임의 구조를 묘사한 바 있다(그림 8-3 참조). 비즈니스 모델로 보자면, 경제적 거래 성과의 일부는 지속적으로 플레이어를 획득하는 데 재투자할 수 있고, 나머지는 여러분의 비즈니스에 수익을 제공할 것이다. 또한 몰입된 플레이어는 게임에 대한 소문을 퍼뜨려주고, 그 결과 플레이어가 더욱 늘어난다.

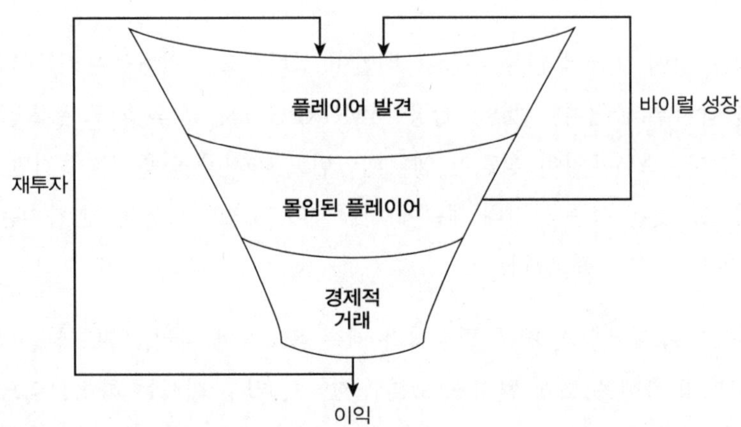

그림 8-3 비즈니스 모델 깔때기

수익 모델

관심이 돈으로 전환되는 메커니즘을 설명하기 전에, 기업이 고객과의 거래를
수행하기 위해 활용하는 다양한 방법을 검토해보자. 오늘날 지배적인 모델은
가상 상품, 즉 아주 작은 콘텐츠를 플레이어에게 소액의 요금으로 판매하는
방식이다(부분유료화 또는 microtransaction이라고 함). 가상 상품의 장점과 단점을 조망
하기 위해 소셜게임에 활용된 다른 모델들을 먼저 살펴보고 가상 상품을 논의
해보자.

정액제

페이스북 시대 이전에 대부분의 대규모 온라인 소셜게임이 선호했던 모델은
월정액 모델이었다. 이 방법의 장점은 수익 흐름의 예측 가능성인데, 이탈률
churn rate(해당 월에 플레이어가 이탈하는 비율)만 파악한다면 단기간 매출을 상당히 정확
히 예상할 수 있다. 이 모델은 월드 오브 워크래프트에서 계속 사용되고 있다.
　정액요금은 몇 가지 이유로 소셜미디어 게임에서는 인기를 끌지 못했다.

- **정액제 피로**Subscription Fatigue: 사람들은 일단 매달 의무적으로 내야 하는 요
  금을 싫어한다.
- **죽기 아니면 살기**: 시험 사용 기간이 경과하면, 고객은 정액 요금을 내든지
  그만둬야 하는데, 그들에게 뭔가를 팔 수 있는 기회를 영원히 상실할 수
  있다.
- **경쟁**: 정액 요금이 없는 수많은 대안이 있다. 또한 사람들은 월정액 요금
  을 잡지부터 케이블 채널, 상용 MMORPG까지 그 외의 모든 요금과 비
  교한다. 소셜게임이 상당한 엔터테인먼트 가치를 충족시켜주지만, 상대
  적으로 낮은 제품 퀄리티 때문에 사람들이 월정액 요금을 낼 가치는 없다
  고 결론지을 수도 있다.

　소셜네트워크 게임의 제품 퀄리티가 계속 올라감에 따라, 일부 성공적인 월
정액 모델의 출현을 보게 될지도 모른다. 한편, 일부 회사는 하이브리드 모델

을 제공한다. 예를 들어, 챌린지 게임즈Challenge Games(이후 징가가 인수함)는 플레이어가 무료로 플레이하다가 가상 상품을 구매하든지 아니면 기간 한정 특정 콘텐츠를 할인된 가격에 제공하는 정액 상품을 구매할 수 있는 모델을 개발했다.

⚉ 소프트웨어 구매

온라인 소셜게임에서 개별 게임의 구매란 거의 드문 일이지만, 소매 채널에서는 좀 더 대형의 상용 게임이 판매되는 방법으로 남아 있다. 경쟁적 압력으로 인해 소셜미디어 세계 내에서 이런 모델을 보기는 당분간 어려울 것 같다.

모바일 게임 시장에서는 프리미엄freemium 모델이 인기가 있는데, 사람들이 게임을 무료로 시험해보고 완전한 기능의 버전으로 업그레이드하려면 요금을 지불하는 방식이다. 몇 가지 측면에서 이는 변형된 가상 상품 모델이다. 부분 유료화를 통해 개별 상품을 구매하는 대신에, 한 번의 거래로 상품의 전체 패키지를 구매하는 셈이다.

⚉ 광고

관심으로부터 수익을 끌어내는 고전적 방법 중 하나로 광고가 있다. 고객은 자신의 지갑 대신 자신의 눈으로 지불하는 셈이고, 대신 누군가가 그들의 시간에 대해 지불한다. 전통적 배너 광고, 인센티브 기반의 오퍼offer, 간접광고product placement 같은 형태의 광고는 온라인 게임과도 관련이 있다.

전통적인 배너 광고

웹 기반 광고는 많이 접했을 것이다. 이들은 웹사이트의 상단, 하단, 측면에 나타나는 배너다. 일부 게임은 배너 광고를 사용하는데, 다른 수익을 보충해주기 때문이다. 그러나 게임 내의 전통적 광고는 주목도를 떨어뜨려 결과적으로는 전체 매출을 하락시킬 수도 있으므로 주의해야 한다. 그 이유는 다음과 같다.

- **부동산**: 전통적 광고는 게임에 관련된 다른 메뉴, 기능 또는 콘텐츠로 채워질 수도 있는 게임 내의 귀중한 자리를 잡아먹는다. 게다가 페이스북 캔버스 페이지 내에서 실행된다면, 이미 페이지의 상당 부분이 다른 것들(광고를 포함)로 채워져 있어 상대적으로 제한된 공간만이 이용 가능하다는 점에도 유념해야 한다.

- **중단되는 플레이**: 실제로 광고를 클릭하면, 플레이어는 애플리케이션을 떠나게 되며 다시 돌아오지 않을 수도 있다. 당장 활용할 수는 없더라도 플레이어로부터 매출을 끌어낼 수 있는 더 좋은 방법이 있을지도 모른다.

- **짜증 요인**: 플레이어는 광고 때문에 짜증이 나거나 산만해질 수 있다. 플레이어가 게임 내에서 광고를 보게 되면, 광고가 적은 다른 게임으로 옮길지도 모른다.

전통적 배너 광고가 타당할지 결정하기 위해서는 어느 정도의 광고가 여러분에게 가치가 있는지 판단해야 한다. 소셜게임 내의 광고는 전형적으로 아래 3가지 메커니즘 중 하나로 과금된다.

- **1천 회 노출당 비용**CPM, Cost per Thousand Impression: 이 체계에서 광고주는 누군가가 광고를 조회한 횟수에 비례해 광고비를 지불한다. 많은 분량의 노출이 필요하므로, 지불은 보통 매 1천 회 노출 기준으로만 이뤄진다.

- **클릭당 비용**CPC, Cost per Click: 광고주는 누군가가 광고를 클릭한 횟수에 비례해 지불한다.

- **액션당 비용**CPA, Cost per Action: 광고주는 여러분의 플레이어가 광고주에게 가치 있는 행동, 예를 들어 제품을 구매하거나 좀 더 많은 정보를 요청하는 등의 행동을 했을 때 지불한다.

CPM 광고는 광고주에게 가장 위험성이 크고(투자 대 효과 기준으로 지급하기가 어렵기 때문에), 반면 CPC와 CPA는 매체사에게 좀 더 위험성이 크다(예를 들어 플레이어가 광고를 통해 뭔가 흥미로운 정보를 알게 된 후, 나중에 다른 곳에 방문해서 구매하는 경우 광고비를 지급받지 못하므로). 대부분의 브랜드 지향적인 광고주는 CPM 기반으로 지급하는 데 동의하지만, 좀 더 거래 지향적인 광고주는 CPC나 CPA 과금을 요구하는 경향이 있다.

어떤 방식을 선택하든, 광고 모델의 도전적인 사항은 의미 있는 숫자에 도달하려면 상당한 규모의 순방문자unique visitor를 요구한다는 점이다. 광고주는 순방문자를 **도달률**reach이라 부르기도 한다. 2010년 기준, 일류 브랜드 광고주의 최고 CPM 요금은 수 달러에 불과했다. 새로운 게임이 CPM으로 1달러를 받을 수 있다면 행운이다. 이 비율로 1,000달러를 벌려면 광고가 백만 번 노출돼야 한다. 대부분의 광고주가 동일 광고를 동일인에게 얼마나 많이 노출할지를 제한한다(프리퀀시 캡frequency cap이라 불림)는 점을 고려하면, 플레이어 숫자가 엄청나야 한다는 뜻이다.

여러분이 전통적 광고가 가치 있을 만큼 충분한 도달률을 갖고 있다고 생각하면, 실제로 광고를 판매하는 방법을 결정해야 한다. 광고의 직접 판매는 대개 가장 어렵고 비싼 방법이다. 2010년 광고 판매 중역의 중간 연봉은 수수료를 제외하고 대략 7만 달러였다. 능력 있는 디지털 광고 중역은 6자리 연봉까지 받는다. 이런 비용으로 인해 직접 광고 판매는 오직 대형 온라인 비즈니스로 제한되어 있다.

자체적인 광고 판매 인력을 고용하는 방법의 대안은 **광고 네트워크**ad network에 참여하는 것인데, 광고 네트워크란 많은 매체사를 함께 모아서 광고 판매 사업을 하는 회사다. 이런 접근법은 자체적으로 할 때보다 비용을 상당히 절감할 수 있다는 이점이 있다. 비록 수익을 다른 회사와 나눠야 되지만(대개 최대 50%까지), 자체 진행할 때의 비용보다는 저렴할 것이다. 광고 네트워크마다 각기 다른 매우 다양한 모델을 갖고 있다. 구글 애드센스Google AdSense는 가장 잘 알려진 광고 네트워크이며, 누구나 참여할 수 있다. CPC 기반으로 독점적으로 지불하며 대개 텍스트 기반의 광고를 싣는다. 그 밖의 광고 네트워크는 게임을 비롯한 각기 다른 유형의 콘텐츠에 특화되어 있는데, CPC, CPM, CPA 또는 여러 방법을 조합한 방식으로 지불한다. 부록 B에서, 게임 시장을 전문적으로 취급하는 전통적 광고 네트워크 회사를 찾을 수 있다.

오퍼 기반의 광고

온라인 게임 운영자들에게 인기를 얻고 있는 또 다른 형태의 광고는 오퍼 기반 모델이다. 이 모델에서 플레이어는 광고주에 의해 가상 화폐를 지급받고, 게임 제작자는 플레이어에게 지급된 가치에 동등한 현금을 지급받는다. 이는 CPA 광고의 새로운 해석으로, 두 가지 분명한 우위점이 있다. 플레이어는 게임 내에서 혜택을 얻을 수 있다는 사실을 근거로 광고주와 상호작용을 진행하는데, 그렇기 때문에 그들이 해당 행동을 완료할 가능성이 높아진다. 플레이어들은 가상 화폐를 지급받았기 때문에, 지급받은 보상을 즐기기 위해 게임에 돌아올 가능성이 높아진다. 따라서 오퍼 기반 광고는 전통적인 CPA 광고에서는 불가능한 방식으로 게임과 광고주 간의 선순환 고리를 만든다. 이는 5장에서 언급했던 소유 효과의 사례다.

플레이어에게는 일반적으로 개별 오퍼 완료 시 수령 가능한 가상 화폐 보상이 표시된 오퍼 리스트가 제시된다. 오퍼의 리스트를 모은 것을 **오퍼 월**offer walls이라고 한다. 그림 8-4는 오퍼 월 선두업체 중 하나인 트라이얼페이TrialPay의 오퍼 월을 보여주는데, 보이는 대로 소셜게임 내에 등장하는 것이다.

오퍼 월에는 대개 다음 상품들이 포함된다.

- 사람들이 구매하거나 가입할 수 있는 상품, 예를 들어 커피, 신용카드, 보험, 잡지 구독 또는 사람들이 온라인에서 빈번하게 구매하는 다른 제품
- 사람들이 완성할 수 있는 시장 조사
- 설치할 다른 소셜게임 또는 애플리케이션

오퍼 월은 과거에는 많은 비난을 받았는데, 그럴 만한 이유가 있었다. 오퍼 월의 초기 시절에 일부 오퍼 네트워크는 광고주 선별을 게을리했다. 몇몇은 구매 요구 없이 가상 화폐 지급을 약속한 다음, 사람들을 속여 월정액 기반의 모바일 폰 서비스에 가입시켰다. 또는 사람들이 항복할 때까지 그들을 가둬두려고 끝없이 연속적으로 뜨는 웹페이지를 강요했다. 이런 속임수는 게임 산업보다는 웹 포르노 산업의 관행과 유사점이 더 많다.

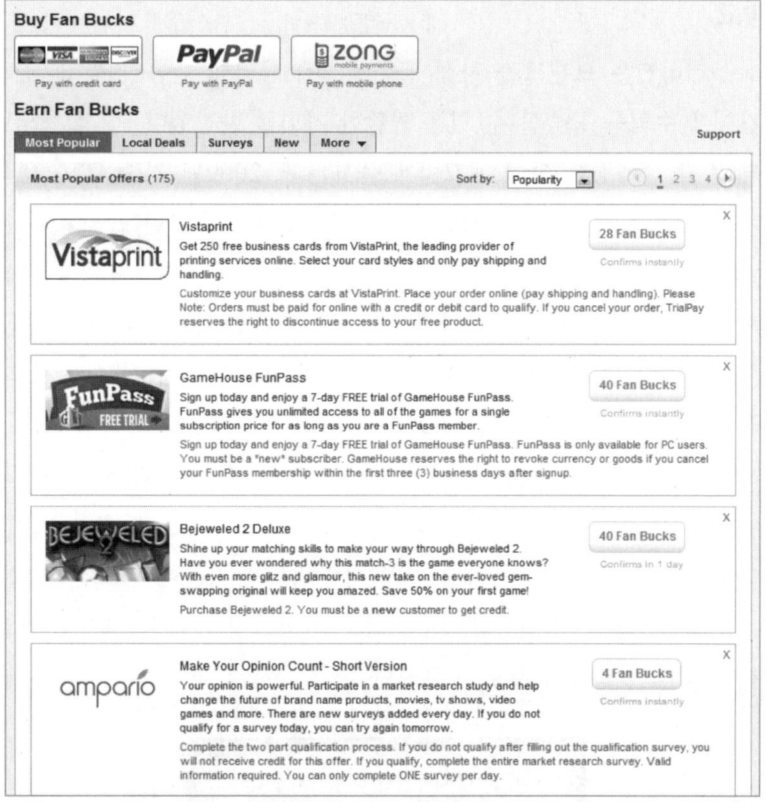

그림 8-4 트라이얼페이 오퍼 월

당연한 일이겠지만, 이런 일부 초기 오퍼 네트워크에 대해 저항이 일어났다. 가장 처음으로 오퍼팔 미디어Offerpal Media는 CEO를 교체하고, 궁극적으로는 논란 속에서 사명을 탭조이Tapjoy로 바꾸게 됐다(비록 회사와 CEO는 요지부동으로 절대로 사기를 치지 않았다는 입장이었지만). 그 이후로 오퍼 네트워크 시장은 대대적으로 정화됐으며 예전에 비해 훨씬 안전하게 이용할 수 있게 됐다.

대부분의 오퍼 네트워크는 신용카드 또는 오퍼로 가상 화폐를 구매할 수 있는 옵션을 제공한다. 오퍼 월 기능과 결제 솔루션을 결합하여 오퍼 네트워크는 많은 게임의 수익화 요구를 해결해주는 사업자로 자리매김하게 됐다. 트라이얼페이와 탭조이 외의 주요 사업자로는 피넛 랩Peanut Labs과 슈퍼 리워드Super Rewards가 있다. 이들 회사의 연락처 정보는 부록 B에서 찾을 수 있다.

간접광고

영화와 텔레비전은 브랜드를 자신의 콘텐츠에 삽입해 전통적 광고가 불가능한 시간대에 수익을 창출할 수 있는 짭짤한 기회를 발견했다. 잘 실행되면, 이런 형태의 광고는 경험 속에 매끄럽게 녹아든다. 2009년 기준, TV, 영화, 게임과 기타 미디어를 합한 간접광고 매출은 36억 달러에 달한다.

소셜네트워크 게임도 간접광고 실험을 시작했으며, 이미 인상적인 성과를 내고 있다. 전형적인 간접광고 거래 형태로, 소셜게임은 특정 브랜드를 주제로 한 특별 가상 아이템을 개발하거나 기업의 제품을 직접적으로 게임의 콘텐츠에 통합시킨다. 예를 들어, 징가는 유기농 식품 제조사인 카스카디안 팜Cascadian Farm의 농작물을 게임에 삽입했다. 징가의 주장에 의하면, 이로 인해 카스카디안의 브랜드 인지도가 550% 증가했다고 한다. 또 다른 거래에서 징가는 파머스 인슈어런스Farmers Insurance와 협력해서 농작물이 시드는 것을 방지하는 소형 비행선을 개발했는데, 이 결과로 파머스 인슈어런스의 페이스북 팬은 순식간에 10만 명 이상으로 솟구쳤다.

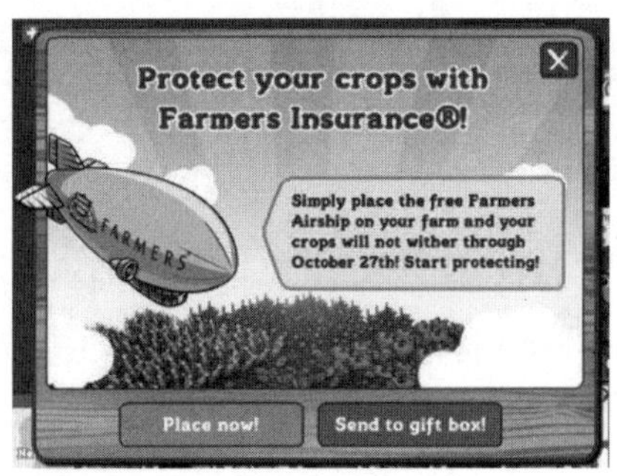

그림 8-5 팜빌의 파머스 인슈어런스

전통적 광고와 달리 간접광고는 아직 새로운 분야이며, 그 효과를 측정하는 적절한 방법을 찾는 중이다. 브랜드 가치 상승을 측정하려면 값비싼 서드파티 조사가 필요하다. 페이스북 팬 페이지의 팬 숫자 등의 계량값이 전후의 분명한 측정치를 제공하지만, 그것이 가치 있는지에 대해서는 광고주가 판단할 일이다.

　소셜게임 내의 간접광고에 대해 징가가 가장 처음으로 가장 큰 획을 그은 사실은 놀라운 일이 아니다. 전통 광고와 마찬가지로, 간접광고도 가치가 있으려면 상당한 도달률이 필요하다. 팜빌보다 작은 스케일의 게임에 대응하기 위해, 게임 내 간접광고 통합을 제공하려는 광고 네트워크가 이미 부상하고 있다. 앱새비Appsavvy는 네트워크 기반 모델을 활용해서 브랜드를 소셜게임 경험에 삽입하려는 회사 중 하나다(부록 B에 소개). 광고 네트워크 비즈니스는 전통적으로 경쟁이 치열한 분야로, 가까운 미래에 이런 유형의 회사가 더욱 늘어날 전망이다.

 **임프리사리오**　이번 단락에서는 자체적으로 수익을 거둘 수 있는 소셜게임을 개발하는 방법에 초점을 맞췄다. 비게임 비즈니스를 홍보하는 목적으로 소셜게임 개발을 고려하고 있다면, 최선의 방법은 새로운 게임을 개발하지 않는 것이다. 대신 다른 게임과 제휴해 여러분의 목적에 부합하는 간접광고를 활용하라. 최소한 자신의 회사 로고를 넣고 싶은 게임이 어떤 종류인지 정도는 생각해봐야 한다. 이 과정에서 자신의 게임 아이디어를 완전히 새로운 시각으로 생각하게 되는 방법을 발견하게 될지도 모른다.

현금 경쟁

어떤 소셜게임은 실제 금전이 관련된 경쟁을 특징으로 한다. 도박을 말하는 것이 아니다. '기술을 요하는 게임skill game'은 게임에 입장 요금을 부과하고 승자에게 실제 현금을 상품으로 주기도 한다. 도박은 아니지만 불행히도 이런 비즈니스 모델에는 수많은 법적, 규제적 난관이 있다. 미국 내 대부분의 장소에서 허용되려면, 게임은 실제의 기술(운이 아니라)과 관련돼야 한다. 자신의 게임 아이디어에 현금 경쟁이 통할 것 같으면, 그에 관련된 플랫폼을 개발한 회사와 제휴하는 방안이 최선이다. 값비싼 수업료를 절약해준다. 하나의 예는 GSN 디지털GSN Digital의 월드위너닷컴Worldwinner.com으로, 1999년 이후 캐주얼 게임을 대상으로 현금 경쟁을 진행하고 있다.

가상 상품

이번 단락은 가상 상품이 소셜미디어 게임에서 지배적인 비즈니스로 부상했다는 사실을 지적하는 것으로 시작한다. 그 이유는 다음과 같다.

- **알라카르트**À La Carte[1] **구매:** 사람들은 이미 콘텐츠를 개별적 부분으로 구입하는 데 익숙하다. 아이튠즈iTunes는 원하지 않는 묶음(앨범)을 비싸게 구매하기보다는 자신이 원하는 개별 곡만 소액으로 구매하는 방식을 사람들이 편하게 느끼도록 만들었다.
- **부대 조건이 없다:** 돈을 전혀 지출하지 않고, 체험 기간 소진에 신경 쓰지 않고, 게임을 시험해볼 수 있다.
- **비용 회수:** 게임 개발자는 해당 콘텐츠에서 발생된 매출로 콘텐츠 개발 비용을 좀 더 직접적으로 회수할 수 있다.
- **브랜딩:** 앞서 언급했듯이 가상 상품은 광고 브랜드로 활용될 수 있는데, 광고주는 플레이어를 위한 광고 형태로 가상 상품에 대해 지불한다.
- **사람들이 원하는 것:** 가상 상품은 플레이어가 기대하는 것이 됐다. 그들은 월정액을 지불하지 않으려고 한다.

가상 상품은 소매 유통에서 유래된 많은 기법, 즉 세일, 시간 한정 제안, 컬렉션 등을 활용한다. 일부 가상 상품은 동일한 제품이 동일한 고객에게 반복 판매되는 면도날 같은 현실 소비 제품과 유사한 속성을 갖는다. 12장에서 가상 상품을 위한 게임 설계와 씨름해보자.

1　음식 메뉴에서 각 코스에 각각 분리하여 가격을 지불하는 방식 – 옮긴이

팀 하포드(Tim Harford)는 『언더커버 이코노미스트(Undercover Economist)』에 실린 스타벅스 비즈니스 모델에 대한 분석을 통해, 스타벅스에서 판매되는 다양한 음료들 사이에 원가 차이가 거의 없다는 사실을 밝혀냈다. 스타벅스 점포를 운영하는 비용 대부분은 부동산과 인건비다. 가장 싼 음료와 가장 비싼 음료 간의 실제 재료비 차이는 수 센트에 불과하다. 그럼에도 불구하고, 수많은 사람(나를 포함)은 분명히 자신이 좋아하는 음료를 마시려고 최소 몇 달러를 더 지불할 의향이 있다.

바꿔 말하면, 선택권이 있다면 고객은 더 지불할 의사가 있다는 것이다. 스타벅스가 단 하나의 상품만 제공했다면(예를 들어, 정확히 같은 사이즈의 커피 한 잔) 어땠을까? 만일 가격이 올라간다면 일부 고객은 발을 끊을 것이고, 가격이 내린다면 고객은 늘어나겠지만, 일부 고객은 원래 지불할 의향이 있던 금액보다 적게 지불하게 될 것이다. 결과적으로 스타벅스의 잠재적인 단위 수익은 줄어든다. 스타벅스는 다양한 제품을 제공함으로써, 실제로 사업상 증가된 원가는 미미함에도 불구하고 일부 고객이 좀 더 많이 지불하게 한다. 경제학자들은 이런 관행을 가격차별(price discrimination)이라고 부른다.

소셜게임도 고객에게 다양한 범위의 상품을 제공할 수 있는 동일한 기회를 갖고 있다. 일부 고객은 선택권을 행사해 통해 좀 더 많이 지불하고, 다른 고객은 좀 더 적게 지불한다(또는 전혀 지불하지 않는다). 판매 상품의 생산 비용 차이가 미미한 상황에서 효과적인 스타벅스 모델은 한계 비용(marginal cost)[2]이 거의 0에 가까운 상황에서는 압도적으로 유리하다. 어쨌든 새로운 가상 상품의 생산 비용이란 복사하는 데 드는 몇 개의 전자 신호뿐이다.

소셜게임의 비즈니스 수치분석

텔레비전 방송국은 여전히 닐슨Nielsen의 시청률 조사로 끙끙거리고, 잡지는 발행 부수와 회독자수pass-along[3]에 의존하고 있긴 하지만, 어떤 사람이 어떤 방법과 어떤 이유로 자신을 이용하는지에 대한 모든 측면을 측정하는 소셜 애플리

---

2 생산물 한 단위를 추가 생산할 때 필요한 총 비용의 증가분 – 옮긴이
3 1차(정기) 구독자 외 돌려가면서 읽는 독자의 수 – 옮긴이

케이션의 정확성에 필적할 수 있는 미디어는 거의 없다. 이는 게임과 소셜 애플리케이션이 유저로부터 끊임없는 입력을 요구하고, 이 입력을 자신이 제어할 수 있는 서버에서 처리하기 때문이다.

이제 우리의 애플리케이션을 개발할 때 주의를 기울여야 할 수치분석에 대해 면밀히 살펴보자.

아르티장　소셜게임을 측정하기 위한 다양한 수치분석을 살펴보다 보면, 이런 방법이 게임 디자인의 예술적 가치를 폄하시킨다고 생각할지도 모르겠다. 실제로 게임 제작에는 통계를 살펴보는 것 이상의 무언가가 있다. 더욱이 단기적 수치분석은 종종 어떻게 플레이어가 장기간에 걸쳐 게임에 머무르는지 전체적으로 보여주지 못한다. 이는 브랜딩, 스토리 및 정서의 마법이 크게 빛을 발하는 영역이며, 이런 영역을 파악하려면 더 많은 시간이 필요하다. 나의 조언은 이렇다. 여러분의 게임에서 잘 돌아가고 있는 것을 판단하는 강력한 도구로 수치분석을 활용하라. 하지만 수치분석에 의문을 가지는 걸 주저하지는 마라.

관심에 대한 수치분석

소셜게임 초기 시절, 소셜네트워크에서 몇 개의 게임이 돌아가던 시절에 일반 통념은 처음에는 그 무엇보다도 (바이럴 유저 획득을 통해) 플레이어 발견에 주력하라는 것이었다. 그러나 상황은 많이 변했다. 많은 소셜 채널이 예전에 비해 효과가 훨씬 저하됐으며, 경쟁해야 할 좋은 콘텐츠가 점점 더 늘어나고 있다. 따라서 우리는 정말 중요한 것, 바로 관심에 집중할 필요가 있다. 관심은 여러분의 노력, 훌륭한 즐길 거리, 재미의 결과물이다. 사람들이 여러분의 제품에 애착을 갖지 않는다면, 아무리 바이럴을 많이 전파해도 의미가 없다.

첫 번째로 관심에 초점을 맞춰라. 두 번째도 관심에 초점을 맞춰라. 그리고 세 번째도 관심이다. 재미있게 만들어라! 여러분의 고객을 파악하라! 이걸 마스터하면 나머지는 쉽다. 이 점을 명심하고, 게임이 받는 관심을 측정하는 데 도움을 주는 수치를 살펴보자.

전체 설치 유저

전체 설치 유저total installed users는 애플리케이션을 설치한 적이 있는 모든 유저에서 애플리케이션을 삭제한 유저를 뺀 수치다. 단독 웹사이트의 경우, 이 수치는 사이트를 방문한 적이 있는 전체 순방문자의 숫자와 같을 것이다(비록 웹사이트에는 설치의 개념이 없긴 하지만).

소셜 애플리케이션의 경우, 전체 설치 유저를 파악하기는 쉽다. 페이스북에 개발자로 등록된 사람이라면 누구나 www.facebook.com/insights/에 접속해서 애플리케이션의 이름을 클릭하면 전체 설치 유저수를 살펴볼 수 있다. 그림 8-6과 같은 그래프가 나타난다.

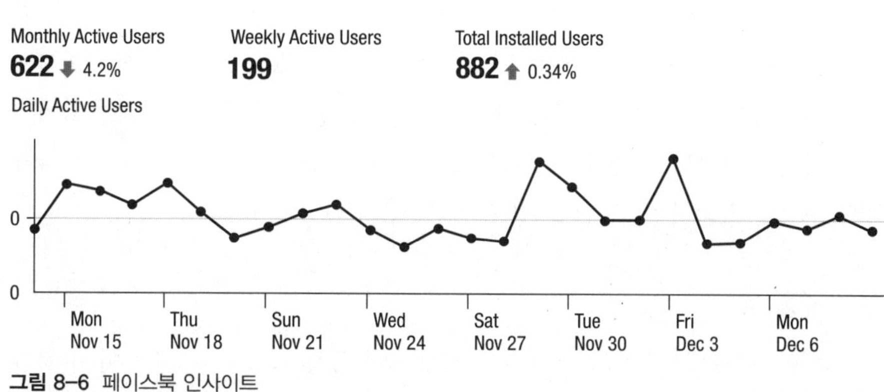

그림 8-6 페이스북 인사이트

설치된 유저의 전체 숫자는 유저Users 그래프의 우측 상단에 표시된다.

월간 활동 유저

그 다음으로 전체 설치 유저보다 좀 더 세련된 수치분석은 **월간 활동 유저**monthly active users로, 대개 MAU라는 약어로 통용되고, '마우Mao'라고 발음된다(중화인민공화국의 설립자와 같은 발음). 이 수치는 지난 한 달 동안 애플리케이션에 접속한 유저의 숫자를 나타낸다. 접속한 모든 사람을 포함하며, 애플리케이션을 실행시키고 몇 초 만에 나간 사람까지 포함된다. 그런 이유로 특별히 유용한 측정치는 아니다. 물론 절대적으로 큰 MAU 수치는 분명히 사용자 규모가 큰 온라인 애플리케이션임을 나타낸다. 특히 MAU 수치가 유지되거나 증가될 경우에 그렇다.

몇 달치 데이터가 있으면, 전반적 트렌드를 파악하기 위해 MAU 데이터를 비교하는 방법이 유용하다. 또한 MAU를 전체 설치수와 비교하면 오랜 시간에 걸쳐 유지되는 비율을 이해할 수 있다. 하지만 애플리케이션이 받는 실제 관심과는 큰 상관없이 MAU가 부풀려질 수 있는 방법이 많다. 예를 들어, 값비싼 광고 캠페인은 실제로는 어떤 의미 있는 관심도 만들어내지 못하면서 상당한 MAU의 증가를 가져올 수 있다. 그럼에도 불구하고 다른 유형의 수치분석에 대한 감을 잡기 위해서는 MAU를 이해할 필요가 있다.

페이스북에서 MAU는 앞서 그림 8-6에서 등장한 동일 차트에 포함되어 있다. 애플리케이션이 페이스북상에서 돌아가고 있지 않다면, 여러분의 엔지니어가 애플리케이션 데이터베이스에 필드를 만들어 각 플레이어가 애플리케이션에 접근한 마지막 시점을 기록해야 할 것이다. 지난 한 달 동안 접속한 사람들의 숫자를 질의하면, 직접 MAU를 얻을 수 있다.

일간 활동 유저

페이스북 인사이트 리포트의 핵심은 **일간 활동 유저**daily active users다. 이 수치를 정기적으로 살펴봄으로써, 여러분의 애플리케이션이 얼마나 인기가 있는지 좀 더 정확한 상황을 파악할 수 있다. 광고, 경쟁 및 유저 패턴의 변화는 이 수치에 즉각적으로 반영되는데, DAU란 약어로 사용되고, '다우Dow'라고 발음된다. 다우 존스Dow Jones 지수 같이, 비즈니스가 어떻게 진행되고 있는지에 대한 일일 요약 정보를 제공한다. DAU는 또한 중국말로 '길(道)'을 뜻하는 dao와 발음이 같은데, DAU가 관심을 이해하는 길이라고 기억하는 데 도움이 될지도 모르겠다.

DAU/MAU 비율

DAU와 MAU는 둘을 서로 비교할 때 가장 유용하다. DAU를 MAU로 나누면, 월간 유저가 어느 정도 빈도로 매일 애플리케이션에 재방문하는지 측정할 수 있다. 일반적으로, 높은 수준의 몰입을 가진, 즉 시간에 지남에 따라 가장 높은 관심을 발생시키는 애플리케이션이 높은 비율을 보인다.

작은 수 법칙law of small numbers[4]에 유의하라. 애플리케이션이 아직 초기인 시점에는 DAU/MAU 비율이 도움이 되지 않는다. 유저가 수천 명인 신규 애플리케이션은 환상적인 비율을 가질 수 있는데, 대체로 초기 고객은 극히 헌신적이고, 아마도 여러분의 이전 작품의 팬들이 넘어왔을 가능성이 크기 때문이다. 마찬가지로, 애플리케이션 초창기에 비율이 처참하더라도 실망할 필요는 없는데, 신규 애플리케이션은 극복해야 할 심각한 결점이 많은 경우가 흔하기 때문이다.

DAU/MAU는 애플리케이션의 성장기에 유용하며, 새로운 기능의 영향 평가에도 도움이 된다. DAU/MAU 활용에 대한 주제는 일일 신규 플레이어 집단을 활용해서 새로운 기능을 스플릿 테스트split-test[5]하는 방법을 이해한 후에 (13장 참조) 다시 살펴보기로 한다.

애플리케이션이 페이스북에 있다면, DAU/MAU 계산은 인사이트 리포트에 나온 숫자를 간단히 나누기만 하면 된다. 페이스북 외부의 활동에 대해 이런 정보를 추적하고 싶다면, 플레이어 데이터베이스에 누군가가 상호작용한 시점을 기록하고(MAU에서 설명된 방법대로), 저장된 데이터를 기초로 계산하면 된다.

전환율

플레이어 중 일부는 게임을 설치만 하고 별다른 일을 하지 않을 수도 있다. 따라서 플레이어가 재방문하는 비율을 이해해야 한다. 이것이 **전환율**conversion rate이며, 여러분의 특별한 마법 조합에 넘어간 사람의 비율을 의미한다. 몰입과 관련된 다양한 전환율이 있을 수 있는데, 다음과 같다.

- 플레이어가 하루 지난 후에 플레이어로 남는 비율은? ('재방문 플레이어'로 전환된 것으로 생각)

---

4 대표본이 모집단을 잘 대표하는 것처럼, 작은 표본도 모집단을 대표한다고 믿는 경향 – 옮긴이
5 피험자 집단을 나누어 각기 다른 표본을 주고 그 효과나 반응을 테스트하는 기법 – 옮긴이

- 일주일 후에도 여전히 재방문하는 플레이어의 비율은?
- 돈을 쓰는 플레이어를 포함하여 깔때기의 좀 더 깊은 부분으로 전환되는 플레이어의 비율은?

고객 생애

얼마나 오랫동안 플레이어가 머무를 것인가? 이는 고객의 수익 잠재력을 예측하는 데 도움이 되므로 이해해야 할 중요한 수치다.

여러분이 느끼기에 의미 있는 재방문 빈도가 얼마쯤인지 결정해야 한다. 만일 일정한 비활동 기간이 경과한 시점에 고객이 재구매할 가능성이 급격하게 하락한다면, 구매 없이 그 정도의 시간이 지나면 해당 고객을 비활동적이라고 표시하는 것이 적절한 추적 방법일 것이다. 활동 고객 기반 규모의 이해는 다른 많은 변수에 대한 감을 잡는 데 중요하다.

고객 생애customer lifetime의 추적을 위해서는 대개 데이터베이스 기술이 필요한데, 이 값은 MAU, DAU 등 다른 고수준 수치분석으로부터 바로 도출될 수 없기 때문이다. 이 과제에 접근하는 한 가지 방법은 애플리케이션 개발자가 여러분이 수립한 기준을 근거로 개별 플레이어가 활동 고객인지 아닌지 표시하도록 하는 것이다. 예를 들어, 일정 기간 동안 플레이어가 접속이나 구매를 하지 않는다면, 여러분은 해당 플레이어를 더 이상 고객이라고 간주하지 않고, 데이터베이스의 자동화된 프로세스가 그들을 비활동이라고 표시하도록 하는 것이다. 마찬가지로, 게임에 돌아오는 플레이어는 자동적으로 다시 활동 상태로 표시될 수 있다. 시스템에 이런 고리를 갖추는 방법은 시간이 지남에 따라 게임 관리에 필수적이다.

세션 빈도(session frequency)

DAU가 MAU보다 유용하다면, 사람들이 하루에 몇 번 재방문하는지는 왜 들여다보지 않는가? 인기 게임은 종종 하루에도 몇 번씩 사용되는데, 관심이 그렇게 중요하다면 플레이어가 자주 방문하도록 스스로 목표를 세워야 할 것이다.

페이스북은 이 통계치를 추적하지 않으므로, 페이스북 애플리케이션도 이런 정보를 축적할 방법을 찾아야 한다. 최선의 방법은 사람들이 얼마나 자주 게임을 방문하는지 추적하도록 애플리케이션의 데이터베이스에 정보를 추가하고, 매번 그들이 새로운 세션을 시작할 때마다 그 값을 갱신하는 것이다. 그 다음, 사람들이 기록한 세션 수를 그들의 활동 플레이어 기간으로 나누면 된다.

세션당 시간

웹사이트 개발 세계에는 **사이트 체류 시간**time on site이라고 불리는 일반화된 수치분석이 있다. 이는 이용자가 특정 웹사이트에 머무르는 시간의 양을 나타낸다. 게임과 소셜 애플리케이션에 좀 더 적합한 용어는 간단히 **세션당 시간**time per session이다.

이 수치분석은 누군가가 얼마나 깊이 몰입되어 있는지 파악하는 데 도움을 준다. 여러 번 방문하지만 단지 몇 초만 머무르는가? 또는 하루에 한 번 방문하지만 10분 이상 오래 머무르는가? 오랜 시간은 애플리케이션이 더 많은 관심을 얻고 있다는 점을 말해준다.

이 수치분석은 얼마 정도의 세션당 시간이 좋은지에 대한 질문을 낳는다. 웹사이트 개발 세계에서 게임 세계로 넘어온 사람에겐 몇 분도 좋은 수치로 보일 수 있다. 게이머DNA를 운영할 때 나는 월간 천만 명의 고유 방문자가 들어오는 웹사이트 망을 관리했는데, 세션의 길이는 평균 4분 정도였다. 웹사이트에서는 그 정도 범위를 능가하는 세션 길이는 좋은 정도로 여겨지지만, 몰입의 잠재력을 감안하면 게임에서는 그리 높은 수치가 아니다. 성공적인 게임 경험이라면 최소 10분 또는 그 이상을 기대해야 한다.

세션당 시간은 직접 추적하기에는 다소 까다로운 수치다. 약간의 데이터베이스 기교를 발휘하면 가능하긴 하지만, 이런 목적으로 설계된 웹사이트 트래킹 툴을 사용하는 편이 훨씬 간편하다. 구글 애널리틱스Google Analytics는 http://google.com/analytics에서 접속할 수 있는데, 'Avg. Time on Site' 리포트를 통해 이 수치를 추적할 수 있다. 구글 애널리틱스는 주로 웹사이트에 활용되긴 하지만, 어떤 소셜 애플리케이션에도 완벽하게 활용될 수 있으며, 페이스북 내에서 독점적으로 운영되는 애플리케이션에도 적용 가능하다. 또한 구글랩Google Labs은 어도비 플래시Adobe Flash 컴포넌트에서 활용 가능한데, 플래시 기반 게임에서 동일한 추적 기법을 대부분 활용하게 해준다.

관심의 결정 요인

얼마나 오래, 얼마나 자주 사람들이 관심을 소비하는가를 파악하는 일은 흥미롭지만, 실제로 관심도를 올리는 데 기여할 수 있어야 유용한 법이다.

여러분의 플레이어는 게임의 겉만 대강 훑어보는 편인가 아니면 경험에 깊이 몰입되어 있는 편인가? 어느 시점에 플레이어가 포기하고, 둔화되고, 그만두는지 파악할 필요가 있다. 이는 게임을 진행하다 충분한 기능이 부족해서일 수도 있고, 재미있는 콘텐츠가 바닥나서일 수도 있으며, 또는 플레이어가 이해하기에 게임이 너무 빨리 복잡해져서일 수도 있다.

수치분석	설명
레벨 진척도	레벨이 포함된 게임은 누군가가 게임에 어느 정도 빠져들었는지 추적할 수 있는 간편한 선형적 척도를 가졌다는 이점이 있다. 누군가가 특정 레벨에서 어느 정도 멈춰 있는지를 측정하면, 사람들이 지루해하거나 포기하는 사례를 파악할 수 있다.
도전과제 인기	게임 플레이어가 가장 많이 플레이하는 부분을 파악하는 수단으로 배지나 도전과제를 활용할 수 있다. 각 도전과제를 시작한 사람들의 숫자를 파악해서, 완료한 숫자와 비교한다. 거의 완료되지 못한 도전과제는 플레이어에게 너무 어렵거나 재미없는 것일 수 있다.
컬렉션 완료	많은 게임에 가상 상품 수집 기능이 있다. 각 컬렉션 유형을 추적하고, 측정 가능한 컬렉션을 측정하고, 완료된 컬렉션을 측정한다. 이 방법을 통해 또 다른 컬렉션을 디자인할 기회 또는 사람들의 컬렉션 완료를 방해하는 이슈에 대해 많은 점을 알 수 있다.
목표 기반 완료	도전과제나 컬렉션은 목표의 한 유형이다. 게임 시스템상의 근원적인 목표를 파악할 수 있을 때는 언제나 측정을 고려해야 한다. 예를 들어, 월드 오브 워크래프트 같은 게임은 각각의 개별 퀘스트에 대해 시작한 사람과 완수한 사람의 숫자를 측정한다. 이를 통해 버그가 있거나, 너무 어렵거나, 엉뚱한 장소에 있는 퀘스트에 대한 정보가 밝혀진다.

표 8-1 관심 결정 요인

수치분석	설명
개인화 선택	게임을 경험하면서 플레이어는 어떤 선택을 내리게 되는가? 예를 들어 마피아 워즈에서는 플레이어가 획득한 포인트를 에너지 레벨업, 스태미너, 공격, 방어 중 어디에 투자하는지 알아야 하는데, 사람들이 가장 가치를 두는 요소를 드러내기 때문이다. 에너지는 사람들이 일거리(Job)[6]를 통해 레벨업하는 데 좀 더 흥미가 있음을 암시하고, 스태미너는 플레이어 대 플레이어 측면에 관심이 있음을 암시한다. 특정 플레이어가 어떤 유형의 플레이를 선호한다는 신호를 보내면, 이 신호와 그들이 완료한 목표 유형과의 상관 관계를 살펴서, 플레이어의 전략적 선택을 기반으로 재미를 제공한다는 절대적 전제를 충족시키고 있는지 파악할 수 있다.
경쟁성	경쟁적인 플레이어 대 플레이어 상호작용이 있는 게임에서는, 플레이어의 승패를 추적해서 그들이 선택한 개인화 옵션이나 전술적 옵션과 비교할 수 있다. 이를 통해, 플레이어가 불평하기 전에 게임 밸런스상의 문제를 밝혀낼 수 있다.
지연(latency)	여기에 언급된 것 중 가장 기술적인 수치분석이지만, 중요한 것이다. 아마존닷컴의 데이터를 비롯한 조사 결과에 의하면 웹 애플리케이션에서 페이지 로딩 시간이 약간 증가해도 매출이 눈에 띄게 감소했다.

표 8-1 관심 결정 요인(이어짐)

레벨은 몰입의 깊이를 측정하는 데 유용한 도구다. 발전했다는 느낌을 직선적으로 알려주기 때문에 플레이어는 레벨을 좋아한다. 마찬가지로 우리도 플레이어가 어디에서 지루해하는지 알 수 있기 때문에 레벨을 좋아한다.

그림 8-7은 동물원 운영에 관련된 게임으로 레벨을 갖고 있는 주 킹덤Zoo Kingdom의 실제 데이터를 보여준다. 데이터는 게임의 각 레벨에서의 이탈을 보여준다.

---

6 마피아 워즈의 메뉴 중 하나. 다른 게임의 미션이나 퀘스트에 해당 – 옮긴이

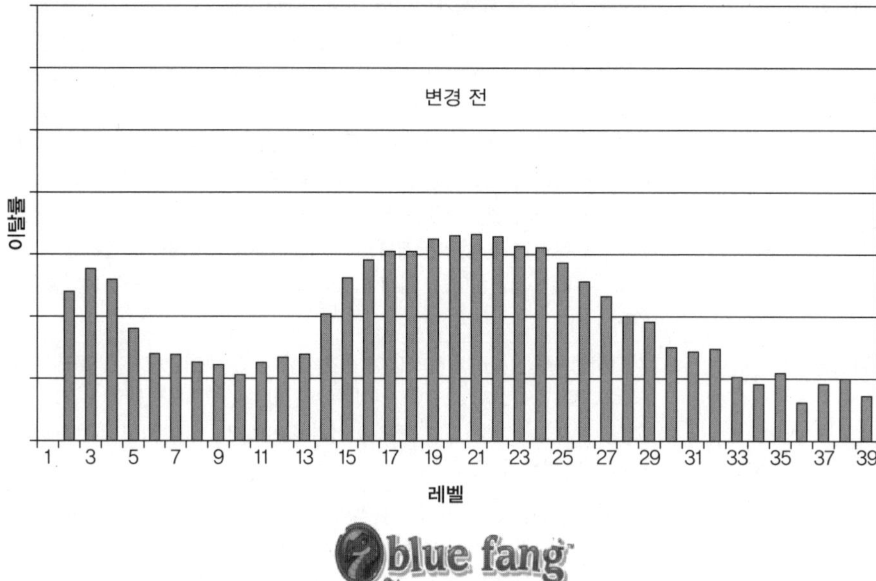

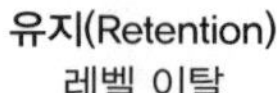

그림 8-7 주 킹덤, 변경 전의 레벨 이탈

여기서 주 킹덤이 중간 레벨대에서 이탈에 관련된 큰 문제를 겪고 있음을 파악할 수 있다. 블루팡Blue Fang(주 킹덤 퍼블리셔)은 중간 레벨대 게임의 몰입감을 높이기 위해 몇 가지 기능을 추가해야 함을 깨달았다. 그림 8-8은 게임에 몇 가지 변경이 가해진 후의 상황을 보여준다.

몰입의 깊이를 관찰하는 데 있어 요점은 받고 있는 관심의 실제 규모뿐만 아니라, 관심의 질과 포기하는 시점을 알려준다는 점에 있다. 이 정보를 활용해서 게임의 개선 방향을 잡을 수 있다.

게임에 적절한 변화를 주고 있는지 판단하기 위해 게임 플레이 지향적인 수치분석을 추적하고 비교할 수 있는 다양한 방법이 있다(13장 참조).

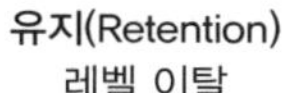

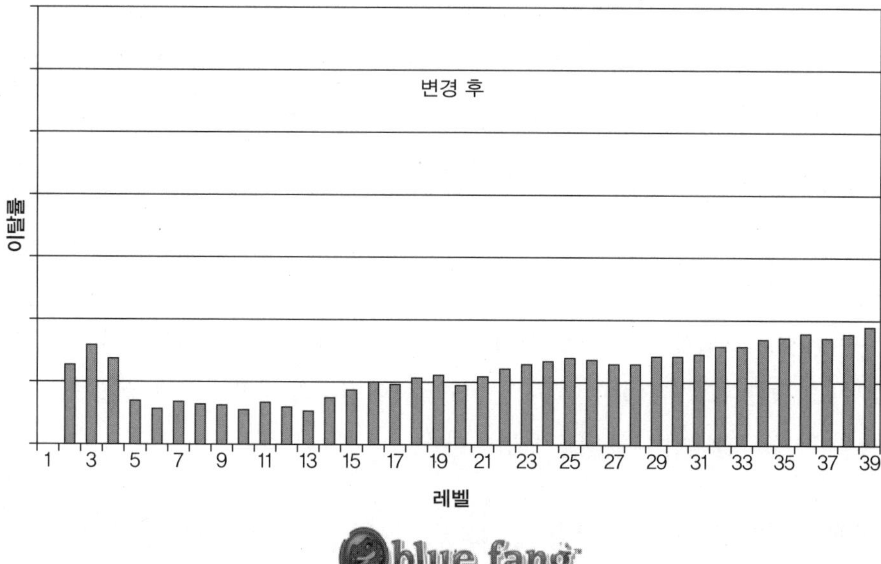

그림 8-8 주 킹덤, 변경 후의 레벨 이탈

경제적 거래 수치분석

이 책은 자신의 회사 내에서 소셜 게이밍 기법의 활용을 고려하고 있는 모든 이를 돕기 위해 의도됐으므로, 게임의 수익 개념을 경제적 거래로 일반화하겠다. 잠재적인 경제적 거래에는 다음 항목들이 포함된다.

- **직접 수익:** 앞서 설명한 통상적인 비즈니스 모델을 활용해서 직접 게임으로 들어오는 수익이다.
- **새로운 잠재 고객**lead: 여러분의 비즈니스에 대한 새로운 잠재 고객 또는 페이스북 팬을 획득하는 등의 거래가 금전적 가치를 주기도 한다. 보통 이 경우에 잠재 고객에 대해 일정액을 지불하면, 이 값이 경제적 거래의 가치가 된다.

- **공급자**feeder: 어떤 소셜게임은 다른 소셜게임이나 온라인 경험에 대해 '공급자' 구실을 하는데, 좀 더 직접적으로 플레이어를 수익화하는 방법이다. 예를 들어 일부 기업은 바이럴하게 퍼지는 간단한 게임을 개발해서, 관심 가질 만한 다른 게임이나 제품으로 플레이어를 유도하는 데 활용한다.

어떤 소셜게임이든지 성공의 열쇠는 수익성 있는 경제적 거래를 지속적으로 발생시켜 수익을 재투자해서 관심을 증가시키는 개선이나 고객을 획득하는 데 사용하는 것이다.

이어지는 모델에서는, 가상 상품 구매 같은 형태로 플레이어로부터 직접 수익이 발생한다고 가정한다. 하지만 수익을 여러분의 비즈니스에 적합한 다른 어떤 가치로 간단히 대체해도 무방하다.

구매 전환(purchase conversion)

얼마나 많은 사람이 몰입된 플레이어가 되는지 파악하기 위해 전환율을 추적하고 싶은 것처럼, 사람들이 어떤 비율로 경제적 거래에 참여하는지 알고 싶을 것이다. 이는 게임 내에서 효과적인 구체적 제안과 인센티브를 판별하기 위해 스플릿 테스트를 활용하기에 최적의 대상이다. 약간의 전환율상의 차이도 게임의 수익성에는 큰 차이를 가져올 수 있다.

페이스북 크레디트의 출현

2010년 페이스북은 크레디트 시스템을 도입했다. 회원은 신용카드로 크레디트를 구매하고, 구매한 크레디트를 온라인 게임 내에서 구매에 사용한다. 이는 소셜게임 시장에 큰 변화를 가져왔다.

페이스북은 모든 게임 내 구매에 대해 거래 수수료로 30%를 징수하는데, 이는 트라이얼페이 같은 거래 사업자의 과금률에 비해 상당히 높은 수준이다. 그러나 많은 소셜게임 개발사는 페이스북 크레디트가 고객 저항을 줄여, 플레이어의 전체 구매 횟수를 늘린다는 사실을 발견했다. 바꾸어 말하면, 페이스북 크레디트는 많은 회사에게 구매 전환율을 높여준 셈이 된다.

ARPU

ARPU는 '알푸are-poo'라고 발음되며, 유저당 평균 매출Average Revenue per User의 약자다. 이동통신 같은 특정 산업에서는, 유닛당 평균 매출Average Revenue per Unit을 나타내는 것으로 비인격화되기도 한다. 슬프게도 어떤 거대 기업에게 우리 모두는 '유닛'과 다름없이 취급되는가 보다. 이 책의 앞부분에서 사람들을 유저가 아닌 고객이나 플레이어로 생각하라고 강조한 바 있다. 그러나 ARPU는 업계에 고착화된 용어이므로, 여기서는 예외로 하겠다.

ARPU의 개념은 간단하다. 전체 매출을 전체 활동 플레이어 숫자로 나눈 것이다. 대개 일정 기간 기준으로 표시된다. 예를 들어, 월간 ARPU는 월간 총 매출을 해당 월의 MAU로 나눈 값이다.

생애 가치

생애 가치LTV, lifetime value는 고객이 그만둘 때까지 해당 고객으로부터 기대되는 총 매출이다. 어떤 비즈니스든 초기에는 정확히 추정하기에 가장 어려운 수치다. 몇 가지 핵심적인 질문에 대한 답을 아직 알 수 없기 때문이다.

- **시간이 경과함에 따라 특정 플레이어의 ARPU가 변화되는가?** 어떤 제품에서는 전체 플레이어의 ARPU는 일정한데도, 활동 상태인 특정 플레이어의 ARPU가 대폭 하락하는 경우가 있다. 시간 경과에 따라 개별 집단의 ARPU가 어떻게 변화되는지 살펴봐야 한다.

- **얼마나 오랫동안 플레이어가 고객으로 남아 있는가?** 신규 게임의 초기에는 알기 어려운 수치다. 일부 게임은 이를 재빨리 파악하기도 하지만(일부 게임의 수명은 며칠이나 몇 주로 측정된다), 희망하기에는 여러분의 플레이어가 오랫동안 머무르기 때문에 확실히 알 수 없다는 행복한 상황을 접할 수도 있다. 월드 오브 워크래프트 같은 게임에는 몇 년이 된 플레이어들이 있는데, 소셜네트워크 게임에도 그런 일이 발생할 기회가 있지 않을까?

- **시간 경과에 따라, 시장의 경쟁적 압력이 어떻게 변화되는가?** 이 점은 언제나 예측 불가다.

LTV가 난해하기는 하나, 초기에 추정은 해봐야 하는 값이다. LTV를 알아야 적절한 고객 획득 비용CAC, Customer Acquisition Cost을 추정할 수 있다.

가상 경제 수치분석

가상 경제를 가진 게임은 고려해야 할 특수한 수치분석군이 있다. 이 값들을 몰입의 2차 결정 요인이라고 간주해도 좋다. 즉각적인 효과는 없을지 몰라도, 궁극적으로 가상 경제 수치분석은 플레이어가 게임에 계속 몰입할 것인지에 대해 심대한 영향을 미칠 수 있다. 주요한 가상 경제 수치분석은 표 8-2에 나와 있다.

수치분석	설명
화폐 공급	경제 시스템에 하루에 얼마나 많은 화폐가 공급되고 있는가? 가능하다면, 화폐 공급의 증가와 플레이어 레벨의 상관 관계를 파악해서 플레이어 수입 규모의 불연속성을 밝혀낼 수 있다.
화폐 소진(sink)	얼마나 많은 화폐가 경제에서 사라지는가? 정확히 하려면, 플레이어가 비활동 상태가 되어 일시적으로 사라진 화폐를 고려에 넣을 필요가 있다. 화폐 공급과 마찬가지로, 레벨별로 플레이어의 화폐 소진을 분석해서 화폐 소진이 부적절하거나 과도한 지점을 밝혀낼 수 있다.
플레이어당 평균 순가치	경제 시스템에서 플레이어의 부의 지표를 나타낸다. 순가치를 플레이어 레벨과 비교하면, 게임을 진행함에 따라 여러분이 의도한 대로 플레이어의 부가 증가하는지 파악하는 데 도움이 된다.
화폐 속도	플레이어 사이에서 동일 가상 화폐의 주인이 얼마나 많이 바뀌는가? 가상 경제의 활력을 나타낼 수 있다.
가장 인기 있는 가상 상품	가장 인기 있는 가상 상품의 랭킹 리스트는 어떤 아이템이 가장 높은 가치로 인식되고 있는지 보여준다. 이런 유형의 아이템을 더 만들 수도 있고, 이런 아이템을 좀 더 많이 활용하는 콘텐츠를 게임에 추가할 수도 있다.
가장 일반화된 구매 상황	구매를 하기 전에 플레이어가 마지막으로 방문한 장소는 어디였는가? 가장 매력적인 콘텐츠, 즉 사람들이 돈 주고 구매하려는 콘텐츠에 대한 통찰을 제공할 수 있다.
가격 민감성	가상 상품의 가격 수준을 특히 실제 현금 기준으로 평가할 수 있어야 한다. 다양한 가상 상품에 대해 가격을 실험하고, 가격을 판매량 및 총 매출과 비교함으로써 가상 상품에 어떻게 가격을 매길지 결정할 수 있다.

표 8-2 중요한 가상 경제 수치분석

🦢 플레이어 발견 수치분석

플레이어 발견에는 플레이어를 게임에 유입시키기 위해 사용되는 모든 방법이 포함된다. 일반적으로 유료로 획득하는 플레이어와 바이럴을 통해 무료로 획득하는 플레이어의 2개 카테고리로 나눌 수 있다. 대부분의 소셜게임은 두 가지를 조합해서 활용한다.

고객 획득 비용

고객 획득을 살펴보는 가장 기본적 방법은 유료 획득 프로그램의 전체 비용을 해당 기간 동안 획득한 플레이어 숫자로 나눠보는 것이다. 소셜게임 이외 분야를 포함한 많은 비즈니스에서 이를 CAC라고 부른다. 예를 들어 광고 기간 동안 광고비로 천 달러를 소비했는데 천 명의 플레이어를 획득했다면, CAC는 플레이어당 1달러가 된다.

우리의 목표는 CAC를 낮출 수 있는 방법을 찾는 것이다. 이를 위한 몇 가지 선택이 있다.

- **광고비 지출을 최적화한다:** 페이스북에 광고를 게재하는 대부분의 기업은 다양한 버전의 광고 카피와 이미지를 시도하고 각기 다른 그룹의 플레이어를 표적화해야 한다는 점을 깨닫는다. 목표는 최적의 CAC를 보여주는 고객만이 아니라, 인당 가장 높은 수익을 안겨주는 고객을 찾는 것이다. 다양한 버전을 스플릿 테스트하고 어떤 버전이 가장 효과가 있는지 파악해서 광고를 최적화해야 한다. 이를 성공적으로 수행하기 위해서는, 개별 광고에 코드로 꼬리표를 달아 플레이어 데이터베이스 내에 저장해야 한다. 이렇게 하면 어떤 플레이어가 어떤 곳으로부터 유입되는지 파악할 수 있다. 자체적으로 광고를 최적화하는 작업이 만만치 않아 보인다면, 광고 예산 일부를 대가로 애드팔러AdParlor나 나니건즈Nanigans 같은 서드파티 회사의 도움을 받을 수 있다.
- **서드파티 포털 및 배급사와 협업한다:** 일부 회사는 수익의 일부 대가(경우에 따라 최대 50%까지)로 대규모의 잠재 고객에게 여러분의 제품을 홍보해준다.

예를 들어, 식스웨이브즈6waves와 빅시모Viximo는 월당 수백만 플레이어를 대상으로 게임 네트워크를 운영하고 있다. 여기서 CAC는 배급의 대가로 지출되는 수익과 비슷할 것이다. 예를 들어, 여러분의 ARPU가 1달러이고 배급사가 50%를 원한다면, 효과적인 CAC는 0.5달러다.

- **설치당 지불**pay-per-install **네트워크:** 트라이얼페이 같은 네트워크는 주로 게임을 수익화하는 수단으로 가장 유용하지만, 설치를 늘리는 데 도움이 될 수도 있다. CPM이나 CPC 대신 CPA 기반으로 지불한다는 점만 제외하면, 광고와 똑같다. 플레이어가 설치만 하고서 바로 게임을 그만둘 수도 있으니, 반드시 이런 채널을 통해 획득하는 플레이어의 몰입과 매출을 면밀하게 측정해야 한다.

- **교차 설치**cross-installation **툴바를 도입한다:** 애플리파이어Applifier는 여러분의 게임 내에 다른 게임을 광고하는 툴바를 추가해주는 회사다. 누군가가 다른 게임을 클릭할 때마다 여러분은 크레디트를 획득하고, 누군가가 클릭해서 여러분의 게임에 들어오면 크레디트가 소모된다. 이는 다른 게임과 트래픽을 교환하는 방법이며, 전체 고객 증가로 이어질 수 있다. 이 방법은 비용이 들지 않지만, 누군가가 경쟁사 제품으로 떠나버릴 위험성을 감수해야 한다. 애플리파이어 및 유사한 툴바로부터 최대한 가치를 뽑아내려면, 처음부터 상당한 트래픽량이 있어야 하는데, 대개 클릭으로 빠져나가는 숫자보다 더 많은 플레이어를 획득하기는 어렵기 때문이다.

- **대역 외**out-of-band **마케팅:** PR, 특별 프로그램, 오프라인 이벤트를 활용해서 플레이어를 게임으로 유입한다. 일반적으로 이런 방법이 효과가 있으려면 상당한 흡인력이 있어야 한다. 대형 브랜드, 유명인 또는 여타 미디어 채널과 연관이 있는 제품이라면, 검토해볼 만하다.

- **바이럴 효과 최대화하기:** 여러분의 플레이어가 다른 사람들에게 게임을 퍼뜨려 공짜로 다른 플레이어를 획득할 수 있도록 소셜 채널을 활용하라.

바이럴 효과를 계산에 넣으면 CAC는 약간 복잡해진다. 플레이어가 고객 모집을 공짜로 해주므로, 이런 추가적 플레이어는 CAC 값을 낮춰줄 것이다.

오래전부터 마케터들은 행복한 고객이야말로 최고의 지지자가 될 수 있다는 사실을 알고 있었다. 바로 '구전 효과'라 불리는 현상의 핵심이다. 최근에는 바이럴 마케팅의 개념이 부상했는데, 고객이 여러분 대신 신규 고객을 적극적으로 모집하는 상황을 말한다.

성공적인 비즈니스 마케팅에 관한 몇몇 저서의 저자인 세스 고딘(Seth Godin)은 바이럴 마케팅의 원리를 기억하는 데 도움이 되는 한 쌍의 비유를 제시했다. 과학적 아이디어에서부터 종교적, 소비자 기호까지의 모든 것을 포함해 바이러스의 한 유형처럼 다른 사람에게 전파되는 아이디어라면, 여러분은 아이디어 바이러스(IdeaVirus)를 가진 것이다. 여러분의 머릿속에 눌러 앉아 있는 아이디어라면 그냥 아이디어다. 전파되는 것이 아이디어 바이러스다.

많은 사람이 감기에 걸릴 수 있지만, 모든 사람이 재채기를 하지는 않는다. 재채기하는 사람(sneezer)은 감기를 다른 모든 사람에게 전파시킨다. 스니저는 아이디어 바이러스를 누군가 다른 사람에게 전파시키는 사람이다.

바이럴 마케팅의 핵심은 여러분의 스니저가 서로 전파시킬 수 있는 아이디어 바이러스를 창조하는 것이다. 이 책에서 아이디어 바이러스에 대해 언급하고 있다는 사실 자체가 아이디어 바이러스의 한 예이며, 나는 출판의 힘 덕택에 다른 사람에게 아이디어를 공유하고 있으므로 이상적인 스니저다. 이것이 기억된다면 아이디어 바이러스는 여러분의 마음을 사로잡은 것이다. 친구에게 이걸 말한다면, 여러분도 역시 스니저가 되는 셈이다.

소셜미디어는 친구들이 서로 끊임없는 연결 상태에 있으므로, 스니저가 아이디어 바이러스를 퍼뜨리기에 이상적인 환경이다. 게임은 특히 치명적인 아이디어 바이러스인데, 사람들이 너무나 재미있어서 진심으로 친구들과 즐거움을 나누고 싶어하기 때문이다. 그러나 게임을 아이디어 바이러스로 만들려면 페이스북 담벼락 게시물이나 친구 초대 기능 이상이 필요하다. 감정적으로 몰입시키는 경험을 설계하고 신선하고 흥미로운 방법으로 사회적 상호작용을 활용해야 한다.

전염병에서 빌려오기: K 인자

바이럴 효과를 통해 획득한 '무료' 플레이어를 계산에 넣는다면 효과적인 CAC는 상당히 낮아질 수 있다. 바이럴로 플레이어를 획득하는 일이 날로 어려워지고 있지만, 최고의 게임들은 플레이어가 많은 관심을 기울이는 몰입된 경험을 만들어 여전히 바이럴 효과를 보고 있다.

전염병을 연구하는 과학자들은 K 인자K-factor라는 용어를 사용해서 전염병이 한 사람에서 다른 사람으로 전염되는 속도를 표현했다. K 인자가 1.0인 전염병은 병에 걸린 각 사람이 정확히 다른 사람 한 명을 감염시킨다. 1.0보다 작은 K 인자는 전염병이 점점 작은 그룹의 사람들에게 퍼지며, 종국에는 소멸됨을 의미한다. 반면 1.0을 넘는 K 인자는 병에 걸린 각 사람이 한 사람 이상에게 전염시키므로, 기하급수적으로 퍼질 것이다(지구를 멸망시키는 전염병 영화에 나온 지도를 떠올려보면, 빨간 물결이 작은 마을에서 시작해 며칠 내에 지구를 뒤덮는다).

사람들이 소셜 애플리케이션에 대해 '바이러스에 의한'이란 의미로 바이럴이라고 일컫는 것처럼, 이러한 전염병 용어를 마케팅에 적용할 수 있다. K 인자가 1.0이 넘는 게임은 놀라운 성장을 맛볼 수 있는 반면, K 인자가 1.0 이하인 게임은 성장을 견인하려면 외부 요인(광고 등)에 의존해야 할 것이다. K 인자의 영향이 얼마나 극적인지 느끼고 싶다면 그림 8-9를 참고하라. 매월 고객을 획득하기 위해 광고에 적정 비용을 지출하는 전형적 소셜게임의 성장을 보여주는데, 이 게임의 K 인자는 0.9이다.

이 사례에서 게임은 1년 만에 25만 명의 플레이어에게 도달했다. 그림 8-10에 나와 있는 바와 같이, 다른 모든 변수는 동일하게 유지하고 오직 K 인자만 바꿈으로써 플레이어 숫자는 동기간에 3백만 명으로 뛰어올랐다.

게임의 성장을 예측하려면 다른 많은 변수가 필요한데, 이번 장의 마지막 무렵에는 이런 비즈니스 수치분석으로 재무 모델을 만드는 방법을 살펴볼 것이다. 하지만 상기 K 인자의 간단한 사례는 이 개념이 얼마나 중요해질 수 있는지 보여준다.

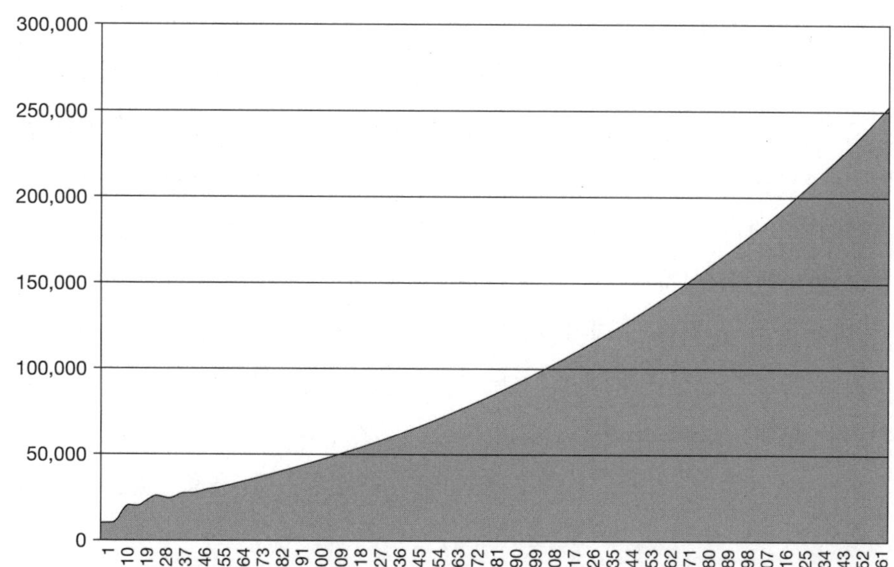

그림 8-9 K 인자 0.9

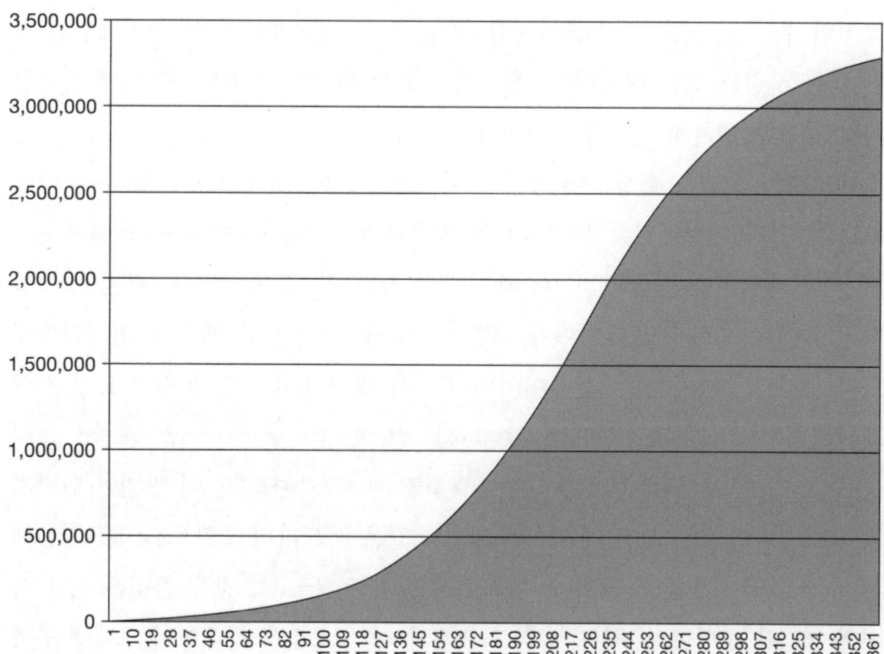

그림 8-10 K 인자 1.1

한때, 페이스북에서 출시되는 게임은 1.0이 넘는 K 인자를 기대할 수 있었으나, 1.0이 넘는 경우는 몇몇 인기작에 국한된다. 그러나 약간의 K 인자 차이도 여러분의 손익 계산서에 극적인 영향을 미치므로, K 인자가 1.0이 넘지 않는 많은 제품도 수익성이 있을 수 있다. K 인자가 0이고, CAC가 1달러, ARPU 0.9달러인 게임을 운영한다고 가정해보자. 이 경우에, 제품은 손실을 보고 있지만, K 인자를 소폭으로 증가시킬 수 있는 기능이 추가된다면, 상황은 뒤바뀔 수 있다. K 인자가 0.25로 올라가면, 한 명의 무료, 바이럴 고객을 얻기 위해 4명의 신규 유저(각각 1달러 비용)가 필요함을 의미한다. 하지만 이제 5명의 고객이 있으므로 총 5달러의 매출이 발생한다. K 인자의 조그만 상승으로 인해 제품이 적자에서 총 20% 순익으로 전환됐다. 종종, 많은 제품이 이런 방식으로 수익 영역으로 옮겨진다.

K 인자를 추적하려면, 플레이어의 활동에 의해 게임으로 유입된 플레이어의 숫자를 추적할 수 있는 방법이 필요하다. 불행하게도 이 방법은 완벽히 과학적일 수는 없는데, 추적 불가능한 채널(실제 구전 효과를 통해)을 통해 게임을 알게 되는 사람도 있기 때문이다. 우리의 목표는 완벽함을 기대하기보단 가능한 가장 정확한 수치에 근접하는 것이다.

대부분의 게임은 소셜 채널에 유입되는 모든 메시지에 꼬리표를 다는 방법으로 K 인자 계산이라는 도전과제와 씨름해왔다. 꼬리표에는 어느 플레이어가 해당 메시지를 만들었는지에 대한 정보가 담겨 있어, 누군가 해당 링크를 따라 들어와 새로운 플레이어가 되면, 관련 데이터베이스 필드가 업데이트되도록 했다. 그 다음 모든 플레이어의 기록을 평균해서 시간에 따른 K 인자가 계산된다(앞서 다양한 광고 캠페인에 대한 CAC를 계산하기 위해 광고비 추적을 제안했던 방법과 유사한데, 이번에는 각 플레이어가 광고 유형처럼 취급된다는 점이 다르다). 이 방법이 만만치 않아 보인다면(사실 그렇다), 콘타젠트Kontagent 같은 서드파티 소프트웨어를 사용해서 유저 추적에 도움을 받거나, 디스럽터 빔의 토륨Thorium 같은 플랫폼 위에 자신의 게임을 구성할 수 있다. 토륨 플랫폼은 상기 로직을 플레이어 모델에 구축해놓았다. 이런 기술을 구하는 방법에 관한 정보는 부록 B에 포함되어 있다.

배양 시간

K 인자만으로 바이럴에 관한 모든 것을 알 수는 없는데, 게임이 다른 사람에게 퍼지는 데 소요되는 시간을 무시하고 있어서이다. 나는 다시 한 번 전염병학에 신세를 지고, 이를 **배양 시간**incubation time이라 부르기로 한다. 이 개념이 중요한 이유는 우리가 기대할 수 있는 실제 성장 속도를 다루기 때문이다. K 인자 2.0은 환상적으로 들리지만, 그렇게 되기 위해 1년이 걸린다면 어떨까? 많은 경우, 일주일 만에 발생하는 K 인자 0.5가 더 나을 것이다.

　K 인자 설명에서, 0.9에서 1.1로의 변화가 어떻게 막대한 결과 차이로 나타나는지 살펴봤다. 배양 시간도 유사한 영향이 있다. 그림 8-11은 평균 K 인자 1.0에 도달하기 위해 전파되는 데 10일이 걸리는 게임의 성장 곡선을 보여준다.

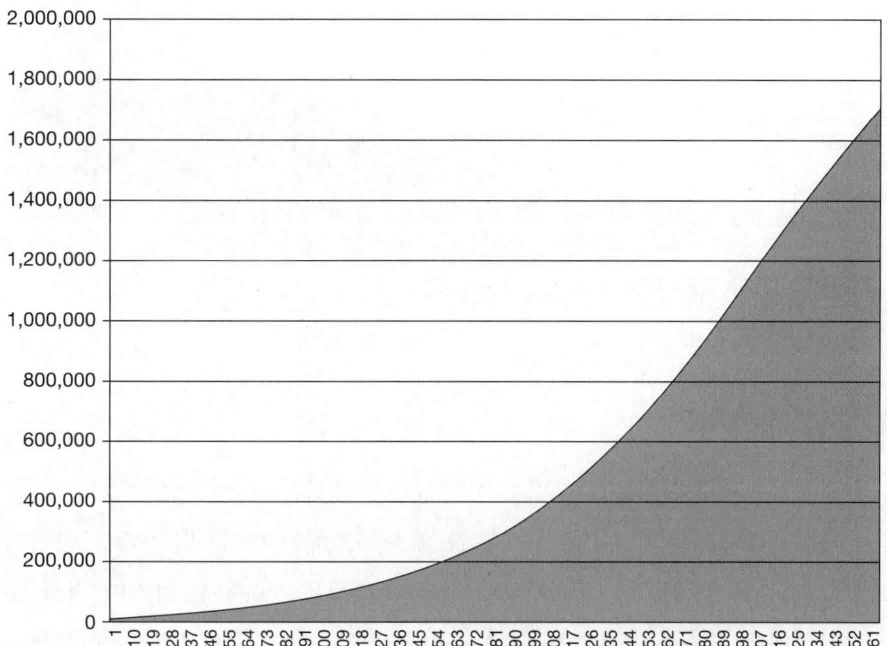

그림 8-11 10일의 배양 시간

이를 그림 8-12의 게임과 비교해보라. 이 게임은 동일한 K 인자 1.0이지만 평균 배양 시간은 15일이다. 첫 번째 게임은 180만 플레이어에 1년 만에 근접했지만, 두 번째 게임은 같은 기간 동안 오직 50만 플레이어에 도달했을 뿐이다. 바이럴 성장은 게임이 퍼지는 최종적인 사람의 숫자 못지않게, 바이럴 전파의 속도에 달려 있다는 점을 알 수 있다.

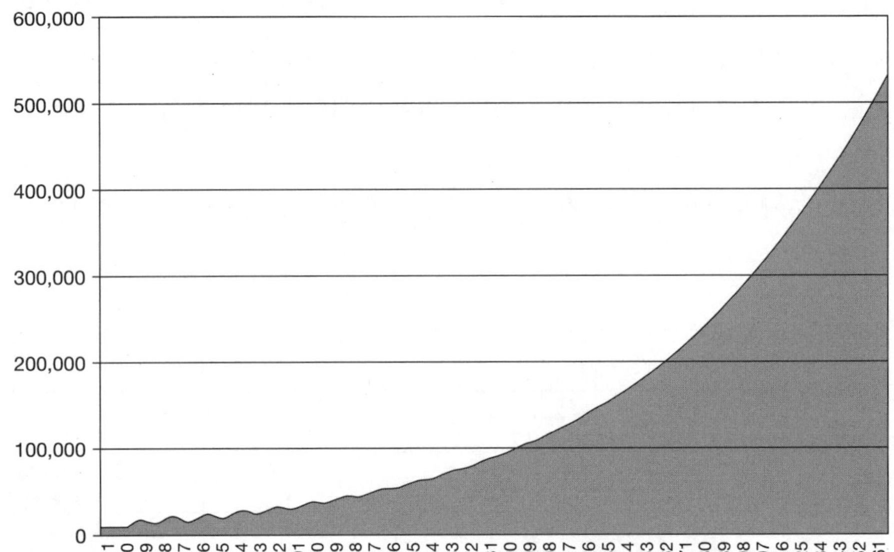

그림 8-12 15일의 배양 시간

🎯 성장 예측하기

소셜게임의 잠재적 매출과 이익을 파악하기 위해서는, 이번 장에 제시된 많은 비즈니스 수치분석을 사용해서 재무 모델을 구축해야 한다. 두 가지 접근법이 설명된다. 첫 번째는 간략화된 모델로, 수치분석을 사용하긴 하지만 적정 수준의 모델을 신속하게 구축하는 데 중점을 두고, 지엽적인 부분은 생략한다. 그리고 두 번째는 좀 더 고급 모델로 확률과 동질 집단 분석을 활용해서 소셜게임의 성장에 대해 좀 더 정확한 그림을 그려준다.

🦢 간단 모델

소셜게임에 대한 간단한 재무 모델은 스프레드시트로 구축할 수 있는데, 각 월에 대응되는 열, 주요 비즈니스 가정에 대응되는 행 및 시간에 따라 변동되는 다양한 숫자를 계산하는 추가적인 행으로 구성된다.

포함될 주요 가정

스프레드시트의 한 섹션은 시간이 지나도 변하지 않는 변수를 취급하는 곳으로 설정한다. 이 섹션은 최상단 또는 다른 탭에 위치시킨다. 스프레드시트는 상당히 많이 변경될 것이므로, 처음에는 간단히 구성한다. 포함될 몇몇 기본 가정이 표 8-3에 개략적으로 설명되어 있다.

가정	설명
초기 인구 (seed population)	게임의 초기 플레이어 그룹은 추후 광고를 통해 획득할 사람들과 다르다. 일부 게임은 마케팅 비용 지출 없이 새로운 게임에 신속히 유입된 개인들 수백 명(심지어 수천 명)과 긴밀한 관계를 가질 수 있다. 다른 게임들은 첫 번째 유저 집합을 얻기 위해 평균보다 많이 지출해야 할 수도 있다. 초기 고객군은 아마도 이후 들어올 사람들과는 많이 다르므로, 이런 개인들은 별도의 그룹으로 분리해서 시작 비용과 연관시키고, 첫 달의 마케팅 비용 모델에서 제외시키는 편이 타당하다.
평균 K 인자	자신의 게임이 얼마나 바이럴한지 파악해본 경험이 없다면, 보수적으로 낮게 잡는 것이 최선이다. 0.3 이하 정도면 적절히 보수적이다. 소수의 게임만이 꾸준히 1.0을 넘는다. 앞서 설명했듯이 배양 시간은 K 인자만큼이나 중요하지만, 간략화된 모델에서는 추정하기 어려우므로 이 모델에서는 모든 바이럴 효과는 전부 첫째 달에 발생한다고 가정한다.
평균 고객 생애	간략화된 모델은 월간 기반이므로, 고객 생애를 월 단위로 측정할 필요가 있다. 실제로 많은 게임에서 비현실적인 가정이지만, 간단 모델용으로는 충분하다.
DAU/MAU 비율	이 비율이 높을수록, 더 많은 수익을 기대할 수 있다. 2010년 말 기준, 팜빌의 DAU/MAU 비율은 0.28로, 이런 대규모 게임으로선 매우 좋은 편이다.

표 8-3 재무 모델 가정

가정	설명
일일 ARPU	다양한 네트워크에 걸쳐 다양한 게임의 평균 수익을 연구한 빅시모 (Viximo) 같은 회사는 DAU가 ARPU와 가장 긴밀한 연관성이 있음을 발견했는데, 이는 관심이 수익의 열쇠라는 주장과 일치된다. 빅시모에 따르면, 평균적 페이스북 게임의 경우 1 DAU가 0.02~0.03달러의 ARPU에 대응된다. 바꿔 말하면, 하루 1,000명의 활동 유저는 대략 하루 20~30달러의 수익을 발생시킨다. 물론 이는 단지 평균일 뿐이며 많은 게임은 이보다 훨씬 떨어지고, 일부가 탁월하게 높다.
CAC	게임마다 고객 획득 비용은 극적으로 차이가 난다. 0.10달러까지 낮을 수도 있고, 몇 달러 수준까지 높을 수도 있는데, 여러분이 얼마나 최적화를 잘 했는지, 직면한 경쟁 수준이 어떤지 등 여러 요인에 달려 있다.

표 8-3 재무 모델 가정(이어짐)

월간 변수

데이터베이스에 기본 가정이 설정됐으니, 이제 매월 변화되는 값에 대한 행을 만들어보자. 여기에는 자동 계산되는 값과 수정 가능한 수치가 함께 포함된다. 간략화된 모델의 경우 표 8-4의 변수가 포함된다.

변수	설명
기본 광고비	들어오는 수익에 상관없이, 매월 신규 플레이어를 획득하는 데 지출되는 비용이다.
월간 수익 중 고객 획득에 재투자되는 비율	많은 소셜게임은 대략 수익의 반을 지속적으로 고객 획득에 사용하는데, 특히 게임 초기 단계에서 그렇다. 고객으로부터 얻은 수익을 사용해서 추가적인 성장에 박차를 가하는 일은 여러분의 제품을 성장시키는 가장 효과적 방법 중 하나다.
마케팅 지출로 획득된 플레이어	총 지출(이전 마케팅 지출까지 포함)을 CAC로 나눈 값이다.
바이럴 성장으로 획득된 플레이어	이전 달에 획득한 고객 숫자를 살펴보고 여기에 K 인자를 곱해서 값을 결정한다. 간략화된 모델이기 때문에 모든 바이럴 성장은 첫 번째 달에 일어난다고 가정했으므로, 오직 신규 고객에 대해서만(전체 플레이어 숫자가 아니라) 곱했는지 확인하기 바란다. 아니면 비정상적으로 높은 성장 결과가 나오게 된다.

표 8-4 월간 재무 모델 변수

변수	설명
손실된 플레이어	고객의 평균 생애를 기준으로, 현재 달보다 더 오래 유지되지 않을 것 같은 고객의 숫자를 제한다.
전체 플레이어	이전 달 말의 전체 고객 숫자와 마케팅 및 바이럴로 획득한 고객 숫자와 합산한다. 그 다음 손실된 플레이어를 제한다.
수익	일일 ARPU를 월 날짜 수, 해당 월의 전체 플레이어 숫자와 곱한다.

표 8-4 월간 재무 모델 변수(이어짐)

고급 모델

개략화, 간략화된 재무 모델은 소셜게임이 경험할 수 있는 수익과 성장의 대체적인 개념을 잡는 데 도움이 되지만, 몇 가지 단점이 있다.

- **시간 단위가 자세하지 않다.** 한 달은 소셜게임 비즈니스에서는 긴 시간이다. 일주일도 상당히 길다. 성장 곡선을 일일 단위로 관찰해야 할 필요가 있다.
- **바이럴 성장을 통해 획득되는 신규 고객은 뭉텅이로 오지 않는다.** 그들은 일정 기간에 걸쳐 확률적으로 나타난다.
- **플레이어는 고정된 기간이 지난 후 동시에 플레이를 멈추지 않는다.** 이것 역시 일정 기간 동안 퍼져 있으며, 확률적으로 나타난다.

동질 집단 분석

시간이 경과함에 따라 플레이어들은 각기 다르게 행동하며, 완전히 새로운 플레이어에게는 흥미로운 새로운 기능이 오랫동안 머물렀던 누군가에게는 매력적이지 않을 수 있다. 새로운 고객이 도착할 때 그들을 이해하고 다른 그룹의 플레이어와 비교할 수 있는 도구가 필요하다.

많은 기업이 **동질 집단 분석**cohort analysis 기법을 활용한다. 기본 개념은 게임에 들어온 시점을 기준으로 신규 고객을 그룹별로 묶는다는 것이다. 예를 들어, 매달 들어온 모든 플레이어 기준으로 월간 집단을 구성할 수 있다. 시간이 지남에 따라 게임 플레이, 가격, 소셜 채널의 변화에 대한 반응에 있어 신규 플레이어와 오래된 플레이어 간에 어떤 차이가 있는지 관찰하면 새로운 사실을 배우게 될 것이다.

고급 재무 모델은 플레이어를 일일 집단으로 분류함으로써 매일 게임에 합류한 플레이어를 추적하고 그들의 전체 생애를 일일 단위로 추적할 수 있다.

추가적인 가정

고급 모델은 이제 일일 단위의 상세함을 활용할 수 있는 새로운 기능을 갖게 됐다. 추가로 성장에 대한 좀 더 정밀한 이해를 위해, 몇 가지 변수를 모델에 추가해보자.

- **평균 고객 생애**: 월 대신 일 단위로 추적한다.
- **수확 체감**: K 인자는 시간이 지남에 따라 약화된다. 플레이어 숫자의 증가에 따른 K 인자의 부분적 저하를 포함시키면, 향후 더 큰 규모의 시장에 대응할 때, 좀 더 현실적으로 성장을 추정할 수 있다.
- **평균 배양 시간**: 바이럴 고객 성장을 첫 번째 달에만 발생하는 것이 아닌, 지속적으로 발생하는 현상으로 취급할 수 있게 됐다. 이로써 플레이어가 게임을 친구들에게 빠른 속도로 소개할 때 일어나는 가속화된 성장을 추정할 수 있게 됐다. 이는 바이럴 마케팅의 실제 영향에 대해 좀 더 강렬하게 느낄 수 있도록 해준다.

확률의 활용

이제 일일 단위 시간으로 측정되기 때문에, 플레이어가 얼마나 빈번하게 게임을 그만두거나 또는 자신의 친구들을 참여시키는지 살펴볼 수 있다. 실제 세계에서 이런 사건은 뭉텅이로 일어나지 않는다. **정규 분포**normal distribution에 따라 발생하는 경향이 있는데, 이는 무작위적으로 보이는 숫자가 특정 범위에 걸쳐 어떤 식으로 분포되는지 보여주는 곡선(종형 곡선bell curve이라고도 함)이다. 예를 들어 미국인의 신장은 대략 평균 178cm 정도인데, 이는 많은 사람이 그 신장과 비슷하고, 평균값에서 멀어질수록 빈도는 줄어든다는 의미다.

정규 분포는 비즈니스 모델링에는 어떻게 적용될 것인가? 누군가가 고객으로 남는 평균 기간이 10일인 것으로 파악됐다면, 이는 대부분의 사람이 10일 이후에는 그만두지만, 일부는 훨씬 더 오래 있을 수도 있고, 일부는 더 이전에 그만둘 수도 있다는 뜻이다. 플레이어가 누군가를 바이럴하게 끌어들이는 데 소요되는 기간에도 같은 원리가 적용될 수 있다.

정리하면 매일 어떤 플레이가 또 다른 플레이어를 끌어오거나 아니면 그만둘 일정한 확률이 있다고 생각하면 된다. 그림 8-13은 평균 배양 시간 20일과 평균 플레이어 생애 45일 기준으로 어떤 플레이어가 그만두거나 아니면 친구를 끌어올 확률을 나타내는 그래프다.

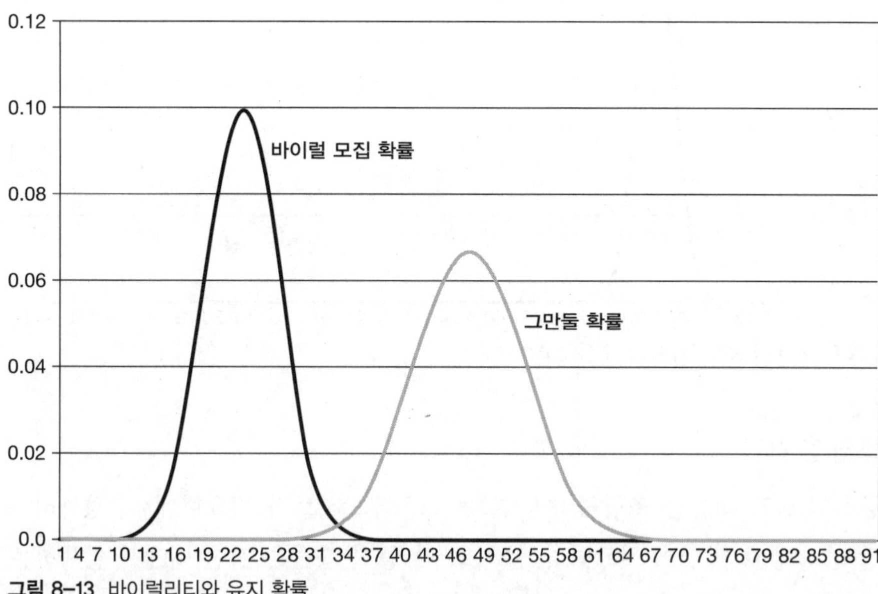

그림 8-13 바이럴리티와 유지 확률

이 사례에서는 절반의 플레이어가 45일 전에 이미 그만두지만, 다른 이들은 당분간 계속 플레이한다는 사실을 보여준다. 유사한 모양은 플레이어가 게임에 유입되는 방식에서도 관찰된다.

또한 정규 분포는 **표준편차**standard deviation값에 좌우된다. 이 개념에 대한 수학적 설명을 제공하는 일은 이 논의의 범위를 벗어나지만, 이해해야 할 요지는 표준편차값이 클수록 곡선은 좀 더 넓은 기간으로 퍼진다는 점이다. 그림 8-13은 바이럴 전파에 대해 4.00, 플레이어 생애 곡선에 대해 6.00의 표준편차를 사용했다. 그림 8-14는 표준편차를 바이럴 전파에 대해 2.00으로 줄이고, 플레이어 생애에 대해 10.00으로 늘이면 무슨 일이 벌어지는지 보여준다.

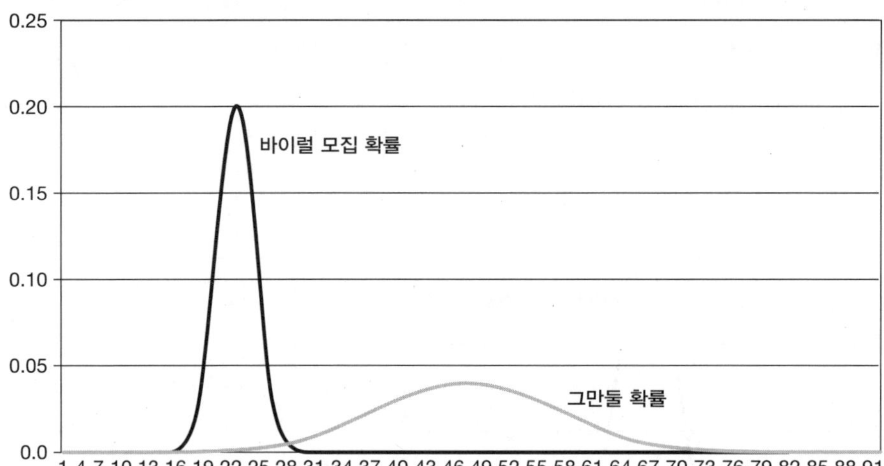

그림 8-14 바이럴리티와 유지, 수정된 표준편차

모델 합치기

동질 집단과 확률을 조합하려면 더 큰 스프레드시트가 필요한데, 추정하려는 각 날짜에 대해 열이 필요하다. 추가로 각 동질 집단은 집단 내에서 발생하는 플레이어 획득과 손실을 추적하기 위해 자신만의 행이 필요하다.

시작을 돕기 위해 온라인에서 다운로드할 수 있는 스프레드시트를 만들었는데, 여기에는 확률 계산, 일일 동질 집단 및 가정을 위해 제시된 모든 수치 분석이 포함되어 있다.

A/B 스플릿 테스트

두 가지 기능 집합 간에 과학적 실험을 수행함으로써, 게임이 개선될 수 있을지 판단할 수 있다. 게임의 각 기능을 두 가지 대안 버전 사이의 경쟁으로 생각하고, 이후 앞서 논의한 수치분석을 활용해서 각각에 대해 정성적 결과를 비교한다.

> ### 정량적 테스트의 주의사항
>
> 소셜게임 회사는 정량적 테스트로 놀라운 성공을 거뒀다. 그러나 이는 제품을 개선하기 위해 사용되는 또 하나의 데이터 집합에 불과하다는 점을 명심하기 바란다. 지속적인 수치 중심적 개선 프로세스를 통해 제품 몰입도를 높이는 방법이 장기적으로 어떤 영향이 있는지에 대해서는 많은 정보가 축적되어 있지 않다. 나를 포함해 많은 사람이 정량적 수치분석이 장기적 몰입의 대가로 단기적 결과(플레이 처음 며칠 동안 플레이어 구매 비율 높이기 등) 최적화에 효과가 있는 것은 아닐까라고 의심하고 있다. 정량적 데이터를 활용해 개발의 방향을 잡는 데 도움을 얻더라도, 이 데이터가 여러분의 운명을 좌우하기 전에 주의를 기울여야 한다.
>
> 단기적 수치분석에만 집중하는 방식이 해로운 이유는 다음과 같다. 플레이어를 성가시게 하고, 게임에서 특정 구매를 강요하면, 그들을 얼마나 많이 내쫓게 될까? 눈앞에 보이는 판매를 위해서 고객과의 장기적인 관계를 희생하는 것은 아닐까? 맞다. 고객이 잠깐이나마 호응하지 않는다면 결코 그들을 장기 고객으로 만들 수 없기 때문에 단기 수치분석은 중요하다. 하지만 몇몇 단기 수치분석으로 쥐꼬리만 한 이득을 더 보기 위해, LTV를 단축시키는 우를 범하지 않도록 주의하라.

개별 기능 테스트 외에, 완제품의 두 가지 버전을 비교하면 기능을 전체적으로 테스트할 수도 있다. 이런 테스트를 수행하는 간편한 방법은 플레이어들을 2개의 별도 그룹으로 나누고, 각 그룹에 기능이 다른 제품을 배정하는 것이다. 이후 각 그룹의 몰입 수치분석을 비교해서 개선이 이뤄졌는지 확인할 수 있다. 비록 차이를 만들어내는 기능이 정확히 무엇인지 콕 집어내긴 더 어렵지만, 상호 의존적인 다수의 기능에 큰 변경이 있는 경우, 완제품에 긍정적으로 또는 부정적으로 기여할지 판단하는 데 유용한 방법이다.

🦢 정성적 테스트

숫자만으로는 제품의 전체 그림을 볼 수 없는 경우가 있기 마련이다. 정성적 테스트가 필요해지는 경우다.

정성적 테스트는 쉽게 구체적 숫자로 환원될 수 없는 게임에 대한 모든 피드백(의견, 반응, 선호도 등)이다. 그렇긴 하지만, 접수된 모든 정성적 데이터를 시각화하고 해석할 수 있는 시스템을 만들 수는 있다. 이를 위해선 각 반응을 카테고리로 분류하고(예: 인터페이스 문제, 스토리 문제, 밸런스 이슈), 심각성 정도에 따라 각각에 꼬리표를 붙인다. 한소프트Hansoft나 아틀라시안Atlassian의 **JIRA** 같은 전통적 이슈 관리 소프트웨어가 이런 목적에 도움이 될 것이다. 요지는 개발 팀이 실행할 수 있는 형태로 정보를 기록하는 것이다.

다음 단락에서는 기업들이 출시 이전, 도중, 이후에 게임에 대한 정성적 정보를 수집하는 주요한 방법 몇 가지를 보여준다.

🦢 포커스 그룹

포커스 그룹focus group은 목표 고객의 동기요인, 구매 습관 및 기타 선호도에 대한 통찰을 얻기 위해 목표 고객 중 선택된 사람들이다. 포커스 그룹은 특정 시장에서 여러분의 게임이 성공할지 또는 실패할지 파악하는 데 도움을 줄 수 있다. 포커스 그룹을 구성하고, 중요한 정보를 얻기 위해서는 다음의 단계를 따른다.

1. 목표 시장의 고객 그룹을 파악한다. 여러분의 페르소나에 해당하는 고객 후보를 식별하기 위해 4장에서 제시한 기법을 일부 활용할 수 있다.
2. 포커스 그룹 세션 동안, 현재 준비된 상태의 제품이 어떤 단계든지 현 상태 그대로 개개인에게 보여준다. 예를 들어,
   - 제품 개념을 설명하는 프리젠테이션 또는 동영상
   - 게임의 스크린샷 또는 화면
   - 완전히 실행 가능한 데모

• 포커스 그룹 멤버가 직접 실행해볼 수 있는 인터랙티브한 게임의 데모

3. 제품을 제시한 후에는, 그룹에 물어볼 질문 문항이 필요하다. 페르소나를 개발할 때와 유사한 질문(4장 참조)을 활용할 수 있다.

참여자들이 서로 상호작용하게 하면 때때로 포커스 그룹에서 흥미로운 결과가 나오는 경우가 있다. 그들의 상호작용으로 여러분이 생각지도 못한 대화와 관찰이 나올 수 있기 때문이다. 심지어 포커스 그룹이 제품 개발 노력을 계속해야 할지 결정하는 데 도움을 주는 경우도 있다. 하지만 포커스 그룹에는 유의해야 할 몇 가지 위험 요소가 있는데, 표 8-5를 살펴보자.

위험 요소	설명
긍정 오류 (false positive)	사람들은 기본적으로 상상력이 풍부하므로, 초기 단계의 제품은 때때로 긍정적 반응을 이끌어내기도 한다. 사람들이 아직 구현되지 않은 기능들을 상상하기 때문이다. 실제 제품이 만들어지는 방식은 사람들이 상상했던 방향과는 완전히 다를 수도 있다. 더욱이 사람들은 자신이 실제로 생각하는 것보다 긍정적인 반응을 보여 질문자를 기쁘게 하려는 경향이 있다.
질문자 편견	포커스 그룹 운영자와 질문자는 자신이 묻는 질문에 주의를 기울여야 하는데, 질문을 어떻게 말하느냐에 따라 편견이 개입될 소지가 있기 때문이다.
너무 자세한 설명	게임은 '스스로 말해야 한다'. 포커스 그룹 진행자가 포커스 그룹 멤버들에게 게임에 대해 너무 많은 것을 알려주면, 충분히 명확하지 않은 사실을 파악하기 어려워진다.
그룹 구성의 어려움	목표 시장을 대표할 큰 그룹을 모집하는 일은 쉽지 않다.
그룹 사고	참여자들은 서로의 생각에 영향을 미칠 수 있다. 그룹 상호작용이 새로운 통찰력으로 이어질 수도 있지만, 강한 성격의 사람이 그룹을 지배하여 전체 시장을 반영하는 데 문제가 있는지 주의를 기울여야 한다.
낯선 환경	포커스 그룹 세션이 컨퍼런스 룸이나 테스트 연구실 같이 낯선 환경에서 열리면, 제품이 자연스럽게 경험될 때와는 다른 반응이 나올지도 모른다. 테스트 환경이 실제 가정이나 사무실에서 막간에 짬짬이 접속할 때의 소셜게임 사용 환경과 얼마나 다른지 생각해보라.

표 8-5 포커스 그룹의 위험 요소

위험 요소	설명
높은 비용	포커스 그룹을 모집하는 데 도움을 얻기 위해, 외부 기업을 고용한다면, 수천 달러 지출을 예상할 수 있다. 때로는 만 달러가 넘는 경우도 있다. 직접 진행해보면, 스스로 진행할 때보다 훨씬 비싸다는 사실을 알 수 있다.
느린 속도	포커스 그룹을 모집하는 데 소요되는 시간에 게임 프로토타입을 만들거나, 일대일 인터뷰를 진행하거나, 목표 시장에 대해 정량적으로 아이디어를 테스트해보는 선택이 더 나을 수도 있다.

표 8-5 포커스 그룹의 위험 요소(이어짐)

이런 이유로 인해 포커스 그룹의 많은 이점에 대해 회의적이 되고, 이번 단락에 소개된 다른 방법을 선호하게 될 수도 있다. 그러나 어떤 이점을 얻게 될지는 상황에 따라 다르겠지만, 많은 기업이 포커스 그룹으로 성공을 거뒀다. 정량적 방법, 반복 개선을 통한 빠른 개선 및 자신의 직감을 완전히 대체할 순 없겠지만, 또 하나의 데이터로 포커스 그룹의 피드백을 활용하라.

일대일 인터뷰

5장에서 고객 페르소나를 개발하기 위한 수단으로서 고객 인터뷰 수행의 중요성을 논의한 바 있다. 동일한 참여자에게 개발 도중의 제품에 대한 피드백을 요청할 수도 있다. 이런 인터뷰에도 질문자 편견이나 너무 자세한 설명 등 유사한 위험 요소가 있지만, 후속 질문을 포함시켜 보면 많은 사실을 배울 수 있다.

제품 개발 전 과정에 걸쳐 지속적으로 인터뷰를 수행하면, 게임의 이전 상태를 알고 있는 사람들과 얘기할 수 있게 된다. 이들은 이전 버전과 비교해 의견을 가질 수 있으며, 시간 경과에 따라 제품이 어떻게 변화됐는지 알고 있다. 이런 의견이 매우 유용하긴 하지만, 이전에 제품에 대해 들어본 적이 없는 사람들과도 얘기를 나눠야 한다. 제품을 완전히 처음 접한 사람이 어떤 느낌을 가질지 알 수 있는 유일한 방법이기 때문이다.

인터뷰 도중에, 일반적 주제를 파악할 수 있는 질문을 던지면 도움이 된다.

이런 질문의 내용은 포커스 그룹에 질문할 내용과 유사하다. 그룹 환경에서 자유로운 상호작용은 때때로 유용하긴 하지만, 이런 상호작용이 이뤄지지 않는다면, 집단 사고 위험 요소는 걱정하지 않아도 된다. 추가로, 언제든 질문을 던질 수 있는 고객 집단을 보유하고 있다면, 실제 구현에 돌입하기 전에 새로운 기능에 대한 반응을 신속하게 수집할 수 있다.

🦢 설문 조사

일대일 인터뷰가 불가능할 경우라도, 설문 조사를 준비하면 역시 플레이어들로부터 엄청난 정보를 모을 수 있다. 최고의 설문 조사에는 포커스 그룹이나 일대일 환경에서 던질 질문이 포함되어 있겠지만, 답변은 고정된 다지선다 형식이 대신하게 될 것이다. 가능하면 간단하게 구성해서, 완료되는 설문 조사 결과의 숫자를 극대화해야 한다.

설문 조사의 또 다른 잠재적인 이점은 훨씬 대규모의 잠재 고객으로부터 데이터를 수집할 수 있다는 점이다. 추가로, 설문 조사는 자동화될 수 있으므로 시간을 많이 소비하지 않고도 수행할 수 있다. 일반적으로 의미 있는 데이터를 얻기 위해 엄청난 숫자의 설문 조사 응답이 필요하지는 않다. 예외적인 경우의 기상천외한 답변이 나오지 않는다면, 100개 정도면 충분하다.

온라인 설문 조사를 수행하는 저렴한 방법은 후보 고객을 표적화하는 페이스북 광고를 구매하거나, 잠재적인 고객이 서베이몽키닷컴SurveyMonkey.com 같은 별도의 설문 조사 사이트를 이용토록 하는 것이다. 이용 가능한 또 다른 사이트는 피드백아미닷컴FeedbackArmy.com으로, 저렴한 정액 수수료로 제품 디자인의 다양한 요소에 대해 서술형 응답을 얻을 수 있게 해준다.

🦢 밀짚 인형 버전

새로운 제품에 대한 아이디어는 있지만 아직 완성된 제품이 없는 경우, 실제 같은 룩앤필을 갖는 게임의 시작 화면 몇 개를 만들 수 있다. 이 제품을 출시 후 실제로 페이스북에 공개할 때와 유사한 방식으로 광고한다. 물론 게임이 아직 완성된 버전이 아니라는 점은 분명히 한다.

초기의 상호작용 단계가 끝나면, 플레이어에게 베타 프로그램에 참여하도록 초대하거나, 설문 조사를 완성해달라고 요청할 수 있다. 관심이 없는 사람들에게는, 제품이 아직 개발 중이라는 사실을 알리고, 방문해준 것에 대해 감사를 표한다. 광고와 초기 화면에 대한 반응으로 해당 게임에 추가적으로 투자할 가치가 있는지 판단할 수 있다.

후보 제품의 밀짚 인형straw man 버전을 개발할 경우에 장점은 대부분의 경우 완성된 제품 개발비의 아주 작은 부분으로 가능하다는 점이다. 같은 제품의 여러 버전을 만들어서 경쟁 아이디어를 테스트해볼 수도 있는데, 추가 개발을 진행해야 할 최고의 제품을 파악하는 데 도움을 준다.

정리

8장에서는 어떤 점에서 관심이 수익 창출의 핵심인지를 살펴봤다. 사회적 몰입을 주는 기능은 플레이어가 좀 더 자주 게임을 재방문하게 만들어 록 밴드나 페이스북 게임 같이 다양한 제품에서 수익의 증가를 가져왔다. 이런 사실은 DAU가 매출의 강력한 지표임을 보여주는 데이터에 의해 입증된다.

몇 가지 수익 모델을 논의했으며, 이와 함께 가상 상품이 왜 이토록 인기 있는지를 설명했다. 가상 상품은 고객이 적정 수준에서 소비를 선택할 수 있게 해주는데, 대개 고객의 소비 수준은 게임에서 소비하는 관심의 양에 비례한다.

또한 광고 최적화와 온라인 배급을 통해서 고객 획득 비용CAC을 최적화하는 방법을 배웠는데, 이는 바이럴 성장에 의해 추가로 개선될 여지가 있다. 바이럴 성장은 플레이어가 게임을 자신의 친구들에게 전파하는 비율인 K 인자에 의해 측정된다.

사람들이 게임 내에서 어떻게 플레이하고 구매하는지에 대해 관찰해야 할 항목들을 포함해서, 관심과 수익의 몇 가지 결정 요인이 논의됐다.

🔵 경로 선택

다음에 읽어야 할 부분에 대한 안내

- 높은 관심을 낳을 수 있는 경험에 대한 아이디어를 구성하는 기법을 배우고 싶다면, 9장으로 계속 진행해 스토리텔링 기법을 공부한다.
- 이번 기회를 활용해서 소셜게임의 운영 관리에 사용할 수 있는 비즈니스 수치분석을 검토해보고 싶다면, 7장을 참고한다.
- 관심이 여러분의 성공에 얼마나 중요한지 확신이 생겼다면, 10장으로 건너뛰어 플레이어가 재방문할 수 있도록 도와주는 많은 기법과 사례를 공부한다.
- 소셜게임을 관리하는 수치분석에 대해 논의하고 싶다면, game-on-book.com으로 온라인 접속해 비밀 코드 상자에 'metrics'라고 입력한다.

스토리텔링을 활용한 디자인 목표 이해

9장의 내용

★ 게임에서 재미의 본질을 포착하는 플레이어 내러티브를 개발하는 방법
★ 신화라는 도구를 활용해서 게임을 개선하고 플레이어가 계속 재방문하도록 만드는 방법
★ 추상적인 아이디어로부터 목표와 기능 목록을 추출하는 방법
★ 스토리 브레인스토밍과 개선을 위한 제안

페르시아 왕에 관한 옛날 이야기가 있다. 첫 번째 아내에게 배신당한 왕은 매일 밤 처녀와 결혼하고 다음 날 아침에 그녀의 목을 베는 것으로 모든 여자에게 복수를 시작했다. 살육에 놀란 세헤라자데라는 용감한 여성이 이런 죽음을 멈추기 위해 자신이 신부가 되겠다고 왕에게 간청했는데, 실패하면 그녀는 죽을 목숨이었다.

세헤라자데는 사람들과 옛날 통치자들에 대한 수없이 많은 이야기를 알고 있었고, 예술과 시를 공부했었다. 그녀의 계획은 간단했다. 매일 밤 왕에게 이야기를 들려주기 시작해서, 다음 날이 되면 이야기를 끝내는 것이었다. 이 방법으로 그녀는 천 일과 하룻밤 동안 왕의 분노를 피했다. 모든 이야기를 듣고 마음이 변한 왕은 그녀의 목숨을 살려주고 자신의 왕비로 삼았다(그림 9-1 참조).

세헤라자데의 전설은 잔혹한 폭력에 맞선 한 여자의 용기에 대한 최초이자 가장 유명한 이야기다. 또한 이야기의 힘을 입증하는 사례이기도 하다. 소셜 미디어 게임 디자이너로서, 우리의 도전은 세헤라자데의 그것과 다르지 않다. 플레이어를 절대로 완전히 만족시키지 말고, 다음에 벌어질 일을 미치도록 궁

금하게 만들어, 계속해서 다음 날 돌아올 수 있게끔 몰입시켜야 한다. 고객이
지루해진다면, 이야기 속의 왕처럼 바로 여러분을 없애버릴 수 있으니까.

그림 9-1 세헤라자데

9장에서는 이야기의 중요성에 대해 여러분을 설득한다. 롤플레잉이나 기타
유사한 이야기가 있는 게임을 개발하려는 독자만을 위한 것은 아니다. 이야기
의 지속적인 위력을 활용해서 커뮤니케이션하는 방법을 개선하고자 하는 모
든 이를 위한 것이다.

이야기는 감정의 연금술과 같다. 이야기는 놀라운 변화의 힘으로 사람의 마
음을 변화시키고, 좀 더 분석적인 설명이 놓칠 수도 있는 의미를 전달해준다.
그렇기 때문에 고객 경험을 디자인할 때 활용할 수 있는 도구이며, 게임뿐만
아니라 인생과 비즈니스의 그 어떤 일에도 적용할 수 있는 도구가 된다. 이야
기는 아이디어를 구체적인 뭔가로 탈바꿈시키는 맨 처음 단계라고 생각하라.

비록 단순히 누군가의 상호작용에 관한 이야기일지라도, 게임은 언제나 이
야기의 구체적 전형이다. 분명한 캐릭터나, 줄거리 또는 주제 등이 없는 가장
추상적인 게임에서도 게임 플레이어에 관한 이야기가 생겨난다. 플레이어에
관한 이야기는 사람들의 관심을 붙잡고, 아이디어에 명료함을 더하고, 유저
경험, 인터페이스 및 게임 메커니즘을 정의하는 데 도움이 된다. 시대를 초월

한 스토리텔링 요소에 초점을 맞추는 것으로 시작해서, 이번 장의 마무리 부분에서는 게임 디자인 구조를 규정하는 수단으로 이야기를 활용하는 방법에 대한 주제로 돌아온다.

천 일 설계

우리 두뇌는 일정한 패턴을 갈망하는 것으로 보인다. 자신을 희생하며 위험을 감수하고, 세상을 좀 더 좋은 곳으로 만들기 위해 도전을 극복하는 영웅, 인간의 약점과 그로 인한 끔찍한 결과를 보여주는 비극, 아니면 똑같이 인간의 많은 약점을 보여주지만 웃게 만드는 희극 등이 그런 패턴이다. 스토리텔링의 형식은 시대에 따라 변화되긴 했지만(이론의 여지는 있지만, 천 년 동안 좀 더 복잡해지고, 깊어지고, 미묘해졌다), 호머Homer의 이야기에 적용됐던 근본 패턴은 오늘날에도 여전히 유효하다.

2장에서 소개했던 플레이어 중심적 디자인 프로세스는 게임의 재미를 파악하는 데 도움을 준다. 아이디어를 테스트하고 실제 게임 시스템 구조를 개발하는 좋은 방법('경험 만들기'라고 언급되는 과정)은 그에 관한 이야기를 만들어보는 것이다. 변하지 않는 스토리텔링의 특징은 무엇인가? 그리고 그런 스토리텔링을 활용해서 게임이나 비즈니스 아이디어를 개발하려면 어떻게 해야 할까?

이야기에는 시작, 중간, 결말이 있다.

거의 모든 이야기에는 분명한 시작, 중간, 결말이 있다. 아리스토텔레스는 『Poetics시학』에서 이를 이야기의 기본적 요구사항이라고 서술했다. 후대의 비평가들은 3단계 개념을 드라마 3막 구조로 발전시켰다.

- **도입**: 등장인물, 세계, 갈등이 소개된다. 영화에서는 대개 필름의 처음 1/4 분량에 해당된다. 첫 번째 막 마무리 부분에서는 어떤 사건(전환점plot point)이 발생해서, 등장인물을 돌이킬 수 없는 일련의 행동으로 몰아가게 된다.

- **전개:** 두 번째 막 동안에 일련의 전개가 펼쳐진다. 사람들은 뭔가를 원하지만, 손에 넣기는 쉽지 않다. 실질적인 이야기 대부분이 이 단계에서 펼쳐진다. 시나리오 작가는 전체 대본 분량의 반 정도를 할애한다. 마지막 일련의 사건(또 다른 전환점)이 발생할 때까지 액션은 더욱 강렬해지는데, 이 때가 되면 중대한 결정을 내려야만 한다.

- **절정:** 세 번째 막의 시작은 절정으로, 등장인물들은 서로 맞서게 되고 자신의 목적에서 성공이나 실패를 겪는다. 등장인물들은 자신의 결정에 의해 변화된다. 액션이 줄어들고, 그들의 행동이 나머지 세상에 어떤 영향을 끼쳤는지 밝혀진다.

🦢 원형신화

4장에서 스토리텔링 전반에 걸쳐 발견되는 신화적 구조인 '영웅의 여정' 개념을 소개한 바 있다. 이 구조는 『Epic of Gilgamesh길가메시 서사시』만큼 오래됐으며, 현대 영화와 인기 소설에 스며들었다. 그 변함없는 특성 때문에, 조셉 캠벨Joseph Cambell은 원형신화monomyth라고 이름을 붙였다. 캠벨의 원형신화는 17가지 요소를 지닌 3개의 전체 단계로 구성되어 있다. 3단계는 방금 훑어본 3막 구조에 잘 들어맞는다.

캠벨의 구조에는 많은 비판이 있을 수 있다. 우선, 이 구조로 설명할 수 없는 어떤 멋진 이야기를 분명히 떠올릴 수 있을 것이다. 또한 패턴에 초점을 맞추면 흥미로운 이야기들 사이의 미묘한 차이를 놓치기 쉽다. 스토리텔링에 대한 이런 공식화된 접근 때문에 할리우드 영화가 뻔해졌다고 말하는 것도 그럴듯하다. 그럼에도 불구하고 많은 이야기와 많은 게임에서 좋은 효과를 보인 패턴을 이해하는 일은 유용한데, 입증된 패턴을 버리기로 결정했을 때 자신이 뭘 다르게 하려는지 알고서 진행할 수 있기 때문이다.

또한 원형신화는 강력한 모조mojo[1]라는 점을 알고 있어야 한다. 어떤 사람은 원형신화를 외면하는데, 자신의 이야기 사고방식을 오염시킬까 두려워서이

---

1   마력을 지닌 물건 – 옮긴이

다. 『Sandman샌드맨』과 『Coraline코렐라인』의 저자인 닐 게이먼Neil Gaiman은 자신의
작품에 영향받고 싶지 않아서, 캠벨의 책을 반쯤 읽다가 덮었다고 말한 것으
로 전해진다. 원형신화를 알고 나면, 눈길이 가는 곳마다 눈에 띄기 시작할 것
이다. 우리 두뇌에 박혀 있는 건지도 모르겠다.

원형신화에 대한 주의사항을 읽어봤으니, 원래 캠벨 공식을 간추려보고, 그
다음 게임 스토리 분석에 효과적인 간략한 버전으로 진행하자.

출발

첫 번째 막에서는 배경, 등장인물, 갈등이 소개된다. 잠재적인 영웅을 만나고
영웅은 도전에 직면하게 된다.

- **모험에의 소명**: 영웅에게 안전한 고향 너머 모험이 있음을 알려주는 변화
  가 생긴다.
- **소명의 거부**: 처음에 영웅은 요청에 저항한다.
- **초자연적인 도움**: 특별한 능력을 지닌 보호자나 멘토가 등장해 영웅이 저항
  을 극복하고 다음 단계를 준비할 수 있게 도와준다.
- **첫 관문의 통과**: 영웅은 고향을 뒤로 한 채, 모험의 세계로 떠난다.
- **고래의 배**: 영웅은 원래의 고향으로부터 격리되어, 이제 돌아갈 수 있는
  방법은 없다. 진정한 영웅으로 변모하는 계기가 된다.

입문

이야기가 두 번째 막으로 접어들면서, 갈등이 생겨나고 영웅이 점점 위험한
도전에 직면하면서 액션의 수위가 높아진다.

- **시험의 길**: 영웅은 다양한 장애와 유혹에 부딪치고, 실패와 성공을 겪는다.
  앞으로 다가올 시련을 준비시키기 위해서다.
- **여신과의 만남**: 영웅은 초자연적이며 너무나 사랑스러운 존재를 만나거나
  아니면 진정한 사랑을 발견하는 것과 유사한 비유적인 경험을 겪는다.
- **요부로서의 여성**: 영웅은 모험을 포기하게 만드는 유혹을 뿌리쳐야 한다.

- **아버지와의 화해**: 많은 신화에서 아버지의 모습으로 제시되는 강력한 존재 또는 적과의 극적인 만남
  - **절정**: 영웅은 대개 신성한 영감을 받아 새로운 자기 인식을 갖게 된다.
  - **최후의 은총**: 영웅은 자신의 노력에 대해 보상을 받는다.

귀환

영웅은 이미 승리했지만 이제는 승리로 인해 변화된 자신과 갈등을 겪는다. 영웅이 가지고 온 보상으로 다른 이들도 은총을 입는다. 이 단계에는 다음 과정이 포함된다.

- **귀환의 거부**: 영웅은 보상을 즐기고 싶을 뿐, 고향으로 돌아가고 싶어하지 않는다.
- **마법 비행**: 영웅은 새로운 위험으로 인해 보상을 가지고 도주할 수밖에 없다. 고향으로 돌아가는 여정이 시작된다.
- **외부의 구원**: 영웅은 같은 편으로부터 귀환 과정에 도움을 받는다.
- **귀환 관문을 통과**: 영웅은 고향으로 돌아오고, 이제는 보상과 지혜를 다른 이들과 나눈다.
- **두 세계의 정복**: 모험으로 변화된 영웅은 자신의 고향에서 불편함을 느끼며, 예전의 삶에 재적응하려고 노력한다. 필요하다면 다시 모험의 세계로 돌아갈 준비가 되어 있다.
- **삶의 자유**: 이제 영웅은 삶의 순간순간을 즐길 뿐.

게임을 위한 영웅의 여정

원형신화는 여러 가지 저술 형식으로 각색됐다. 예를 들어, 크리스 보글러_{Chris Vogler}는 『The Writer's Journey: Mythic Structure for Writers작가의 여정: 작기를 위한 신화적 구조』에서 캠벨의 원래 공식을 12단계로 줄여 시나리오 작가를 위한 패턴으로 재구성했다. 나는 좀 더 줄여서, 게임과 가장 관련 있는 5가지로 간략화했다.

영웅의 여정을 일련의 비유로 간주한다면, 이런 단계로부터 많은 교훈을 얻을 수 있다. 플레이어가 그들 자신의 개인 드라마에서 중심이라는 점을 명심하라. 게임은 플레이어가 자신만의 영웅의 여정을 추구할 수 있는 환경을 조성해준다. 사고를 자극하기 위해 각 단락에 포함된 질문에 대해 고민해보면, 자신의 게임에 대한 사고방식과 게임을 위한 영웅의 여정 패턴을 비교해볼 수 있다.

모험에의 소명

영웅이 모험을 떠난다고 미리 알고 여정을 시작하는 경우는 거의 없다. 영웅은 무슨 일이 일어날지 뻔한 세계에서 삶을 시작한다. 영웅은 농작물이 언제 익을지, 수분 증발기를 언제 유지보수해야 할지, 어떻게 하면 가족과 잘 지낼 수 있는지를 알고 있지만, 이윽고 어떤 변화가 일어난다. 아마도 기근, 불륜, 우주 전쟁 아니면 단순히 좀 더 나은 삶을 살 수 있다는 깨달음일 수도 있다. 처음에 잠재적 영웅은 소명에 저항한다. 어쨌든 보통 세상 밖에서 뭔가를 하는 건 위험한 법이다.

때때로 영웅은 자신의 통제 범위를 넘어선 사건들로 인해 행동으로 내몰리게 된다. 이 경우 또 다른 등장인물(종종 멘토나 보호자)에 의해 모험으로 인도되는데, 이들은 영웅의 성공을 돕는 도구를 제공한다. '스타워즈'에서 오비완은 루크에게 광선검을 주는데, 그리스 신이 메두사에 맞서려는 페르세우스에게 마법검을 주는 경우와 흡사하다. 이 단계에서 영웅은 평범한 사람에서 영웅으로 변화되기 시작한다.

이 책은 사람들이 경험을 좋아한다고 주장하고, 가장 강력한 경험은 개인적 변화의 가능성을 제공하는 경험이라고 주장한다. 아마도 모험에의 소명은 모두가 비밀스럽게 갈망하는 것이기 때문일까?

소셜미디어 게임에서 모험에서 소명은 플레이어(또는 잠재적 플레이어)가 자신만의 세상 너머의 세계를 어렴풋이 느끼게 될 때 발생한다. 다음은 모험에의 소명에 관해 생각해볼 수 있는 질문들이다.

- 어떻게 하면 플레이어가 자신의 모험에의 소명 너머의 세상을 어렴풋이 느끼게 할 수 있을까?
- 어떻게 하면 플레이어가 소명을 받아들이는 데 도움을 제공할 수 있을까? 게임 내에 만들어져 있는 인위적 캐릭터로? 아니면 멘토나 보호자 역할을 맡을 수 있는 다른 플레이어의 도움으로?
- 플레이어가 모험에의 소명을 수용하게 될 때, 새로운 무언가를 접하기 위해서 자신의 세계를 떠나야 된다는 느낌을 분명히 제시하고 있는가?
- 플레이어는 자신이 변화의 과정을 시작했다는 느낌을 받고 있는가?

모험은 플레이어가 꿈꿔왔던 그 무엇이다. 월드 오브 워크래프트에서 장대한 영웅의 역할을 맡는 것처럼 완전히 판타지적인 꿈일 수도 있고, 카페월드에서 레스토랑을 여는 것 같이 좀 더 현실적인 꿈일 수도 있다. 이런 각각의 다양한 게임에는 묵시적 전제가 있다. 올바른 행동을 하면, 중요한 사람이 될 수 있다는 믿음이다.

많은 웹사이트 설계자가 자신의 사이트에 존재하는 **행동에의 소명**call to action 에 대해 얘기한다. 방문자들이 클릭하게 될 버튼과 인터페이스를 말하는 것인데, 대개 이것들은 모험에의 소명이라고 할 수 없다. 행동에의 소명은 개인적 변화의 기회가 제공될 때 모험이 될 수 있다. 트위터나 페이스북 같은 소셜 웹사이트나 아마존 같은 온라인 비즈니스 사이트에는 이런 가능성이 존재한다. 이런 사이트에서 방문자는 다른 이들이 누리는 관심과 존경을 목격할 수 있다(예를 들어, 아마존의 최고 도서 리뷰어가 받는 명예). 사이트의 다른 '영웅들'의 행동을 흉내 내면서 방문자는 자신의 모험을 시작한다.

도전

이 단계의 여정에서 영웅은 아직 최종 대결에 준비되어 있지 않다. 영웅은 다양한 시련을 겪으면서 단련될 필요가 있다. 시련은 영웅의 성공을 방해하는 적과 같이 명백한 것이 될 수도 있고, 평범한 생활로 돌아가기 위해 영웅의 길을 포기하려는 충동처럼 내부적인 것일 수도 있다. 때때로 유혹은 영웅의 관심을 잃게 할 연인 또는 물질적 보상의 형태로 나타날 수도 있다.

이곳이 게임 플레이어가 대부분의 시간을 사용하는 단계다. 생각해봐야 할 질문은 다음과 같다.

- 도전이 플레이어의 흥미를 강화시키고, 모험을 계속하도록 자극하는가?
- 플레이어가 지속적으로 장기적 보상에 집중할 수 있도록 도전을 신선하고 흥미롭게 유지하려면 어떻게 해야 할까?
- 플레이어는 다른 게임을 해보려는 유혹을 받을 텐데, 우리 게임에 붙들어 놓으려면 어떻게 해야 할까?

재탄생

수많은 도전에 용감히 맞서고, 수많은 유혹을 물리치려면 영웅은 희생을 감수해야 한다. 때때로 이는 말 그대로 죽음과 재탄생일 수도 있는데, 이집트의 신 오시리스가 살해당하고 내세의 군주로 재탄생한 경우가 그렇다. 좀 더 흔한 사례는 죽음과 재탄생이 비유적인 경우다. 루크 스카이워커의 제다이로서의 재탄생, 부모님의 살해로 인한 브루스 웨인의 배트맨으로서의 재탄생이 그렇다. 좀 더 미묘한 경우도 있다. 로맨틱 코미디에서 그동안 자신이 얼마나 바보였는지 깨달은 등장인물이 더 나은 사람으로 변화하는 경우인데, '이보다 더 좋을 순 없다'에서 잭 니콜슨이 연기한 역이나 '어바웃 어 보이'에서 휴 그랜트가 연기한 역이 그렇다. 세헤라자데의 이야기에서 재탄생은 그녀가 흉폭한 왕의 후계자에게 어머니가 됐을 때 일어났는데, 그녀를 이상적인 소녀에서 훨씬 더 강력한 여걸로 변화시키고, 왕의 후계자에게 어머니가 됨으로써 역사의 흐름을 바꿀 수 있는 행동이었다.

이 단계에서, 영웅은 여러 가지 사건에 의해 크게 변모된다. 그들은 자신의 성격 요소, 삶의 방식 아니면 인생 그 자체 같이 뭔가 절대적인 것을 희생했지만, 평범한 다른 사람들과 구별되는 뭔가를 획득한다. 이런 재탄생으로 인해, 영웅은 궁극적인 도전에 맞설 준비가 된다.

수십억 달러의 자기 개발 산업도 이런 개념에 직접적으로 의존하고 있는데,

교육이든, 엔터테인먼트이든 아니면 단순히 독특한 기억의 축적이든 간에, 개인적 변화는 사람들이 추구하는 많은 경험에 있어 핵심이다.

게임에서 비유적 재탄생은 플레이어가 완전히 새로운 단계의 게임 플레이를 접하게 될 때 일어난다. 월드 오브 워크래프트에서는 플레이어가 새로운 레벨을 끝낼 때마다 일종의 재탄생이 일어나는데, 세계를 새롭게 경험할 기회가 주어진다. 좀 더 규모가 큰 재탄생은 플레이어가 캐릭터 레벨업을 끝마치고, 게임의 궁극적인 던전을 경험하게 되는 레이드를 시작할 때 일어난다. 다른 게임에서는 누군가가 단순히 플레이하는 것에서 다른 플레이어의 멘토로 변화되는 시점에 일어날 수도 있다. 생각해봐야 할 질문은 다음과 같다.

- 여러분의 게임은 끝없는 도전의 쳇바퀴인가, 아니면 '다시 태어나서' 완전히 새로운 단계의 플레이를 경험할 기회를 제공하고 있는가?
- 게임에서 재탄생의 기회가 있다는 점을 플레이어에게 분명히 인지시키려면 어떻게 해야 할까?
- 축하, 이야기, 시각 효과 등을 통해서 어떻게 하면 플레이어가 새로운 단계의 플레이에 진입했다는 사실을 실감하게 할 수 있을까?
- 재탄생의 기회가 없고 똑같은 일을 영원히 반복하게 된다면, 그 사실을 플레이어가 눈치 채게 될까?

은총

자신의 경험에 의해 변화된 영웅은 이제 역경에 맞설 준비가 됐다. 그들은 다스 베이더를 쳐부수고, 성배를 발견하고, 공주와 결혼하거나 아니면 실패하는데, 등장인물과 우리는 그로부터 뭔가를 배우게 된다. 신화적 구조의 연구자들은 이를 '은총boon'이라 불렀는데, 영웅이 퀘스트의 목적을 달성하고 그로부터 보상을 받는 시점이다.

종종 보상은 찰나적이다. 영웅이 보상을 허비하거나, 자신만이 간직할 위험성이 존재한다. 몇 가지 최후의 유혹이나 사전에 예견할 수 없었던 악을 극복해야 할 수도 있다.

많은 게임은 이 단계에서 마무리가 시작된다. 그러나 이 부분에서 소셜게임은 차이가 있는데, 소셜게임은 (명확히 돈과 관련된 사유로) 대개 영원히 지속되기를 의도하기 때문이다. 반면 일부 온라인 게임에서는 분명한 엔딩이 있을 수 있는데, 이는 온라인 게임의 플레이 방식을 바꾸게 될지도 모른다. 게임이 영원히 지속되게 하고 싶다면, 다음 질문에 답해보기 바란다.

- 궁극적인 은총이 존재하는가, 만일 그렇다면 이후에 무엇을 제공해서 플레이어의 관심을 유지할 수 있을까? 그것이 불가능하더라도 괜찮은가?
- 궁극적인 은총이 존재하지 않는다면, 장기적 관점에서 어떤 방법으로 플레이어의 흥미를 유지시킬 수 있을까?
- 플레이어가 은총을 획득한 후에도, 그들의 관심을 끌 수 있는 또 다른 도전이나 경험이 존재하는가?
- 달성하기가 너무나 어려워 플레이어가 분개할 만한 궁극적인 은총이 존재하는가?

이런 몇 가지 우려사항을 해결하는 한 가지 방법은 소셜게임을 **프레임 스토리**frame story[2]의 일종으로 생각해보는 것이다. 세헤라자데의 전설은 그런 사례 중 하나다. 이야기는 천 일과 하룻밤 동안 계속됐는데, 각각의 밤마다 이야기 속의 이야기가 펼쳐졌다.

월드 오브 워크래프트 같은 웅장한 판타지 게임의 많은 줄거리와 캠페인에는 자체적인 영웅의 여정이 포함되어 있다. 이런 의미에서 아제로스Azeroth(WoW가 펼쳐지는 세계)는 그곳에서 겪게 될 많은 모험을 위한 프레임 스토리인 셈이다. 이런 프레임은 롤플레잉 환경에만 국한되지는 않는다. 비유적으로 생각해본다면, 엑스박스 라이브에서 인기를 끌고 있는 도전과제 시스템도 프레임 스토리의 사례다. 각기 자체적인 이야기가 펼쳐지는 다양한 게임 내에서 경쟁하며, 플레이어가 어떻게 엑스박스의 신이 될 수 있는지에 관한 이야기인 셈이다.

---

2 이야기 속에 또 다른 이야기나 연속된 이야기들이 제시되어 있는 형식 – 옮긴이

오랫동안 플레이되는 소셜게임을 개발하기 위해서는, 세헤라자데를 닮을 필요가 있다. 세헤라자데 이야기는 게임 플레이에 대해 생각해볼 수 있는 좋은 구조일 뿐만 아니라, 밤이면 밤마다 지속적으로 사람들이 돌아오게 만드는 방법을 보여준다. 같은 방법으로 이 원리를 인생 전반과 비즈니스에 응용하는 방법을 생각해보라. 한 고비를 넘길 때마다 고객에게 제공할 수 있는 감칠나는 은총에는 무엇이 있을까?

귀환

은총이 진정으로 가치가 있으려면, 영웅이 고향으로 돌아와서 자신의 보상으로 가족, 왕국 및 세상의 다른 사람들에게 혜택을 줄 수 있어야 한다. 어떤 경우엔, 이 과정이 여정의 가장 위험한 부분일 수도 있다. 마법 비행, 자동차 추격 씬, 불타는 건물로부터의 탈출, 저항군이 파괴하기 전에 데스 스타로부터의 탈출 등이 그렇다.

귀환하게 되면, 영웅은 물질적인 것이든 단순한 지혜이든 자신의 은총을 주변 사람들과 나눌 수 있다. 드디어 이후로 그들은 행복하게 살 수 있게 됐다.

소셜네트워크를 '보통 세계'로 게임을 '마법 세계'라고 간주한다면, 귀환은 소셜게임 플레이어들이 늘상 하는 일일 수도 있다(또는 희망사항일 수도). 영웅의 여정에서 귀환 단계의 핵심은 공유의 개념이다. 그런 취지에서, 다음은 몇 가지 확인해야 할 질문들이다.

- 플레이어가 귀환할 때, 그들에게 어떤 기억을 줄 수 있을까?
- 플레이어가 자신의 경험에 관해 친구나 가족들과 나눌 수 있는 점은 무엇일까?
- 플레이어에게 귀환을 좋은 기억으로 만들어주는 방법을 어떻게 제공할 수 있을까?
- 플레이어가 가치를 느낄 만한 보물을 제공하고 있는가?
- 어떤 기념물을 제공해서 향후에도 플레이어가 영웅의 여정을 계속하게 만들 수 있을까?

많은 게임에서 귀환은 가상적인 경험이다. 즉 귀환은 플레이어가 세상의 문제를 치유할 비밀의 묘약을 가지고 귀환했다고 일컬어지는 상상 속의 이야기 속에만 존재한다. 그러나 귀환이 경험의 '실제적' 부분이 되지 못할 이유는 없다. 온라인 공유 기능을 활용해서, 플레이어는 자신이 한 일과 자신이 배운 사항을 친구들에게 전달할 수 있다.

더욱이, 귀환은 게임에만 국한된 것이 아니다. 어떤 소셜미디어나 비즈니스 경험에서도 게임 같은 기능이 추가될 수 있는 또 다른 영역이다. 많은 웹사이트에 등장하는 '공유' 버튼은 방문자를 귀환하는 영웅으로 변모시킬 수 있는 실제적인 기회다. 공유 기능을 좀 더 매력적으로 만들려면, 뭔가를 공유함으로써 또래들 사이에서 자신이 얼마나 존경받을 수 있는지 방문자에게 보여주면 된다.

스토리텔링의 기교

듣는 이의 관심을 붙잡을 수 있었던 세헤라자데의 기교에는 무엇이 있을까? 좋은 이야기의 구성요소를 살펴보고 이를 게임 및 기타 비즈니스 영역과 비교하는 것으로 시작해보자.

강력한 고리로 시작하기

초보 스토리텔러는 종종 이야기 시작 지점을 잘못 잡는다. 흥미로운 액션이 일어나기 전으로 너무나 일찍 잡는다든지, 아니면 등장인물들에게 사건이 이미 벌어지고 있는 시점으로 너무 늦게 잡아, 충분히 설명할 기회가 없는 경우도 있다.

비슷하게, 지루한 파워포인트 프리젠테이션을 참으면서 들어본 적이 있다면, 발표자가 배경 설명에 지나치게 많은 시간을 허비한 경우를 떠올릴 수 있을 것이다. 그들이 자신의 발표를 이야기로 생각해서, 여러분의 관심을 잡아챌 수 있는 액션으로 바로 돌입했다면 훨씬 낫지 않았을까?

사람들이 흥미로운 고리 만들기에 좀 더 관심을 쏟는다면 비즈니스 프리젠테이션(그리고 일반적으로 비즈니스 그 자체도)은 훨씬 흥미로워질 것이다. 비즈니스 제품에서 흥미로운 고리란 그 제품의 눈에 띄는 점이다. 이 개념은 마케팅 구루guru[3]인 세스 고딘이 보라빛 소purple cow라고 불렀던 것으로, 너무나 리마커블remarkable[4]해서 나머지와 구별되는 비즈니스나 제품의 특징을 말한다. 여러분이 뭔가 리마커블한 것을 갖고 있다면, 시간을 낭비하지 마라. 담장 위로 올라가 소리쳐라! 이 기준에 적합한 뭔가가 없다면, 생길 때까지 작업해라. 그것이 여러분의 이야기 고리다.

훌륭한 이야기나 훌륭한 비즈니스 프리젠테이션과 마찬가지로, 게임은 플레이어가 모험에의 소명을 떠맡도록 자극하는 멋진 고리로 시작된다. 이는 황홀한 배경, 독특한 게임 메커니즘, 시각적 효과 등 정서적 몰입을 유발하는 그 어떤 것들이다. 자신의 비즈니스를 게임으로 생각해보고자 한다면, 자신의 고리가 무엇인지 파악해서 고객과 처음 상호작용할 때 사용하면 좋은 시작이 될 것이다.

설명하지 말고, 보여줘라

많은 영화 배우가 극적인 역할로 수많은 상을 받는 이유는 무엇일까? 그들은 감정을 설명하기보다는 표현하는 방법을 알고 있기 때문이다.

슬픔을 전달하고 싶다고 가정해보자. 우리의 영웅 액소르Axxor는 뭔가를 상실했으며, 슬픔에 잠겼다. 그런 감정을 전달할 수 있는 방법에는 다음 두 가지가 있다.

- **설명하기**: 영웅 액소르는 야만족에 의해 불타버린 자신의 고향을 보고 슬픔에 잠겨서, 복수를 다짐한다.

---

3 대가, 권위자란 뜻 – 옮긴이
4 누런 소들 사이에 보랏빛 소가 있으면 금방 눈에 띄는 것처럼, 현저하게 눈에 띄는 예외적인 특징을 의미함. 세스 고딘의 저서 이후로 국내에서도 '리마커블'이란 단어가 통용되고 있어 원어 그대로 사용함 – 옮긴이

- **보여주기**: 떨리는 목소리와 눈물 맺힌 눈동자로 액소르는 부르르 떨면서 서쪽을 바라보며 맹세한다. 복수를 마무리 짓기 전에 자신의 고향에 눈물 한 방울도 떨어지지 않도록 하겠다고.

초보 스토리텔러(좀 더 현명해야 할 숙련된 스토리텔러도)가 저지르는 한 가지 실수는 이야기의 유래, 역사, 배경을 설명하기 위해 귀중한 시간을 낭비한다는 점이다. 이야기에 흥미를 느낀 독자는 이런 사실에 관심을 갖겠지만, 시작 시점에 관심이 있을 리가 없다.

대부분의 사람들과 마찬가지로, 나는 이야기를 읽을 때 생생한 이미지와 액션을 수행하는 캐릭터를 원한다. 단순히 등장인물이 행복하다거나 슬프다거나 하는 설명을 듣기보다는, 그들의 행동과 감정에 대한 육체적 반응을 통해 등장인물의 내부 심리 상태를 파악하고 싶다. 나는 세계의 역사와 배경지식에 자주 관심을 갖는 편이지만, 이런 정보가 백과사전식 장광설을 통해서보다는 내러티브를 통해 자연스럽게 윤곽을 드러내길 원한다.

우리 두뇌는 동기, 감정과 사회적 구조를 알아차리는 데 탁월한 능력을 지니도록 진화됐다. 사람들이 그런 능력을 활용하도록 해라. 사람들의 머리에 억지로 구겨넣지 말고, 그들이 정서적 콘텐츠를 이해할 것이라고 신뢰하라.

비즈니스에서도 이러한 스토리 제작 기술에 대해 배울 점이 많다. 제품이 실제 동작되는 걸 보여줄 수 있다면 구태여 설명할 필요가 있을까?

게임에서 유사 사례는 흔히 사용되는 튜토리얼 시스템이다. 누군가를 자연스럽게 액션에 몰입시키는 식이 아니라, 게임 플레이 방법에 대해 많은 설명이 필요하다면, 십중팔구 보여주기 대신에 설명하느라 귀중한 시간을 낭비하고 있는 것이다. 플레이 진행에 따라 등장하도록 튜토리얼을 포함시키는 방식은 괜찮지만, 서두 부분의 설명과 텍스트는 플레이어의 게임 시작을 귀찮게 할 뿐이며, 최악의 경우에는 지루해서 게임을 포기하게 만들 수도 있다. 도입부의 내용은 플레이어가 모험에의 소명에 참여하도록 만들어야지, 그것을 방해해서는 안 된다.

매력적이고, 활동적인 언어 사용하기

삶은 동사verb와 연결되어 있다. 동사는 움직임을 의미한다. 움직임이 없다면, 우리가 알고 있는 모든 것이 의미를 잃을 것이다. 움직임의 중지는 우주의 열역학적 사망을 의미한다.

이런 개념을 우리 두뇌의 작동과 비교해보라. 우리는 머릿속에 많은 관념을 가질 수 있지만, 이런 관념들은 오직 우리가 근육을 움직여 행동을 취할 때만 세상에 영향을 미칠 수 있다. 우리 두뇌는 정보를 처리하지만, 두뇌의 명령은 오직 동사를 통해서만 실현된다.

동사는 대부분의 훌륭한 이야기를 이끌어가며, 액션과 반응, 움직임과 감정을 표시한다. 하지만 이야기의 형태와 형식은 서로 상호작용하는 명사noun들에도 의존한다. 형용사adjective와 부사adverb는 약간 중요도가 떨어지는데, 특정 상황에서는 큰 역할을 하겠지만, 대부분의 경우엔 불명확한 동사와 명사의 보조 역할을 한다.

게임 경험을 빚어낼 때는, 플레이어가 게임과 상호작용하는 방법과 관련된 동사에 주목해야 한다. 게임 스토리를 개발할 때, 플레이어가 주고받으리라 상상되는 행동 목록을 관리하면 도움이 된다. 마찬가지로, 게임을 진척시키는 유형의 동작을 여러분의 비즈니스에 응용하고자 한다면, 고객이나 직원들이 실제로 수행할 수 있는 항목에 초점을 맞춰야 한다. 동사는 효과적이다. 사람들이 취했으면 하는 행동을 파악하고, 그 일을 수행할 수 있는 기회를 부여하라. 그리고 여러분이 설계한 프로세스와 인터페이스에 의해 해당 동사가 실현될 가능성이 높아졌는지 자문해보라.

동사의 미묘한 차이만으로 경험을 생각하는 방법에 변화가 생길 수 있다. 다음 문장들을 검토해보라.

- 영웅은 사악한 악당과 **싸워야**fight 한다.
- 영웅은 사악한 악당을 **파멸시켜야**destroy 한다.
- 영웅은 사악한 악당을 **쳐부수어야**beat 한다.

- 영웅은 사악한 악당을 **막아야**stop 한다.
- 영웅은 사악한 악당을 **죽여야**kill 한다.

정교한 언어가 중요하다. 죽이는 것과 쳐부수는 것은 동일하지 않다. 비즈니스 맥락에서 언어가 사용되는 방법도 고려해야 한다. 고객은 제품을 '구매buy'하는가 제품에 '투자invest'하는가? 여러분은 '판매sell'하는가 아니면 '소유owning'를 강조하는가? 제품을 묘사하는 이야기를 개발할 때, 동사와 그들이 전달하는 완전한 의미에 주의를 기울여야 한다.

흥미로운 등장인물 활용하기

시가 아름다워서 읽고 쓰는 것이 아니다. 인류의 일원이기 때문에 시를 읽고 쓰는 것이다. 인류는 열정으로 가득 차 있다. 의료, 법률, 비즈니스, 기술 등은 고귀한 일이며, 삶을 유지하는 데 필수 불가결하다. 하지만 시와 아름다움, 낭만과 사랑은 삶의 목적이다.

– 존 키팅(John Keating), 죽은 시인의 사회

사람들은 과학, 종교, 우주, 음악, 게임과 같이 광범위하고 다양한 주제에 관심을 갖고 있다. 지구상의 사람 숫자만큼 고유한 관심사가 존재한다. 하지만 누구나가 공유하는 관심 중 하나는 다른 사람에 대한 관심이다. 이야기 속에 등장하는 등장인물에 대해 알게 되는 것이 흥미로운 이유다.

게임의 독특한 요소는 플레이어가 특정 캐릭터의 역할을 맡도록 해준다는 점이다. 하지만 이런 생각이 게임 영역에만 국한될 이유는 없다. 4장에서 고객을 묘사하기 위해 플레이어 페르소나 개발을 제안한 바 있는데, 페르소나는 여러분이 들려주고자 하는 이야기의 캐릭터 역할을 맡을 수 있다. 게임 속 영웅의 여정에서 그들은 어떤 유형의 캐릭터인가? 치료사? 예술가? 멘토? 이들 신화적 전형은 플레이어의 꿈과 희망을 명확히 하는 데 도움을 준다.

4장의 신화 만들기 게임에서 언급했듯이, 의인화personification도 유용한 도구가 될 수 있다. 여러분의 고객은 각자의 영웅적 야망을 지닌 캐릭터 유형일 테지만, 마찬가지로 훌륭한 게임도 자체적인 브랜드와 개성을 지닌 하나의 캐릭터일 수 있다. 색다른 많은 상황에서 흥미로운 캐릭터 유형을 발견할 수 있다.

- 영화 '아바타'에서, 판도라 행성은 자체적인 목적과 속성을 지닌 일종의 캐릭터다.
- 텔레비전 시리즈 '24'에서 시계는 일종의 캐릭터로, 브랜드의 한 부분으로 지속적으로 등장하는데, 시간의 냉엄한 현실을 표현하고 다른 캐릭터의 행동을 요구한다.
- 브랜드는 캐릭터를 포함할 수 있다. 에너자이저 버니Energizer Bunny를 생각해보고, 어떻게 해서 미키 마우스가 디즈니와 동일한 의미가 되었는지 생각해보라.
- 비쥬얼드의 해설자 목소리도 부모님처럼 격려해주는 일종의 캐릭터다.

사람들이 탐험하기를 갈망하는 매혹적인 세계를 구축하라

우리는 이야기를 통해 정상적으로는 경험할 수 없었던 장소에 가볼 수 있다. 판타지 영웅전이나 롤플레잉 게임에서는 마법과 경이로 가득 찬 세계를 여행해볼 수 있다. 의학 드라마에서는 삶과 죽음이 교차하는 극적인 병원 생활을 경험하는 느낌을 준다. 마피아 워즈, 뱀파이어 워즈 그리고 팜빌까지도 우리들 대부분이 가본 적이 없거나 가보지 못할 장소로 데려다준다.

디즈니는 사람들이 새로운 세계를 탐험하고 싶어한다는 믿음을 중심으로 제국을 건설했다. 디즈니의 많은 영화가 이색적인 장소를 배경으로 할 뿐만 아니라, 테마 파크는 상상 속의 장소를 사람들이 물리적으로 경험할 수 있게 해준다. 디즈니 월드 및 산하 공원을 담당하고 있는 이매지니어imagineer들은 박물관, 쇼핑, 프로 스포츠 분야에서 경험을 쌓은 사람들이다.

사람들에게 다른 세상을 경험하게 해주기 위해 꼭 게임이나 테마 파크여야 할 필요는 없다. 애플과 스타벅스는 사람들이 원하는 수준의 제품에 그치지 않고, 경험하기를 갈망하는 제품을 판매해서 엄청난 성공을 거둔 회사다. 나의 매사추세츠 거주지 부근에 조던스Jordan's라는 가구 소매점이 있다. 놀이 공원 기구와 아이맥스IMAX 영화 시설이 갖춰져 있다는 점이 특징인데, 점포 내의 명판에는 "모든 비즈니스는 쇼 비즈니스다"라고 새겨져 있다.

조던스나 애플 스토어 또는 스타벅스를 방문할 때, 우리는 하나의 세계에 입장하고 있는 것이다. 여러분의 회사는 어떤 종류의 세계를 제공하고 있는가? 어떻게 하면 이벤트에서 경험을 빚어내고, 지나치는 느낌을 인상적인 기억으로 바꿀 수 있을까?

🦢 경탄과 기쁨

시간이 흘러도 변치 않는 캐릭터 전형을 사용한다 하더라도, 위대한 이야기는 예측 불가능하다. 페이지를 뒤로 넘겨서 책을 다시 읽어보거나 비디오를 되감아 보면, 그런 이야기의 결과가 당연해 보이는데 왜 그것을 예상치 못했을까라는 의문이 든다.

영화 '식스 센스Sixth Sense'에서와 같은(아직 보지 못한 소수를 위해 스포일러는 자제하겠다), 경탄과 기쁨의 순간이 영화의 클라이맥스에만 국한된 것은 아니다. 위대한 이야기의 제일 목표는 지루하지 않도록 하는 것이라고 말할 수도 있다. 이를 위해, 이야기는 반전과 색다름을 도입해야 한다.

상호작용하는 새로운 방법, 이색적인 줄거리의 뒤틀림 및 참신한 콘텐츠를 도입함으로써 게임은 경탄과 기쁨을 제공한다. 게임과 마찬가지로, 거의 모든 제품이 똑같이 할 수 있다. 이런 순간이 고객의 기대를 뛰어넘을 때, 고객의 기쁨과 만족은 한껏 고취된다.

෩෩෩

미스터리는 분명히 어느 곳에나 있다. 신이 존재하는가? 미스터리. 사후의 세계는 어떤가? 미스터리. 실례지만, 샴와우(ShamWow)[5]는 무슨 소재로 만들어졌을까? 미스터리. 스톤 헨지? 빅풋(Big Foot)[6]? 네스 호의 괴물? 미스터리, 미스터리, 미스터리. 맥도날드의 특수 소스? 당신이 사우전드 아일랜드 드레싱 병을 몇 개 보여줬는지는 모르겠지만, 거기에도 특수 소스가 있다. 미스터리.

– J.J. 아브람스, 'J.J. 아브람스의 미스터리의 마법에 관해'

෨෨෨

미지unknown는 강력한 유혹이다. 우리가 우주를 탐구하게 만들고, 마음속의 세계를 탐구하게 만들고, 다른 사람의 동기를 탐구하게 만든다. 미스터리는 세헤라자데가 천 일이 넘는 동안 왕의 관심을 붙잡을 수 있었던 원동력이다.

미스터리는 이야기의 전압과 같다. 우리를 계속 움직이게 하는 원동력이다. 미스터리가 없다면, 우리는 흥미를 잃는다. 모든 것을 알고 있다면 뭣 하러 탐험을 계속하겠는가? 영화를 다시 보거나 책을 다시 읽기만 해도, 첫 경험에서는 놓쳤거나 잊고 있었던 이야기의 요소에 호기심이 생기는 경우도 흔하다.

게임은 수많은 방법으로 미스터리를 불러일으킨다. 기대하거나 예측하지 못했던 새로운 콘텐츠를 제공하거나, 이야기 줄거리의 얽히고 설킴 아니면 플레이 방식에 변화를 야기하는 새로운 방식의 게임과의 상호작용 등을 통해서이다. 미스터리는 플레이어에 관한 이야기를 묘사할 때 동원할 수 있는 강력한 도구다.

---

5 물을 흡수하는 직물 – 옮긴이
6 북미 서부에 살고 있는 것으로 여겨지는 온몸이 털로 덮인 원숭이 – 옮긴이

플레이어 내러티브

월드 오브 워크래프트, 마피아 워즈, 갓 오브 록 같은 게임은 이야기에 관한 것이다. 우리는 가상의 세계에서 어떤 캐릭터를 연기하며, 역시 캐릭터를 연기하는 다른 사람과 상호작용한다. 이런 게임에서 스토리텔링은 게임 플레이의 중심이다. 하지만 모든 게임이 이야기에 관한 것은 아니다. 이런 경우에는, 플레이어에 관한 이야기에 초점을 맞춰야 한다.

예를 들어, 비쥬얼드 블리츠에는 감지할 수 있는 어떤 이야기도 존재하지 않는다. 그러나 이런 사실이 플레이어의 경험을 중심으로 한 이야기를 만들 수 없다는 의미는 아니다.

&sphere;&sphere;&sphere;

제인은 페이스북의 경계를 둘러싸고 있는 이상한 왕국을 얼핏 느꼈다. 인상적인 산들을 배경으로 하늘에는 파란색 다이아몬드가 떠다니는 왕국이었다. 비쥬얼드 왕국에 대해 들어본 적은 있지만, 그녀는 호기심에 저항했다. 하지만 어떤 친구가 그곳에서 겪은 경험을 게시했고, 제인도 한번 둘러보기로 결심했다.

비쥬얼드에 도착하자, 제인은 왕국의 마법을 배우게 됐다. 같은 색상의 보석 3개가 이어지도록 모으자, 점수를 획득할 수 있었다. 갑자기 시계가 째깍거리기 시작했고, 제인은 움직이기 시작했다. 몇 개의 보석을 모으자 폭발했고, 게임에서 오버로드(Overlord)의 깊이 울리는 목소리가 들려왔는데, "좋아"라며 그녀의 움직임을 칭찬해줬다. 대담해진 제인은 순간적으로 보석 하나를 바꿔쳐서 한 방향으로 4개, 다른 방향으로 3개가 이어질 수 있는 장소를 발견했다.

보석들이 부서지자, "대단해!"라는 비쥬얼드 오버로드의 목소리가 쿵하고 울려왔다.

곧이어, 제인은 화면과 사운드로 "시간 경과"라는 메시지를 받았지만, 자신이 잘했다고 느꼈다. 혹시 타고난 것일까?

몇 분은 몇 시간이 됐다. 제인은 좀 더 깊이 탐험하기 시작했다. 그녀는 점수를 훨씬 높이 올려줄 수 있는 특별 파워업에 대해 알게 됐다. 격려해주는 부모님처럼, 비쥬얼드 오버로드의 목소리는 언제나 그녀가 더 잘할 수 있도록 용기를 북돋아줬다.

특별히 잘한 게임에서는 "최고 점수 신기록"이라는 오버로드의 목소리가 들려왔다. 제인은 많은 친구의 점수를 뛰어넘었다.

자부심에 넘친 제인은 자신의 빠른 성공에 친구들이 경외감을 느끼리라 믿고서, 페이스북 담벼락에 자신의 점수를 게시했다. 곧이어, 친구들이 게임에서 사용할 수 있는 최고의 파워업이 무엇인지 조언을 구하기 시작했다.

✌✌✌

이런 종류의 이야기가 플레이어 내러티브의 사례다. 우리의 목표는 이런 사례를 브레인스토밍과 비전 창조의 도구로 활용해서, 게임에서 재미의 원천, 경험의 최고 측면 및 자신의 브랜드에 중요한 요소를 검토해보는 것이다.

플레이어 내러티브의 신화적 구조

앞에서 설명한 '게임을 위한 영웅의 여정 구조'는 플레이어에게 반향을 불러일으킬 수 있는 정서적이면서 지속적인 이야기 요소를 정의하는 데 도움이 된다. 이를 게임의 기능과 경험을 위한 비유로 활용하고, 추가적 개선이 필요한 영역을 파악하는 방편으로 활용하라.

다음은 비쥬얼드 이야기를 앞서 언급한 '게임을 위한 영웅의 여정'의 틀로 분석하는 방법이다.

- **모험에의 소명:** 제인은 친구를 통해 반짝이는 보석의 세계를 접하게 됐다. 흥미로워 보였지만, 처음에 그녀는 페이스북 프로필 페이지의 안전함 속에 머무르는 편이 좀 더 편안했다. 하지만 그녀의 친구들이 플레이로 얻은 보물을 그녀와 공유하자, 그녀도 참가할 만한 흥미를 갖게 됐다.
- **도전:** 플레이한 처음 몇 판의 게임으로, 그녀는 게임의 특수 기능을 일부 파악하게 된다.
- **재탄생:** 제인은 게임을 충분히 이해하고 이제 '비쥬얼드 플레이어'가 된다. 따라서 게임의 초심자에겐 익숙치 않은 게임 내 몇몇 부스트boost 획득을 선택할 때도 편안함을 느낀다.

- **은총**: 제인은 '최고 스코어 신기록'을 세우고 비쥬얼도 오버로드로부터 축하를 받는다. 이런 기록이 만들어주는 또래들 사이의 사회적 위신이 진정한 보상이다.
- **귀환**: 제인은 페이스북 담벼락으로 돌아와서, 플레이어로서 자신의 성공을 공유한다. 친구들이 보기에 그녀는 전문가가 됐으므로, 제인은 종종 친구들의 플레이에 의견을 주고, 개선될 수 있는 방법에 대해 조언을 해준다.

이런 간단한 사례로부터, 원래 상상 속을 탐색하는 경험이 아닐 경우에도 경험에 대한 이야기를 언제나 서술할 수 있다는 사실을 알 수 있다. 이런 유형의 이야기는 고객을 이해하고, 잠재적인 경탄과 기쁨의 순간을 파악하는 데 유용한 시나리오를 개발하고, 경험의 드라마 내에서 캐릭터를 창조하는 데 도움을 줄 수 있다.

이야기에서 경험 추출하기

웹사이트 및 소프트웨어 개발자들은 종종 '유저 경험'과 '유저 인터페이스'를 바꿀 수 있는 용어처럼 언급하곤 하는데, 사실은 그렇지 않다.

- **플레이어**(유저) **경험**은 플레이어가 게임에서 얻게 되는 기억의 집합이며, 게임이 그들을 변화시키는 방식이다.
- **플레이**(유저) **인터페이스**는 버튼, 가젯gadget[7], 절차 및 게임과 상호작용하기 위해 플레이어가 익혀야 하는 주문들의 조합이다.

자신의 게임에 대한 이야기를 창조함으로써, 핵심 경험을 파악할 수 있다. 제인의 비쥬얼드 블리츠 이야기는 경험의 몇 가지 중요한 부분을 간파했다.

- **브랜딩**: 플레이어 자신이 비쥬얼드 게임의 일원이라고 느끼게 해주는 분명한 시각적 효과의 집합

---

7 유용하고 작은 소프트웨어란 뜻 – 옮긴이

- **게임:** 기본 게임 메커니즘은 보석 3개를 연이어 쌓는 것이지만, 플레이어가 게임에 익숙해지면 좀 더 발전된 메커니즘이 등장한다.
- **멘토:** 플레이어가 올바른 일을 할 때, 격려로 보상해주는 캐릭터
- **특수 파워업:** 상위 플레이어에게 좀 더 많은 보상을 주는 심화된 버전을 즐길 수 있는 방법을 제공해준다.
- **공유:** 플레이어가 자신의 게임 내 경험과 최고 스코어를 다른 이들과 나눌 수 있는 방법

3장 '소셜미디어 게임의 개발'에서 다뤘던 플레이어 중심적인 디자인 프로세스의 반복 개선을 구성하는 또 다른 요소로서 이야기 개발을 고려할 필요가 있다. J.R.R. 톨킨은 『반지의 제왕』 서문에서 "이 이야기는 회자되면서 자라난다"고 쓴 바 있다. 설계의 다양한 요소를 탐색하다 보면, 개정하고, 수정하고, 다시 돌아오는 자신을 발견할 수 있을 것이다. 이야기를 게임 경험의 핵심에 위치시키면, 기능과 인터페이스 사이에서 헤매지 않고, 언제나 돌아올 수 있는 중심을 갖게 된다.

방금 활용한 방식대로, 자신의 이야기를 개발한 후에는 이야기로부터 경험의 목록을 추출해야 한다. 이야기를 반복 개선할 때, 이야기를 이 목록과 비교하라. 이는 제품의 핵심, 즉 플레이어 경험이 된다. 이를 발판으로, 다음 단계인 이런 경험들로부터 요구사항 목록을 개발하는 일로 전진할 수 있다.

유저 스토리 만들기

애자일 소프트웨어 개발에는 유저 스토리user story란 개념이 있는데, 유저가 수행하고자 하는 행동을 묘사하는 개념이다. 유저 스토리의 목적은 요구사항의 목록을 만드는 데 있다. 플레이어 내러티브를 개발하면서 파악된 플레이어 경험을 통해 사람들이 게임과 어떻게 상호작용하는지에 대한 전반적인 시각이 얻어진다. 유저 스토리는 이를 개별적 기능과 목표로 취급할 수 있는 독립적인 컴포넌트로 분해하는 것이다.

플레이어 내러티브와 경험은 특정한 유형의 이야기지만, 일련의 개발 과제로 바로 변환시키기에는 너무나 광범위하다. 이를 요구사항으로 분해하여 플레이어의 역할, 목표, 이유 등의 용어로 표현해야 한다. 애자일 개발에서 사용되는 전형적인 포맷은 다음과 같은 문장을 완성하는 것이다. "누군가로서의 나는 뭔가를 해서 어떤 목표를 달성하고 싶다."

🐦 서사: 큰 그림에 대해 얘기하기

가장 광범위한 유저 스토리에서는 구체적 특징의 도출 없이, 전반적인 목표가 추출될 수 있다. 이런 유형의 스토리는 서사epic라고 불리며, 게임의 큰 그림을 파악하는 데 사용된다. 예를 들어, 비쥬얼드 블리츠에 관한 플레이어 내러티브에서 추출할 수 있는 몇 가지 서사는 다음과 같다.

- 잠재적인 플레이어로서, 나는 게임의 멋지고 독특한 점이 무엇인지 알고 싶다. 그래야 시도해볼지 결정할 수 있으니까.
- 플레이어로서, 나의 성공을 친구들과 공유하고 싶다. 승리자로 인정되는 데서 오는 사회적 위치의 상승이라는 훈훈한 느낌을 즐기고 싶다.
- 신규 플레이어로서, 나는 게임의 핵심적 특징에 자연스럽게 몰입되는 경험을 원한다. 다른 사람에게 플레이 방법을 물어볼 필요가 없었으면 한다.

이런 서사는 게임의 고수준 목표의 체계를 잡아주지만, 행동으로 옮기기에는 아직 부족하다. 이들 중 하나를 2명의 다른 개발자에게 넘기고 해결책을 가지고 오라고 요청하면, 그들이 무엇을 만들어올지 알 수 없다. 유저 스토리를 좀 더 구체적인 요구사항을 가진 좀 더 작은 단위로 쪼개야 하는 이유다.

🐦 유저 스토리 작게 만들기

큰 그림에서 스토리의 세부사항으로 옮길 때가 됐다. 스토리의 윤곽에서 스토리를 마무리 짓는 실제의 액션으로 이동한다. 예를 들어 신규 플레이어를 위한 목표에는 다음의 유저 스토리가 포함될 수 있는데, 원래의 플레이어 내러티브에 들어 있던 일부 개념이 포함되어 있다.

- 신규 플레이어로서, 나는 가장 쉽게 게임을 플레이할 수 있는 방법을 알고 싶다. 내가 좋아하게 될지 빨리 알고 싶기 때문이다.
- 신규 플레이어로서, 나는 게임이 보석 3개를 연이어 배치하는 동작에 관한 것임을 이해하고 싶다. 뭘 해야 할지 혼란을 겪고 싶지 않다.
- 신규 플레이어로서, 나는 용기를 주는 멘토의 표현을 통해 계속 플레이할 수 있는 격려를 받고 싶다. 그러면 좀 더 많이 플레이하게 될 것 같다.

비록 소프트웨어 개발에 적합한 스타일로 좀 더 공식적 표현이 됐지만, 영웅의 여정의 울림이 여전히 존재한다. 이런 공식적 목록들 사이에서, 모험에의 소명, 은총 및 이야기의 다른 요소를 발견할 수 있다. 또한 이 항목들은 누군가가 실행하려는 동사verb에 초점을 맞추고, 그 배경이 되는 동기요인에 초점을 맞추고 있음을 알 수 있다.

좋은 스토리에 투자하라

좋은 유저 스토리는 실제 제품의 제작을 훨씬 더 쉽게 해준다. 교사이자 애자일 컨설턴트인 빌 웨이크Bill Wake는 좋은 스토리의 최고 특성들을 기억하기 쉽도록 INVEST란 머리글자로 만들었다.

- 독립적인Independent
- 절충 가능한Negotiable
- 가치 있는Valuable
- 추정 가능한Estimable
- 작은Small
- 테스트 가능한Testable

독립적인

궁극적인 유저 스토리의 목적은 팀의 개발자에게 과제로 할당될 수 있는 목표와 작업 목록을 제공하는 것이다. 따라서 최상의 스토리는 서로 독립적이어야 한다. 예를 들어 '플레이어로서, 내 스코어를 친구들과 비교할 수 있는 순위표를 보고 싶다'는 좋은 스토리다. 순위표는 대부분의 다른 기능과 분리된 과제로 개발될 수 있기 때문이다.

앞서 설명했듯이, 다른 많은 유형의 소프트웨어 개발에 비해 게임은 좀 더 계층 구조적 경향을 보인다. 한 가지 게임 시스템의 변경은 게임 전체에 영향을 미칠 수 있다. 독립적인 기능을 갈망하는 건 좋지만, 너무 얽매이지는 마라.

절충 가능한

유저 스토리는 기능의 명시적 형식이 아닌 목적에 초점을 맞추므로, 원래의 플레이어 스토리에 표현됐던 세부사항을 일부 놓칠지도 모른다. 예를 들어 방금 열거한 유저 스토리 목록에는 플레이어에게 격려의 말을 건네는 것이 중요하다고 되어 있지만, 정확히 어떤 형식이 되어야 하는지는 설명하고 있지 않다. 브랜드에 핵심적인 사항이라면, 이러한 세부사항을 유저 스토리에 포함시키는 것을 절대적으로 금기시해야 할 필요는 없지만, 너무 초기에 특정한 설계를 강제하기보다는, 개념의 핵심적 본질을 다듬는 편이 좀 더 창조적인 논의를 북돋을 수 있는지 고려해본다. 실제 기능의 개발자와 스토리 창조자를 절충에 참여시킴으로써, 최상의 해결책을 찾을 가능성이 높아진다.

가치 있는

플레이어가 이 기능에 관심을 가질 것인가? 아니면 디자이너나 엔지니어의 자부심을 충족시켜줄 뿐인가? 기술적으로는 멋지지만 돈을 낼 사람과는 무관한 기능이 아닌가? 이런 질문들에 대답해보면, 특정 기능이 가치 있는지 판단할 수 있다.

추정 가능한

스토리 개발 과정을 겪어보는 데 있어 장점 중 하나는 개발의 불확실성을 제거해준다는 점이다. 스토리는 해야 할 일에 대한 초점과 이해를 분명히 해준다. 팀의 누군가는 과제의 규모를 파악하기 위해 스토리를 살펴볼 필요가 있다. 만일 이것이 파악 불가능하다면, 대개 스토리가 너무 모호하든지 아니면 좀 더 작은 과제로 분석돼야 함을 의미한다.

테스트 가능한

유저 스토리를 기반으로 뭔가를 테스트하는 방법이 명확하게 드러나야 한다. 테스트 가능한지에 대한 좋은 판단 기준은 직접 플레이어에게 스토리를 주고 그들이 직접 해볼 수 있는지 관찰하는 것이다. 스토리를 테스트 가능하게 만들기 위해 실제로 해야 할 일은, 모호하고 불명확한 스토리를 제거하는 것이다.

반복 개선되는 스토리와 플레이어 내러티브

전체 프로세스의 일부로 유저 스토리를 생각해보면 유용하다. 설계상에서 스토리 창작 과정의 최종 결과물은 프로세스가 전개되는 과정을 본 적도 없는 구현자에게 불쑥 던져지는 그런 유저 스토리가 아니다. 유저 인터페이스, 게임 디자인 및 플레이어 스토리가 너무나 긴밀하게 연결되어 모든 팀원이 스토리 창작 과정에 참여하게 되는 그런 독특한 게임의 요소여야 한다. 이것이 3장에서 논의한 교차 기능적이고, 자기 조직적인 팀 스타일의 장점 중 하나다.

플레이어 내러티브로부터 서사를 개발할 때, 충분히 검토되지 못한 개념들을 접하게 될 것이다. 일부 서사는 원래의 내러티브에 포함되지 않았지만, 개념을 좀 더 확장시키기 위한 방편으로 사용될 수도 있다.

실제의 유저 스토리(INVEST 모델에 부합되는, 구체적인 형식을 가진 아이디어) 개발을 시작하면, 다음 단계로 진행할 준비가 된 것이다. 게임의 경우에는, 다음 두 가지 주요 갈래 중 하나를 선택하게 된다.

- 특정 유저 스토리의 타당성을 검증하거나 또는 플레이어 내러티브를 개선하는 새로운 방법을 파악하는 데 도움이 되는 유저 인터페이스
- 구체적인 규칙, 시스템 및 게임 플레이 방식을 다루는 게임 메커니즘

스토리 카드로 스토리를 시각화하기

모여진 스토리 목록을 색인 카드나 큰 포스트잇 노트에 기록하면 유용하다. 이런 방식은 다른 사람에게 전달하거나, 벽에 붙이거나, 노트를 추가할 수 있다는 장점이 있다. 오늘날의 많은 가상 개발 팀이 그러하듯, 물리적 미팅 장소가 없는 팀은 위키나 소프트웨어 기반의 협업 툴을 활용해서 비슷한 일을 할 수 있다.

각 스토리 카드에는 스토리의 전체 텍스트가 포함돼야 한다. 노트를 추가하기 위한 약간의 공간을 비워둬라. 그림 9-2는 이런 카드의 한 사례다.

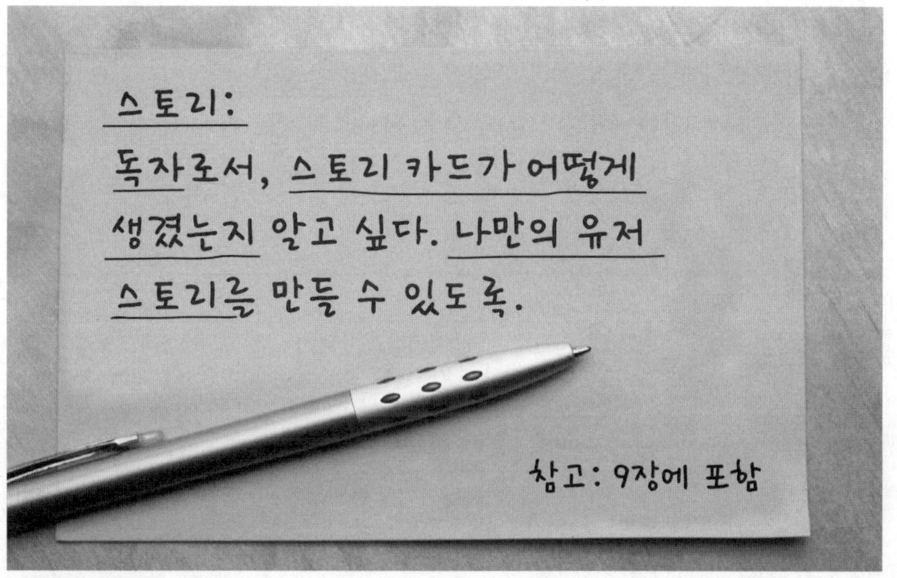

그림 9-2 스토리 카드

서사와 스토리의 그룹을 개발해감에 따라, 스토리를 계층 구조 맵으로 분류할 수 있다. 공유된 공간에 배치될 경우, 이런 맵은 제품에서 무슨 일이 진행되고 있는지 전체 팀이 파악하는 데 극히 유용하다. 동시에 각 기능 간의 관계를 보여주고, 잠재적인 연관성을 드러내는 데도 유용하다.

🦢 스토리 창작 게임

스토리를 쓰는 작업은 재미있고 창조적이다. 또한 아이디어를 구체화하는 데 훌륭한 방법이기도 하다. 그러나 장애물을 만날 수도 있다. 다음은 여러분의 창조력에 불을 붙이거나, 좀 더 나은 결과를 얻기 위한 변화를 주는 데 활용할 수 있는 몇 가지 아이디어다.

🦢 플레이어 내러티브와 게임

여러분의 내러티브는 제품의 전체적인 개념과 비전에 대한 것인데, 몇 가지 아이디어를 스트레스 테스트[8]하고 대안을 모색해볼 좋은 대상이다. 표 9-1에 내용이 정리되어 있다. 어떤 질문이든지, 여러분의 스토리에 대해 새로운 통찰을 제공하거나, 창조 과정상의 장애물을 극복하는 데 도움이 되는 관점을 제공할 것이다.

아이디어	설명
클리프행어	자신을 세헤라자데라고 가정한다. 계속 진행하려면 플레이어가 하루 이상을 기다려야 하는 어떤 요소를 스토리에 주입한다. 이렇게 했을 때, 좀 더 오랫동안 플레이어들이 계속 돌아오게 만들게 될까? 아니면 단지 그들을 짜증 나게 만들게 될까?
다른 관점	악당 관점에서 게임을 플레이해보면 어떤 점이 다르게 묘사될 수 있을까?

표 9-1 내러티브 브레인스토밍 아이디어

---

8 스트레스에 대한 반응 테스트. 보통 수준을 넘는 극한의 입력 값을 넣었을 때의 반응을 테스트함 – 옮긴이

아이디어	설명
친구들과 공유	친구들과 게임을 공유하는 플레이어의 관점에서 유저 스토리를 다시 작성해보자. 그들이 얘기하고 싶은 기능일까? 그들은 어떻게 설명하게 될까?
'게임을 위한 여정' 비유의 활용	게임을 위한 영웅의 여정으로부터의 비유를 활용하라. 여러분의 스토리에 각각의 요소가 존재하는가? 그렇다면, 한 요소를 제거하면 어떤 일이 생길까? 한 요소를 나머지보다 더 크고 중요하게 만들면 어떻게 될까?
다른 전형의 활용	완전히 다른 신화적 전형의 관점에서 플레이어 내러티브를 다시 생각해보면 어떻게 될까? 4장의 신화 만들기 게임에서 나열된 항목 중에서 어떤 것이든 활용해보라.
게임 중독성	어떤 취재 기자가 여러분의 게임을 '지나치게 중독적'이라고 소개하는 기사를 상상해보라. 기자의 관점에서 게임을 어떻게 묘사하겠는가?
내러티브 조합하기	플레이어 내러티브의 두 가지 부분을 하나로 조합해보라. 2개의 개념이 실질적으로 하나의 개념처럼 보이는 경우가 있는가?
수렁 조심하기	내러티브에 플레이어가 수렁에 빠질 것처럼 보이는 장소가 존재하는가? 그렇다면, 어떻게 해서 그들이 빠져나오게 할 수 있을까? 아니면 그들이 수렁에 빠진다는 사실을 활용해서 사회적 상호작용을 이끌어낼 수 있는 교묘한 방법이 있을까?
게임 맵	핵심 개념을 화이트보드나 종이 위에 적어가면서 내러티브의 마인드 맵(mind map)을 그려본다. 연관 개념들을 열거하면서, 아이디어로부터 자유롭게 새로운 분기를 연결해나간다. 원하는 길이만큼 자유로이 연결해나간다. 이런 분기들에서 좀 더 좋은 아이디어가 도출되는가?
그림의 활용	플레이어 내러티브를 그림과 상징만으로 묘사해보라. 예술 작품일 필요는 없다. 단지 아이디어를 위한 도구 정도면 족하다. 새로운 생각이 떠오르는가?
운을 기술로 대체한다	운에 의해 좌우되는 뭔가가 내러티브에 언급되는 모든 경우에 대해, 기술에 의해 좌우되도록 수정해본다. 그 다음 반대 경우를 시도해본다. 게임에 대해 생각하는 방법에 어떤 변화가 생겼는가?
5살짜리 아이에게 얘기한다	여러분의 내러티브를 5살짜리 아이에게 설명해보라. 그들이 이해하는가? 주변에 5살짜리가 없다면, 그들에게 얘기해보는 시늉을 한다. 아니면 개에게 시도해보라. 개들은 훌륭한 청취자다.

표 9-1 내러티브 브레인스토밍 아이디어(이어짐)

아이디어	설명
내러티브를 크게 소리 내어 읽어본다	충분히 재미있게 들리는가? 이 내러티브를 방 안에서 100명의 사람들 앞에서 얘기해본다면 느낌이 어떨까?
흥미진진한 요소를 나열해본다	내러티브에서 가장 흥미진진한 요소의 목록을 만들어본다. 그 다음, 정반대 내용으로 똑같이 재미있는 것들을 상상해본다. 내러티브에 어떤 변화를 줄 수 있을까?
소셜 요소를 제거한다	일체의 소셜 요소를 제거하고 내러티브 설명을 다시 써본다. 여전히 재미있게 들리는가?

표 9-1 내러티브 브레인스토밍 아이디어(이어짐)

재미 삼아서 페이스북에서 좋아하는 소셜게임을 찾아보라. 해당 게임에 대한 여러분 자신만의 내러티브를 기술해보라. 그 다음, 위의 브레인스토밍 팁을 활용해서 어떤 새로운 유형의 아이디어가 떠오르는지 시도해보라. 싫어하는 게임에 대해서도, 게임을 개선해보겠다는 목적을 가지고 똑같이 시도해본다.

유저 스토리와 게임

유저 스토리는 이번 장에 설명된 프로세스의 좀 더 공식적인 마무리에 등장하지만, 공식적이라고 해서 꼭 재미없을 필요는 없다. 다음은 유저 스토리에 재미를 줄 수 있는 몇 가지 아이템이다.

- **모자에서 카드 뽑기 게임.** 서사를 모두 스토리 카드에 적은 다음, 모자에 집어넣고 카드를 한 장 뽑는다. 뽑혀진 서사가 여러분 게임의 메인 아이디어라면 어떻게 될까? 어떤 것이 변화될까? 충분히 재미있을까? 이걸 빼고 게임을 만든다면 어떤 일이 생기게 될까?
- **또 다른 모자에서 카드 뽑기 게임.** 모자에서 어떤 것이든 유저 스토리(서사뿐만 아니라)를 뽑는다. 플레이어가 게임에서 처음 접하게 될 장면이 이 스토리라면 어떤 느낌일까?
- **스토리 카드 덱을 섞는다.** 완전히 새로운 팀 구성원에게 무작위적으로 카드가 뽑힌 순서대로 여러분의 게임을 설명하는 상황을 상상해본다.

- **카드의 목표 옹호하기.** 각각의 카드 스토리에 대해, 각 목적을 옹호해야 할 다른 이유들을 파악해본다. 좀 더 그럴싸한 이유를 생각해볼 수 있을까? 이유가 변경되면, 기능에 접근하는 방법에 어떤 변화를 주게 될까?

상기 팁에 대한 경험을 토대로, 여러분의 플레이어 내러티브를 재검토해보고, 일부 스토리의 우선순위를 바꿔보기 바란다.

🐦 정리

9장에서는 이야기의 가장 폭넓은 정의에서 출발해서, 훌륭한 스토리텔링에 기여하는 드라마, 신화 및 상징주의의 구성요소를 살펴봤다. 신화와 이야기 구조라는 고대의 도구를 활용해서, 이야기가 시대를 초월하여 발생시키고 있는 흥분과 몰입의 느낌을 여러분의 게임에서 불러일으킬 수 있는 방법을 검토해봤다. 게임에 대한 비전을 포착하는 데 활용되는 이런 광범위한 이야기 유형을 플레이어 내러티브라고 부른다.

플레이어 내러티브는 다른 요소들로 분해될 수 있다. 서사는 게임의 주요 목표이자 중요한 테마다. 유저 스토리는 구체적 목표와 목적을 규정한다. 반복 개선을 통해 활용됐을 때, 이 3가지 계층은 3장에서 소개된 플레이어 중심적인 디자인 프로세스를 채용하는 어떤 프로젝트에도 정의와 구조를 제공해줄 수 있다.

🐦 경로 선택

다음에 읽어야 할 내용에 대한 안내

- 플레이어 내러티브와 유저 스토리가 규칙, 순위표 등과 같은 구체적 게임 시스템으로 어떻게 변화될 수 있는지 궁금하다면, 이 주제는 다음 10장에서 다뤄진다.

- 게임 개발에서는 게임 메커니즘, 이야기 및 유저 인터페이스가 너무나 뒤얽혀 있기 때문에, 메커니즘에 초점을 맞추기 전에 게임 디자인의 시각적 측면을 살펴보고 싶을 수도 있다. 그렇다면, 12장으로 건너뛰어도 무방하다.
- 다른 사람들이 아이디어를 개발하고 다듬기 위해 활용하는 브레인스토밍이나 창조성 기법에 대해 논의하고 싶다면, www.game-on-book.com에 온라인 접속하여 비밀 코드 상자에 'stories'라고 입력한다.

매력적인 게임 시스템 개발 10장

10장의 내용

★ 속도, 몰입, 재미가 함께 작용하여 매력적인 게임이 만들어지는 방법
★ 강력한 상호작용을 불러일으키는 게임 시스템을 디자인하는 방법
★ 재미있는 방법으로 자신의 게임 디자인 기술을 심화시키는 방법

단순히 재미있는 활동 경험과 장기간에 걸쳐 재미있는 게임 사이에는 엄청난 차이가 있다. 재미있는 활동에는 5장에서 다룬 바 있는 42가지 재미 유형이 포함되겠지만, 대부분 그것만으로는 충분치 않다. 사람들이 계속 되돌아오게 하고 싶다면, 뭔가 더 해야 한다. 이야기와 몰입, 게임 내에서 플레이어의 진척을 커뮤니케이션할 수 있는 효과적인 수단이 필요하다. 10장에서 소개하는 다양한 게임 시스템은, 고객과의 장기적 상호작용을 키울 필요가 있는 어떠한 게임이나 비즈니스 환경에도 적용할 수 있다.

플레이어가 지속적으로 돌아오기에 충분할 만큼 재미를 만들려면, 다음과 같은 게임 경험을 개발해야 한다.

- 각각의 상호작용이 정말로 재미있어야 한다.
- 플레이어는 적절한 단기적 목표와 장기적 목표를 가져야 한다. 단기 목표는 즉각적인 즐거움을 충족시키기 위한 것인 반면, 장기 목표는 그들이 돌아오도록 설득하기 위한 것이다.

- 경험이 너무 싱겁거나 너무 어렵지 않도록, 시간이 경과해도 도전과 기술이 섬세하게 균형을 이뤄야 한다.
- 목표를 향한 진척에 대해 플레이어에게 끊임없이 알려줘야 한다.

🦜 몰입 이해하기

어떤 활동에 너무나 집중한 나머지 시간이 사라진 듯한 느낌이 들고, 동시에 자신이 하고 있는 일에 끊임없는 성공과 즐거움을 느낀 적이 있는가? 스포츠를 즐길 때, 악기를 연주할 때, 비즈니스 문제를 해결할 때, 재미있는 책을 읽을 때 아니면 게임을 플레이할 때 이런 느낌이 들었을 것이다. 스포츠에서 이런 느낌은 때때로 '신들렸다in the zone[1]'라고 불린다.

헝가리 출신 심리학자인 미하일 칙센트미하이Mihaly Csikszentmihalyi는 **긍정 심리학**positive psychology이라는 분야를 개척했는데, 우리가 '신들린 듯한' 경험을 겪게 되는 이유를 이해하고자 하는 학문이다. 어떤 활동에서는 우리의 지각된 기술과 주어진 경험의 지각된 도전 수준이 조화를 이룬다는 것이 몰입의 개념이다. 우리는 충분히 도전적인 어떤 활동에서, 자신이 능숙하다고 느끼게 되면, 시간의 흐름에 둔감해지고, 깊은 만족감을 느끼게 된다. 이런 심리적 상태를 **몰입**flow이라고 부른다.

몰입은 어떤 경험이 왜 그토록 즐거운지에 대해 설명해준다. 칙센트미하이는 가장 즐거운 경험으로 이어지는 8가지 요소를 정의했다. 몰입을 경험하는 사람들은

- **과제를 완수할 수 있다고 믿는다.** 예를 들어 책 읽기, 특별 요리하기 또는 게임 레벨 완수하기 등
- **활동에 집중한다.** 너무나 수동적으로 진행되어, 사람들이 생각할 필요조차 느끼지 않는 활동은 대개 큰 즐거움을 만들어내지 못한다.

---

1 대치되는 정확한 한글 표현이 없어 의역함 - 옮긴이

- **분명히 소통된 목표를 받는다.** 뭔가를 하는 배후의 목적을 알 수 없다면, 사람들은 흥미를 잃는다.

- **경험 도중 즉각적인 피드백을 받는다.** 이야기의 새로운 부분에 도달했는가? 방금 요리한 식사가 맛있었는가? 게임에서 새로운 배지를 획득했는가?

- **과제에 깊이 몰입하는 경험을 한다.** 이런 몰입은 일상의 근심 걱정을 잊게 해준다.

- **통제감sense of control을 경험한다.** 때때로 이는 행위자의 감정sense of agency이라고 불린다. 우리는 자신의 행동이 세상에 미치는 영향을 알고 싶어한다.

- **자신에 대한 관심을 잃는다.** 바꿔 말하면, 활동 그 자체에 집중하고 있기 때문에 도중에 자신에 대한 느낌이 사라진다.

- **시간 감각을 상실한다.** 시간이 날라가는 것처럼 보인다. 이를 조셉 헬러Joseph Heller의 소설, 『Catch-22캐치-22』의 등장인물인 던바Dunbar와 비교해보라. 그는 인생이 오랫동안 지속되는 것처럼 느끼고 싶어, 싫어하는 일만 골라서 했다. 던바는 스키트 사격skeet shooting[2]을 즐겨 했는데, 그걸 너무 싫어해서 시간이 천천히 흘러가는 것처럼 느껴졌기 때문이다. 현실 세계에서 던바 같은 사람은 흔치 않다. 우리가 뭔가를 즐기고 있는지는 시간이 어느 정도 속도로 흘러가는 것처럼 보이는지에 의해 파악할 수 있다.

도전과 기술의 균형 잡기

지각perception은 게임 디자인에서 중요한 고려사항이다. 플레이어의 실제 기술 수준이 어떤가는 중요치 않다. 플레이어는 각자 자신의 기술 수준이 어느 정도 되는지 알고 있다. 마찬가지로, 게임 디자이너가 느끼는 도전의 수준은 중요치 않다. 오직 플레이어가 어느 정도의 도전이라고 느끼는지가 중요할 뿐이다. 그림 10-1은 지각된 기술과 도전 수준을 기준으로 경험될 수 있는 다양한 심리적 상태를 보여준다.

---

2 클레이 사격 종목 중 하나 – 옮긴이

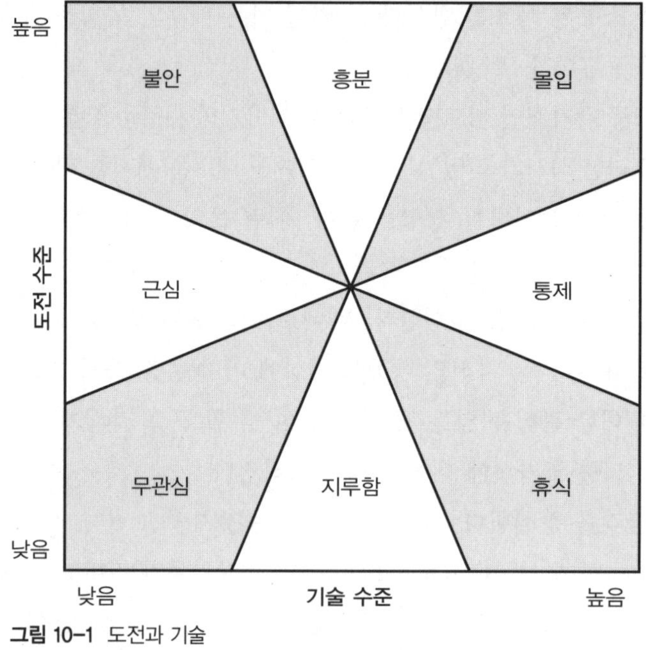

그림 10-1 도전과 기술

우선 그림 10-1의 우측 상단에 위치한 몇 가지 긍정적 상태를 검토해보자.

- **몰입:** 게임을 위한 이상적인 심리 상태로 플레이어의 기술과 도전이 완벽한 균형을 이루고 있어, 깊은 몰입과 만족을 낳는다. 훌륭한 게임은 플레이어를 몰입 상태에 빠지게 하지만, 어떤 게임도 100% 시간 동안 이 상태를 지속할 수는 없으며, 흥분, 통제, 휴식 등 몇몇 다른 긍정적 상태에 빠지게 된다.

- **흥분:** 특정 활동이 현재 자신의 기술 수준보다 약간 높다고 느끼지만, 충분한 연습으로 곧 마스터할 수 있다고 플레이어가 느끼는 심리 상태다. 게임에서 약간의 흥분은 불가피한데, 성취감을 느끼기 위해서는 극복해야 할 새로운 도전들이 플레이어에게 제시돼야 하기 때문이며, 이를 통해 추후 몰입의 상태에 빠지기 위해서다. 그러나 끊임없는 흥분 상태는 피로로 이어질 수 있으므로, 게임에서 제공되는 경험의 유형은 다양해질 필요가 있다.

- **통제:** 적당한 수준의 도전이 활동에 관련되어 있어, 성공을 위해서 자신을 몰아붙일 필요가 없다고 플레이어가 느낄 때다. 이런 상태의 플레이어는 자신이 게임을 완전히 장악하고 있다고 얘기한다. 사람들은 통제력을 느끼고 싶어하지만, 너무나 숙달되어 활동에 노력이 필요하지 않다고 느끼게 되면, 결국에는 일종의 지루함으로 변질될 수 있다. 많은 훌륭한 게임 경험은 흥분과 통제를 넘나들면서, 도전과 기술이 완벽한 밸런스에 놓이는 시간 동안 플레이어가 몰입을 경험할 수 있게 해준다.

- **휴식:** 활동을 수행하기 위해 높은 기술 수준이 필요하다고 생각하지만, 플레이어가 전혀 도전을 느끼지 못할 때 경험되는 상태다. 게임에서 휴식 기간은 플레이어가 숨을 고르고 완벽한 지배감을 즐기게 해주지만, 결국에는 도전적 수준이 사건이 벌어져야 하며, 그러지 않으면 플레이어는 지루해진다. 본질적인 특성상 휴식 활동은 플레이어에게 많은 것을 요구하지 않으며, 경우에 따라 졸음을 유발할 수도 있다.

이런 심리 상태들이 혼합되어 긍정적인 게임 경험을 만들어낼 수 있다. 그림 10-1의 좌측에는 피해야 할 상태들이 있는데, 플레이어를 소외시키는 위험 요인으로, 게임을 포기하게 만든다.

- **불안:** 게임의 도전이 너무나 강력해서 플레이어가 현재 자신의 기술 수준으로는 접근조차 어렵다고 느끼는 상태이며, 결과적으로 플레이어는 도전을 결코 성취할 수 없다고 느끼게 된다. 불안을 경험하는 플레이어는 아마도 게임의 난이도를 조절하거나 다른 콘텐츠를 시도하는 등의 방법으로 좀 더 쉬운 도전을 찾게 되는데, 만일 그들이 찾는 것마다 모두 불안을 몰고 오는 경험이라면, 금세 게임을 포기하게 될 것이다. 누구도 불안이 수반되는 무기력감이나 절망의 느낌을 원하지 않는다.

- **근심:** 통제의 반대이며, 플레이어는 게임을 조종하는 것이 아니라, 게임이 자신을 조종한다고 느낀다. 게임의 도전 수준이 적절함에도 불구하고, 자신의 기술이 성공하기에 부족하다고 생각하며, 거듭된 실패로 인해 자신이 향상될 수 없다고 느끼게 된다.

- **무관심**: 게임의 도전 수준과 플레이어의 기술 수준이 모두 낮을 때 발생한다. 예를 들어, 틱택토 게임을 고려해보자. 대부분의 사람들은 올바른 선택을 하면 언제나 게임을 끝낼 수 있다는 사실을 알게 된다. 따라서 이 게임에 좀 더 숙달되는 유일한 방법은 좀 더 빨리 선택하는 것뿐이다. 누가 관심을 갖겠는가? 게임 메커니즘이 너무나 뻔하고 쉽게 숙달될 수 있기 때문에, 대부분의 사람은 기술을 연마하려고 노력하지 않는다. 이런 일반적인 무관심과 참여의 결핍은 몰입과 대립된다고 생각될 수 있다.

- **지루함**: 활동에 적당한 기술이 필요하지만, 도전이 너무나 간단할 때 일어난다. 지루함과 휴식의 차이점은 지루한 활동은 흥미를 지속시킬 만큼 우리의 기술을 충분히 활용하지 못한다는 점뿐이다.

도전의 근원

게임 도중 휴식 기간이 있는 건 괜찮지만, 장기적으로 흥미를 유지하는 게임은 플레이어에게 도전을 제시하는 게임뿐이다. 게임은 주로 학습에 관한 것이다. 게임은 플레이어에게 새로운 과제를 주고 실험을 통해 적응하는 방법을 제시한다. 플레이어에게 새로운 도전을 제시하기 위해 다음 영역을 활용할 수 있다.

- 상호작용
- 전술
- 전략
- 복잡성
- 신체적 기술

새로운 상호작용 익히기

체스를 배운 적이 있는가? 그렇다면 나이트knight가 어떻게 움직이는지 알고 놀란 기억이 있을지도 모르겠다. 다른 말들은 직선으로 움직이는 데 반해, 나이트는 L자 모양으로 점프하면서 이동한다. 나이트의 움직임을 알고 나면, 게임에서 이기기 위한 새로운 전술과 전략에 대해 생각하게 된다.

플레이어는 게임과 상호작용하는 새로운 방법을 접했을 때 도전을 느낀다. 체스에서는 첫 판을 두는 동안 기본적인 움직임을 배워야 하지만, 컴퓨터 게임에서는 게임에 빠져들어가면서 조금씩 나눠서 새로운 유형의 상호작용을 익힐 수 있다. 새로운 상호작용에는 다음과 같은 사례가 있다.

- **승리하는 새로운 방법:** 게임은 명확한 전체적 목표(레벨 올리기, 보스 물리치기, 가장 많은 돈 벌기, 또는 친구들보다 포인트 많이 획득하기)를 가지고 시작되지만, 진행 도중에 부차적인 목표가 제시될 수 있다. 예를 들어 배지를 얻을 기회, 경쟁하는 다른 방법 및 자신만의 콘텐츠를 만들 기회 등이다.

- **새로운 움직임, 마법 주문, 또는 레벨 상승 시 획득할 수 있는 능력:** 예를 들어, 월드 오브 워크래프트에서 플레이어는 새로운 주문을 얻어서 새로운 방식으로 적을 물리칠 수 있다(새로운 능력을 활용하는 즉시 약간 어려운 적을 물리치기가 좀 더 쉬워질 정도로 밸런스됨).

- **새로운 규칙:** 플레이어의 게임에 대한 이해와 보조를 맞춰 난이도를 증가시키기 위해 특정 상황에서 추가적인 조건이 부과될 수 있다. 예를 들어 비쥬얼드를 능숙하게 플레이하는 방법을 익힌 플레이어라면 시간 제한을 두고 플레이하도록 할 수 있는데, 시간의 압박이 도입됨으로써 난이도가 증가한다.

- **게임 환경 내에서 움직이는 새로운 방법:** 실감형 3D 게임 환경에서 처음에는 걷기로 시작해서, 추후에 산을 오르고, 수영하고, 하늘을 나는 방법을 보여주는 경우를 상상해보라.

- **게임 환경을 바라보는 새로운 방법:** 전략 게임에서 초반에는 2D 맵 정도만 보지만, 이후 게임 내에서 무슨 일이 벌어지고 있는지 쉽게 이해할 수 있도록 새로운 스타일의 특별 보고 페이지를 보게 되는 경우

전술 익히기

군대에서 전술 훈련은 주로 유닛의 배치와 이동에 관한 것이다. 전술 지침의 이해는 특정 상황에서 실시간으로 이뤄져야 하는 것이다. 이 점이 승리를 위한 전반적인 계획인 전략과 다른 점이다. 전략을 수행하는 도중에, 플레이어는 불확실성에 대응해서 다양한 전술을 적용해야 한다.

게임을 처음 플레이할 때, 플레이어는 전략을 체계화할 만큼 게임에 대해 충분히 알고 있지 못한다. 대신, 특정 상황에 어떤 식으로 대응할지 학습해가면서 게임 플레이의 전술적 움직임을 파악하게 된다. 점점 더 많은 상호작용을 접해가면서, 플레이어는 상호작용의 적절한 조합과 순서로 어떻게 더 나은 결과를 낳을 수 있는지 학습한다.

전술의 조합이 흥미로우며, 무엇이 최선의 조합인가에 대해 다양한 의견이 개진될 수 있다면, 게임의 전술적 이해를 통해 완전히 새로운 도전의 지평이 열리게 된다. 훌륭한 전술 시스템은 플레이어가 득실의 균형trade-off에 대해 고려할 것을 요구하며, 최고의 게임은 100% 상황에서 항상 최선인 전술적 조합을 허용치 않는다.

체스의 전술

체스는 전술적 게임 플레이의 기본을 이해할 수 있는 좋은 사례다. 체스 초심자는 플레이가 진행됨에 따라 상황에 대응하는 데 초점을 두는 경향이 있다. 상대편이 많은 생각 없이 움직이기를 기대하면서 말들을 유효한 위치로 이동시키고, 말을 잡고 교환한다. 그러나 몇 판을 두고 나면, 특정 말들을 패턴화해서 움직이면 분명한 이득이 있음을 깨닫게 된다. 체스에는 너무나 많은 다양성이 존재해, 전술적 패턴과 포석에 관해 수천 권의 책이 출간됐을 정도다. 이 주제에 관한 인기 있는 책 중에, 『The Oxford Companion to Chess(옥스퍼드 체스 안내서)』는 1,000가지가 넘는 포석을 다루고 있다.

대부분의 소셜게임에는 체스 같이 턴 단위의 전술적 복잡함은 없다. 그럼에도 불구하고 여전히 전술적 발전을 위한 여지를 제공하고 있다. 이미 언급한 소셜게임에서 어떤 전술이 활용되고 있는지 살펴보자.

- **에너지 득실 균형:** 마피아 워즈, 뱀파이어 워즈, 갓 오브 록에서는 전술적으로 에너지와 스태미너를 어떻게 사용할지 결정해야 한다. 특정 일거리의 반대 급부가 다른 일보다 충분히 더 나을 것인가?
- **데미지 결과/통제:** 월드 오브 워크래프트에서는 전술적으로 가하는 데미지를 최대화하고 입는 데미지를 최소화하기 위해 행동을 적절한 순서로 조합해야 한다. 또한 다음에 어떤 퀘스트를 수행할지, 경매장에서 판매하기 위해 특정 자원을 수집할 것인지 결정하는 등의 선택이 포함되어 있다.
- **스케줄링:** 많은 소셜게임에서 전술적 결정은 특정 시간 또는 특정 일정에서 획득할 수 있는 산출물의 양을 최대화하는 것이다. 예를 들어 팜빌의 전술은 맵에서 재배할 농작물에 대해, 빠르게 수확되는 농작물에 초점을 맞출지 또는 느리게 수확되는 농작물에 초점을 맞출지 결정하는 일이다.
- **캐릭터 움직임:** 리그 오브 레전드League of Legends에서, 구매할 수 있는 각 캐릭터는 움직임이 각기 다른데, 성공과 실패는 상황에 맞춰 캐릭터를 어떻게 조합하느냐에 따라 결정된다. 추가로 각 게임을 진행하면서 어떤 아이템을 캐릭터에게 장착시킬지 결정해야 한다.

전략 익히기

게임의 전술적 요소를 이해하고 나면, 플레이어는 점차 전략에 관심을 갖게 된다. 가장 완숙한 경지의 플레이 단계로, 플레이어는 이기는 방법에 대한 일정한 계획을 세우고 게임 경험을 접하게 된다. 플레이어가 몰입의 상태에 빠지게 하려면, 그들이 전략을 채용해서 수행할 수 있도록 해야 하며, 플레이어는 움직임, 목표 설정을 통해 사고하고, 좋은 전략으로 인한 성공과 나쁜 전략으로 인한 실패를 겪으면서 만족감을 느끼게 된다.

다시 한번, 체스는 전략의 좋은 사례를 제공해준다. 체스의 기본 전략 중 하나를 예로 들면, "나는 상대편의 실수를 기다리면서 보수적, 방어적으로 플레이할 계획이다. 우위를 점한 다음에는, 적극적으로 나의 약한 말과 상대의 강한 말을 교환하기 시작해서 폰pawn을 퀸으로 바꿀 수 있는 길을 연다." 체스 고수들은 일련의 포석으로 시작해서 예상되는 결과를 기초로 계획을 세운다. 경우에 따라서는 각 수마다 다양한 전술적 패턴이 연관된 20~30수 이상 앞까지 내다본다.

전략적 게임 플레이를 제공하는 데 있어 핵심은 플레이어에게 계획을 세울 수 있는 능력을 제공하는 것이다. 이번 장에서 이미 논의한 몇 가지 게임을 대상으로, 플레이어가 무엇을 바꿀 수 있는지 알아보자.

- **캐릭터 에너지:** 마피아 워즈 같은 전략 게임은 시간에 따른 캐릭터의 변화를 중심으로 한다. 마피아 워즈에서, 여러분은 에너지(좀 더 많은 일을 하게 해주는) 올리기를 좋아하는가, 아니면 스태미너(다른 플레이어를 좀 더 자주 공격하기 위해) 올리기를 좋아하는가?
- **캐릭터 구성 옵션:** 월드 오브 워크래프트의 전략에는 광범위한 종류의 캐릭터 성장 옵션이 포함되는데, 상호 배타적인 스킬과 조합 중에서 선택해야 한다. 또한 특정 보스를 물리치기 위해 채용해야 하는 전반적인 전략이 포함되는데, 어떤 장비와 어떤 개별적인 전술적 능력을 지닌 캐릭터를 전투에 참여시킬지 선택하는 것과 같은 경우다.
- **목표:** 팜빌에서는 어떤 식으로 플레이할지 결정할 수 있다. 리본(도전과제의 팜빌 버전)을 획득하고 싶은가, 가장 많은 돈을 벌고 싶은가, 아니면 레벨을 빨리 올리고 싶은가? 자신의 우선순위에 따라, 채용할 전략이 달라진다.
- **아이템/능력 순서:** 리그 오브 레전드에서, 개인적 전략은 대개 게임 도중에 선택하는 능력과 아이템의 순서에 따라 결정된다. 좀 더 숙련된 플레이어는 다른 플레이어들과 팀을 구성하는데, 각자의 상대적 강점과 약점에 따라 어떤 플레이어가 어떤 활동에 중점을 둘 것인지에 대한 계획이 전략에 포함된다.

소셜게임에서 전략은 최소 두 가지 계층에서 펼쳐진다. 개별적인 플레이어가 게임에 적용하는 개인적 전략과 친구들과 함께 플레이할 때 사용하는 그룹 전략이다. 비록 이런 두 가지 계층이 서로 큰 영향을 미치긴 하지만, 플레이어는 대개 자신의 계획에 초점을 맞춰 시작하고, 이후에 다른 사람들과 협력하여 그룹 전략을 개발하려고 한다는 점을 명심하기 바란다. 게임 내에서 전략을 개발하고 실행할 기회가 있다면, 플레이어는 좀 더 발전된 형태의 도전을 즐길 수 있다.

창발적 복잡성

전술적 전략적 다양성이 증가함에 따라, 복잡함이 고개를 내밀기 시작한다. 복잡성은 준비되지 않은 플레이어를 소외시키기도 하지만 사람들은 복잡성을 갈망하기도 하는데, 뭔가 흥미로운 문제를 해결했다는 느낌을 주기 때문이다. 플레이어에게 이러한 복잡성을 상당 부분 감추고, 플레이어의 준비에 발맞춰 순차적으로 좀 더 고난도의 플레이를 소개하는 방식이 훌륭한 게임이 해야 할 일이다.

좋은 게임은 시간 경과에 따라 복잡성을 도입하는데, 새로운 상호작용의 조합에 의해 플레이어가 새로운 방식으로 승리를 쟁취할 수 있는 기회를 제공한다. 월드 오브 워크래프트 같은 게임에서 고급 플레이어는 광범위한 요소(장비, 문양glyph, 특성, 전술)들을 짜맞춰서 자신의 플레이를 최적화할 수 있는 기회를 갖는다. 하지만 1레벨에서 이같이 많은 옵션이 강요된다면 대다수의 플레이어는 혼란스러워할 것이다. 마피아 워즈 같은 소셜네트워크 게임도 역시 시간의 경과에 따라 복잡성 수준이 증가하며, 플레이어는 자산의 소유, 다른 플레이어의 약탈, 특수 일거리를 열기 위한 레어 아이템의 획득 같은 광범위한 기능에 개입하게 된다.

게임의 각 턴에 소요되는 움직임의 전체 개수로 게임을 복잡성을 정량적으로 측정할 수 있다. 실시간 게임에서는 '턴'의 개념이 특정 시점에 수행할 수 있는 모든 선택(게임에서 어떤 단계인가에 따라 다를 수 있으며, 개별 세션에 따라 다를 수도 있

다)이 된다. 게임의 수명 전반에 걸쳐 복잡성의 증가와 감소를 묘사하는 분기
형 모델을 게임 트리 복잡성game-tree complexity이라 부른다. 가장 간단한 것부터 가
장 복잡한 것까지, 몇 가지 예를 살펴보자.

- 가위, 바위, 보는 3가지 가능한 선택이 있으며, 승자가 정해지기 전까지
  는 게임 도중 변경되지 않는다.
- 틱택토는 선택 가능한 9가지 움직임으로 시작되며, 게임이 진행되면 줄
  어든다. 바꿔 말하면, 가장 복잡할 때는 처음 선택할 때다.
- 체스에는 선택 가능한 20가지 첫 번째 움직임이 있으며(8개의 폰이 한 칸이
  나 두 칸 전진할 수 있으며, 2개의 나이트가 오른쪽이나 왼쪽으로 뛸 수 있다), 게임 도중에
  가능한 움직임의 수는 계속 증가하며, 게임이 끝날 무렵이 되면 가능한
  움직임의 수가 줄어든다.
- 마피아 워즈에서는 어떤 상황에 처해 있는지에 따라 '움직임'이 변동된다.
  첫 선택은 게임에서 어떤 부분을 건드리고 싶은지에 따라 결정된다. 구
  매, 다른 플레이어 공격, 일거리 수행하기, 수익 자산 관리 등이 주요 메
  뉴다. 이렇게 시작해서, 레벨에 따라 다양한 움직임이 가능하다. 수행할
  수 있는 일거리가 1레벨에서는 하나뿐이지만, 이후 레벨에 비례해서 늘
  어난다.
- 월드 오브 워크래프트의 경우, 1레벨에서는 각 순간에 할 수 있는 일은
  몇 가지밖에 없다. 캐릭터를 전후좌우로 이동시킬 수 있고, 공격하거나
  한두 개의 초기 능력을 사용할 수 있으며, 다른 캐릭터와 상호작용할 수
  있다. NPC 캐릭터들은 퀘스트를 승낙하거나, 아이템을 구매할 수 있는
  기회를 제공한다. 레벨이 올라감에 따라, 선택은 극적으로 증가된다. 어
  느 장소를 모험할지, 캐릭터에게 어떤 옷을 입힐지, 전투 중에 실시간으
  로 수십 가지 스킬을 조작하는 방법 등을 선택해야 한다. 추가로 다른 플
  레이어들과 사회적으로 상호작용할 수 있는데, 이런 복잡성으로 인해 게
  임 도중의 어떤 시점에서도 거의 무한한 가짓수의 행동을 취할 수 있다는
  점은 명백하다.

시간 경과에 따른 게임의 복잡성을 미리 계획하라. 증가하는가? 감소하는가? 최고조에 달했다 그 다음 간단해지는가? 처음부터 상당히 복잡하게 시작하는가(내재적 복잡성이라고 불림) 아니면 시간이 지남에 따라 플레이어가 익숙해지도록 하는 복잡성인가? 다음과 같이 복잡성을 관리할 수 있다.

- 복잡성이 재미를 증가시키지 못할 때는 옵션을 제거하라.
- 플레이어가 배울 준비가 될 때까지 새로운 옵션의 도입을 연기하라.
- 플레이어가 점점 지루해질 단계에 새로운 기능을 추가해 복잡성을 증가시켜라.
- 복잡성을 도입할 때 플레이어의 이해를 도울 수 있는 이야기나 다른 유저 인터페이스를 추가하라.

게임이 지나치게 복잡한지 판단하는 일은 게임 디자인의 예술적 측면에 속하는 부분이다. 복잡성을 계획해봄으로써 복잡성이 비정상적으로 증가하는지 파악할 수 있다. 훌륭한 디자이너는 어떤 기능이 지나치지 않은지 직관적으로 알 수도 있다. 또한 과도한 복잡성은 정량적 테스트를 통해 드러날 수도 있는데, 플레이어가 막히거나 게임을 떠나는 시점을 파악하면 된다. 이에 대해서는 9장에서 관심의 결정 요인을 논의하면서 다룬 바 있다.

신체적 기술 마스터하기

많은 게임은 플레이어에게 신체적 개입을 요구한다. 이는 운동 경기에서 가장 명백하지만, 액션 지향적인 게임에서 필요한 눈과 손의 협동에서도 중요한 요소다. 단지 '하드코어' 비디오 게임에만 국한된 사항은 아니다. 비쥬얼드 블리츠의 시간 기준 경쟁에서 플레이어는 인터페이스를 재빨리 클릭해야 한다. 월드 오브 워크래프트에서는 상당한 수준의 공간 지각력과 입력 기기의 숙달이 요구된다.

신체적 상호작용은 대부분의 소셜게임에서 큰 부분을 차지하지는 않겠지만, 무시할 수 없는 게임의 또 다른 요소다. 많은 게임에 있어, 신체 기술은 시간 경과에 따라 증가하는 핵심적인 도전 요소다.

새로운 콘텐츠 경험하기

게임의 콘텐츠는 아이템, 캐릭터, 맵, 비주얼, 스토리를 비롯해 그 외 게임 경험을 이루는 다른 요소들로 구성되어 있다. 언뜻 보기에 이런 경험은 수동적으로 보일지도 모르겠으나, 이런 새로운 정보가 제시될 때는 플레이어에게 이를 파악해보라고 도전하고 있는 것이다. 플레이어는 '이 아이템을 어떻게 사용할까?' 또는 '이 맵의 어떤 부분을 탐험해볼까?'와 같은 맥락의 질문을 통해 각각의 새로운 콘텐츠를 조사해야 한다.

새로운 콘텐츠는 게임의 도전을 부드럽게 증가시킬 수 있을뿐더러, 동시에 자체로서 보상이라는 장점도 있다. 플레이어는 참신함과 놀라움을 원하며, 콘텐츠는 그 해답이다.

몰입 방해하기

이번 장의 대부분 내용은 플레이어가 게임을 하는 도중에 몰입 상태에 빠지게 하는 방법에 관한 것이었다. 다음으로 넘어가기에 앞서, 몰입을 방해하는 경우를 몇 가지 알아보는 것도 의미가 있을 듯싶다.

- **게임을 지나치게 도전적으로 만들기:** 개발자는 자신의 게임 메커니즘에 익숙해지기 때문에, 그 결과 필요 이상으로 게임을 어렵게 만드는 경향이 있다는 점이 게임 디자인의 난점 중 하나다. 8장에서 논의했듯이, 테스트가 그토록 중요한 이유이기도 하다.
- **갑작스럽고 지나친 도전의 비약:** 처음에는 도전이 적절하고 게임이 잘 흘러가다가, 갑작스럽게 도전이 어려워져 플레이어를 얼어붙게 만드는 경우가 있다. 이런 문제를 사전에 예측할 수 있는 몇 가지 모델링 기법을 배우는 방법도 있지만, 역시 플레이 테스트가 필수적인 또 다른 이유이기도 하다.
- **도전의 감소:** 지속적으로 플레이어를 새로운 도전에 노출시키지 못하면 게임은 지루해지고, 플레이어는 뭔가 다른 쪽으로 떠나갈 것이다.

- **재미의 근본적 본질에 있어서의 변경:** 훌륭한 게임은 새로운 상호작용, 전술, 전략을 마치 교향곡이 연주되듯이 도입한다. 개별적으로 도입되고, 깊이와 도전을 두텁게 하지만, 플레이어를 거슬리게 하지는 않는다. 음악에 비유를 계속한다면, 사람들이 클래식 음악이라고 생각하는 어떤 곡으로 시작해서, 사람들이 음악을 음미하고 있을 때 갑자기 랩으로 바뀐다면 청중이 어떻게 느낄지 상상해보자. 이걸 멋지게 해낼 수 있는 천재적인 음악가가 있을지는 모르겠지만, 일반적으로 이는 위험한 변화다. 게임에서도 똑같다. 턴 기반의 전략 게임으로 시작해서, 게임 중간에 액션 게임으로 바꿀 수는 없는 법이다.

진척도 시스템 설계하기

당연한 얘기겠지만, 모든 게임에는 진척도 개념이 포함되어 있다. 플레이어에게 진전되는 느낌을 제공하는 일이 중단되면, 게임은 김빠지고 지루해진다. 다음 코너를 돌면 어떤 일을 해야 하는지 분명한 계획을 제공하는 게임은 장기적으로 플레이어를 몰입하게 만들고, 흥분, 몰입과 휴식의 조화를 제공해서 그들의 관심을 유지시킬 수 있다.

게임을 설계할 때 맨 처음 고려해야 할 사항은 진척도를 관리하고, 소통하고, 측정하는 방법과, 진척 단계를 활용해서 플레이어에게 새로운 도전을 제시할 시점을 결정하는 방법이다. 많은 게임에서 '레벨'의 개념이 그토록 매력적인 이유 중 하나는 진척도를 간단한 단일 숫자로 요약 표시해줌으로써, 플레이어가 자신의 진척도를 쉽게 파악할 수 있기 때문이다. 마찬가지로, 레벨은 게임 디자이너가 해당 플레이어에게 어느 정도의 도전이 적절할지 결정하게 해주는 간편한 메커니즘을 제공한다.

레벨과 같이 명시적인 측정치가 없는 게임도 진척도를 갖고 있다. 체스의 경우, 개별 게임의 진척도는 개별 움직임과 교환의 성공과 실패에 의해 측정될 수 있으며, 최종적으로는 한쪽의 왕이 잡히면 끝나게 된다. 체스 플레이어는 언제나 개별 게임을 초월하는 새로운 전술과 전략, 플레이 스타일을 배울 수 있는 기회가 있으며, 수백만 사람들에게 체스 숙달이 일생 동안 추구할 목표가 될 수도 있다.

다음 항목들은 게임의 진척도에 대해 고려해볼 수 있는 몇 가지 방법을 보여준다.

- 여러 개의 레벨 올리기
- 배지 획득하기
- 일정 그룹의 사람들을 위한 특별상 획득하기
- 인정받기
- 스토리 완성하기
- 특정 유형의 적 물리치기

많은 게임에 하나 이상의 진척도 시스템이 포함되어 있다. 진척도를 다양하게 제공함으로써, 플레이어가 자신의 속도대로 게임을 진전시킬 수 있는 다채로운 방법을 제공할 수 있다. 이런 접근법의 장점은 콘텐츠의 깊이와 다양성을 증가시키면서도, 다양한 유형의 플레이어에게 통할 수 있는 다양한 유형의 진척도 스타일에 맞춰 도전 수준을 조정할 수 있다는 점이다. 다양한 형식으로 진척도를 관리하는 또 다른 이점은 좀 더 넓은 범위의 관심을 설계에 담아낼 수 있으며, 게임의 어떤 부분이 가장 많은 플레이어에게 선호되고 있는지 파악할 수 있다는 점이다. 그러나 너무 많은 방식의 진척도 측정으로 플레이어를 혼란스럽게 만드는 일은 피하도록 유의해야 한다. 그러지 않으면 게임이 뭔지를 이해하기도 전에 플레이어를 혼돈에 빠뜨릴 수도 있다.

진척도 시스템을 설계할 때는 일단 선형적 경로라고 가정하고, 도중에 도입될 수 있는 새로운 도전 유형을 파악해보면 도움이 된다. 이를 통해 도전 수준의 증가를 검토해보게 되고, 도중에 플레이어에게 소개할 새로운 것들에 대해 생각해보게 된다. 또한 아무런 새로운 일도 일어나지 않는 연속적인 레벨업 같은 진척도 경로상의 허점을 파악하는 데도 도움이 된다.

진척도 시스템의 매 단계마다, 다음 단계로 넘어가는 관문을 결정해야 한다. 대부분의 레벨 기반 시스템은 포인트 시스템을 활용해서 다음 단계로 진행하는데, 포인트는 도전적인 활동을 수행한 대가로 받게 된다. 다른 진척도 시스템은 퍼즐을 푼다든지, 주어진 난이도의 적을 물리친다든지, 또는 단순히 흥미로운 액션을 수행하는 것과 같은 개별적 이벤트를 기반으로 할 수도 있다.

레벨 시스템

레벨 기반의 시스템은 플레이어에게 통제한다는 느낌을 준다. 충분히 노력만 한다면, 게임 경험을 통해 앞으로 전진할 수 있다. 각 레벨마다 새로운 능력, 콘텐츠, 인정이 뒤따른다. 대부분의 레벨 기반 시스템은

- **레벨이 증가함에 따라 필요조건**(예를 들면, '경험치')**도 증가한다.** 시간 경과에 따라 진행을 둔화시키기 위해 대개 필요조건은 선형적이지 않다. 이로써 게임 초기에 즉각적인 보상을 원하는 플레이어의 욕구를 충족시켜주면서, 좀 더 경험을 쌓았을 때는 진행을 둔화시킬 수 있다.
- **각 레벨에서 활동으로 획득할 수 있는 보상은 증가한다.** 보상은 각 레벨마다 플레이어가 받게 되는 가상 아이템이나 능력 또는 단순히 해당 레벨에서 액션을 완수한 대가로 받는 포인트일 수도 있다. 보상으로 획득되는 포인트의 증가율은 일반적으로 각 레벨을 올리기 위해 요구되는 포인트의 증가율보다 낮은데, 실제로는 시간 경과에 따라 진척도를 둔화시키면서도 보상이 증가하는 듯한 느낌을 주기 위한 것이다.
- **분명하게 레벨의 진척을 알려라.** 레벨은 너무나 중요하기 때문에 대개 게임 전반에 걸쳐 표시되며(많은 경우 항상 표시됨), 다음 레벨까지 어느 정도 남았는지도 함께 표시된다.

그림 10-2는 비쥬얼드 블리츠에서 레벨 기반 시스템에 각 개별 게임을 완수한 대가로 받은 스코어를 통합시킨 방법을 보여준다. 레벨은 새로운 최고 기록 목표와는 별개로 플레이어에게 진척도를 측정할 수 있는 지표를 제공한다.

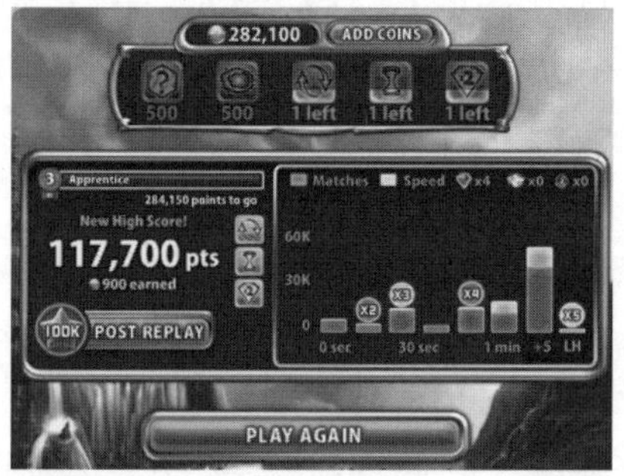

그림 10-2 비쥬얼드 블리츠 레벨

각 레벨에서 진척도를 알리기 위해 사용된 다양한 방식에 주목하라. 이 사례에서 관찰할 수 있는 항목은 다음과 같다.

- 플레이어의 현재 레벨을 보여주는 숫자 레벨(3)
- 상대적 관점에서 다음 레벨까지 얼마나 남았는지 보여주는 진척도 막대
- 다음 레벨에 도달하기 위해 필요한 전체 점수 표시
- 매번 새로운 레벨에 도달할 때마다 간단한 보상 역할을 해주는, 플레이어의 레벨과 관련된 제목('연습생Apprentice')

⬡ 배지와 도전과제 시스템

배지와 도전과제는 뭔가를 수집하기를 즐기는 사람들을 위해 게임 전반적인 진척도를 추적할 수 있는 색다른 방법을 제시한다. 엑스박스 라이브의 도전과제 시스템이나 월드 오브 워크래프트나 마피아 워즈의 도전과제가 그 사례다.

실제로 도전과제와 배지는 게임에서 최소 두 가지 역할을 수행한다.

- **진척도의 수단이기도 하지만, 절묘한 교습 도구다.** 플레이어가 생각해보지 않았을 목표를 제시함으로써, 그들이 간과했던 기능과 콘텐츠를 알려준다. 도전과제 시스템을 다양한 게임 간의 진척도를 비교하는 데 활용할 것인지, 아니면 오직 단일 게임 내부적으로 활용할 것인지 결정해야 한다. 엑스박스 라이브의 경우 도전과제는 모두 전체적인 '게임스코어'를 늘려주는데, 게임스코어는 이용 가능한 게임 전체에 걸쳐 각 플레이어의 진척도를 추적한다. 이 시스템의 장점은 플레이어에게 지속적으로 새로운 게임을 시도할 동기를 부여한다는 점이다. 이 시스템을 효과적으로 만들려면, 개별 게임이 전체 스코어 시스템의 밸런스를 무너뜨리지 않도록 각 게임에 허용 가능한 고정 포인트가 할당돼야 한다.

- **소셜 플레이를 위한 기회를 제공할 수 있다.** 어떤 배지는 플레이어의 협동 능력을 기준으로 수여되거나 게임 내에서 공동의 성공을 거둔 플레이어 그룹에게 수여된다. 예를 들면 함께 어떤 적을 물리치거나, 합동 레벨이 일정치에 도달하거나 하는 경우다.

추가로 배지는 특정 액션을 수행한 대가로 수여될 수 있다. 훌륭한 배지 시스템은 대개 몇 가지 요소로 구성된다.

- 획득이 쉬운 몇 가지 배지
- 획득하는 데 오랜 시간이 소요되어 장기적 목표의 역할을 하는 극도로 어려운 몇 가지 배지
- 배지가 없었다면 시도하지 않았을 게임의 다양한 기능으로 플레이어를 유도하기 위해 다양한 기능과 연동된 배지
- 개별적인 도전과제에 점수를 할당할 수 있으며, 이를 통해 플레이어가 전체 도전과제 집합을 한 가지 선형적 진척도 경로의 진행 수단으로 생각하게 할 수 있다.

래더ladder나 랭킹 시스템이라고도 불리는 순위표는 플레이어가 자신을 다른 이들과 비교할 수 있게 해주는 방법이다. 순위표는 본질적으로 경쟁적이며, 자신과 기술 수준이 비슷한 사람들과 비교해서 자신의 기술을 향상시키는 데 초점을 맞추게 한다. 순위표에는 다음 두 종류가 있다.

- **간접 경쟁 순위표**는 모든 플레이어가 상대적인 게임 진척도를 기준으로 서로 겨루게 한다. 플레이어가 다른 플레이어의 스코어에 부정적 영향을 끼칠 방법은 없지만, 서로 마주칠 때 상대가 자신과 얼마나 차이가 나는지 알아볼 수 있다.
- **직접 경쟁 순위표**는 플레이어가 또 다른 플레이어와 직접 경쟁하도록 부추긴다. 한쪽이 승리하면 한쪽은 패배하며, 그에 따라 순위표의 랭킹에 영향을 미친다.

두 가지 경쟁 순위표에는 장단점이 존재한다. 아드레날린 중독자와 A형 성격자는 직접 경쟁 순위표에서 다른 플레이어를 '쳐부술' 생각에 흐뭇해할지 모르지만, 반면 다른 플레이어들은 떠나버릴 수도 있다. 어느 쪽이 자신의 게임에 적합할지 어떻게 판단할 수 있을까? 4장에서 개발한 페르소나로 돌아가 여러분의 게임 플레이어 배후에 있는 동기요인을 검토해보라. 유저 스토리도 여러분의 플레이어가 게임에서 기대하는 경험을 이해하는 데 도움이 될 수 있다.

다음 질문은 순위표에 누구를 포함시킬지 결정하기 위한 것이다. 가장 간단한 순위표는 하나의 절대적 랭킹 시스템을 제공해서 모든 플레이어를 서로 비교하게 한다. 그러나 이런 순위표는 플레이어에게 와 닿지 않으며, 혼란스러운 숫자를 보여주게 된다는 단점이 있다. 랭킹이 5,231,514등에서 5,119,217등으로 올라가는 데 누가 신경을 쓰겠는가? 순위표를 논리적 그룹으로 정리하면 친숙도를 증가시킬 수 있다. 이러한 사례 중 하나는 스타크래프트 2에서 채용된 것과 같은 리그 기반 시스템이며, 그림 10-3에 표시되어 있다.

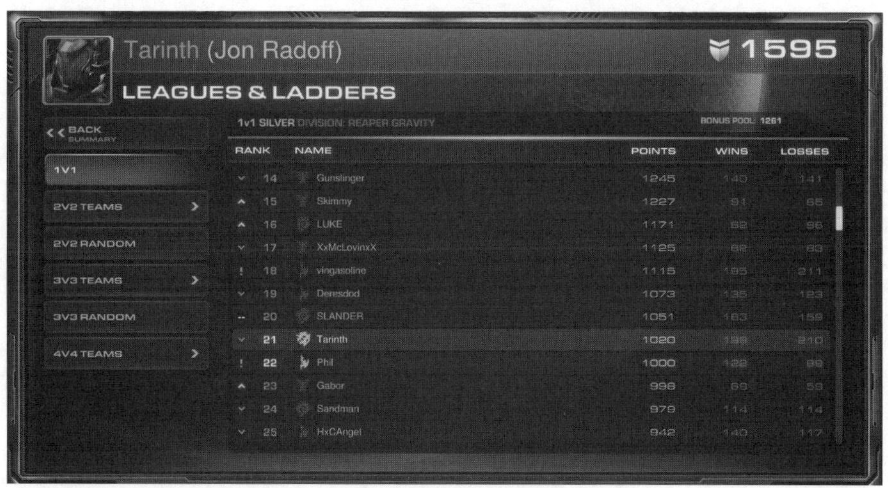

그림 10-3 스타크래프트 2 순위표

　수백만의 스타크래프트 2 플레이어가 있음에도, 각 리그는 비슷한 숙련도를 지닌 최대 100명의 플레이어로 제한되어 있으므로, 마치 조그만 커뮤니티 내에서 플레이하는 듯한 환상을 불러일으킨다. 경쟁할 사람이 불과 몇 명이기 때문에, 1위를 꿈꿔볼 수도 있다.

　많은 소셜게임의 순위표는 친구 목록을 기반으로 한다. 이 경우, 서로 아는 사이기 때문에 좀 더 와 닿는 랭킹이 된다. 징가 포커의 순위표 화면이 그림 10-4에 나와 있다.

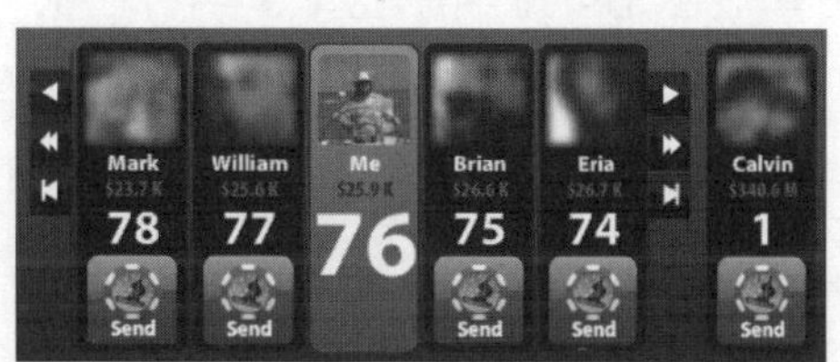

그림 10-4 징가 포커의 소셜 순위표

　징가 포커의 경우, 순위표는 친구들과 비교해서 자신이 어느 정도 위치인지 알려주기도 하지만, 추가로 협업 요소도 포함하고 있다. 보내기Send 버튼을 클릭하면, 친구들에게 칩을 약간 보내서 게임을 계속하도록 도와줄 수 있다.

시계열 비교

순위표 외에, 또 다른 경쟁적 비교의 수단으로 시계열time series 활용이 있다. 시간 경과에 따른 모든 진척도와 스코어 수치분석이 그래프로 표시되어, 플레이어를 한 명의 친구와 비교해준다. 자신이 잘하고 있는지 판단할 수 있는 방법으로 활용될 수 있는데, 남들에게 뒤처지지 않으려고 애쓰는 일종의 디지털 게임인 셈이다. 그림 10-5와 같이 비쥬얼드 블리츠에 이런 사례가 포함되어 있는데, 친구와 비교해서 주간 최고 기록이 어떤지 살펴볼 수 있다.

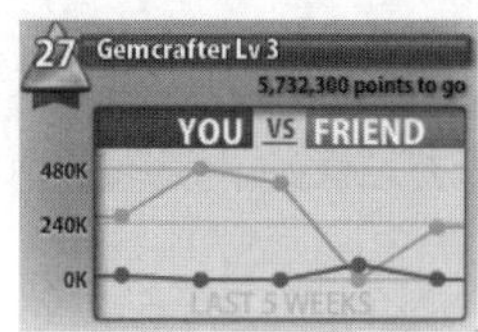

그림 10-5 비쥬얼드 블리츠의 시계열 분석

속도 조절

모든 진척도 단계의 목록을 취합한 후에는, 설계를 시각화하기 위한 방안으로 도전 대 진척도 간의 관계를 보여주는 그래프를 활용한다. 이 방법으로 게임의 속도pace를 이해할 수 있는데, 속도란 플레이어 자신이 느끼는 게임의 진척도와 비교해 새로운 도전을 접하게 되는 정도를 의미한다.

그림 10-6은 명확한 시작, 중간, 결말을 갖는 간단한 스토리 기반의 게임에 적절한 진척도 경로를 표시한다. 도표는 게임의 진척에 따른 도전 수준의 변화를 보여준다.

- **몰입의 상태:** 완만한 기울기의 직선은 플레이어가 통제 또는 몰입 상태에 빠져들고 있음을 암시한다.
- **더 큰 도전:** 기울기가 눈에 띄게 증가하는 영역은 좀 더 큰 도전을 의미하는데, 좀 더 전진하기 위해 필요한 기술에 숙달되도록 플레이어의 관심을 일깨우기 위한 기간이다.

- **휴식:** 움푹 패인 부분은 휴식을 위한 영역이다.

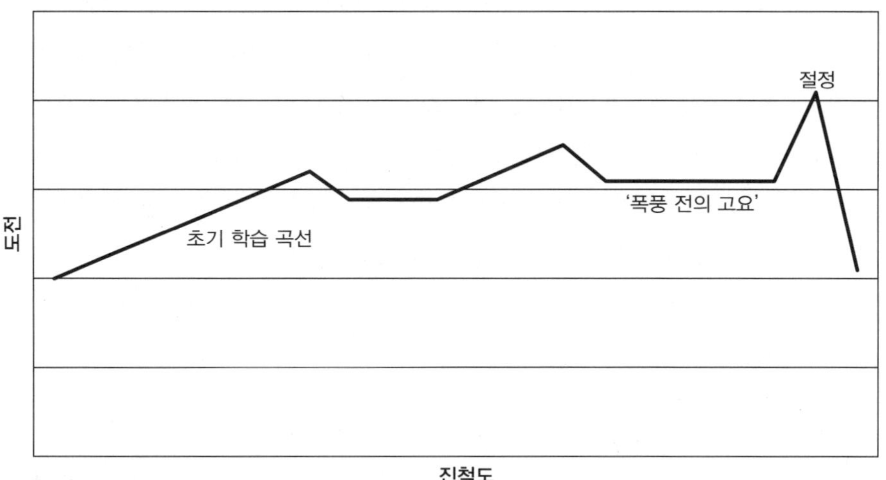

그림 10-6 스토리 기반 게임의 속도

참고   이 그래프는 스토리 기반 프레임워크에서 동작되도록 의도됐으므로, 유저 경험 대부분이 몰입 상태에서 이뤄지고, 간간이 전진을 위한 새로운 기술을 습득하는 기간이 끼어드는 정도가 바람직할 것이다.

- **폭풍 전의 고요:** 종결부 전에는 휴식 기간이 존재한다. 폭풍 전의 고요인데, 플레이어가 노력의 대가로 얻은 강력한 힘을 향유할 수 있는 기간이다.
- **가장 어려운 도전:** 폭풍 전의 고요 후에 게임에서 가장 어려운 도전이 이어진다. 이후 플레이어는 힘들게 얻은 승리를 만끽할 수 있다.

진척도 대 도전 그래프는 완벽한 과학이 될 수 없는데, 게임 진행에 따라 플레이어가 접하게 되는 모든 도전에 손쉽게 값을 매길 수 있는 방법이 없기 때문이다. 플레이 테스트를 통해 어떤 요소가 기대했던 것보다 어렵다는 정도는 밝혀낼 수 있다. 그럼에도 불구하고 이와 같이 간단한 모델을 만들어봄으로써 게임에서 우리가 무엇을 성취하고자 하는지에 대해 감을 잡을 수 있으며, 플레이어에게 접하게 하고 싶은 다양한 경험 유형에 대해 방향을 잡을 수 있다.

소셜게임은 오랜 기간 동안 지속적인 플레이어의 재몰입이 필요하다는 점
에서 상기의 간단한 스토리 기반 모델과는 다르다. 이를 위해서는, 좀 더 긴
진척도 경로를 준비해야 한다. 다른 진척도 곡선이 주어지면 플레이어에게 무
슨 일이 생길지 살펴보자. 예를 들어, 그림 10-7은 도전이 게임 초중반부까지
완만히 증가하다 게임의 후반으로 치달으면서 기하급수적으로 증가하는 양상
을 보여준다. 게임 후반부에 급격하고 혹독하게 도전이 증가하면 플레이어는
게임의 요구사항을 따라갈 수 없다고 느끼게 된다(이런 난이도 곡선은 많은 아케이드,
액션 게임에서 사용된 방식과 유사한데, 이런 게임들은 원래부터 게임 후반부에 플레이어가 엄청난
동전을 넣을 수밖에 없도록 설계됐다).

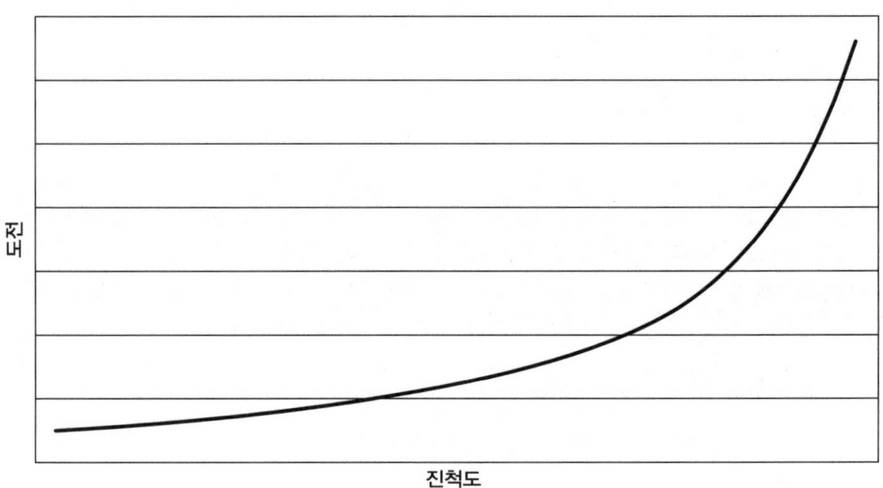

그림 10-7 기하급수적으로 증가하는 도전의 속도

반면, 이를 그림 10-8과 대조해보자. 그림 10-8은 비슷하게 시작하지만
도전이 가라앉는 진척도 곡선을 보여준다. 이와 같은 게임은 플레이어가 처음
게임을 배우게 될 때는 재미있지만, 이후 지루해질 위험성이 있다. 처음 기술
세트를 마스터한 다음에는 도전이 줄어들게 되므로, 플레이어는 오랜 시간 동
안 게임에 머무르지 않게 될 것이다.

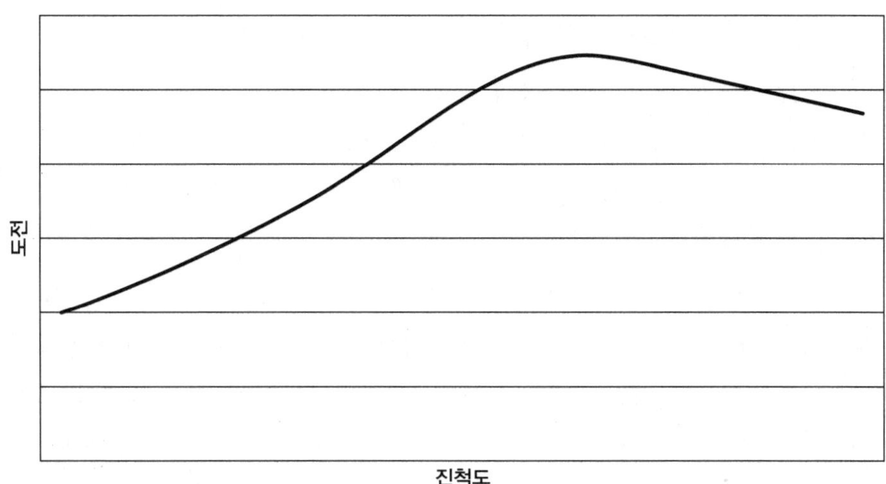

그림 10-8 지루해질 가능성이 있는 게임의 속도

마지막으로 그림 10-9를 살펴보자. 이 그래프는 초반에는 쉽지만, 중반에 접어들면서 혹독하게 어려워져 플레이어를 떠나게 만드는 게임을 암시한다.

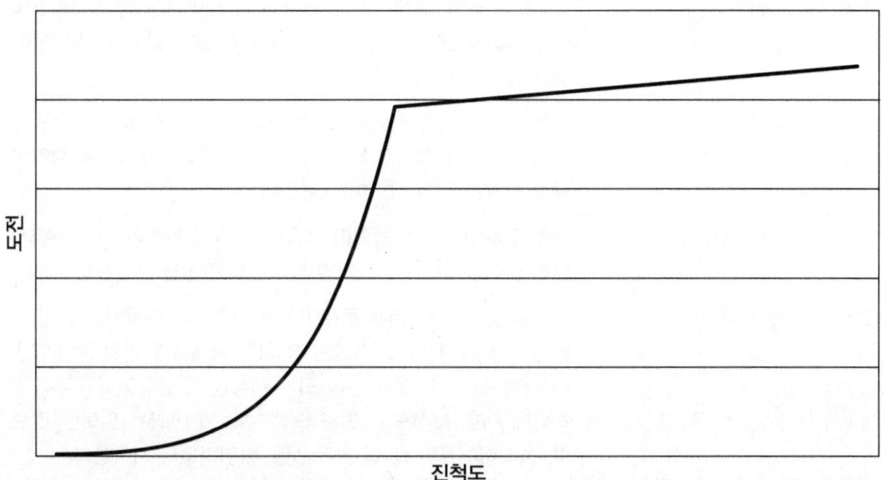

그림 10-9 과도한 게임 중반의 도전

🦢 사례연구: 월드 오브 워크래프트의 속도 조절

월드 오브 워크래프트는 첫 출시 후 수백만의 플레이어가 다년간 즐기고 있는 게임이다. 이 게임의 도전, 진척도, 속도 조절 모델은 어떻게 하면 오랫동안 플레이어를 몰입시킬 수 있는지 보여준다. 이 게임은 현존하는 가장 완벽한 속도 조절된 게임에 가깝다.

플레이어는 레벨이 증가함에 따라(신규 플레이어에게 수백 시간이 걸릴 수도 있다) 매우 작지만 단계적으로 증가하는 도전을 경험한다. 그 다음 최고 레벨 플레이어들은 게임의 가장 강력한 적들을 물리치기 위해 협동하는 방법을 익히는 데 초점을 맞추면서, 극적으로 증가하는 도전을 경험한다. 이 시점까지 플레이어는 너무나 많은 시간을 게임에 쏟아부었기 때문에, 추가된 난이도를 감수하려고 한다.

WoW에서 플레이어가 경험하는 몇몇 단계를 표 10-1에서 살펴보자.

레벨	제목	설명
1–9	도입	대부분의 신규 플레이어는 한두 시간 내에 완료할 수 있다(숙련된 WoW 플레이어는 정확히 뭘 해야 할지 알고 있기 때문에 훨씬 빨리 완료할 수 있다).
10	특성 포인트	플레이어는 '특성 포인트(talent point)'라는 형태로 맨 처음 전략적 플레이를 접하게 되는데, 특성 포인트는 캐릭터의 장기적 육성 방향을 결정하는 데 사용된다.
15	그룹 플레이	다른 플레이어들과 협력이 필요한 던전에 들어가기 시작한다. 던전을 성공적으로 완료하려면 자신의 전술을 조율해야 한다.
20	첫 번째 탈 것	새로운 탈 것으로 이제 플레이어는 이전보다 이곳저곳 빨리 이동할 수 있게 됐다. 초기에는 맵 이동 자체도 만만치 않았지만, 이 단계에서는 따분한 일이 되기 시작한다. 플레이어가 투자한 노력에 대한 보상으로 인해 도전 수준에 변화가 일어난 것으로, 플레이어들이 좀 더 많은 것을 탐험하도록 자극한다.
25	문양 단계 1	플레이어에게 '문양(glyph)'이 소개되는데, 문양은 특정 능력에 보너스를 추가함으로써, 플레이어가 캐릭터 전략을 수정할 수 있는 또 다른 방법이다.
50	문양 단계 2	플레이어는 두 번째 문양 집합을 획득한다.

표 10-1 월드 오브 워크래프트 게임 단계

레벨	제목	설명
60	날으는 탈 것	플레이어는 날으는 탈 것을 획득하는데, 게임 내에서 사람들이 여행을 경험하는 방식을 변화시킨다.
70	불타는 성전의 영웅	플레이어는 '영웅(heroic)' 레벨 난이도에서 특정 던전에 입장할 수 있다. 예전에 플레이한 동일한 던전에도 입장할 수 있지만, 이제 예전보다 훨씬 어려워졌다(보상은 약간 좋아졌다). 성공을 위해 필요한 전술적 협력의 수준은 훨씬 높아졌다.
80	분노의 영웅	플레이어는 추가적인 영웅 던전에 입장할 수 있다(리치 왕의 분노 확장팩을 통해).
85	대격변 영웅과 레이드	플레이어는 대격변(Cataclysm) 확장팩에서 허용된 최고 레벨에 도달하고, 이제 일련의 최종 던전과 레이드를 향해 나아갈 수 있다.

표 10-1 월드 오브 워크래프트 게임 단계(이어짐)

추가로 플레이어는 몇 레벨마다 새로운 능력에 접근하게 된다. 레벨 1의 캐릭터는 몇 가지 능력만을 갖고 있을 뿐이지만, 85가 되면 수십 가지의 능력을 획득하게 된다. 이런 각각의 능력은 게임과의 새로운 형태의 상호작용 및 새로운 전술적 조합의 가능성을 열어준다. 또한 플레이어는 플레이 도중 다른 사람들을 만나고, 길드에서의 협동으로 이어져, 준비가 된 플레이어들에게는 또 다른 사회적 상호작용의 계층을 제공해준다.

또한 WoW는 플레이어가 수집할 수 있는 수백 가지의 도전과제를 자랑한다. 각각은 게임 내에서 어렵고, 비밀에 싸여 있거나, 흥미로운 액션을 완수한 대가로 주어지는 배지다. 이런 과제는 캐릭터 성장, 탐험, 던전 정복 등의 목표와 부분적으로 연관된 대체 목표를 제시한다.

만일 WoW에서 게임을 처음 접하는 시점에, 새로운 플레이어 모두에게 기술, 전술 및 전략을 전부 익히라고 요구한다면 어떨지 상상해보라. 무지막지한 학습 곡선에 시간을 투자할 의사가 있는 극소수의 플레이어에게만 인기 있는 게임이 됐을 것이다. 이들도 해야 할 새롭고 흥미로운 일들이 떨어지면 금방 지루해질 것이다.

마피아 워즈는 월드 오브 워크래프트에 비해 훨씬 간단한 게임이지만, 역시 오랜 기간 동안 수많은 플레이어를 유지하는 데 성공을 거두고 있다. 두 시스템은 모두 레벨 기반의 진척에 크게 의존하고 있지만, 각기 다른 계층을 목표로 하고 있다. 각 게임은 실질적으로 무한한 성장 공간을 제공하는 동시에 더 큰 영광이나 악명을 노리는 사람들을 위해 플레이어 대 플레이어 상호작용과 플레이어끼리 돕는 상호작용을 제공한다.

MW는 짧은 시간 단위로 플레이된다는 점에서 유리하다. 경험할 만한 실감나는 콘텐츠가 없기 때문에, 플레이어는 각각의 짧은 세션에서 좀 더 적게 게임을 소비한다. 반면 이 모델은 플레이어가 무한정 성장할 수 있게 해준다. MW의 최고 플레이어는 수천 대의 레벨을 가지고 있다. MW에서는 성장해 나갈 때, 조금씩 도전이 증가될 뿐이지만 플레이어의 흥미를 유지시킬 새로운 콘텐츠가 끊임없이 공급된다. 플레이어 대 플레이어 대결이 부상함에 따라, 게임의 도전은 친구와의 사회적 협동 쪽으로 중심이 옮겨졌다. 표 10-2는 이 게임의 다양한 단계를 보여준다.

레벨	설명
1–2	MW의 신규 플레이어는 에너지가 소진되기 전에 처음 몇 레벨을 상승시킬 수 있는데, 경험에 빠져들 만큼 게임에 익숙해지게 된다.
3–99	이 구간에서, 플레이어는 매일 접속할 때마다 세션당 1레벨의 속도로 손쉽게 진척할 수 있는데, 이는 지속적인 성장의 느낌을 제공한다.
빈번한 잡	MW의 거의 모든 처음 100레벨에서, 플레이어는 새로운 일거리를 수행해야 한다. 이 방식은 달성 가능해 보이는 간단한 목표에 언제나 플레이어가 집중을 유지할 수 있게 해준다. 좀 더 높은 레벨에 도달하면, 플레이어는 이전 미션에서 획득한 아이템이 필요한 특정 일거리를 접하게 되는데, 이는 플레이어에게 간단한 부차적 목표를 제공해준다.
도전과제	캐릭터 성장 목표 외에, MW는 게임 내 액션을 완수하기 위한 일련의 도전과제를 특징으로 한다.
플레이어 대 플레이어	이 기능은 사람들이 서로 공격하게 한다. 레벨이 올라감에 따라 공격에서 성공할 수 있는 능력은 게임에 대한 또 다른 정복의 느낌을 준다.

표 10-2 마피아 워즈의 게임 단계와 특징

레벨	설명
그룹 플레이	플레이어의 마피아 규모(즉 같이 플레이하는 친구들의 숫자)는 비교를 위한 또 다른 수치분석 역할을 하며, 플레이어가 자신의 친구를 게임에 불러들이도록 자극한다. 더 큰 그룹은 플레이어 대 플레이어 대결에서 훨씬 효과적이며, 협동과 경쟁을 위한 완벽한 커뮤니티가 실제 게임의 외부에 존재하도록 해준다.

표 10-2 마피아 워즈의 게임 단계와 특징(이어짐)

🎮 게임 디자인 기술 연마하기

게임 제작은 기술craft이다. 능숙해지려면, 책을 읽는 것만으로는 부족하다. 직접 게임을 개발해보고 수정해볼 필요가 있다. 오늘날에는 대부분의 게임이 복잡하기 때문에 게임 제작이 만만치 않아 보이지만, 몇 가지 시작해볼 수 있는 일들이 있다. 모두 엄청나게 재미있고 여러분의 시간과 돈을 최소한도만 투자해도 되는 일이다. 더 좋은 점은, 게임으로 비즈니스에 활력을 불어넣는 일이 목표라면, 게임을 플레이하거나 디자인하는 일을 직접 시도해볼 만한 진정한 사업적 명분이 생겼다는 것이다. 한두 개의 게임을 구매한 덕택에 비즈니스 경비가 절감될지도 모른다.

위대한 게임은 거의 언제나 게임에 대한 열정을 가진 사람들에 의해 만들어졌다. 나는 일 년에 백 개가 넘는 새로운 게임을 플레이하는데, 어떤 게임은 잠깐 할 뿐이고, 어떤 게임은 몇 시간씩 즐기곤 한다. 내가 아는 어떤 사람들은 이보다 훨씬 많이 플레이한다. 게임을 플레이하기 위해 인생을 바칠 필요는 없으며, 게임의 원리를 이해하기 위해 이렇게 많은 게임을 플레이할 필요까진 없지만, 자신이 즐기는 게임을 파악해서 무엇이 효과적이고 무엇이 효과적이지 않은지 스스로 학습하는 도구로 활용하는 방법은 극히 유용하다.

위대한 작가는 많이 읽어야 한다. 위대한 예술가는 다른 거장들의 기법을 연구하면서 나날이 발전한다. 마찬가지로, 게임 디자이너는 게임을 플레이하는 데 시간을 써야 한다. 이번 장에서 게임에 채용된 몇 가지 시스템을 설명했는데, 자신이 즐기는 게임에서 경험해보는 것보다 이들의 작동법을 이해하기에 더 좋은 방법은 없다.

보드 게임으로 실험하기

비록 이 책에서 논의하고 있는 소셜게임은 컴퓨터 게임 산업이 유명해진 계기가 된 수백만 달러짜리 대규모 게임에 비해 예산 측면에서는 제한적이지만, 그럼에도 불구하고 완전한 게임이며, 그렇기 때문에 그 제작은 만만치 않다. 이런 일이 처음이라면, 게임 디자인 기법을 거의 공짜로 연습해볼 수 있는 방법이 있다.

보드 게임은 자신의 게임 디자인 아이디어를 실험해볼 수 있는 멋진 실험 대상이다. 거의 모든 가정마다 최소 한두 개씩은 있으므로, 책장에서 꺼내서 다음 몇 가지 아이디어를 실험해볼 수 있다. 게다가 거의 모든 보드 게임은 실질적으로 소셜게임이다. 보드 게임은 다른 이들과 함께 플레이하도록 설계됐으며, 그렇기 때문에 훨씬 대규모의 게임에서 발견할 수 있는 것과 동일한 동기요인에 의지하고 있다. 모노폴리Monopoly, 라이프Life, 리스크Risk 같은 고전 게임은 효과가 입증된 시스템을 보여준다. 여러분에게 아이가 있다면(또는 알고 있다면) 캔디 랜드Candy Land나 슈츠 앤 래더Chutes and Ladders 같은 게임도 역시 많은 점을 보여줄 수 있다. 좀 더 나이든 사람들이라면(또는 좀 더 고급의 게임 메커니즘을 실험해보기 위해서) 판타지 플라이트 게임스Fantasy Flight Games(Talisman: The Magical Quest Game), 메이페어 게임스Mayfair Games(Settlers of Catan)와 리오 그랑데 게임스Rio Grande Games(Carcassonne) 같은 개발사의 보다 덜 알려져 있지만 보다 정교한 보드 게임을 시험해볼 수 있다.

여기서 추천된 필수 게임 디자인 기술을 활용한 게임을 플레이해본 후에, 자신이 익숙한 게임으로 바꿔가면서 시험해보기 바란다. 준비가 됐다고 느껴지면, 집에 널려 있는 보도 게임을 몇 개 주워서 완전히 새로운 게임의 제작을 시도해볼 수도 있다. 다음은 시도해볼 만한 몇 가지 아이디어다.

아이디어	설명
메타게임을 개발한다	모노폴리 같은 게임은 각 게임 간의 어떠한 연속성도 고려하지 않았다. 리그를 만들어서 여러 개의 게임에 공통적으로 관련되는 특별한 게임 메커니즘을 만드는 일에 도전한다고 상상해보라. 최다 승리자를 표시해주는 랭킹 이상의 것을 만들고 싶다. 예를 들어, 모노폴리에서 특정 액션을 수행한 대가로 수여되는 배지를 어떤 유형으로 만들 수 있을까?
이야기를 바꿔본다	내러티브를 완전히 바꿔보면 게임 플레이를 상상하는 데 어떤 변화가 생길까? 예를 들어, 하부 규칙은 그대로 두고 모노폴리를 우주 정복에 대한 게임으로 재구성할 수 있을까? 규칙이 유효한 한도 내에서 원래 스토리를 어느 정도까지 바꿀 수 있을까?
어린이를 위한 게임을 설계한다	어린이가 있다면, 매우 흥미진진한 일이 될 수 있다. 어린이들은 플레이를 좋아하며, 도와주고 싶어하기 때문이다. 규칙을 정확하게 이해하지 못하는 경우에도, 어린이는 재미를 판단하는 데 놀랍도록 뛰어나다. 예를 들어 체스는 매우 복잡하기 때문에 대부분의 어린이에게 너무 어렵지만, 많은 어린이가 체스의 개념에 매혹된다. 다른 많은 게임에 대해서도 마찬가지다. 어린이들로부터 그리고 그들이 재미있다고 생각하는 것으로부터 많은 점을 배울 수 있다.
게임에서 하나의 규칙을 바꿔본다	더하기와 빼기는 게임 디자인 결정의 영향을 관찰하는 데 강력한 도구다. 예를 들어, 감옥으로 가라(Go to Jail)를 제거하고, 아무런 보상도 없는 빈 공간으로 취급한다면, 모노폴리 게임은 어떤 느낌이 들까? 그렇지 않으면, 각 플레이 말에게 특별 보너스(예를 들어, 모자에게는 약간의 임대료 보너스, 차에게는 이동할 때마다 주사위 굴리기에 +1 보너스) 부여하기 같이 새로운 규칙을 만든다면 게임이 어떻게 변화될까? 전체 게임을 설계하기에 앞서, 이런 실험을 통해 게임 메커니즘이 어떻게 동작할지 상상해볼 수 있다. 많은 경우, 이미 검증된 규칙에 대해 새삼스러운 존경심을 갖게 되겠지만, 몇몇 경우에는 새롭고 흥미로운 게임을 위한 신선한 아이디어를 얻게 될지도 모른다.
자신만의 보드 게임을 창작한다	보드 게임은 컴퓨터 게임처럼 무한한 자원을 가질 수 없어, 공간, 규칙과 플레이 말을 절제해서 사용해야 하기 때문에, 게임에 대해 많은 점을 가르쳐줄 수 있다. 다른 게임들에서 부분 부분을 빌려와서, 이를 조합해서 자신만의 새로운 개념을 만들 수 있다. 이야기를 창작하고, 기본 규칙을 세우고, 게임 진행 방법을 결정한다. 친구들과 가족 대상으로 실험해보라. 간단하게 시작해서, 시간 경과에 따라 더 많은 규칙과 복잡성을 추가하면서 어떤 결과가 생기는지 살펴본다.

표 10-3 다른 보드 게임으로부터 새로운 게임 만들기

아이디어	설명
브레인스토밍 게임을 개발한다	브레인스토밍 환경에서, 종종 사람들은 새로운 아이디어와 조합을 낳을 수 있는 비선형적인 사고의 비약을 꺼려한다. 아이디어를 응용할 수 있는 구조화된 수단을 제공함으로써, 게임은 사람들의 거리낌을 제거하는 데 도움을 줄 수 있다. 브레인스토밍 연습에서 인기 게임의 플레이 말이나 카드를 소품으로 활용하라. 예를 들어, 스크래블(Scrabble)의 알파벳 말을 활용할 수 있는데, 브레인스토밍 환경에서 사람들에게 알파벳 말을 사용해서 단어를 만들라고 알려주고, 그 다음 그 단어를 제품 아이디어를 설명하는 데 사용하게 하는 것이다. 독특한 단어를 활용한 각 아이디어마다 참가자에게 포인트를 부여한다. 구조와 창조성을 동시에 시스템과 결합시킬 때, 얻어지는 새로운 결과에 놀라게 될지도 모른다!

표 10-3 다른 보드 게임으로부터 새로운 게임 만들기(이어짐)

비평적으로 게임 플레이하기

비평적 게임 플레이는 일반적인 게임 플레이 스타일과는 약간 다르다. 목적은 재미를 파악하고, 디자이너가 성취하려는 것이 무엇인지 이해하고, 디자이너가 내린 선택을 평가하는 것이다. 이런 일을 하는 동안 게임을 즐기지 못할 것이란 의미는 아니다. 사실 비평적 게임 플레이는 게임을 즐기는 완전히 새로운 방법을 제시할 수도 있다. 비평적 게임 플레이의 전반적 목표는 다음과 같다.

- 게임 디자인의 의도를 이해한다.
- 의도를 실현하기 위해 사용된 기법의 효과를 분석한다.
- 게임에 사용된 시스템을 다른 유사한 게임과 비교 대조한다.

비평적 게임 플레이의 절차는 다음과 같다.

1. **평판이 좋은, 인기 게임을 찾아서 플레이한다.** 쌈박한 아이디어를 쫓아 수박 겉핥기 식으로 살펴보지 않는다. 이 책에서 언급된 게임들은 좋은 시작 후보지만, 게임 시장은 항상 변화되고 있다. 앱데이터닷컴_{AppData.com}에서 최고의 소셜네트워크 게임을 체크해보고, 시장에 나온 최신 게임을 다루는 몇몇 게임 디자인 블로그를 찾아본다.

2. **메모지를 준비한다.** 게임을 경험하면서 자신의 반응을 적는다.

3. **게임을 재미있게 만들어주는 시스템을 파악한다.** 더 재미있게 만들기
   위해 바꿀 수 있는 방법이 있을지 생각해본다. 재미가 없다면, 왜 그런
   지 설명해본다.

4. **자신이 게임을 플레이하게 될 다양한 유형의 사람이라고 가정한다.** 자
   신에게 재미있는 것이 다른 사람에게는 다를 수 있다. 게임의 고급 기
   능을 모르는 척하고, 이런 고급 지식을 모르는 누군가에게 게임이 얼마
   나 어렵거나 쉬울지 생각해본다. 물론 이는 어려운 일이다. 게임에 대
   해 더 많이 알게 될수록, 경험도 끊임없이 변화하기 때문이다. 그렇기
   때문에 첫 번째 경험에서 메모를 남겨놓으면 많은 점을 이해하는 데 도
   움이 된다.

사회적 요소의 분석

페이스북 소셜게임을 시험해보고 있다면, 함께 플레이할 친구를 몇 명 초대
해본다. 이런 행동이 어색하게 느껴지는가? 그렇다면 무슨 이유 때문일까?
자신과 비슷한 빈도로 플레이하는 새로운 친구를 몇 명 만들어보라. 이 일을
완수하기 위해서 경험한 일뿐만 아니라, 과정 도중의 느낌에도 주목해본다.
다음은 게임에서 소셜게임 시스템의 효과를 검토하는 데 도움이 되는 질문들
이다.

- 게임 내에서 사회적으로 몰입했는가? 그렇다면 그런 경험은 어땠으며,
  어떤 기분이 들었는가?
- 게임 내 친구들에게 충성심, 모멸감, 무관심 또는 사랑을 느낀 적이 있는
  가? 무엇 때문에 그런 기분이 들었는가?
- 누군가에게 훌륭한 게임 친구가 돼본다. 가능했는가? 얼마나 어려웠는
  가? 상대방 플레이어가 눈치 챘는가?
- 사회적 상호작용이 즐거움을 더해줬는가? 사회적 행동을 해야 한다는 압
  박감을 받았는가 아니면 자연스러운 경험의 일부분이었는가?

재미의 분석

사회적 요소는 많은 경우 자체적으로 재미있지만, 대개 게임에는 사회적 상호
작용 이상의 것들이 필요하다. 때때로 게임에서는 재미있다고 생각되지 않는
일을 요구할 때도 있다. 어쨌든 진지하게 응하라. 기술적인 어려움에 부딪치
면, 고객 지원을 요청한다. 지원이 가능했는가? 그들의 지원과 고객 서비스에
어떤 느낌이 들었는가?

다음은 게임을 재미있게 만드는 것이 무엇인지 이해하는 데 도움을 주는 질
문들이다.

- 재미의 원천이 한 가지 이상인가? 그렇다면, 그것들은 무엇인가? 다수의
  재미 원천으로 인해 게임이 더 좋아졌는가 아니면 하나에만 집중하기를
  원하는가?
- 게임에 이야기가 있다면, 이야기는 재미의 느낌에 기여하는가? 도움이
  되는가? 혼란스러운가? 관련성이 있는가? 산만하게 만드는가?
- 재미의 핵심 원천과 가장 연관성이 있는 정서는 무엇인가?

승리

거의 모든 게임은 결국 우리에게 '승리'를 허락한다. 때때로 게임은 구체적인
목표를 주기도 하고(예를 들어, '3가지 색상의 보석 조합을 발견해서 가장 많은 포인트를 쌓아
라'), 아니면 좀 더 추상적일 수도 있다('여러분이 원하는 대로 이야기를 완성하시오'). 최
소한, 게임의 승리 조건이라고 생각되는 것을 구체적으로 기록하고, 디자이너
가 이런 특정 조건을 선택한 이유가 무엇인지 판단해본다. 다음은 승리 조건
에 대해 고려할 질문들이다.

- 항상 승리하는 방법을 이해하고 있다는 느낌이 드는가? 그렇지 않다면,
  뭘 해야 하는지 이해할 수 있도록 게임에서 도와준 적이 있는가?
- 플레이어가 진척하고 있다는 사실을 어떤 방식으로 알려주는가? 커뮤니
  케이션이 명확한가, 혼란스러운가, 모호한가, 과도한가 아니면 어떠한가?

- 게임의 난이도는 어땠는가? 너무나 쉬웠다면, 좀 더 어려운 기술 수준으로 플레이할 수 있는 방법을 발견했는가? 너무 어려웠다면, 그럼에도 불구하고 게임을 즐길 수 있는 방법이 있었는가?

가치

게임은 플레이어의 시간에 상응하는 가치를 제공해야 한다, 그러지 않으면 금방 버려질 것이다. 자신에게 가치 있다고 여겨지는 경험의 양상들을 검토해보라.

- 시간을 낭비하고 있다는 느낌이 든 적이 있는가? 그렇다면, 언제였는지 주목하고 이런 느낌이 들지 않도록 게임을 개선할 수 있는 방법이 있을지 생각해본다.
- 게임에서 가상 아이템을 구매한 후 후회스러운 적이 있었는가?
- 게임의 가치(시간, 금전, 아니면 양쪽)가 플레이해본 다른 게임들에 비해 어떤가?

게임을 그만둔 이유

누군가가 게임을 그만둔 이유를 이해하는 일은 게임 디자인의 가장 중요한 측면 중 하나다. 멋진 경험으로 가득 찬 게임을 포기하게 되는 이유는 다양하다. 가장 흔한 이유 몇 가지는, 게임이 중단되는 버그, '막히는' 느낌, 즉 더 이상 전진할 수 없을 것 같은 느낌을 남겨주는 게임 디자인 결정, 너무 쉬운 난이도, 또는 너무 어려운 난이도 등이다. 다음 질문을 고려해보자.

- 왜 게임을 그만뒀는가?
- 다음 기회에 플레이를 계속하고 싶다고 느껴지는가? 이 느낌에 주의 깊게 집중해본다. 향후 실제로 게임에 돌아왔는지 기록한다.
- 게임을 '완료'했는가? 그렇다면, 새로운 방식으로 다시 게임을 플레이해볼 수 있는 방법이 있다고 느껴지는가 아니면 끝이라고 느껴지는가?

때때로 좋은 게임이 나쁜 게임에 가려지는 경우가 있다. 문제 영역을 격리시킬 수 있다면, 뭔가 멋진 것을 만들게 될지도 모른다. 제품이나 웹사이트, 거의 모든 비즈니스에서 대해서도 마찬가지다.

게임에서 웹사이트로

많은 웹사이트는 방문자를 재미있게 만들기 위해 준비된 시스템을 이미 갖추고 있다. 순위표, 포인트 시스템, 배지, 사회적 신분을 위한 채널 등이 그 사례다. 여러분이 즐겨 찾는 웹사이트에서 어떤 기능들을 지원하는지 목록으로 만들어보라. 그런 게임 시스템이 사이트의 참여 증진에 얼마나 많은 영향을 미쳤는지, 비판적으로 분석해본다. 많은 경우 그다지 큰 역할을 하지 못하거나 심지어 방해가 된다는 사실을 발견하게 된다. 여기에 웹사이트나 게임을 관찰할 때 활용할 수 있는 흥미로운 사고 실험이 있다.

- 웹사이트의 경우, 좀 더 게임스러워지려면 무엇을 해야 할까? 그렇게 하면 사이트에 참여하는 방식이 어떻게 변하게 될까? 더 많은 시간을 보내고, 더 자주 방문하게 될 것인가?
- 게임의 경우, 어떻게 하면 좀 더 웹같이 될 수 있을까? 어떻게 하면 온라인 세계에서 고도화된 유저 인터페이스 기법을 응용하고, 정보에 접근할 수 있을까?

오락 및 취미용품점 방문

어린 시절 이후에 장난감 가게나 취미용품점에 발길을 끊은 사람들을 얼마나 자주 접하게 되는지 놀랄 지경이다. 한번 방문해서 책장의 게임들을 살펴보고, 하나 사서 집으로 가져오라. 좋은 취미용품점에는 좀 더 실험적인 게임과 우리의 취향에 맞춰 종종 멋진 추천을 해줄 수 있는 점원이 있다.

🦢 게임 디자이너들과의 교류

게임이 어떻게 동작되고, 무엇이 게임을 효과적으로 만드는지에 대해 좀 더 고급 지식을 획득하기 위해 참여할 수 있는 수많은 온라인, 오프라인 모임이 존재한다. 또한 게임 디자인 기술과 비즈니스에 대해 같은 관심을 지닌 사람들을 만남으로써, 자신의 지식을 연마하는 데 도움이 된다.

국제 게임 개발자 협회IGDA, International Game Developers Association는 자신이 게임 개발자라고 생각하는 모든 사람에게 열려 있다. 소액의 회비를 내고 회원이 될 수 있으며, 다양한 이벤트에 참가하고 온라인 포럼에 참여해서 제품 엔지니어링에서 비즈니스 이슈까지 게임을 둘러싼 모든 이슈에 대해 토론할 수 있다. 대부분의 IGDA 지부는, 지역별 **포스트모텀**post-mortem[3]을 주최하는데, 지역 게임 커뮤니티가 모여 게임 개발 과정에서 배운 경험을 토론하고, 다른 게임 개발자들과 교류한다. IGDA 웹사이트(www.igda.org)를 방문해서 지역별 지부 목록을 찾아볼 수 있다.

게임 디자인에 대해 더 많은 것을 배우는 데 도움이 되는 다양한 온라인 자료가 존재한다. 이 책의 웹사이트인 game-on-book.com도 그중 하나인데, 다른 독자들과 이 책에 대해 토론할 수 있는 곳으로, 대부분 장에서 마지막의 '경로 선택' 코너에 언급되어 있다. 또 다른 사이트로 가마수트라닷컴GamaSutra.com이 있는데, 현업 게임 디자이너와 경영진이 쓴 기사를 읽어볼 수 있다. 최신 기술, 비즈니스 모델, 디자인 방법론을 파악할 수 있는 좋은 방법이다.

이제 몇몇 대학은 게임 디자인 프로그램을 제공한다. 지역 학교를 체크해서 제공하는 프로그램을 살펴보고, 공개된 세미나나 워크숍을 여는지 확인해본다. 일부 학교는 학생들이 자신의 지식을 현업에 적용해볼 수 있는 인턴십이나 협력 교육 프로그램을 제공하기도 한다.

게임 관련 다양한 온라인 교류 정보나 교육 프로그램은 부록 B에서 찾을 수 있다.

---

3 사후 분석. 게임을 완성된 후 게임 개발 과정을 되짚어보는 일 - 옮긴이

🌀 정리

10장에서는 플레이어가 오랜 기간 계속 몰입하도록 하기 위해 소셜게임에서 단기와 장기 도전을 섞어서 제공해야 한다는 점을 배웠다. 단기 도전은 즉각적인 재미를 제공하고, 장기 도전은 여러 번의 플레이 세션이 지나도 사람들이 지속적으로 돌아오게 해준다.

게임에서 몰입을 생각해보는 유용한 방법으로 칙센트미하이의 몰입 모델이 있는데, 사람들은 자신의 기술 수준과 활동의 지각된 도전 수준이 균형을 이룰 때 가장 즐거운 경험을 하게 된다는 개념이다. 게임 진행 과정에서 상호작용, 전술적 옵션 및 전략적 깊이를 추가함으로써, 도전은 점진적으로 게임에 도입될 수 있다. 또한 몰입에 빠지려면 플레이어에게 진척도를 측정할 수 있는 방안이 제시돼야 한다. 순위표, 시계열, 레벨 시스템, 배지 등이 그 수단이다.

좋은 게임 시스템을 설계하려면 포인트나 진척도 시스템 이상의 것들이 요구된다. 게임은 이야기와 흥미로운 게임 메커니즘을 활용해서 플레이어를 정서적으로 관여시킨다. 게임 디자인 능력을 발전시키기 위해서는, 많은 게임을 플레이해보면 도움이 될 것이다. 게임을 비평적으로 플레이하고, 좋아하는 게임에서 재미있는 측면을 파악하려고 노력하고, 디자인 결정의 영향을 이해하기 위해 기존 게임을 수정하려고 시도하라.

🌀 경로 선택

다음에 읽어야 할 부분에 대한 안내

- 게임 시스템은 경험에 의미와 간편함을 불어넣어 주는 인터페이스를 매개로 커뮤니케이션해야 한다. 다음 장인 11장에서 다룰 주제다.
- 가상 상품은 많은 소셜게임의 핵심 요소다. 가상 경제와 이를 제어하는 화폐 시스템에 대해 이해하고 싶다면 한발 앞서 12장으로 건너뛸 수 있다.
- 이번 장에서 언급한 모든 게임 메커니즘과 진척도 시스템은 재미를 위한 것이다. 5장으로 돌아가 42가지 재미있는 일을 복습해보면 유용할 것이다.

게임 인터페이스 설계

11장의 내용

★ 다양한 유저 인터페이스로 게임 디자인의 다양한 도전에 대응하는 방식
★ 인터페이스로 이야기를 들려주는 방법
★ 플레이어 내러티브와 유저 스토리를 포착해서 상호작용 맵으로 변환시키는 방법

모든 게임은 제각기 하나의 세계다. 인터페이스의 목적은 플레이어가 한동안 빠져들게 될 마법의 출입구를 통과하게 하는 것이다. 적절한 인터페이스는 플레이어가 게임 세계를 효율적인 방식으로 둘러볼 수 있게 해주지만, 훌륭한 인터페이스는 경험을 전체적으로 고려한다.

11장에서는 앞서 검토한 유저 스토리 개발과 프로토타입 게임 메커니즘 제작 계획을 포착해서 플레이어가 게임을 경험하는 데 사용할 수 있는 실제 인터페이스로 전환시키는 방법을 설명한다. 이런 인터페이스를 개발하는 방법을 살펴보면서, 게임의 새로운 점을 발견하게 된다. 예측하지 못한 복잡성의 영역, 인터페이스에 의한 게임 메커니즘에 대한 시각 변화, 또는 인터페이스에 의한 게임 스토리에 대한 시각 변화 등이 그것이다.

🎮 하나의 세계로의 출입구

게임 개발이 다른 종류의 소프트웨어 및 웹사이트와 결정적으로 다른 점 한 가지는 인터페이스로 인해 게임 전체의 정의가 변화될 수 있다는 점이다. 몇 가지 사례를 살펴보자.

- **터치 스크린:** 터치 스크린 인터페이스가 없었다면, 갓핑거나 앵그리 버드 같은 게임은 존재하지 못했을 것이다. 비슷한 규칙은 다른 게임에도 있을 수 있지만, 이들 게임에서 경험의 핵심에는 아이폰이나 아이패드에서 물리적으로 오브젝트를 터치하거나 드래그하는 동작이 자리잡고 있다.
- **3D 그래픽:** 월드 오브 워크래프트 같은 게임은 초기의 텍스트 기반 게임 경험MUD의 후계자지만, 그래픽 인터페이스는 단지 옛날 설계 위에 새롭게 덧칠한 정도만은 아니다. 3D 그래픽은 공간에서 위치와 방향을 활용하는 완전히 새로운 게임 메커니즘의 도입을 가능케 했다.
- **플레이어 상호작용:** 위Wii나 마이크로소프트 키넥트Kinect 같은 게임 시스템은 플레이어가 게임 경험에 신체적으로 개입하게 해주는데, 이는 간단한 휴대용 컨트롤러에서는 불가능했던 방식이다. 이런 인터페이스는 완전히 새로운 게임 카테고리를 만들었다.
- **비동기적 플레이:** 마피아 워즈나 갓 오브 록 같은 소셜게임은 비동기적 뉴스피드와 전자 메일 시스템 같은 방식에 익숙한 플레이어의 기대에 부응하는 형태로 비동기적 플레이를 활용하면서, 전체적으로 게임이 경험되는 방식을 변화시키고 있다.

게임 경험에 대해 고려할 때, 인터페이스를 단순히 게임에 접근하는 수단으로서만이 아니라, 게임의 가능성을 넓혀주는 수단으로 생각해야 한다.

추상화의 수준

모든 게임은 현실의 추상화다. 일부는 완전히 우리의 마음속에서만 일어나는 반면, 일부는 실제와 많이 비슷해 보인다. 어떤 모델을 사용하더라도, 게임은 협업이다. 우리의 게임 디자인과 규칙은 플레이어의 상상력과 협력해서 작동한다. 홀로덱holodeck[1]이나 몰입형 가상 현실immersive virtual reality의 시대가 오기 전까지는, 플레이어에게 의미를 전달해주는 상징, 비유 및 인터페이스를 통해 자신의 세계를 제시하는 방법에 매달려야 한다.

순수한 상상

모형이나 이미지의 도움 없이 완전히 상상 속에서만 벌어지는 게임이 있을 수 있다. D&D 같은 테이블 롤플레잉 게임이 딱 들어맞는 사례다. 플레이어는 캐릭터 시트에 가상의 자신에 대한 정보를 기록하고, 던전 마스터는 그들이 참고할 수 있는 메모와 지도를 갖고 있지만, 이것들은 공유된 상상의 세계를 구성하는 규칙에 대한 그룹의 동의를 용이하게 하기 위한 도구에 불과하다.

플레이어들은 하나의 가상 아이템 세트를 갖고 있으며 서로 공유하는 판타지가 배경인 스토리 속에서 자신의 길을 헤쳐나간다. 넘쳐나는 책들이 재료 도구와 규칙, 난수를 발생시킬 주사위를 제공하고 있지만(그림 11-1), 실제 플레이가 일어나는 공간은 상상 속에 존재한다.

책은 완전히 우리의 상상 속에 콘텐츠가 존재하는 또 다른 형태의 미디어다. 페이지의 단어들은 저자가 자신의 생각을 우리의 마음속에 투사하기 위한 수단일 뿐이다. 우리 두뇌는 단어들을 의미와 모양, 캐릭터로 조합해낸다.

자신의 게임에 대해 다음 질문을 검토해보자.

- 우리 게임의 어떤 부분이 상상 속에 남기에 가장 적절한가?
- 순수한 상상의 영역을 다루기 위해 텍스트를 사용할 수 있을까?

---

1   영화 '스타트랙'의 우주선이나 기지에 있는 가상 현실 시설로 홀로그래픽으로 사람이나 형상을 표시해줌 – 옮긴이

- 게임 개발 예산상의 제약으로 특정 경험을 전달하기 위해 얼마나 많이 우리의 상상력에 의존해야 할까?

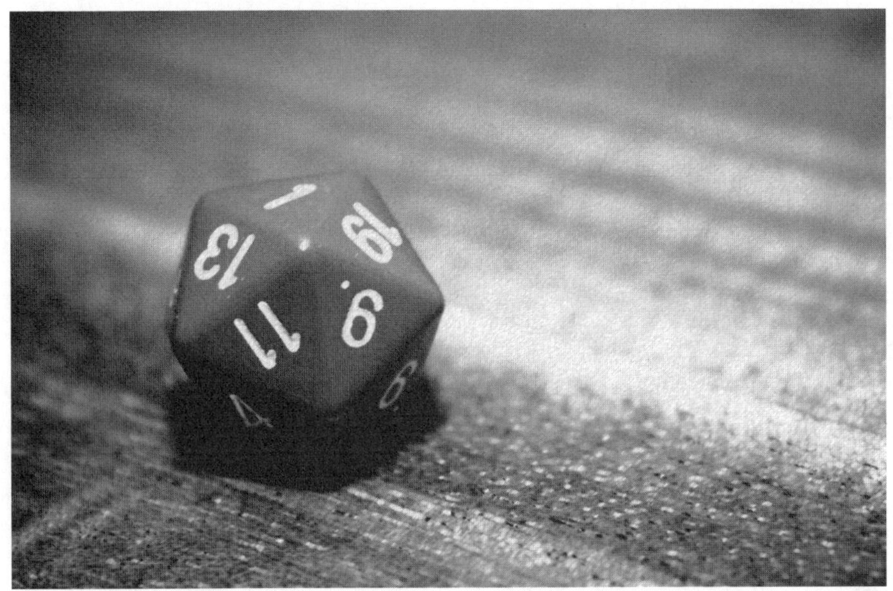

그림 11-1 D&D의 주요 장비

🐦 상징적 묘사

가장 오래된 게임들은 상징을 활용해서 개념을 묘사했다. 체스의 고전적 말(그림 11-2)이 좋은 사례다. 말 머리처럼 보이는 나이트는 기사의 개념을 아주 약간 연상시킬 뿐이다. 전형적으로 성의 탑처럼 보이는 룩rook은 흥미로운 역사를 가지고 있다. 룩은 원래 중국과 인도판 체스에서는 전차였다. 게임이 유럽에 소개됐을 때 오늘날의 모습으로 바뀌었는데, 아마도 전차에 해당하는 산스크리트어의 발음이 이탈리아 단어의 탑과 비슷했기 때문으로 추측된다. 이런 변화가 있었지만, 체스 말은 군사적 대결의 추상화라는 공통된 주제를 공유한다.

그림 11-2 체스

오타쿠　룩을 성이나 타워보다는 전차로 생각한다면 체스에서 캐슬링(castling)[2]의 의미가 통한다. 서둘러 탈출하려는 왕은 이용 가능한 가장 빠른 이동 수단으로 퇴각하려 할 것이다.

　전쟁 이야기를 채용해서 게임 격자판과 특정 능력을 보유한 캐릭터를 상징하는 말로 변환함으로써, 체스는 전술과 전략이 꽃피울 수 있는 무대를 마련했다. 이런 말들 없이, 각 말의 위치를 추적하기는 불가능했을 것이다.

　D&D와 저명한 모노폴리의 공통점은 무엇일까? 작은 모형과 게임 격자판은 게임을 재미있게 만들어주는 복잡한 전술적 측면을 플레이어가 다룰 수 있게 도와준다. 자신의 인터페이스 디자인을 고려할 때, 다음 질문을 검토해보기 바란다.

- 게임 내의 개념을 묘사하기 위해 개발해야 하는 구체적인 상징이 있는가?
- 상징이 필요할 것인가 아니면 상상에 맡기는 것이 좋을까?
- 인간 심리상 상징을 활용한 정보 제시가 요구되는 경우에, 패턴, 퍼즐 및 전술적 대결 등과 같은 방식을 활용해서 우리의 상징이 솜씨 있게 다뤄질 수 있을까?

2　체스 규칙으로, 킹과 룩 사이의 특별한 규칙 – 옮긴이

플레이 대상에 대한 상징적 묘사를 포착해서 좀 더 현실적으로 보이는 환경으로 직접 변환하는 작업이 컴퓨터 게임에서는 가능해졌다. 예를 들어, 팜빌에서 관리하는 농장은 농작물의 격자판으로 묘사되지만, 개별 농작물은 시간에 따라 성장하기도 하고 시들기도 한다. 그림 11-3에 보이는 것처럼, 캐릭터는 풍경 내에서 이동하며 환경은 변화한다.

그림 11-3 팜빌 격자판

대상에 대한 상징적 묘사는 컴퓨터 게임에서도 동일한 상황이지만, 인터페이스에 훨씬 많은 변수가 포함될 수 있으므로 디자이너에게 허용된 상세함의 수준이 증가했다. 개별적 상징은 추적될 뿐만 아니라, 시간에 따라 변형된다. 움직임의 해상도는 넓은 격자 단위로부터 디자이너가 원하는 만큼 상세하게 픽셀 수준 단위까지 가능해져, 공간은 좀 더 유동적으로 변하게 됐다. 실시간 액션과 움직임도 잘 작동된다. 팩맨 같은 초기 아케이드 게임에서부터 현대의 실시간 전략 게임에 이르기까지 모든 게임은 움직임과 액션을 보여주기 위해 몇 가지 형태의 그래픽적인 투시법에 의존한다.

투시법을 갖춘 인터페이스를 구축하는 작업은 플레이어의 상상력이나 간단한 상징적 묘사를 활용하는 경우보다 비용이 많이 들어간다. 다음은 스스로 검토해봐야 할 질문들이다.

- 게임 메커니즘과 상호작용하는 가장 쉬운 방법을 플레이어에게 제공하기 위해 투시법을 갖춘 인터페이스가 필요한가?
- 투시법 인터페이스를 통해 다른 방법으로 묘사할 수 없는 액션을 제공할 수 있을까?
- 투시법 인터페이스에 필요한 콘텐츠를 채우는 데 필요한 대량의 콘텐츠 개발 준비가 되어 있는가?

실감형 3D

현재 가능한 가장 추상적이지 않은 게임은 실감형immersive 3D 기술을 활용한다. 이런 게임은 캐릭터의 눈을 통하거나(1인칭) 아니면 부근의 적절한 시점(3인칭)을 통해 세계를 보여줌으로써, 플레이어를 바로 액션에 돌입시킨다. 이러한 인터페이스의 장점은 어떤 관점의 움직임도 처리할 수 있으며, 실제 현실에서 보이는 방식대로 사물을 표현할 수 있다는 점이다. 실감형 경험은 다른 방법으로는 불가능한 특정 유형의 플레이를 가능케 해준다.

그러나 3D 게임에서도 대개 인터페이스 요소 전부를 3D 환경에 배치하지는 않는다. 예를 들어, 그림 11-4에 보이는 것처럼 월드 오브 워크래프트의 가방은 좀 더 간단한 상징적 인터페이스로 관리되는데, 이 편이 간편하기 때문이다. 다양한 물건이 들어간 실제 3D 가방이 있는 인터페이스를 상상해보라. 뭔가 찾기 위해 잡동사니 속을 파헤치고 싶진 않을 것이다(실제로 뭔가를 저장하기보다는 잃어버리게 되는 장소인 잡동사니 서랍을 피하는 이유와 비슷하다).

3D 인터페이스는 구축하기에 가장 비싼 형태의 유저 인터페이스다. 전통적 게임 개발 비용을 수백만 달러에 달하게 만든 장본인이다. 게다가 나갔다 들어왔다 하기가 더 어렵다는 점은 또 다른 단점이다. 이런 게임들은 특성상 동기적인데, 여태까지 페이스북에서 큰 성공을 거둔 게임들이 좀 더 고도로 추상화된 인터페이스에 의존하는 이유를 설명해주는 듯하다.

3D를 고려하고 있다면, 다음 질문들을 스스로에게 물어보기 바란다.

- 우리가 구상하고 있는 게임을 플레이어에게 경험하게 하려면 정말로 실감형 3D 인터페이스가 필요한가?
- 3D 기술을 활용해서 다른 방법으로는 불가능했을 새로운 게임 플레이 요소를 추가할 수 있는 방안이 있을까?
- 3D 세계용 콘텐츠를 개발하기 위한 막대한 비용이 준비되어 있는가?
- 특정 유저 스토리를 구현하기 위해 좀 더 간단하고 좀 더 추상적인 인터페이스를 사용할 수 있는 경우가 있을까?
- 매번 플레이어에게 복잡한 3D 경험에 빠져들도록 요구한다면, 빠르고 짧은 돌발적 엔터테인먼트를 즐기고 싶은 플레이어들의 취향에 어떤 영향을 미치게 될까?

그림 11-4 월드 오브 워크래프트의 3D 시점

비용 외에도, 3D에 관련된 또 다른 심각한 문제점이 있다. 3D 환경으로 제작된 그래픽은 금방 시대에 뒤떨어지는 경향이 있다. 지금은 실사처럼 보이는 이미지가 게임이 출시된 후 몇 년 만에 우스워 보일 수 있다(더 빨라질 수도 있다. 일부 게임은 개발 기간이 너무 오래 걸려, 출시되는 시점에 구닥다리가 된 3D 기술로 고초를 겪는다).

월드 오브 워크래프트는 좀 더 카툰화된(결정적으로 실사 같지 않은 3D) 디자인을 채택해서 이 문제를 극복했다. 카툰 풍의 그래픽 개발은 보기보다 쉽지 않은데, 탁월한 재능을 갖춘 그래픽 연출이 필요하기 때문이다.

3D에서 하이퍼텍스트로

WoW에서 핵심적인 한 가지 영역은 거의 전적으로 텍스트로 처리되고 있다. 즉 플레이어의 상상 속에서 벌어진다는 의미다. 바로 경매장으로, 플레이어들이 서로 아이템을 사고팔 수 있는 장소다(그림 11–5 참조). 역시 이는 간편함을 위한 것으로, 경매장도 실감형 3D 인터페이스로 구축될 수 있지만, 많은 양의 분류와 검색을 처리하기엔 짜증이 날 것이다. 게다가 텍스트 기반의 인터페이스는 손쉽게 웹으로 변환될 수 있다. 2010년에 WoW는 경매장을 외부와 연동시켜, 플레이어가 실감형 환경에 접속할 수 없을 때도 가상 경제에 참여할 수 있는 수단을 제공했다.

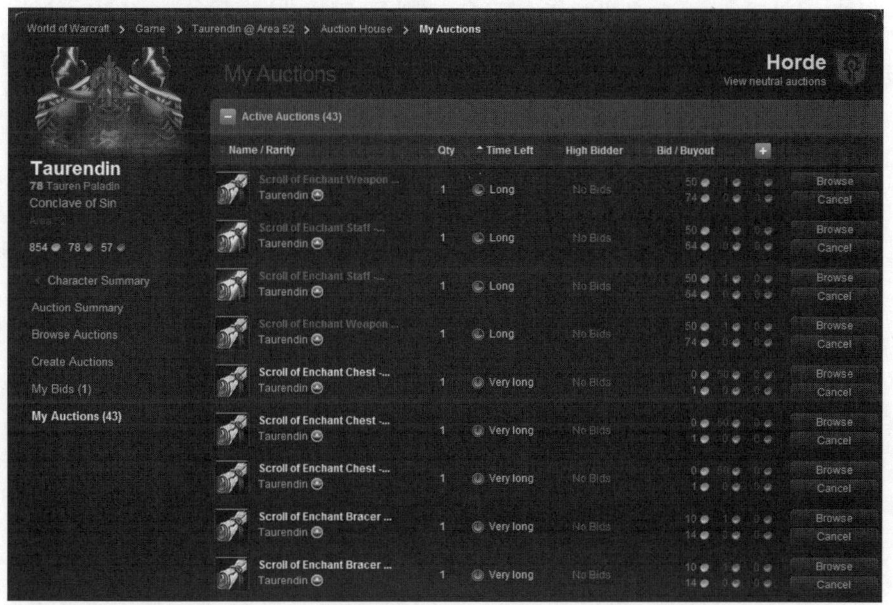

그림 11–5 WoW의 웹 기반 경매 인터페이스

3D 웹 브라우징

3D 실감형 게임이 아닐지라도, 자신의 게임을 물리적 공간처럼 생각하는 방향이 바람직하다. 우리는 물리적 공간에 존재한다. 우리의 마음은 공간적 관계를 개념화하는 데 능숙하며, 이런 방식으로 구조화할 수 있는 것들을 상상하고 싶어한다. 자신의 게임이 3차원 공간을 차지하고 있는 이미지를 떠올리는 사고 실험을 통해, 게임을 구조화할 수 있는 새로운 방법을 발견하게 될지도 모른다.

월드와이드웹의 초창기 시절에, 일부 사람들은 3D 웹 브라우저 제작에 대한 오만 가지 상상의 나래를 펼쳤다. 그들은 정보의 사이버 스페이스에 접속하는 방법을 상상했는데, 사이트 간에 이동이 가능하고, 정보가 3D 방 벽면에 표시된 그런 공간이었다. 하이퍼링크는 인터페이스의 창이나 문으로 표시되는 식이었다.

이런 인터페이스에서 최악의 문제점은 텍스트로 간단히 처리할 수 있는 과정에 시간과 단계를 추가해 번거로운 경험을 만든다는 점이다. 그러나 이들이 전적으로 미친 것만은 아니었다. 사파리 웹 브라우저(그림 11-6)는 가장 자주 방문하는 웹사이트 개념을 포착하여, 즐겨 찾는 사이트의 스크린샷이 표시된 3D 벽면을 만들었다. 심지어 반사 같은 3D 효과도 있어 정보가 실제의 물리적 공간을 차지하고 있다는 느낌을 준다.

사파리 즐겨찾기 사이트 인터페이스는 초기의 3D 웹 브라우저 아이디어보다 좀 더 실용적이지만, 또한 좀 더 게임스럽다. 튀지 않으면서도, 좀 더 인상적이고 정보를 인식하기 쉽게 3D 그래픽을 활용하고 있다. 웹이 점점 더 게임 기술을 수용함에 따라, 그리고 웹사이트 디자이너들이 웹을 좀 더 일종의 경험으로 만들려고 노력함에 따라, 실제 공간과 장소 같은 모습과 느낌을 갖춘 사이트를 더 많이 접하게 될 것이다.

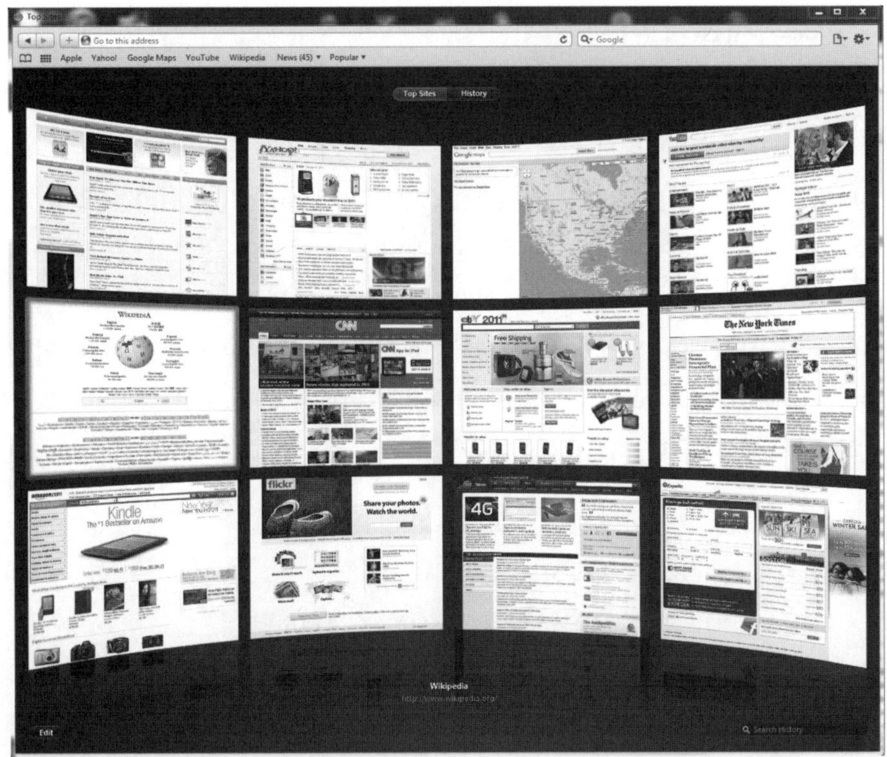

그림 11-6 사파리 즐겨찾기 사이트 인터페이스

아르티장 여러분의 게임이 3D 실감형이든 ASCII 그래픽 기반이든, UI의 도전은 한 가지로 귀결된다. 위치, 위치, 위치…

플레이어가 해야 할 일을 파악한 다음에는, 그 일을 화면의 어느 위치에서 하도록 할 것인지 결정해야 한다. 곧바로 어떤 인터페이스가 게임의 다른 목표(자신이 속해 있는 세상을 보고 싶다든지 아니면 재미 추구)를 훼방하지 않으면서 플레이어가 소기의 목적을 달성하는 데 최선일지 적절한 방법을 찾는 데 어려움을 겪게 된다. 하다 보면, 게임의 규칙과 동작을 공간에 맞춰 적응시키게 된다. 인터페이스 개발이 시작된 후에도 게임이 변경될 수 있다. 아마도 개선을 위한 변경이겠지만, 과정은 고역일 수 있다. 프로토타입 같은 일부 방법론을 활용하면 골칫거리를 최소화하고 가능한 최소한의 비용으로 최대의 효과를 얻을 수 있다.

MAGIC 게임 인터페이스

저명한 과학 소설 작가인 아서 C. 클라크는 언젠가 "충분히 발전된 기술은 마법과 구별할 수 없다"라고 밝힌 바 있다. 클라크가 유저 인터페이스 디자이너였다면 어땠을까? 결국 멋진 인터페이스란 복잡성을 숨기고 원하는 일을 하기 쉽게 해주는 것이다. 정말 멋진 인터페이스란, 유저가 그것이 존재하는지조차 느끼지 못하는 것이다. 클라크의 비전에 수긍하면서, 게임 인터페이스를 설계할 때 고려해야 할 5가지 요소를 구성해봤다. 약자 MAGIC으로 기억할 수 있다. MAGIC의 요소는 유저 인터페이스를 통해 우리가 플레이어에게 전달하고자 하는 것이다.

- **기억**Memories: 플레이어에게 지속되는 인상을 남겨라.
- **관심**Attention: 관심을 장악하고 제공하라.
- **목표**Goals: 계획과 목적을 커뮤니케이션하고 촉진하라.
- **직관**Intuitions: 플레이어가 기대하는 대로 반응하라.
- **통제**Control: 플레이어에게 자신의 행동이 영향력이 있다는 느낌을 갖게 하라.

기억

플레이어가 매번 게임에 돌아올 때마다 유저 인터페이스를 완전히 다시 배워야 한다면 무슨 일이 생길지 상상해보라. 좌절하고, 아마 다시 돌아오지 않을 것이다.

기억은 정서적 경험과 결부될 때 강화된다. 이는 게임이 결정적 장점을 갖는 부분이다. 재미있으니까! 게임은 스토리, 신화적 상징, 시각적 이미지를 활용해서 무엇이든 좀 더 몰입되도록 만들어준다. 플레이어의 고조된 감정적 상태는 실제로 플레이어가 더 많이 배울 수 있도록 기여한다.

또한 게임은 탐구적 경험으로서, 기억에 큰 도움이 된다. 우리는 안내를 받을 때보다 스스로 탐구할 때 뭔가를 더 잘 기억한다. 대개 플레이어에게 인터페이스를 조작하는 방법을 이해시키는 데는 일정량의 교육이 필요하지만, 지나친 가르침은 플레이어가 유용한 정보를 기억하는 데 곤란을 겪게 할 수도 있다.

지나친 가르침은 나쁘다는 원리는 엘리너 매과이어Eleanor Maguire가 이끄는 연구자들에 의해 증명됐다. 연구팀은 사람들이 가상 현실 마을에서 길찾기를 배울 때 두뇌의 활동성을 조사했다. 사람들이 자신만의 길을 찾도록 요구받았을 때, 기억 형성과 밀접하게 연관된 두뇌 부위인 해마의 활동성이 증가했다. 단순히 따라가야 할 길을 안내받은 사람들에게는 그런 활동성이 일어나지 않았으며 스스로 헤쳐나가는 방법을 배울 수 없었다. 결론을 말하자면, 인터페이스를 통해 탐구를 촉진하면 기억을 강화시키는 플레이어의 두뇌 부위를 참여시킬 수 있다.

인터페이스가 기억될 수 있는 또 다른 방법은 반복과 일관성을 통해서다. 게임의 인터페이스는 상황과 무관하게 유사한 방식으로 작동해야 한다. 같은 동작을 수행하는 경우, 같은 정보를 획득하는 경우 또는 같은 목적을 평가하는 경우, 플레이어가 수행해야 하는 상호작용(클릭, 제스처, 주문의 구체적인 순서)은 시스템 전체적으로 동일해야 한다. 예를 들어 여러분의 게임에 가상 상품이 존재하는 경우, 플레이어가 해당 아이템에 대해 더 많은 정보를 조사하고 학습할 수 있도록 팝업 인터페이스를 제공할 필요가 있다. 플레이어가 항목 위에 마우스를 갖다 대면 자동적으로 표시되는 툴팁tooltip을 통해 이런 정보를 전달했다면, 다른 장소에서 같은 정보를 얻기 위해 클릭하도록 요구해서는 안 된다.

한 유형의 상호작용이나 정보를 상징하는 인터페이스 요소는 인터페이스 전반에 걸쳐 동일해야(또는 비슷해야) 한다. 예를 들어, 달력이 게임의 두 부분에서 등장한다면 두 장소에서 동일하게 보여야 한다.

인터페이스를 좀 더 기억하기 쉽게 만들 수 있는 방법이 있을지 판단하기 위해, 아래 질문을 검토해보라.

- 튜토리얼과 설명은 인터페이스 내에서 탐구와 실험을 촉진하는가 아니면 방해하고 있는가?
- 게임에 정서적으로 몰입된 기간에 새로운 인터페이스 부분을 도입할 수 있을까?

- 어떻게 하면 강력하고 자극적인 이미지를 활용해서 인터페이스 구성요소와의 정서적 유대감을 높일 수 있을까?
- 인터페이스를 학습하는 플레이어에게 보상해주기 위해 뭘 해야 할까?
- 어느 부분에서 텍스트를 줄이고 시각적 콘텐츠로 대체할 수 있을까?
- 유저 인터페이스 요소를 반복하는 방식에 일관성이 있는가?

관심

게임에서 관심은 쌍방향적이다. 한편으로 게임은 플레이어의 관심을 장악해야 하며, 그러지 않으면 그들은 산만해지고 다른 것을 찾아 떠나게 된다. 또한 플레이어에게 관심을 기울여 자신이 우주의 중심이란 느낌을 받도록 만드는 일도 중요하다.

게임은 언제나 플레이어에게 의사결정하도록 요구한다. 경험이 수동적이 되어 플레이어가 커피 잔을 채우기 위해 쉽게 자리를 뜰 정도가 되면, 관심은 시들해진다. 게임에는 플레이어의 집중을 요구하는 끊임없는 정보의 흐름이 존재한다. 그러나 지나친 정보는 역효과를 발생시킨다. 플레이어는 혼란을 느끼게 된다. 이를 적절히 밸런스하는 몇 가지 방법은 이번 장 후반부에 정보 채널을 다룰 때 논의하겠다.

게임이 관심을 장악할 수 있는 또 다른 방법은 멋지게 보이는 것이다. 세계에서 최고의 게임 메커니즘이 있다 하더라도, 인터페이스가 허접하고, 어수선하거나, 혼돈스러운 표시로 점철되어 있다면, 사람들은 외면할 것이다. 미적 감각은 단지 예술 역사 전공자와 철학자들만의 전유물이 아니다. 매력적으로 보이는 것들은 오래 바라보게 된다. 이런 현상은 대부분 우리 두뇌가 진화한 방식과 연관되어 있다. 다음 장에서 아름다움의 배경이 되는 신경 과학을 일부 논의할 예정인데, 인터페이스 구성을 고려하는 데 도움이 될 것이다. 몇몇 새로운 게임 아이디어에 대한 영감을 얻을지도 모른다.

아름다움을 음미하는 것처럼, 우리는 참신함에도 이끌린다. 인터페이스는 기존의 다른 모든 게임이나 웹사이트와 차별될 수 있도록, 플레이어에게 새로위 보이는 시각적 특징을 포함하고 있어야 한다(게임이 좀 더 잘 기억되게 해주기도 한다). 그러나 너무 새로워서 생소한 느낌이 들어 플레이어가 뭘 해야 될지 모를 정도로 만들어서는 안 된다.

다음은 여러분이 충분히 관심을 붙잡거나 만들어내고 있는지 판단할 수 있는 몇 가지 질문이다.

- 플레이어가 관심의 중심에 있는 듯한 느낌을 갖도록 하기 위해 게임에서 무엇을 하고 있는가?
- 플레이어의 관심을 붙들기 위해 인터페이스에서 미적 요소를 어떻게 활용해야 할까?
- 생소함으로 인터페이스에 지장을 주지 않을 정도로, 참신성과 차별화를 위해 무엇을 하고 있는가?

목표

플레이어가 게임에서 취하는 모든 행동은, 특정 목표로의 진전을 위한 것이다. 목표가 고갈되면 플레이어는 뭔가 새로운 목표를 찾기 위한 행동을 취하게 되는데, 그것마저 실패하면 포기하고 떠나게 될 것이다.

그림 11-7 레이븐우드 페어(Ravenwood Fair)의 액티브 퀘스트

이 부분이 아마도 비게임 애플리케이션이 게임에서 힌트를 얻어 유저 인터페이스의 대규모 개선을 이룰 수 있는 영역인 듯싶다. 사람들은 거의 언제나 일련의 목표를 염두에 두고 소프트웨어를 사용한다. 그럼에도 플레이어에게 자신의 목표를 파악하고 수립할 수 있게 해주는 소프트웨어는 드물다.

이 순간 나는 워드 프로세서를 사용하고 있는데, 적용할 수 있는 간단한 게임스러운 개선점이 너무나 많이 떠오른다. 개요 모드에 진척도 막대를 표시해서 특정 단락이 끝날 때까지 얼마나 남았는지 알 수 있도록 만들어보면 어떨까? 특정 마일스톤에 도달하면 격려의 단어를 띄워주면 어떨까? 로그인할 때, 나의 다른 프로젝트 진척도와 비교해 현재 워드 프로세스 프로젝트의 상태를 요약해서 보여주면 어떨까? 이런 일을 일부 처리하기 위해 프로젝트 관리 소프트웨어란 것이 분명히 존재하긴 하지만, 먼 곳에 존재할 뿐이다. 나의 애플리케이션 밖에서 다른 사람에게 의해 관리되므로, 원래 있어야 할 곳인, 내가 애플리케이션을 사용할 때 통합된 경험의 한 부분으로는 존재하지 않는다.

목표는 즉각적일 수도 있고(눈앞의 호랑이로부터 도망가고 싶다!) 좀 더 장기적일 수도 있다(호랑이 무리를 내쫓기 위해 85레벨에 도달하고 싶다). 즉각적인 목표는 본능적이다. 플레이어 눈앞에 제시하면, 그들은 신속하게 반응한다. 장기적 목표는 충분히 중요하다면, 화면에서 고정적 위치를 차지할 수도 있다. 많은 롤플레잉 게임에서 등장하는 경험치 막대가 사례다.

플레이어가 목표를 설정하고 수행하도록 지원하려면, 정보를 제공해야 한다. 플레이어가 목표를 향해 진행할 수 있도록 인터페이스가 적절한 정보를 전달하고 있는가? 데이터를 전달하긴 쉽지만, 데이터는 정보가 아니다. 데이터는 사실의 집합으로 의미를 지닐 만한 충분한 맥락과 구성이 결여되어 있으므로, 너무나 많은 데이터는 플레이어를 혼동시키고, 산만하게 만들 수 있다. 플레이어에게 필요한 가장 중요한 정보는 목표를 향한 행동을 취하도록 도와주는 정보다(호랑이가 눈앞에 있다. 공격할 것인가? 도망갈 것인가?).

인터페이스를 좀 더 목표 중심적으로 만들기 위해, 다음의 질문들을 검토하라.

- 플레이어가 목표를 진전시키는 행동을 취하는 데 도움이 되는 정보를 충분히 제공하고 있는가?
- 단기, 중기, 장기 목표를 적절히 섞어서 접하게 하고 있는가?
- 플레이어가 이곳에 머무는 가장 중요한 이유는 무엇인가, 그리고 인터페이스를 통해 목표를 향해 전진할 수 있는 분명한 길을 제시하고 있는가?
- 다양한 유저 스토리를 뒷받침하는 목적과 이유를 모두 고려해봤을 때, 그들 중 어떤 것이 확실한 목표로 전환되어 인터페이스 내에 표시될 수 있을까?

직관

직관적 인터페이스란 플레이어가 해보기도 전에 뭘 해야 될지 감 잡을 수 있는 것을 말한다. 이 책의 곳곳에서 우리의 타고난 심리와 결부된 것들을 살펴봤는데, 특정 인터페이스 요소 중에도 우리의 두뇌 작동 방식 그대로 착 들어맞는 것이 있을지 궁금해할지도 모르겠다. 어떤 방법으로든 마음에 바로 감각적 자극을 주입해서, 생각만으로 기계를 제어할 수 있는 그런 날이 올지도 모르겠다. 그 전까지는, 기계와 우리의 마음속에는 커다란 간극이 존재한다. 어떻게 하면 이런 간극을 극복하고 좀 더 직관적으로 만들 수 있을까?

무언가를 직관적으로 만든다 함은, 우선적으로, 익숙하게 만든다는 것을 의미한다. 사람들이 겪는 모든 경험은 이전의 경험이라는 필터를 통해 인식된다. 유저 인터페이스도 다르지 않다. 버튼이 컴퓨터 화면 위에 등장한 이유는 이미 현실 세계에 버튼이 있기 때문이다. 컴퓨터에 텍스트를 입력하기 위해 사용하는 키보드는 실질적으로 1873년에 레밍턴Remington이 제조한 QWERTY 타자기와 동일하다.

만일 발명가들이 현대 타자기보다 먼저 발명된 한센 라이팅 볼Hansen Writing Ball(그림 11-8)을 대량 생산하는 방법을 찾았다면, 오늘날 컴퓨터에서 그걸 사용하고 있을지도 모른다.

그림 11-8 한센 라이팅 볼

하드코어 게임에서, 1인칭 실감형 게임이 그토록 인기를 끄는 이유는 상당 부분 직관으로 설명된다. 사람들은 자신이 기대하는 방식, 즉 실제 세계에서와 똑같이 이동하고 상호작용하는 방식 그대로 세계를 탐험한다. 그들의 행동은 이동과 방향을 실시간 컨트롤하는 입력에 의해 결정된다. 최근 소셜미디어 게임의 급증은 게임 내에서 웹 기반, 하이퍼텍스트 인터페이스의 광범위한 사용에서 부분적 이유를 찾을 수 있다. 사람들이 이미 익숙해진 바로 그 인터페이스 유형이다.

사물들의 예상되는 작동 방식에 대한 플레이어의 심리적 모델에 부응하기 위해 실제 세계에서 빌려온 비유를 활용할 수 있다. 예를 들어, 스피커처럼 보이는 아이콘을 클릭해서 컴퓨터 볼륨을 조정하도록 할 수 있다. 물론 원한다면 어떤 방식으로도 볼륨을 표시할 수 있다. 다이얼 아이콘, 위아래 화살표, 볼륨을 의미하는 한자 아니면 아무런 낙서라도 가능하다. 그러나 이런 것들은 우리가 이미 알고 있는 것들과 확실한 연관성이 부족하기 때문에, 애매모호함을 낳는다. 스피커는 익숙하고, 애매모호하지 않으며, 볼륨 상승이란 개념과 분명한 연관성을 지니고 있다.

여러분의 인터페이스 중 일부는 플레이어에게 새로울 것이다. 이는 어떤 게임에서도 정상적이며 플레이어의 기억에 남는 일종의 탐구적 경험을 겪게 한다는 점에서 중요하다. 여기서 비결은 학습 과정을 알기 쉽게 만들어 플레이어가 뭔가를 배우고 있다는 사실을 깨닫지조차 못하게 하는 것이다. 이미 알고 있는 것을 새로운 지식에 응용하도록 만들어라. 플레이어가 스스로 좀 더 편안하게 가능성을 탐구하도록 하는 동시에, 툴팁, 도움말, 음성 해설 같은 기법을 동원해서, 행동 수행 방법을 플레이어에게 설명할 수 있다. 가장 중요한 몇몇 액션에는 뭔가 표시를 붙이는 것이 도움이 될 수 있지만, 너무나 많은 텍스트를 남용하지 않도록 주의를 기울여야 한다.

다음은 여러분이 인터페이스를 직관적으로 만들기 위해 최선을 다했는지 판단할 수 있는 질문이다.

- 뭔가를 멋지게 만드는 데 치중한 나머지 익숙함을 희생한 부분은 어디인가?
- 실제 세계에서 플레이어에게 이미 익숙해져 있는 오브젝트를 찾고, 그것을 활용해서 액션을 수행하고 정보를 획득하도록 할 수 있을까?
- 아이콘과 상징에서 이용할 수 있는 비유에는 어떤 것들이 있을까?

게임은 플레이어에게 행위자의 의식, 즉 자신이 취하는 행동이 영향을 미칠 것이라는 느낌을 줘야 한다. 자신이 통제한다고 느끼지 못한다면 플레이어는 수동적인 느낌을 갖게 되며, 희망을 잃게 되고, 10장에서 언급한 몰입 상태에 결코 빠져들 수 없을 것이다.

인터페이스는 가능한 쉬운 방법으로 플레이어가 행동을 수행할 수 있게 해야 한다. 대개 플레이어는 인터페이스의 존재조차 의식하지 않아야 한다. 그들이 어떤 행동을 원한다면, 할 수 있어야 한다. 그리고 행동을 완수했을 때, 자신이 뭔가 중요한 일을 했다는 점을 알 수 있도록 즉각적인 피드백을 받아야 한다.

플레이어를 보상함으로써 즉각적인 피드백을 제공할 수 있다. 보상은 제대로 됐다는 간단한 승인일 수도 있고(차에 시동을 걸 때 나오는 엔진 소음 등), 좀 더 공들인 것일 수도 있다(포인트나 배지 등). 대부분의 경우, 자신의 행동에 대한 일관된 반응을 목격하는 것만으로도 플레이어는 자신이 상황을 통제하고 있다는 느낌을 받을 수 있다.

다음은 여러분의 인터페이스가 플레이어에게 충분한 통제력을 주고 있는지 판단하기 위해 확인해야 할 질문들이다.

- 모든 행동에 대해 반응을 제공하고 있는가?
- 플레이어가 언제든지 시작할 수 있도록, 유저 스토리의 중요한 동사(10장에서 설명한) 대부분이 인터페이스 안에 제시되어 있는가?
- 플레이어가 어떤 액션이 가능한지 확인하기 위해 인터페이스를 건드려봐도 문제가 생기지 않도록 만들었는가?
- 중요한 액션을 수행하는 데 필요한 단계의 숫자를 줄일 수 있는 부분이 있는가?

아름다움은 어떻게 고객을 사로잡는가

예술이 비즈니스에 중요한 이유는 보기 좋기 때문이 아니라 고객을 사로잡는 데 너무나 중요하기 때문이다. 넓게는 인터페이스에서, 구체적으로는 소셜미디어 게임에서 아름다움의 역할을 이해하기에 앞서, 오래된 질문을 고민해보자. 예술이란 무엇인가? 어떤 것이 아름다운 이유는 무엇인가?

예술과 아름다움의 정의에 대한 논쟁은 기록된 역사만큼이나 오랜 기간 불을 뿜어왔다. 게임 디자이너는 즐거운 경험을 창조하기 위해 너무나 중요했기 때문에 아름다움의 최소 몇 가지 측면을 연구할 수밖에 없었다. 게임의 미학은 그 자체로 아름다울 수 있다. 많은 3차원 실감형 게임은 플레이어를 정교하고 눈부신 세계에 빠져들게 한다. 좀 더 간단한 게임은 더 단순한 그래픽을 사용하지만, 전체로는 많은 고객의 예술적 감수성에 호소할 수 있을 만큼 조화를 이뤄야 한다.

잘 구성된 오브젝트, 맵, 인터페이스 및 디자인은 그 자체로 '아름다워' 보일 수 있다. 실제로 루빅스 큐브Rubic's Cube 같은 일부 게임은 완전히 혼란스럽고 무질서한 뭔가를 아름답고 질서 있는 뭔가로 바꿔주는 것이다. 인간 두뇌가 어떤 것을 아름답다고 생각하는 이유를 이해할 수 있다면, 매력적인 게임 경험을 설계하기가 쉬워질 것이다.

근래 들어 뭔가를 아름답다고 느낄 때 우리 두뇌에서 무슨 일이 벌어지고 있는지 설명하기 위한 신경미학neuroesthetics이란 분야가 부상했다. 샌디에이고 소재 캘리포니아 대학교의 두뇌와 인지 센터the Center for Brain and Cognition 소장인 V. S. 라마찬드란Ramachandran은 신경학 구조에 근거한 것으로 보이는 10가지 예술적 법칙artistic law을 기술했다.

- 정점 변경 원리Peak Shift Principle
- 그룹화grouping
- 지각적 문제 해결perceptual problem solving
- 분리isolation
- 대조contrast
- 대칭symmetry
- 우연의 일치에 대한 혐오abhorrence of coincidence
- 은유metaphor
- 반복repetition, 리듬rhythm, 질서orderliness
- 균형balance

이들 원리를 다음 단락에서 상세히 살펴보자.

정점 변경 원리

정점 변경 원리는 간단한 개념에 대한 상당히 기술적인 명칭이다. 간단히 말해, 사람들은 어떤 특징을 과장하는 예술에 호의적으로 반응한다는 개념이다. 과학적 실험에서, 쥐들에게 사각형이 보이면 치즈를 받게 된다고 훈련시켰다. 사각형이 보이면 쥐들은 흥분 반응을 보이게 됐다. 나중에 같은 쥐들에게 과장된 사각형(정사각형에 비해 훨씬 부풀려진)을 보여주자, 그들은 훨씬 강하게 반응했다.

많은 종류의 예술은 어떤 특징을 과장하는 새로운 방식으로 환경을 해석하는 방법에 관한 것이다. 예를 들어, 인상파 화가는 빛과의 상호작용을 강조한다. 인간 형체를 과장하는 실리콘 삽입술이나 변형된 패션에 대한 현대의 열광도 정점 변경으로 설명될 수 있다. 이 원리는 새로운 예술 속에서 고전 예술 형태를 강조하거나 찬양하는 경향의 배경이기도 하다. 우리가 중요하게 유지되기를 원하는 예술적 요소를 인식하고 유지하려는 것이다.

쥐들에 대한 실험은 쥐들이 단지 더 큰 물건을 좋아한다는 사실만을 보여주는 것은 아니다. 쥐들은 특정 유형의 사각형과 음식 획득 사이의 연관성에 대한 규칙을 학습 중인 것이다. 바꿔 말하면, 사각형의 규칙에 대한 게임을 플레이하는 셈이다. 대부분의 게임은 하부의 규칙 시스템을 학습하거나 발견하는 과정에 관한 것이다. 플레이어 스스로 규칙을 발견하게 함으로써, 우리는 모든 동물이 공유하는 신경 회로에 근거한 재미 형태를 활용하고 있는 셈이다.

🦢 그룹화

자신을 석기 시대 사냥꾼이라고 상상해보라. 동물의 위장술을 꿰뚫어볼 수 있다면, 그날 밤 식사는 해결된 셈이다. 또한 키 큰 풀 속에 잠복하고 있는 사자를 알아챌 수도 있다. 시각 정보를 함께 그룹화하면 패턴을 인식하고, 위장술을 간파하고, 숨겨진 물건을 감지하는 학습에 도움이 된다. 여러분이 그런 일에 능숙하다면, 늦기 전에 사자를 알아챌 수 있을 것이다.

많은 예술이 잠시 주목한 후에야 그 의미를 알아챌 수 있는 그룹화를 보여주는 데 의존한다. 마찬가지로, 많은 게임은 시각적 정보를 해석하고 알아보기 쉬운 뭔가로 재구성하는 우리의 능력에 의존한다. 이 기술은 생존을 좌우하기 때문에, 성공 시 두뇌는 우리에게 보상을 준다. 즉 재미를 준다. 숨겨진 물체를 발견하는 게임(월리를 찾아라Where's Waldo 등)이나 특정 패턴을 파악하는 게임(비쥬얼드 등)은 그룹화에 관련된 두뇌 영역을 활용한다.

🦢 지각적 문제 해결

완전한 물체를 볼 수 없는 경우에도, 우리 두뇌는 사라진 세부사항을 채워넣는 데 능숙하다. 예를 들어, 우리는 사자의 몸 대부분이 다른 물체에 의해 가려져 있을 때도 그 동물이 사자임을 알아차리는 데 전혀 어려움을 겪지 않는다. 사라진 시각적 세부사항을 채우는 능력을 **지각적 문제 해결**이라 한다. 그림 맞추기 퍼즐이나 1인칭 슈팅 게임은 이런 신경 회로를 활용한다. 간단한 테스트가 있다. 다음 문장을 읽을 수 있는가?

Y cn rd ths sntnc, vn thgh t dsn't hv sngl vwl[3]

이 문장을 읽을 수 있다. 모음이 하나도 없음에도 불구하고!

🦢 분리

『어린 왕자』의 저자로 유명한 앙투안 드 생텍쥐페리Antoine de Saint-Exupéry는 "완벽한 상태란 더 이상 추가할 것이 없는 상태가 아니라 더 이상 뺄 것이 없는 상태"라고 서술한 바 있다. 이는 분리의 법칙을 생각하기에 좋은 방법이다. 분리의 법칙이란 예술가가 모든 여분의 정보를 제거하고 특정 이미지를 강조하는 내용만 남길 수 있다는 것이다. 예를 들어, 종종 누드를 완전히 드러내는 쪽보다 실루엣이 더 섹시하고 매혹적일 수 있다. 역시 이것도 불완전한 정보를 다루면서 마음속에서 목표를 상상해내도록 우리를 자극하는 두뇌 능력 중 하나다.

🦢 대조

세서미 스트리트Sesame Street의 에피소드를 한 편 본 적이 있다면, '이들 중 하나는 다른 것들과 달라요One of These Things is Not Like the Other' 게임을 피할 수 없었을 것이다. 두뇌는 어떤 것이 주변과 약간 다른 점을 파악한 다음, 이를 구체적으로 분류하는 데 능숙하다. 이는 자신의 환경에서 유용하거나 해로울 수 있는

---

3 'You can read this sentence, even though it doesn't have single vowel'이 정상적 문장으로 추정됨
  – 옮긴이

새로운 물체를 감지하는 데 도움이 된다. 우리 두뇌는 호기심이 많고 새로운 것을 파악하기를 즐기므로, 이런 대조는 즐거움으로 경험된다.

🦢 대칭

포식자와 사냥감(거의 언제나 대칭적인)을 파악하는 일이 매우 중요하기 때문에, 우리 두뇌는 대칭을 감지하는 데 유별나게 능숙하다. 추가로, 실험적 증거를 통해 좀 더 대칭적으로 보이는 잠재적 상대를 사람들이 더 선호한다는 점이 알려져 있다(비대칭은 질병이나 유전적 장애일 수 있기 때문에).

황금비율Golden Ratio은 생물학적 형태에서 자연적으로 나타나는 대칭성을 말한다. 예를 들어, 앵무조개 껍질의 나선spiral은 황금비율에 따라 성장한다. 예술가와 건축가는 이 비율이 대략 1.618이라는 점을 파악해서, 아름다워 보이는 형태를 창조하는 데 활용했다.

🦢 우연의 일치에 대한 혐오

인간 두뇌는 패턴 인식에 탁월하지만, 태생적으로 우연의 일치를 불신한다. 여러분이 창조하고자 하는 예술적 느낌이 무엇인지에 따라, 다양한 방법으로 두뇌의 우연의 일치에 대한 혐오를 활용할 수 있다. 영화에서 대중화된 흔한 우연의 일치는 가구, 식물이나 기타 전경 물체를 활용해서 애정 씬 도중에 배우의 민감한 부위를 가려주는 것이다. 결과는 의도되지 않았던 우스운 시각적 경험이 된다(영화 '오스틴 파워'에서는 우스운 효과를 내기 위해 사용됨).

이 원리가 활용되는 또 다른 사례는 인공적으로 보이는 시각 화면 구성을 피하는 것이다. 예를 들어, 너무나 고르게 배열된 나무와 덤불은 부자연스러워 보인다. 추가로, 많은 퍼즐과 시각적 환상에서 재미있고 놀라운 시각적 효과를 만들기 위해 두뇌의 우연의 일치에 대한 혐오를 활용한다.

🦢 은유

윌리엄 워즈워스William Wordsworth는 "다름에서 같음을 지각하는 데서 마음이 얻는 기쁨"란 문구로 자주 시를 끝맺음했다. 예술, 시, 게임에서 얻어지는 많은 즐거움은 사물들 간의 숨겨진 연결과 각기 다른 사물들을 관통하는 하부의 규칙을 파악하는 능력에 기초를 두고 있다.

정점 변경 원리에서 기인하는 즐거움과 마찬가지로, 은유는 규칙 파악에 관한 것이다. 규칙을 알아냈을 때 우리는 자축한다(그리고 우리 두뇌는 순간적으로 샘솟는 기쁨을 제공한다). 이는 시각적 상징과 문학적 은유의 즐거움에 있어 큰 부분이며, 숨겨진 연관성과 우주의 규칙을 추구하는 과학과 종교 양쪽 분야에 인간이 매혹되는 핵심적 이유다.

🦢 반복, 리듬, 질서

일생에 걸쳐, 우리 두뇌는 환경을 이해하는 임무를 수행한다. 이는 태어나자마자, 6개월 동안 청각, 시각, 촉각을 구별할 수 없을 때부터 시작된다. 두뇌의 지상 과제는 이 모든 입력을 이해하고, 패턴을 인식해서 자신의 신경 장치의 각기 다른 부분에 감각을 할당하는 일이다. 다음으로 언어를 이해하기 시작하는데, 앞서 언급한 몇 가지 '예술의 법칙'처럼, 단순한 암기가 아니라 규칙 학습에 의존한다. 리듬의 파악은 아마도 사냥이나 포식자의 소리 파악 또는 기타 유용한 생존 기술에 중요했을 듯싶다. 이런 신경 기능은 생존에 도움이 됐기 때문에, 두뇌는 그 대가로 보상을 제공했다. 그 결과, 이런 기술에 의존하는 경험, 예를 들어 시각 예술에서 패턴 인식하기, 음악 감상, 게임의 동작 패턴 학습하기 등은 즐거움으로 해석되게끔 됐다.

🦢 균형

균형에 대한 신경학적 근거는 여전히 추론적인 수준이지만, 전제는 간단하다. 인간은 '균형 잡힌' 예술 작품에 대한 선호도를 가진 듯하다는 점이다(불안이나 걱정을 표현하기 위해 불균형적인 작품을 창작하는 것도 가능하다). 예술 형태에는 균형 개념을 반영하는 수많은 원리가 존재한다.

- **사진과 회화에서 3등분의 법칙**rule of thirds: 수평적, 수직적 양쪽에서 시각 공간을 3등분하면 이미지가 좀 더 만족스러워진다는 점을 보여준다. 대개 화면의 3등분 교차점에 이미지의 핵심 부분을 표시할 때, 좀 더 보기 좋아진다(이를 샐리 고모의 인디아 여행 같이 과도하게 연출된 휴가철 즉석 사진과 비교해보라. 이런 사진에서 고모는 완벽히 배경 중앙에 자리잡은 타지 마할 앞에 떡하니 자리잡고 있다).

- **고대 중국의 풍수 지리:** 특정한 가구, 식물 및 기타 사물의 위치를 균형 잡아서 물리적 환경에서 조화를 꾀하는 것이 초점이다.

- **글쓰기에서 3의 법칙**rule of three: 단어와 개념은 세 그룹으로 분류될 때, 좀 더 눈에 띄고, 재미있고, 효과적이 된다는 점을 가르쳐준다('제자리, 준비, 땅!').

- **대부분의 예술 형식에는 단순성과 복잡성 간에 균형이 존재한다:** 이 경우에 단순성은 예술 작품에 접근하고 소비할 수 있음을 나타낸다. 복잡성은 예술의 궁극적인 깊이를 나타낸다. 대부분의 어린이는 공룡 바니Barney the Dinosaur의 '난 너를 좋아해, 넌 나를 좋아해' 같은 노래에 금방 흥미를 잃는데, 가사와 음악이 너무 단순해서이다. 반면 베토벤의 5번 교향곡은 2세기가 지나도록 살아남을 만큼 충분한 복잡성을 지니고 있다. 그럼에도 도입부는 너무나 간단하고 알아듣기 쉬워서, 교향곡답지 않은 인기를 누리고 있다. 비슷하게, 게임은 **내재적 복잡성**inherent complexity(무조건 거쳐야 하는 규칙과 인터페이스의 초기 시스템)과 **창발적 복잡성**emergent complexity(플레이 과정에서 자연적으로 성장하는 복잡성) 사이의 균형을 고려할 필요가 있다.

> 참고　게임 밸런스는 10장에서 상세히 다뤘으며, 훌륭한 게임 메커니즘을 통해 매력적인 플레이를 만드는 방법을 다뤘다.

세부사항: 지각에 관한 것

눈이 바뀌면, 모든 것이 바뀐다.

– 윌리엄 블레이크(William Blake), '정신 여행자(The Mental Traveller)'

스파이스 박스Spice Box는 어바나 샴페인 대학교 캠퍼스에 위치한 레스토랑인데, 이 대학은 학생들이 다양한 고급 식당 경험을 준비하고 서비스하기 위해 교육받는 곳이다. 식사는 여타 고급 시설이 그렇듯이 정식(定食) 가격으로 제공된다.

근래 들어, 이 레스토랑의 손님들은 무료 와인을 제공받았다. 손님들 반에게는 와인이 캘리포니아산이라고 알려졌고, 나머지 반에게는 노스 다코다산이라고 알려졌다. 사실 와인은 똑같은 것이었고, 손님들은 심리학 행동 연구 실험에 참가하는 중이었다.

분명히, 사람들은 노스 다코다산 와인을 명품이라고 간주하지 않았다. 그들의 평가가 너무나 저조해서, '노스 다코다' 와인은 덜 선호됐다(전적으로, 자신이 알고 있는 원산지를 근거로). 그뿐 아니라 연구자들은 파급 효과spillover effect도 존재함을 발견했다. 사람들은 노스 다코다 와인을 좋아하지 않았을 뿐만 아니라, 음식까지 덩달아 덜 먹게 됐다.

우리의 경험은 우리의 믿음과 기대에 의해 윤색된다. 어떻게 묘사되고, 포장되고, 제시됐는지를 근거로 뭔가가 더 좋을 것이라 믿을 뿐만 아니라, 실제로 더 좋아하게 된다. 오늘날 와인 제조업체들이 병 포장을 개발하고 테스트하는 데 엄청난 비용을 투자하는 이유는 우리의 지각과 지각에 영향을 미치는 심미적 특성이 중요하기 때문이다. 심지어 단어 한 글자나 표지 하나도 우리가 기대하는 즐거움에 심대한 영향을 끼칠 수 있다.

게임에서 만들어내는 모든 지각은 플레이어의 재미 수준을 바꿀 만한 잠재력을 지니고 있다. 미세한 표지 선택의 변화만으로도 엄청난 결과를 낳을 수 있다. 디스럽터 빔의 소셜게임 한 작품을 포커스 그룹에게 테스트할 때, 플레이어에게 '첫 번째 아이템은 무료'로 받게 된다고 알려주는 게임 시작 화면이 하나 있었다. 우리는 '무료'라는 단어가 호의적으로 받아들여질 것이라고 생각했지만, 오히려 오직 첫 번째 아이템만이 무료이고, 나머지는 구매해야 된다는 오해를 낳았다. 무료니 유료니 하는 언급을 제거해버리자, 몰입이 증가했다. 단지 정성적 테스트에 의존하기보다는 고객과의 대화가 좀 더 중요한 이유를 보여주는 교훈이기도 하다. 상당한 횟수의 A/B 테스트에서 배운 것보다 몇 번의 대화를 통해 더 많은 점을 배울 수 있었다.

상호작용 맵 만들기

9장에서 소개한 유저 스토리를 기억하는가? 유저 스토리는 MAGIC 인터페이스를 개발하는 완벽한 출발점을 제공한다. 각각의 유저 스토리에는 3가지 요소가 있기 때문이다.

게임 디자이너로서 우리는 다음 항목을 파악해야 한다.

- **주어진 액션을 수행하게 될 플레이어 페르소나:** 이미 플레이어가 익숙해져 있는 것들에 대한 정보를 알 수 있다. 이런 지식은 익숙한 인터페이스 비유를 활용해서 직관적인 인터페이스를 개발하는 데 도움이 된다.
- **플레이어가 취하고 싶은 액션:** 통제감을 느끼도록 하기 위해 플레이어에게 필요한 것을 알려준다.
- **플레이어가 각각의 액션을 취하고 싶은 이유:** 플레이어가 마음에 품고 있는 구체적인 목표를 암시해준다.

이 모두를 파악하는 일은 대단한 성과다. 그러나 우리는 아직 이런 정보를 실제의 인터페이스로 구성하는 최선의 방법은 알지 못한다. 이를 위해, 상호작용 맵을 만들어볼 필요가 있다.

앞서 제안한 대로 모든 유저 스토리를 이미 색인 카드에 기록해놓았다면, 이를 활용해 목표를 각기 다른 카테고리로 분류한다. 카드를 벽이나 화이트 보드 같이 중간에 선을 긋거나 필요한 대로 재구성할 수 있는 장소에 테이프로 붙여놓으면 도움이 된다. 색인 카드를 사용하고 싶지 않거나, 그것을 활용하기에 팀이 너무나 분산되어 있다면, 프로토셰어(부록 B 참조) 같은 소프트웨어 툴을 활용해서 이런 정보를 수집하고 정리할 수 있다.

유저 스토리를 처리하기 쉬운 형태로 정리한 다음, 다음과 같은 카테고리로 분류해서 정보 목록을 모은다.

- 플레이어가 상호작용할 모든 오브젝트를 파악한다.
- 플레이어가 필요로 하는 모든 정보 채널을 파악한다.
- 플레이어가 상호작용하게 될 다양한 컨텍스트를 파악한다.

오브젝트 파악하기

오브젝트란 유저 스토리 내에서 플레이어의 행동 대상이 되는 모든 것이다. 오브젝트를 파악하고 분류하려면 다음 단계를 따른다.

1. 모든 유저 스토리를 살펴보고 오브젝트 목록을 다음과 같은 항목이 포함된 개별 목록으로 추출한다.
   - 플레이어 자신
   - 다른 플레이어
   - 가상 아이템
   - 임무/퀘스트/직업/일
   - 맵

   이들 오브젝트 각각은 유저 인터페이스 내에 존재해야 한다.
2. 각 오브젝트를 설명할 수 있는 모든 속성을 파악한다. 예를 들어, 플레이어는 다음과 같은 속성을 가질 수 있다.
   - 이름

- 레벨
- 포인트
- 소유하고 있는 가상 아이템 목록
- 획득한 배지 목록
- 게임을 방문한 횟수
- 소비한 가상 화폐량

가상 아이템에 대해서는 다음과 같을 것이다.

- 아이템 이름
- 아이템을 사용할 수 있는 최소 레벨
- 아이템 구매가
- 아이템의 카테고리
- 아이템이 변화시키거나 영향을 미치게 될 규칙
- 아이템 구매일

3. 이제 또 다른 차원의 분석으로 넘어간다. 속성이 서로 관계를 맺는 방식을 찾는다. 각 속성에 대해, 일대일 비교하고 게임 내 다른 모든 속성과 비교한다. 각 속성에 대해 다음 질문을 검토하라.

- 이 속성은 플레이어의 주요 목표 중 하나를 진척시키는 데 관련이 있는가? 그렇다면, 이 속성에 강조 표시를 한다. 다음 단계에서 중요한 사항이다.

- 이 카테고리의 정보 목록을 랭킹화하거나 비교할 수 있는가? 예를 들어, 모든 플레이어를 서로 비교할 때 자신이 어느 정도인지 알려주는 순위표를 만들어 레벨 기준으로 플레이어 랭킹을 매길 수 있다. 특정 게임 종류에 따라 다른 속성 기준으로도 비교해보면 흥미로울 수 있다.

- 어떤 속성이 플레이어에게 가장 기억에 남을 것인가?
- 어떤 속성이 플레이어의 관심을 가장 끌 것인가?

🦢 정보 채널 파악하기

이전 단락에서, 게임 내의 모든 오브젝트와 관련된 속성 목록을 작성한 바 있다. 이들 속성 중 일부가 주요 목표를 향한 플레이어의 진척과 직접 관련되는 경우에, 이런 정보를 위한 후보 채널을 파악할 필요가 있다.

여기서의 채널은 텔레비전의 채널과 똑같다. 이것이 유용한 비유인 까닭은 플레이어가 한 번에 딱 그만큼의 정보에만 집중할 수 있기 때문이다. 페이스북 메인 페이지에 표시되는 다음 정보 채널을 검토해보자.

- **뉴스피드**: 취합된 상태 정보와 모든 친구와 나누는 공개적 대화를 담고 있다. 친구로부터의 실제 메시지는 게시한 사람, 각 메시지에 대한 댓글 및 날짜 표시와 함께 표시된다. 뉴스피드는 친구들과 사회적 접촉을 유지하려는 우리의 목표를 도와준다.
- **친구 알림**: 친구들로부터 수신한 최근 알림 목록이다. 우리와 직접적으로 관련된 친구들의 페이스북 활동 정보를 제공해 우리가 반응할 수 있게 해준다. 역시 이 채널도 사회적 접촉을 유지하고 심화하려는 목표를 도와준다.
- **개인 메시지**: 다른 페이스북 유저로부터 수신한 개인 메시지 목록으로, 역시 사회적 접촉을 도와주지만, 사람들이 공개적으로 나누고 싶어하지 않는 정보를 담고 있다.
- **애플리케이션**: 설치한 애플리케이션과 게임의 목록이다. 페이스북의 친구들과 사회적 접촉을 깊게 해주는 애플리케이션에 방문할 수 있게 도와준다.
- **생일**: 친구들이 축하해주는 생일로, 페이스북의 친구들과 사회적 접촉을 시작하거나 재개할 수 있는 명분을 제공해준다.
- **정보**: 페이스북상의 사람들에 대한 정보로 상호작용하는 사람들의 신원을 알 수 있게 해준다. 특히 함께 아는 친구들에 대한 정보를 제공한다.

각 오브젝트를 채널로 구성할 수 있는 수없이 많은 방법이 있다. 이 단계에서는 아이디어를 수집하는 데 초점을 맞춰라. 차후에 군더더기를 제거해서 게임에 필요한 최소 수준으로 감축할 수 있다. 여기서의 목적은 인터페이스 자체를 디자인하는 것이 아니며(곧 진행된다), 정보를 표현할 수 있는 다양한 가능성을 점검해서, 플레이어의 목표를 진전시킬 정보를 표시할 몇 가지 옵션을 탐색해보는 것이다.

정렬 기회

플레이어가 많은 아이디어가 포함된 정보 채널과 상호작용하는 가장 의미 있는 방법은 무엇일까? 예를 들어 친구 목록은 알파벳순으로 정렬될 수도 있고, 가장 최근에 플레이한 친구들 기준으로 정렬될 수도 있다. 각 방법은 같은 정보를 다른 목적을 기준으로 다른 방식으로 생각하는 방법을 제공한다.

랭킹

정보 채널에서 특정 값에 의해 정렬된 정보 목록은, 그것이 목표 중 하나라면, 경쟁의 느낌을 고조시킬 수 있다. 레벨 기준으로 상위 플레이어가 표시된 순위표는 일종의 정보 채널인데, 이 외에도 오브젝트의 속성을 잠깐만 관찰해봐도 다른 많은 비교 방법을 떠올릴 수 있다.

피드

정보를 정렬하는 또 다른 방법은 페이스북 뉴스피드처럼 시간 기준으로 정리하는 것이다. 이는 시간이 의미를 지니는 정보를 전달하는 멋진 방법이 될 수 있다. 예를 들어, 최근 게임에서 배지를 수여받은 친구 목록은 다른 플레이어에게 배지 획득 동기를 부여할 수 있다. 최소한 그런 것이 존재한다는 사실을 알려준다.

교차점

교차점은 때때로 동기를 자극하는 정보를 제공하거나 주요 유저 스토리와 관련된 진전을 제공할 수 있다. 예를 들어 페이스북은 항상 누군가와 함께 아는 친구를 알려주는데, 이는 대화를 위한 공통 기반을 제공해주며, 사회적 접촉 가능성을 높여준다.

오브젝트는 어떤 장소에 존재한다. 우리는 플레이어가 살 장소, 가상 아이템이 놓일 장소, 게임의 액션이 수행될 장소를 결정해야 한다. 컨텍스트context는 환경과 그 환경 속에 놓인 오브젝트 사이의 관계다.

게임에서는 어떤 오브젝트에 주어진 하나의 액션에 대해 가능한 컨텍스트가 다수 존재할 수 있다. 가상 상품은 상점에서 구매되고, 우편함으로 배달되고, 다른 캐릭터에게 선사되고, 혹은 그래픽이 펼쳐진 지면에서 줍게 될 수도 있다.

다음은 가능한 컨텍스트에 대해 검토할 때 확인해야 할 질문들이다.

- 여러분의 게임이 보드 게임이라면(리스크, 모노폴리 등) 어떻게 보드를 설계할 것인가? 어떤 종류의 지역과 맵을 묘사할 것인가?
- 게임 내에서 주어진 컨텍스트에 대한 최고의 비유는 무엇인가? 선보이려는 오브젝트나 액션에 대해 좋은 틀이나 참조가 되는 현실 세계의 장소가 존재하는가?
- 해당 아이디어를 기반으로 테마 파크를 설계한다고 가정하면, 그 안에 어떤 장소를 넣을 것인가?
- 3D 실감형 롤플레잉 게임이라고 가정하면, 그 안에 어떤 장소를 포함시킬 것인가?
- 필요한 정보를 보여주기 위해 박물관 전시를 기획한다면 어떻게 할 것인가?
- 어떻게 하면 기존에 존재하는 비유를 제품 내의 강력한 사례로 활용할 수 있을까? 생각할 수 있는 가장 강력한 비유적 상징의 목록을 간단히 작성해보라. 독수리, 십자가, 황금 아치Golden Arches[5], 비둘기, 꽃, 심장 등이 그런 사례에 포함될 수 있다.

---

4 우리나라 말로 흔히 문맥, 맥락, 경우에 따라 상황이라고 번역되는데, 여기서는 의미를 명확히 하기 위해 원어 발음 그대로 컨텍스트로 그냥 번역함. 실제로는 컨텍스트란 용어 그대로 사용되는 경우가 많다. – 옮긴이

5 맥도널드의 상징 로고 – 옮긴이

인터페이스 내에 존재하는 모든 항목은 플레이어의 상상 속에 존재한다. 우리의 과제는 이런 아이디어를 담아낼 최선의 그릇을 파악하는 것이다. 가능한 모든 컨텍스트를 파악하고, 다양한 아이디어를 실험해보고 난 후에는, 다음과 같은 질문을 고민해보자.

- 각 컨텍스트에 대해 플레이어가 염두에 둘 목표는 어떤 것일까?
- 주어진 컨텍스트에서 플레이어가 수행하고자 하는 액션은 어떤 것일까?
- 그들이 행동을 취하고 목표를 향해 전진할 수 있으려면, 어떤 정보로 플레이어를 준비시켜야 할까?

공통된 주제가 부상한다. 많은 액션이 주어진 컨텍스트로 접근될 때 가장 잘 이해될 수 있다는 점이다. 우리가 게임에서 일어나는 다양한 상호작용 맵을 수집할 수 있는 이유도 이 때문이다. 이런 과정을 진행해가면서, 답해야 할 가장 중요한 질문은 이것이다. 게임에서 일어나는 액션을 위한 주무대는 어느 곳인가? 다른 게임에서는 어떻게 하는지, 표 11-1을 참고하자.

게임	주무대	액션	목표
팜빌	농장 꾸미기	농작물을 재배하고 수확한다.	좀 더 큰 농장을 만든다.
월드 오브 워크래프트	3D 실감형 인터페이스	풍경을 탐색하고 적과 전투한다.	좀 더 이국적인 풍경을 탐색하고, 좀 더 강한 적과 전투할 수 있는 더 강력한 캐릭터를 만든다.
리그 오브 레전드	플레이어들이 서로 전투하는 맵	다른 플레이어들과 전투한다.	상위 랭킹 플레이어가 된다.
마피아 워즈	최근 행동을 요약해서 보여주는 로그인 페이지	아이템을 획득하거나 자신의 위치를 높이기 위해 사회적 관계를 형성한다.	자신만의 범죄 왕국을 키운다.

표 11-1 게임 액션

비게임 웹사이트에 대해서도 같은 분석을 수행할 수 있다. 예를 들어 페이스북과 링크드인의 경우, 주무대는 친구와 지인들이 무엇을 하고 있는지 보여주는 뉴스피드다. 뉴스피드 같은 실시간 업데이트는 사이트 내에서 우리가 상호작용을 수행하도록 자극하기 위해서 고안됐다.

컨텍스트 맵 개발하기

게임의 메인 컨텍스트를 파악하고 나면, 플레이어가 앞서 개발한 유저 스토리와 연관된 다양한 하위 목표 및 액션에 돌입하기 위해 필요로 하는 나머지 다른 컨텍스트의 맵을 구성할 수 있다. 맵의 각 노드$_{node}$[6]는 플레이어가 도달할 수 있는 하나의 컨텍스트를 표시하고, 노드 간의 선은 특정한 컨텍스트에 도착하기 위해 플레이어가 통과해야 하는 경로를 가리킨다.

맵의 각 노드마다, 각 컨텍스트에 중요한 정보 채널과 플레이어가 수행해야 할 액션을 파악해야 한다.

디스럽터 빔의 게임 트루 파이어러츠는 대항해 시대를 배경으로 대양을 정복하는 소셜게임으로, 실제 역사와 이야기를 풍미한 해적을 중심 주제로 삼았는데, 페이스북에 널려 있는 카툰 형식의 게임과는 사뭇 다르고, 조니 뎁으로부터 영향을 받은 기존 게임과도 다르다. 우리의 게임에서 무엇이 중요한지 규정하는 과정에서, 표 11-2에 제시된 주요 컨텍스트 목록에 도달하게 됐다.

컨텍스트	설명	액션	목표
지도실 (map room)	17세기 지도 제작법에 미적 영감을 받은 지도를 활용해 플레이어가 다양한 모험 경로를 구상해볼 수 있는 장소	임무 수행하기	'법도 없고 자비도 없다'는 해적들의 신조대로 살기
항해 일지 (log book)	개인 페이지와 손으로 그린 그림이 포함되어 있는 사실적인 책	진척도를 점검하고, 우선적인 모험을 살펴보고, 해적 이야기에 대해 배운다.	역사와의 유대감을 느끼고 추가 모험으로 이어질 수 있는 물품 수집 가능성 파악하기

표 11-2 트루 파이어러츠의 주요 컨텍스트

---

6 망(network) 구조에서 연결점, 마디, 절 등을 의미함 – 옮긴이

컨텍스트	설명	액션	목표
사물함 (sea chest)	수집한 약탈물	약탈물을 살펴보고, 친구에게 선물을 보내고, 자신만의 해적 깃발을 디자인한다.	해적으로서 뚜렷한 정체성을 확립한다.
은신처 (hideout)	개인화된 해적 소굴로 등장한다.	장비를 업그레이드하고, 선원을 모집한다.	자신이 바다의 재앙이 되도록 뒷받침해주는 장기적인 업그레이드 전략을 수립한다.
상점(shop)	구매할 수 있는 아이템 목록	가상 상품을 구매한다.	자신을 다른 플레이어로부터 돋보이게 해주는 아이템을 찾는다.
나의 선박	자신의 선박을 보여주는 화면	장비와 전략을 점검한다.	배를 개선할 수 있는 방법을 조사한다.

표 11-2 트루 파이어러츠의 주요 컨텍스트(이어짐)

이를 기반으로, 우리는 그림 11-9에 표시된 맵을 개발했다.

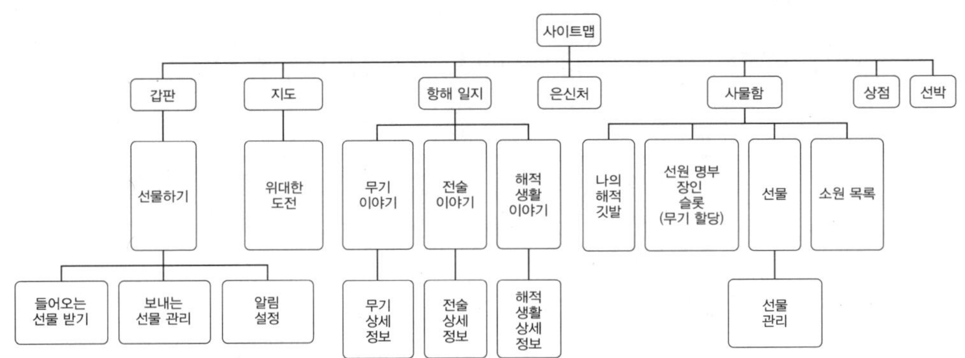

그림 11-9 트루 파이어러츠의 상호작용 맵

디스럽터 빔에서, 우리는 프로토셰어라는 웹 기반 제품을 활용해 맵과 디자인 컨셉을 개발했다. 화이트 보드, 포스트잇 메모나 색인 카드를 사용해도 생산적이다. 팀원들이 커뮤니케이션하고, 재조정하고, 정보를 체계화할 수 있도록 다양한 방법을 시도해본다는 점이 가장 중요하다.

스토리로 돌아오기

이 단계에서 일부 오브젝트나 유저 스토리가 적절치 않다거나, 너무 복잡하다거나, 눈에 띄지 않는다는 점을 깨달을지도 모른다. 너무 절망스럽게 생각할 필요는 없다. 어렵거나 그다지 적절치 않은 요소를 발견하는 건 좋은 일이다. 줄이려고 노력하라. 게임이 다른 많은 형태의 소프트웨어 개발과 다른 점은 재미있는 경험을 만드는 일이 무엇보다 중요하다는 점이다. 초기에 개발했던 일부 유저 스토리가 의도는 좋았지만 이런 절대 전제를 전혀 만족시킬 수 없다는 점을 발견하게 될지도 모른다. 설계 과정은 선형적이 아니라 반복 개선을 겪게 마련이므로, 원래의 플레이어 내러티브를 뜯어고친다 하더라도, 아마도 좀 더 나은 게임을 만드는 과정일 것이다.

역시 지나치게 복잡한 게임 메커니즘도 이 단계에서 드러날 수 있다. 다양한 오브젝트를 살펴보다 보면, 플레이어에게 전혀 중요하지 않은 상호 의존성이나 속성을 이전에 눈치 채지 못했다는 점을 발견하게 된다. 어느 쪽이든, 그것들의 중요성을 재평가하고 필요하면 잘라내야 한다. 때때로, 의존성은 창발적 게임 플레이의 일부로 전개될 때는 좋을 수도 있다. 특히 고급 플레이어에게는 그렇지만, 이제 막 게임을 배우기 시작한 새로운 플레이어를 혼란스럽게 할 위험성은 있다.

인터페이스에 소셜 요소 추가하기

단순히 웹이나 소셜네트워크를 통해 서비스된다고 게임이 소셜해지는 것은 아니다. 소셜해지려면, 게임은 사용자 간의 상호작용을 촉진할 수 있는 요소를 갖춰야 한다. 이런 활동의 이점은 플레이어가 친구들에게 게임을 퍼뜨리고, 이전에 플레이한 적이 있는 사람들을 재몰입시킨다는 점이다.

인터페이스를 디자인할 때, 플레이어가 수행할 수 있는 다양한 사회적 행동을 간간이 섞어서, 한계 너머로 게임의 영향력을 퍼뜨려야 한다. 하지만 인터페이스 맵을 그려보면, 이전에는 생각지도 못한 수많은 사회적 상호작용의 기회가 있음을 깨닫게 된다. 이 시점에서 스토리 창작 과정을 재반복해서, 이런 경우를 다룰 수 있는 새로운 유저 스토리를 창작할 것인지 결정하도록 한다. 일부 사회적 상호작용은 게임 메커니즘에 대한 시각의 변화를 요구할지도 모른다.

다음 단락들은 페이스북과 연동되는 소셜 인터페이스를 게임의 일부 영역에 추가하는 방법을 보여준다.

공유

게임에서 일어나는 많은 사건은 친구들과 공유하고 싶어질 만큼 흥미롭다. 공유할 만한 콘텐츠 작품을 만드는 데 있어 핵심은, 받는 사람만큼 공유자에게도 흥미로워야 한다는 점이다. 과거에는 레벨업 이벤트나 새로운 배지 같은 것을 공유하는 경우가 흔했지만, 이들은 사람을 관심의 중심에 놓지 않으므로, 가장 무시당할 가능성이 높은 유형의 콘텐츠이기도 하다. 반면에 시간 한정 기회, 선물 당첨 기회, 수신자가 상호작용할 수 있는 참신한 방식 등은 좀더 흥미롭다.

온라인 상태의 활용

플레이어가 친구들과 동일한 시간에 게임 내에 있는지 추적함으로써, 그들이 서로 상호작용할 수 있는 추가적인 방안을 제시할 수 있다. 예를 들어, 징가 포커에 입장하면 실시간으로 어떤 친구가 플레이어하고 있는지 보여준다.

모든 활동은 친구와 함께 할 때 좀 더 즐거우므로, 이 방법은 어떤 온라인 경험에서도 몰입을 심화시키는 데 효과적이다.

댓글과 대화

자신만의 메시지를 게임에 추가할 수 있는 방법을 플레이어에게 제공할 수 있다. 게임에 아이템, 장소, 플레이어 같은 개별적인 콘텐츠가 포함되어 있으면, 이를 통해 플레이어에게 자신만의 메시지를 추가할 수 있는 기회를 제공할 수 있다. 블로그와 똑같은 방식으로 플레이어를 참여시킨다. 게임 내에서 벌어지는 대화에 직접 참여할 수 있게 해주는 것이다. 이런 댓글 시스템에 공유 기능을 추가해서, 게임 외부로까지 대화의 범위를 확장시킬 수 있다.

댓글에 의해 제공되는 정적인 대화 형식에서 한 걸음 더 나아가, 많은 게임이 실시간 채팅을 지원하기 시작했다. 비동기적인 게임 플레이를 가진 게임도 실시간 대화를 통해 플레이어들이 서로 교류할 수 있는 방법을 제공할 수 있다.

채팅은 활동을 조율하기 위해 플레이어들이 실제로 실시간으로 커뮤니케이션해야 하는 상황에서 최적이다. 또한 플레이어들의 상호 협력 도구로 유용하다. 그러나 섣부른 채팅 도입에는 유의해야 하는데, 빈 채팅방은 버려지고 잊혀진 게임처럼 보이게 하기 때문이다.

소셜네트워크 활동을 보상하라

소셜네트워크상에서 애플리케이션이 인지도를 높이는 데는 여러 가지 방법이 있다. 페이스북에서는 애플리케이션에 '좋아요' 체크라든지 친구를 게임에 초대하는 방법 등으로 행해진다. 이런 기능은 너무나 중요하기 때문에, 인터페이스 전반에 걸쳐 지속적으로 등장한다. 그림 11-10에 나타나 있듯이, 징가 포커는 게임 머니를 추가 획득하기 위해 금고를 폭파시킨다는 간단한 이야기 형식으로 게임 내에서 플레이어의 사회적 행동을 효과적으로 장려하고 있다.

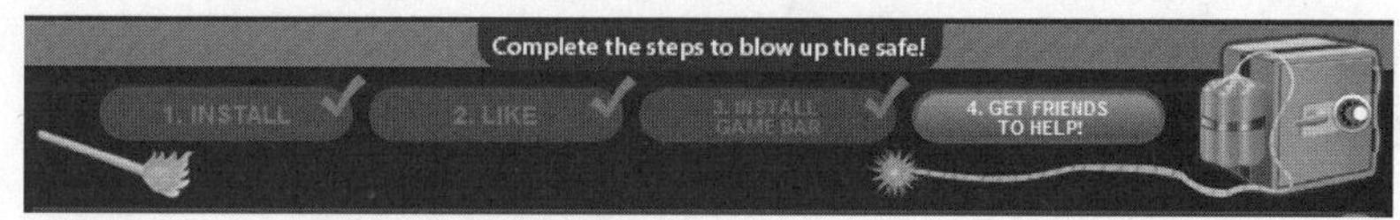

그림 11-10 징가 포커에서 금고 폭파하기

정리

11장에서는 게임 인터페이스를 통해 플레이어에게 새로운 세계를 접하게 하는 방법을 배웠다. 이를 위해 텍스트에서 실감형 3D 인터페이스에 이르기까지 다양한 추상화 수준을 활용할 수 있다. 적절한 인터페이스란 수용 가능하며(개발 관점에서), 플레이어의 상상력을 뒷받침하고, 디자이너가 세운 규칙을 실현시켜주는 것이다.

MAGIC(기억, 관심, 목표, 직관, 통제)을 활용해서 인터페이스의 본질을 구성하는 요소를 파악할 수 있다. 비록 게임 인터페이스를 검토하는 방법으로 고안됐으나, 어떤 인터페이스에서든 지속적이며 좀 더 몰입되는 경험을 창출하고, 고객에게 즐거운 인상을 남기고, 관심을 집중시키고, 목표를 제공하고, 직관적으로 상호작용하고, 통제의 느낌을 제공하는 수단으로 MAGIC을 응용해보면 도움이 될 것이다.

이전 장의 기법을 활용해서 상호작용 맵으로 분석될 수 있는 원시 정보를 다듬을 수 있다. 디자인의 수준은 구현으로 이어진다. 엔지니어와 제품 개발자는 이런 정보를 바탕으로 자체적인 반복 개선 개발 과정에 돌입해, 실제로 뭔가 만들어내기 시작할 수 있다. 상호작용 맵은 설계 과정을 반복 개선할 수 있는 수단이기도 하다. 상호작용 맵에서 어떤 종류의 게임 메커니즘과 스토리상의 허점이 드러나는가? 좀 더 강력한 상호작용, 좀 더 좋은 규칙 또는 좀 더 좋은 스토리를 위해 어떤 기회가 도출되는가? 애자일 개발 과정에서 그랬던 것처럼, 유저 인터페이스 디자인은 별개의 시점에 행해지는 것이 아니라 지속되는 과정이다.

경로 선택

다음에 읽어야 할 부분에 대한 안내

- 이번 장에서는 상호작용 맵에서 적절한 콘텐츠를 파악하기 위해 유저 스토리 개발에 의존하고 있다. 이를 복습하고 싶다면, 9장을 참고한다.
- 인터페이스를 개발하다 보면 게임 규칙을 생각하는 방식에 변화가 생길 수 있다. 이 주제에 대한 논의가 궁금하다면, 10장으로 이동한다.
- 다음 장에서는 소셜게임에 수익과 몰입을 안겨주는 요소인 가상 상품에 대해 논의한다. 준비가 됐다면 12장으로 페이지를 넘기자.

가상 상품 설계

12장의 내용

★ 누가 가상 상품을 구매하며, 무엇을 구매하는가
★ 가상 경제의 위험성을 관리하는 방법
★ 자신의 게임에 가상 상품을 도입하고 판매하는 기법

2010년 한 해 동안, 온라인 인구 중 대략 13%가 가상 상품을 구매했다. 2011년 말에는, 게임을 중심으로 이런 디지털 상품에 소비자가 지출하는 비용이 20억 달러가 넘을 것으로 예상된다. 그리고 2013년경에는 그 규모가 다시 두 배가 될 것이라고 일부 분석가는 예상하고 있다.

몇 년 전만 해도 가상 상품의 매출은 보잘 것 없었다. 어떤 이유에서 이 정도까지 폭발적으로 증가한 것일까? 누가 구매하고, 어떻게 구매하며, 가상 상품을 사용하는 시스템은 어떻게 디자인해야 되는가? 이번 장에서 다룰 질문들이다.

사람들이 가상 상품을 구매하는 이유

가상 상품이 판매되는 이유는 현실 세계 상품이 판매되는 이유와 동일하다. 가치를 지닌 것으로 인식되기 때문이다. 왜 가치가 있는가? 이 책의 다른 부분에서 지적했듯이, 게임은 우리의 감정을 개입시키기 때문에 성립된다. 가상 상품은 우리의 상상 속에만 존재하지만, 감정적으로 만족스럽게 느껴지는 이점을 제공한다.

애완 동물pet과 귀여운 동물들의 인기를 생각해보라. 심지어 마피아 워즈에서도 사자나 이국적이고 무시무시한 동물들로 이뤄진 동물원을 지으라고 부추긴다. 피쉬빌FishVille, 펫 소사이어티Pet Society, 주 킹덤Zoo Kingdom 같은 일부 게임은 전적으로 애완동물 수집에 관한 것이다. 애완동물은 우리의 심금을 울려서, 월드 오브 워크래프트 같은 게임에 돈을 보태주는 이유가 되기도 한다. WoW의 동반자 펫은 우리를 따라다닐 때 귀여워 보인다는 점 외에는 게임에 전혀 아무런 영향을 미치지 않는데도 말이다.

조급함도 강력한 동기요인이다. 어떤 플레이어에겐 시간이 가장 귀중한 자원이다. 가상 상품은 다른 콘텐츠에 접근할 수 있는 급행 코스를 열어주고, 걸림돌을 빨리 제거해서 게임 진행을 가속화시켜준다.

또 다른 감정 요인은 개성에 대한 욕구다. 가상 상품은 여타 플레이어들과 다른 자신만을 표현하는 독특한 방법을 제공해준다. 여기에는 자신의 외모를 개인화하는 방법뿐만 아니라 다른 사람들과 새로운 방식으로 상호작용하는 방법도 포함된다.

🌀 누가 가상 상품을 구매하는가?

2010년 기준, 평균적인 소셜네트워크 게임 플레이어는 43세 여성이지만, 이들 플레이어 중 오직 일부가 대부분의 돈을 써서 소셜게임의 성장을 이끌어가고 있다. 게임 내에서 일시적인 보너스를 제공하는 아이템을 얻기 위해 실제의 돈을 지출할 의사가 있는지 물었을 때, 대략 1/3의 플레이어가 긍정적으로 대답했다(그림 12-1).

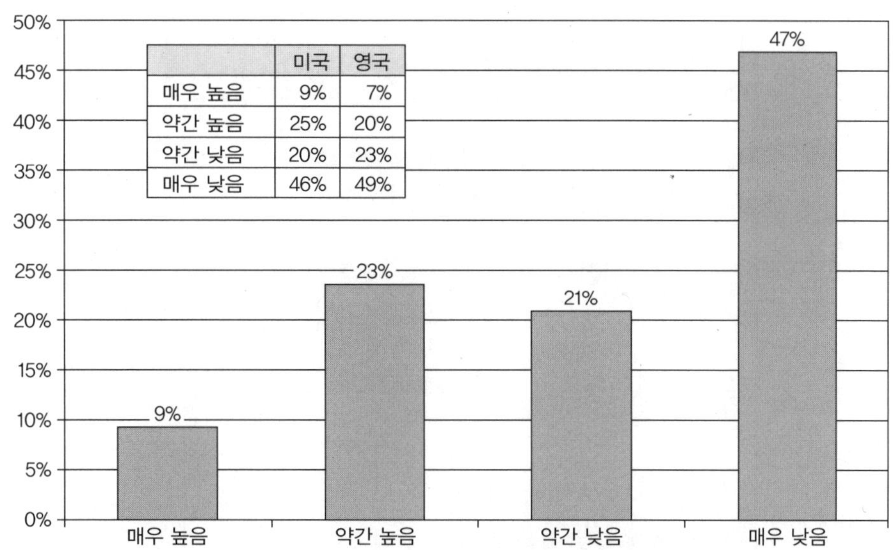

	미국	영국
매우 높음	9%	7%
약간 높음	25%	20%
약간 낮음	20%	23%
매우 낮음	46%	49%

질문 29: 게임 내에서 가상 아이템이 적당한 단기적 이득을 준다면(예를 들어 특수 파워업, 보너스 증가, 또는 특별한 무기와 도구), 당신이 가상 아이템을 구매할 가능성은?

Information Solutions Group/PopCap, '2010 Social Gaming Research'

그림 12-1 가상 상품 구매의 인기

소셜게임 시장이 성공하도록 막대한 노력을 기울였으므로, 내 마음속의 낙관주의자는 이 상황을 소셜게임 디자이너에게 큰 기회로 바라본다. 현재의 제품군이 실패한 2/3의 시장에 호소할 수 있는 좀 더 나은 게임을 개발할 기회가 여전히 존재한다는 뜻이다. 아마 독자들도 이런 놀라운 기회에 비슷하게 고무되리라 기대한다. 한편, 구매가 모두 43세 여성들에 의해 이뤄지고 있는지, 아니면 시장을 좀 더 상세히 구분할 수 있는 더 나은 방법이 있을지 궁금하다.

광범위한 컴퓨터 게임 시장을 조망하는 시장 조사 기관인 프랭크 N. 마지드 어소시에이츠Frank N. Magid Associates의 조사 결과에 따르면, 가상 상품에 가장 많은 돈을 소비하는 계층은 어린 남성층인 것으로 나타났다(그림 12-2 참조).

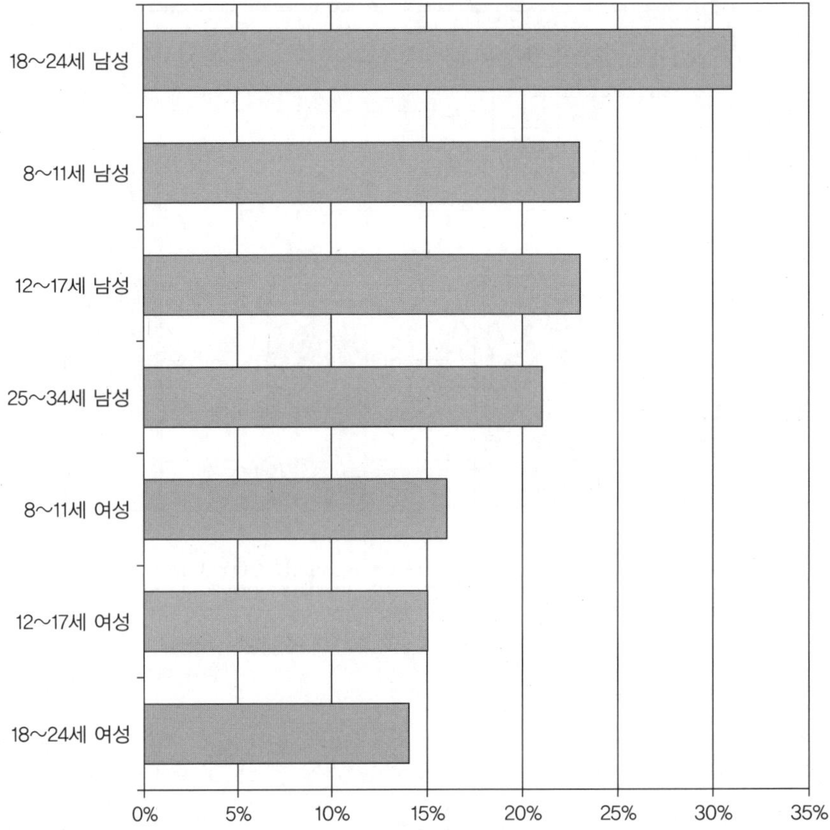

그림 12-2 가상 상품 단골 구매자

이 결과가 놀라운가? 어린 계층은 새로운 유형의 제품, 새로운 유통 채널과 새로운 콘텐츠 결제 방법을 가장 잘 받아들이는 편이다. 그러나 평균은 기만적일 수 있다. 중요한 것은 특정 제품의 실제 구매자다. 예를 들어, 5천만 개가 넘는 가상 상품이 도그스터Dogster(애견 애호가들의 온라인 커뮤니티)에서 거래됐는데, 대부분의 구매자는 35~50세였다. 반대쪽 극단으로는, 클럽 펭귄Club Penguin이나 웹킨즈Webkinz 같이 어린이를 목표로 한 제품도 있다(실제 최종 구매자는 부모이긴 하지만). 평균에 속아서 가장 최대의 매출을 올리기 위해서는 43세 여성만을 대상으로 한 제품을 만들어야 한다고 생각하지 말기 바란다. 제대로 된 제품은 시장 어느 곳에서든지 기회가 있기 마련이다.

사람들은 어디에서 가상 상품을 구매하는가?

가상 상품은 광범위한 온라인 경험 전반에 걸쳐 구매된다. 시장을 선도한 무료 웹 기반 게임은(소셜네트워크 외부에 있는) 몇 년 더 일찍 구매 과정 최적화를 위한 시간을 가질 수 있었다. 그림 12-3에서 볼 수 있듯이 소셜네트워크, 소셜네트워크 내부의 게임 및 기타 부분유료화 게임들이 상위 5개 자리를 차지하고 있다.

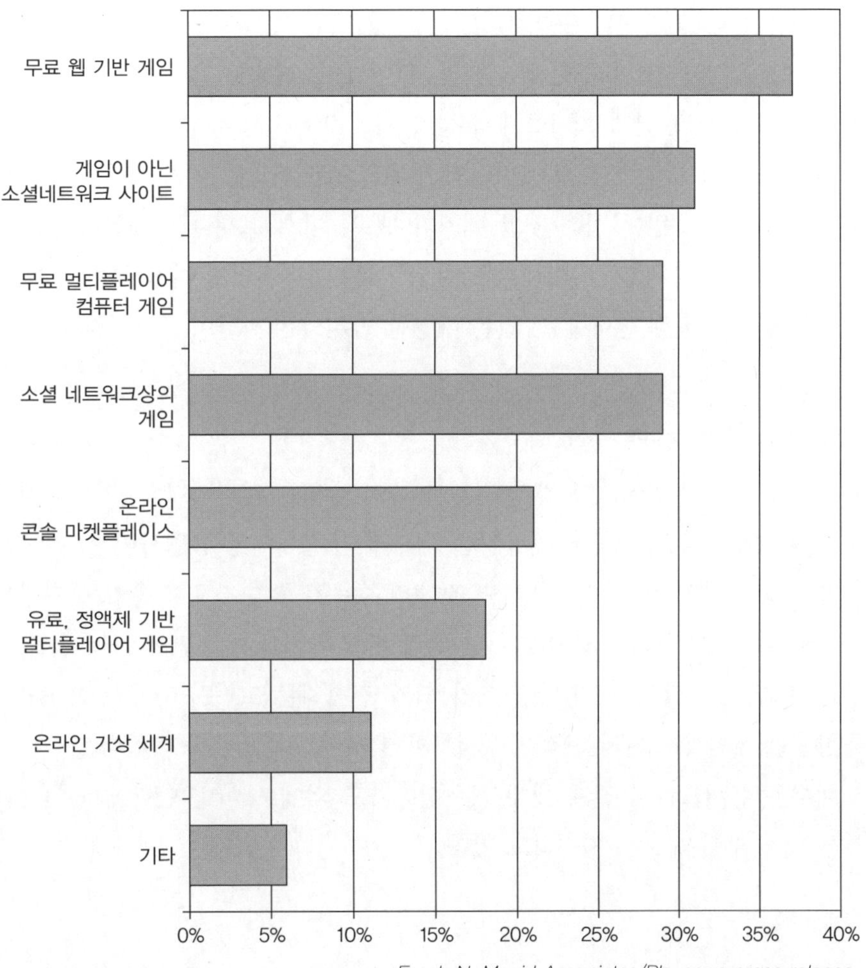

그림 12-3 가상 상품을 주로 구매하는 장소

　가상 상품은 특정 유통 채널에서 특정 유형의 게임에만 국한된 현상이 아니다. 모든 이들의 온라인 경험 전반에 걸쳐 광범위한 제품을 강화시키고 있어, 사람들이 더욱더 가상 상품에 익숙해질 것으로 예상된다. 가상 상품 시장의 성장이 기대된다고 쉽게 믿을 수 있는 이유다.

가상 상품을 결제하는 방법

예전에는 온라인 거래를 수행하려면 온라인 게임 개발자들이 자체적인 과금과 결제 시스템을 개발 구현해야 했다. 과거 1992년에는 온라인 게임이란 것에 대해 신용카드 결제 회사들에게 설명하는 것조차 쉽지 않아서, 성인용 전화 서비스나 그 밖의 음성적 서비스와 도매급으로 취급됐던 기억이 떠오른다. 다행스럽게도, 그런 시절은 옛날 얘기가 됐고, 이제 고객들은 다양한 방법으로 가상 상품을 결제할 수 있게 됐으며, 즉시는 아니더라도 며칠 내에 결제 시스템을 붙이기 위해 협력할 수 있는 다양한 범위의 회사들이 존재한다.

신용카드와 결제대행사

오늘날 온라인 게임에 신용카드 결제를 붙이는 일은 간단하다. 트라이얼페이Trialpay나 슈퍼 리워드Super Rewards 같은 서드파티 결제대행사 웹사이트로 가서, 간단한 승인 과정을 거치기만 하면 소액의 수수료를 대가로 신용카드 거래를 처리할 수 있다. 거래 규모가 커지면 직접 은행과 거래하는 편이 이득이 될 수도 있지만, 수수료가 몇 백만 달러가 되기 전까지는 고려하지 않는 게 좋다. 대형 소셜게임사도 거의 전적으로 서드파티 서비스에 의존하고 있다.

　대부분의 서드파티 결제 대행사는 신용카드 외에도 이번 단락에서 언급할 다른 결제 수단을 모두 지원하고 있다.

🦢 페이스북 크레디트

2010년에 가장 큰 개발 이슈 중 하나는, 페이스북 크레디트(그림 12-4 참조)라는
페이스북 기본 온라인 화폐의 출현이다. 페이스북 유저는 크레디트를 구매한
다음 자신이 페이스북에서 플레이하는 게임 내 아이템과 교환한다. 개발자들
이 해야 할 일은 페이스북 API를 구현하는 것뿐이다. 2010년 말 현재, 아직
'베타' 단계지만, 페이스북 크레디트의 기세는 상당하다.[1]

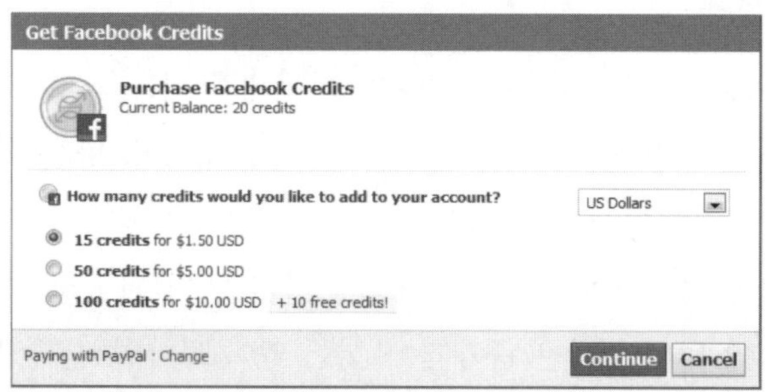

그림 12-4 페이스북 크레디트 구매

초기에는 많은 개발사가 페이스북 크레디트를 일종의 세금으로 느꼈는데,
어쨌든 페이스북이 30%의 몫을 요구했기 때문이다(애플이 앱스토어에서 유통되는 애
플리케이션에 대해 부과하는 수준과 놀랍도록 똑같다). 그러나 페이스북과 독점 계약을 선
택한 많은 개발사는 크레디트가 구매 과정에서 마찰을 없애줘 실제 순매출이
증가됐다는 점을 금세 알아차렸다.

여러분의 제품에서 가상 상품을 제공하고자 한다면, 페이스북 크레디트는
진지하게 고려해봐야 할 대안이다. 전체 매출이 아니라, 순수익에 초점을 맞
춰라. 이 책이 출간될 무렵에도 크레디트는 여전히 새로운 방식이겠지만, 미
래는 유망하다.

---

1 현재는 베타가 끝나고, 2011년 1월부터 정식 서비스 중 – 옮긴이

페이팔

페이팔Paypal은 가장 오래된 인터넷 결제 수단 중 하나이므로, 온라인 게임 시장에서 강력한 입지를 구축했다고 해도 놀라운 일이 아니다. API를 활용해서 직접 페이팔을 통합시키거나, 아니면 서드파티 결제대행사에 의해 제공되는 패키지의 일부로 활용할 수도 있다.

모바일 폰 결제

모바일 폰을 통해 온라인 서비스 구매가 가능해진 지는 꽤 오래됐다. 전형적으로 벨소리, 엔터테인먼트 서비스, 컨퍼런스 콜[2], 유료 SMS 같은 콘텐츠에 사용돼왔다. 하지만 이제는 단순히 폰을 결제 기기로 활용하는 방식으로, 모바일이 아닌 제품을 구매하는 경우에도 모바일 폰이 활용되고 있다. 현재로선, 중간 과정에 너무나 많은 중개자가 끼어 있어 모바일 결제 거래의 비용은 상당히 높다. 웹 기반 회사들과 협력하고 있는 주요 모바일 결제 공급사 중의 하나인 종Zong(그림 12-5 참조)의 경우, 모든 거래에 대해 대략 40%를 부과하고 있는데, 페이스북 크레디트가 저렴하게 느껴질 정도다.

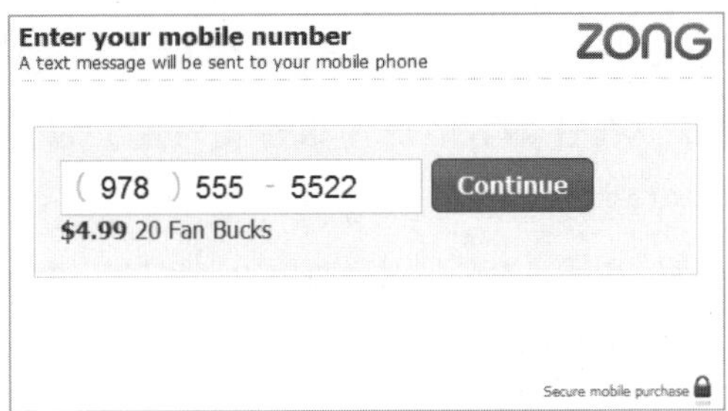

그림 12-5 종 구매 인터페이스

게임 카드

게임 카드는 사용 후 버릴 수 있는 1회용 카드로 온라인 게임 머니를 획득하는 데 사용된다. 징가를 비롯한 대형 소셜게임사는 자체적인 게임 카드 제품

---

2 전화로 진행되는 회의 - 옮긴이

을 제작했는데, 전 세계적으로 수천 개의 소매점에서 유통된다(그림 12-6 참조). 게임 카드는 현금이나, 해당 소매점에서 취급되는 모든 결제 수단으로 구매할 수 있다. 카드를 집으로 가져가서 카드에 적힌 코드를 컴퓨터에 입력하면, 온라인 게임 계정으로 게임 머니가 충전된다.

그림 12-6 판매 중인 게임 카드

게임 카드의 장점은 사람들에게 현금을 포함한 새로운 지불 수단을 제공한다는 점이다. 소매점에 물리적으로 전시된 카드는 또 다른 형태의 게임 홍보와 유통 수단 역할도 해준다. 징가보다 작은 대부분의 회사의 경우엔, 자체 게임 카드의 생산과 유통은 실용적인 선택사항이 될 수 없겠지만, 다행스럽게도 이를 지원하기 위한 몇몇 회사가 등장했다. 플레이스팬Playspan과 GMG 엔터테인먼트GMG Entertainment가 개발한 얼티메이트 게임 카드Ultimate Game Card가 여기에 포함된다. 이 두 회사는 부록 B에 소개되어 있다.

가상 상품 카테고리

가상 상품에는 매우 다양한 형태가 있는데, 각각 다른 감정이나 다른 게임 메커니즘에 호소한다. 여러분의 게임이나 소셜미디어 비즈니스에 어떤 카테고리가 적당할지 검토해보기 바란다.

🦢 선물

가장 흔한 유형의 가상 상품은 선물로, 현실 세계의 선물과 똑같은 이유에서 효과가 있다. 단순히 돈을 주는 것보다 좀 더 사려 깊은 스타일로 누군가에게 느낌과 감사를 표현할 수 있게 해준다. 더욱이 가상 선물은 상호성의 느낌을 지니고 있는데, 사람들은 선물을 받고 나면 답례로 가상 선물을 보낼 의향이 커진다.

페이스북은 가상 선물의 선구자 중 하나였지만, 광범위한 회사들이 가상 선물에 참여하도록 지원하는 플랫폼으로 페이스북 크레디트를 개발하는 데 집중하기 위해 서비스를 중단했다(그림 12-7 참조).

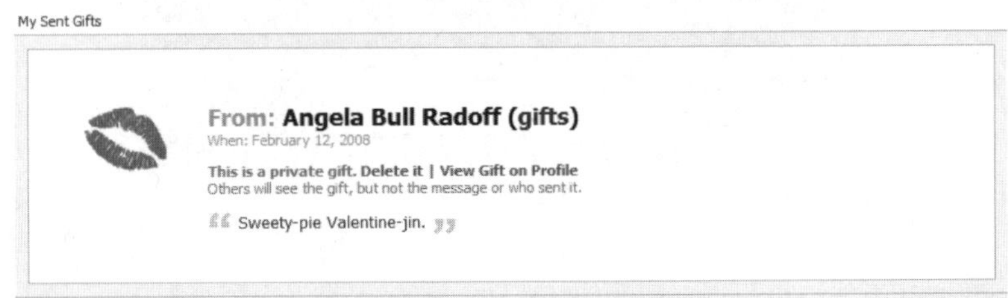

그림 12-7 중단된 페이스북 가상 선물

가상 선물에는 언제나 실제 현금으로 구매할 수 있는 것들 외에 단순히 플레이어 대 플레이어 몰입과 상호작용을 증진시킬 목적으로 존재하는 것들이 포함된다. 오늘날 선물하기는 소셜게임에서 플레이어 간 참여를 이끌어내는 가장 인기 있는 방법 중 하나다. 이번 단락에서 다루는 다양한 가상 아이템은 어떤 것이든 선물로도 포장 가능하다는 사실을 놓치지 말기 바란다.

🦢 부스트와 파워업

많은 게임에서 기본 아이템 세트를 무료로 제공하고, 현금으로 프리미엄 아이템을 구매하도록 유혹한다. 이런 아이템은 다양한 방식으로 구분될 수 있다.

- **매력도:** 다른 아이템보다 흥미롭게 보인다.

- **개인화**: 플레이어 아바타의 외모를 개인화할 수 있는 아이템을 보내거나 구매할 수 있다. 이 방식은 특히 플레이어가 다른 플레이어들에게 과시할 수 있는 형태로 보여질 때 강력한 효과가 있다.
- **파워 강화**: 게임에서 승리하기 쉽게 좀 더 나은 능력치를 가질 수 있다. 사례: 마피아 워즈의 특수무기, 갓 오브 록의 특수 패션 액세서리
- **파워 부스트**boost: 게임과의 일회성 상호작용을 제공해서 고급 게임 플레이를 가능케 해준다. 사례: 비쥬얼드 블리츠 내에서 제공되는 특수 부스트

이런 아이템을 제공하는 데 있어 게임 디자인의 주요한 과제는 게임 플레이의 무결성을 희생해서는 안 된다는 점이다. 아이템이 제공하는 장점과 무료 고객을 참여시킬 필요성 사이에서 균형을 맞춰야 한다. 단순히 돈 내면 이기는 게임이라고 생각되어 무료 고객이 분노하지 않도록 해야 한다. 유료 고객과 같은 결과에 도달하기 위해 엄청난 노력을 투자할 의사가 있는 고객에게도 대안을 만들어주는 배려가 중요하다. 이런 방식으로 모두에게 땀 아니면 현금의 두 가지 대안을 제공해서, 모두가 윈윈하는 결과를 만들 수 있다.

🦢 개인화와 창조성

어떤 게임은 다른 이들에게 보이는 외모를 개인화하는 수단으로 가상 상품을 제공한다. 플레이어에게 유리한 특정 게임 메커니즘을 가진 제품에서는, 이런 아이템이 부스트와 파워업 역할을 겸할 수도 있다. 그러나 일부 소셜미디어 형식에서는 가상 상품이 전적으로 다른 구성원들에게 자신의 개성을 표현하는 수단으로만 활용된다.

세컨드 라이프는 구성원(세컨드 라이프 용어로 주민이라 불림)의 창조성을 기반으로 하는 가상 경제 시스템의 가장 유명한 사례 중 하나다. 주민들이 획득하는 주요 아이템에는 부동산과 자기 캐릭터의 외모를 개인화할 수 있는 아이템이 포함되어 있다. 인스턴트 메신저 같은 소셜미디어 환경에서도 아바타 기술이 사용되어 회원들이 자신을 독특하게 표현할 수 있게 해준다.

> **오타쿠** 세컨드 라이프는 자체로만 본다면 게임이라기보다 가상 세계에 가깝지만, 많은 주민은 그 안에서 자신만의 롤플레잉 환경을 만들어왔다. 한때는 세컨드 라이프 내의 블러드라인(Bloooldline) 게임 내에서 구성원들이 뱀파이어 역할을 맡아서 다른 주민을 물 수 있었다. 뱀파이어의 저주는 플레이어들이 서로 물게 됨에 따라 바이러스처럼 퍼져나갔는데, 원하지 않는 플레이어에게서 '저주'를 풀기 위해 가지(nightshade) 포션 같은 다양한 아이템이 판매됐다. 이런 저주는 그들이 그렇다고 믿는 것 빼고는 실제 영향은 없는 것이었다.

개인화에는 두 가지 특수한 형태가 있다.

- **테마:** 부스트나 개인화 아이템 구매와 마찬가지로, 많은 사람은 게임 내에서의 미적 경험을 개인화하는 아이템을 구매하려고 한다. 여기에는 게임의 외양을 선택할 수 있게 해주는 새로운 스킨, 그래픽 테마, 아이콘 세트 등이 포함된다.

- **이모티콘:** 게임 내에서 플레이어가 취할 수 있는 표정으로, 다른 플레이어에게 감정을 연출하거나 표현할 수 있게 해준다. 이모티콘은 MUD 같은 멀티플레이어 텍스트 기반 게임에서 시작되어, 그 다음으로 월드 오브 워크래프트 같은 MMORPG에 등장했으며(플레이어가 표현할 수 있는 춤과 그 밖의 동작으로 구현되어 있다), 이제 다른 온라인 게임에도 출현하고 있다. 플레이어 아바타의 개인화가 다른 플레이어에게 어떻게 보이는가에 변화를 준다면, 감정 표현 콘텐츠는 다른 플레이어가 따라할 수 없는 특정한 상징적 표현을 개발할 수 있게 해준다. 이 분야는 소셜네트워크 게임에서 성장이 기대되는 또 다른 영역이다.

플레이 가속화

가상 상품의 또 다른 분류로 게임 플레이 속도를 증가시켜주는 아이템들이 있다. 부스트나 파워업처럼 게임 내에서 경쟁 우위를 부여하지만, 게임을 좀 더 빨리 경험하는 데 초점을 맞춘다. 많은 경우 게임을 수익화하는 가장 효과적인 방법으로, 사람들은 기본적으로 조급하고 그들 중 일부는 계속 플레이할 수만 있다면 실제 돈이라도 지출할 의사가 있기 때문이다. 사례로서, 다음과 같은 아이템을 구매할 수 있다.

- **좀 더 많은 동작**: 예를 들어, 마피아 워즈나 갓 오브 록에서 에너지를 구매할 수 있다.
- **스피드업**: 특정 게임 액션이 빠른 속도로 일어나게 해준다. 예를 들어, 킹덤 오브 카멜롯에서 건물 완성을 가속화할 수 있다.
- **보너스**: 게임 전반적으로 진척 속도를 증가시켜준다. 예를 들어, 리그 오브 레전드에서 경험치 부스터를 구매하면 캐릭터를 좀 더 빨리 레벨업할 수 있다.

수집품

뭔가를 수집하는 행위는 그 자체로 이미 강력한 게임 메커니즘이다. 가상 상품과 결합되면, 수익을 뽑아내는 시스템으로 발전될 수 있다. 게임 내에서 무료로 발견되는 아이템을 몇 가지 제공하고, 현금으로 구매하거나 선물로 교환되는 아이템이 있어야 컬렉션이 완성되게 할 수 있다. 그저 재미 삼아 컬렉션을 완성할 수도 있고, 완성하면 받을 수 있는 게임 보너스 때문에 컬렉션을 완성하기도 한다.

확장팩

게임의 한 부분을 유료 확장팩이나 후속작에 포함시켜 제공할 수 있다. 소셜네트워크 게임 외부에서 흔한 모델로, 엑스박스의 다운로드 콘텐츠나 '월드 오브 워크래프트: 대격변' 같은 게임에서 완전히 새로운 스토리와 맵이 그 사례다.

이런 유형의 가상 상품은 아직까지 소셜게임에는 대중화되어 있지 않지만, 이는 2010년 시점에 소셜게임에서 제공되는 제한적인 콘텐츠와 관련이 있는 듯싶다. 제품 퀄리티가 증가함에 따라, 전체 확장팩 세트가 가상 구매로 제공되리라 기대된다.

🦢 트랜스미디어(transmedia)[3] 콘텐츠

이제 가상 상품은 다른 미디어에 기반한 다른 유형의 콘텐츠를 포장하는 데 사용되고 있다. 록 밴드나 기타 히어로에서 다운로드 콘텐츠로 음악을 판매하는 방식이 그 사례다. 음악은 게임과 상호작용하는 새로운 방식이 되었으며, 게임에 등장하는 음악은 게임 플레이를 통해 익숙해진 곡이기 때문에 플레이어에게 반향을 일으킨다.

소셜미디어 게임에도 음악 및 기타 미디어 유형이 등장하는 중이다. 예를 들어, 크라우드스타는 밴드의 히트곡을 해피 아쿠아리움Happy Aquarium에서 활용하기 위해 본 조비와 계약을 이끌어냈다.

🦢 가상 경제의 관리

부족한 재화가 존재할 때면 언제나 경제가 생겨난다. 부족한 재화가 가상적이면 가상 경제가 된다. 게임에서 재화란 게임 내 화폐(월드 오브 워크래프트의 골드 등)로 구매할 수 있는 아이템 일체를 의미한다. 그러나 구체적인 이득으로 교환될 수 있는 보상이 부족할 때도 가상 경제가 등장할 수 있다. 예를 들어 슬래시도트Slashdot 같은 특정 소셜미디어 웹사이트에서는 물량이 제한된 **카르마 포인트**karma point가 유저들에게 보상으로 제공되는데, 이 포인트는 다른 메시지의 품질에 대해 투표하는 데 사용된다. 카르마 포인트가 화폐로 의도된 것은 아니었지만, 부족하기 때문에 자체적인 경제 내에서 운용되게끔 됐다.

🦢 가상 시장의 이해

가상 화폐의 목적은 이번 장에서 살펴본 가상 상품을 구매하는 데 있다. 이를 해결하는 가장 기본적인 방법은 상점을 열어 플레이어가 직접 게임으로부터 아이템을 획득하도록 하는 것이다. 그러나 플레이어들이 서로 거래할 수 있는

---

3 미디어를 초월한다는 의미 – 옮긴이

시장을 구현하는 방법도 있다. 다음은 그러한 거래 미디어의 목록이다.

- **선물**: 가장 간단한 형태의 시장은 플레이어들이 선물을 주고받게 하는 시스템이다. 플레이어는 기분이 좋아지기 때문에 선물을 보내거나, 또는 자신이 게임에서 즐거운 시간을 보내고 있다는 사실을 친구에게 보여주기 위해 선물을 보낸다. 선물은 이번 장에서 가상 아이템의 한 유형으로 논의된 바 있다.
- **물물교환**: 물물교환 경제도 게임 내에서 출현할 수 있는데, 플레이어는 교환으로 다른 아이템을 받을 것이라고 기대하면서 서로 선물을 주고받는다.
- **화폐**: 플레이어들이 서로 가상 화폐를 거래할 수 있게 허용했다면, 새로운 영역에 진입한 것이다. 명시적인 시장(월드 오브 워크래프트의 경매장 등)의 존재 여부와 상관없이, 진정한 시장 경제를 창조한 셈이다. 플레이어들은 게임 내 화폐를 기반으로 서로 간의 거래에 참여할 수 있다.

게임의 시장 경제는 게임 디자이너에겐 흥미진진한 일인데, 플레이어 간에 완전히 새로운 몰입 요소를 더해주기 때문이다. 구매자와 판매자가 출현하고, 사람들이 거래에 대해 서로 커뮤니케이션하며, 어떤 플레이어들은 실제의 경제처럼 전문화한다. 가상 경제는 하부의 게임 자체보다 더욱 매력적인 일종의 창발적 게임 플레이가 될 수 있다. 한 발 더 나아가 일부 게임은 정교한 제작 시스템을 특징으로 하는데, 여기서 플레이어는 다른 플레이어들에게 판매할 수 있는 좀 더 복잡한 가상 상품을 제작하기 위해 상품을 사고판다. 그러나 가상 경제는 자체적인 위험성으로 인해 관리하기가 만만치 않다.

화폐 공급

가상 경제에서도 현실 경제처럼 화폐를 찍어내야 한다. 현실 세계에서는 경제 시스템에 화폐를 넣거나 뺄 수 있는 중앙은행에 의해 화폐 공급이 제한된다. 이 결과, 재화를 구매하고자 하는 누군가는 다른 누군가로부터 돈을 벌어야 하기 때문에, 화폐는 항상 부족한 자원이 된다. 이런 상황은 플레이어에게 줘야 할 돈이 필요하면 언제나 당연하다는 듯이 새로운 화폐를 찍어내곤 하는 대부분의 게임 내 상황과 대조된다. 여러분이 월급을 받을 때마다 중앙은행이 새로운 화폐를 찍어낸다면?

게임에서는 몇 가지 방법으로 새로운 화폐가 가상 화폐 공급으로 유입된다.

- **보상:** 특정 임무(퀘스트, 미션 등)를 수행한 대가로 플레이어에게 직접 가상 화폐로 보상한다.
- **봉급:** 게임에 로그인한 대가로 정기적 봉급을 지급한다. 하나의 사례는 징가 포커로, 일정 기간이 지난 후에 게임에 복귀하면 게임 내 화폐를 지급한다.
- **재판매:** 고객이 가상 아이템을 게임에 다시 판매할 때, 고객에게 가상 화폐를 지급한다.
- **구매:** 플레이어가 현금으로 가상 화폐를 구매하게 한다.
- **버그와 악용:** 의도되지 않은 규모의 가상 화폐를 플레이어가 발생시키는 결과를 낳을 수도 있다. 예를 들어, 어떤 플레이어가 자신의 아이템을 복사해서 게임에 다시 판매하는 꼼수를 발견했다면 무슨 사태가 벌어질지 상상해보라.

가상 경제의 문제점

시장 기반 가상 경제의 문을 연 다음에는, 현실 세계의 경제와 동일한 여러 가지 문제점을 겪을 수 있다. 표 12-1의 어떤 항목이든 플레이어를 실망시키고 재미를 심각하게 저하시키는 불행한 영향을 미칠 수 있으며, 그 결과 지루함을 느낀 플레이어는 게임을 떠나버릴 수 있다. 표의 세 번째 열에 언급된 해결책은 다음 단락에서 논의할 예정이다.

문제	설명	해결책
하이퍼 인플레이션	게임에서의 인플레이션은 현실 세계와 마찬가지로 정상적이다. 하지만 가격이 통제 불능 상태로 치솟는 하이퍼인플레이션은 완전히 파괴적이며, 플레이어들이 어떤 가상 상품에도 가치를 전혀 느끼지 못하게 만들고, 그들이 게임에 대해 갖고 있던 충성심과 신뢰를 파괴한다. 이 현상은 가상 화폐가 화폐 소진 능력보다 지나치게 많이 공급될 때 발생한다.	화폐 공급을 줄이거나 화폐 소진을 늘린다.
불황	플레이어가 게임을 계속 즐길 수 있을 만큼 적절한 비율로 가상 화폐를 벌 수 없을 때 발생한다. 플레이어는 많이 플레이할수록 더 적게 얻는다고 느끼게 된다. 이는 콘텐츠의 부족, 게임 메커니즘의 불균형 또는 플레이어가 번 것을 쥐어 짜내는 과다한 비용 구조에서 기인될 수 있다. 플레이어가 정서적으로 낙담하게 되는 가상 불황의 원인이 된다.	화폐 공급을 늘린다. 매력적인 콘텐츠를 좀 더 추가한다. 아이템의 다양성을 늘려 경제의 다양성을 증가시킨다.
불공평에 대한 인식	어떤 플레이어들은 다른 이들보다 빠른 속도로 진척하는 방법을 터득할 수 있기 때문에, 게임을 완벽하게 밸런스 잡는 건 거의 불가능하다. 그러나 다른 플레이어들이 상당한 우위(게임에 참여한 시기나 시작 시점의 선택 때문에)를 점하고 있다는 사실을 발견하면, 플레이어의 분노를 낳을 수 있는데, 특히 따라갈 방법이 없다는 느낌이 들면 더욱 그렇다.	플레이어가 경제적 우위를 가질 수 있는 전략을 복합적으로 제공하는 것이 바람직하다. 플레이어가 게임을 학습하고 토론하는 데 많은 시간을 투자하도록 만들 수 있기 때문이다.
암시장	제작자가 가상 상품이나 화폐를 개발하면, 사람들은 제작자의 통제를 회피하는 방법을 찾게 된다. 월드 오브 워크래프트는 골드 작업장(gold farmer)들이 오직 골드를 모아서 다른 플레이어에게 판매할 목적으로 게임에 유입되면서 등장한 2차 시장으로 곤란을 겪었다. WoW는 실제 화폐 통화가 없으며, 월정액 기반이다. 플레이어 1이 플레이어 2로부터 화폐를 구매하면, 플레이어 1의 플레이에 필요한 잠재적인 시간이 줄어든다. 이는 잠재적으로 플레이어 1의 가입 기간을 감소시킬 수 있으며, 이는 블리자드에게 손해다. 플레이어들은 자신의 캐릭터를 레벨업시키기 위해 다른 플레이어를 고용하기도 하는데, 이를 파워 레벨링(power leveling) 서비스라고 한다.	이중 화폐 시스템을 구현하고, 가상 화폐 판매를 독점하고, 2차 시장 거래를 규제하는 정책을 구현하고, 이를 강력하게 지킨다. 플레이어들 간의 거래를 원한다면, 자체적인 거래 시장을 개발하고 거래 수수료를 챙길 방법을 검토하라.

표 12–1 가상 경제의 다양한 문제점

가상 경제의 문제점 완화

암시장이나 하이퍼인플레이션 같은 문제가 기승을 부리기 전에 가상 경제의 위험 요소를 완화하는 방법을 준비해두는 것이 바람직하다. 일단 시작되면, 특정 플레이어를 탈퇴시키거나 강제적으로 가상 화폐를 삭제하는 것 같은 극단적인 수습책을 선택할 수밖에 없다. 또한 일부 가상적 수단을 구현할 수도 있다.

다행스럽게도, 경제를 관리할 수 있는 수단은 플레이어의 몰입을 증진시키는 효과도 있다. 다양한 게임 디자이너는 위험 요인을 완화시키기 위해 다음 방법들을 채용해왔다.

- 이중 화폐 시스템
- 효과적인 화폐 소진
- 특정 아이템 거래 제한하기
- 리셋 버튼
- 경제 활동성 측정하기(8장에서 다룬)

이중 화폐 시스템

월드 오브 워크래프트는 단일 화폐를 고수하는 게임의 사례로, 플레이를 통해 골드를 획득하고, 게임 내의 거의 모든 아이템이 골드로 구매된다(WoW에는 블리자드로부터 현금으로 직접 구매하는 동반자 펫과 같이 특수 서비스나 아이템이 제공되는 경우도 있다).

이중 화폐 시스템하에서는, 한 종류의 화폐는 게임 내 액션을 수행한 대가로 지급되고, 또 다른 화폐는 현금으로만 구매할 수 있다. 예를 들어 리그 오브 레전드의 경우 라이엇 포인트Riot Points는 현금으로 구매되고, 영향력 포인트 Influence Points는 게임 플레이로 획득되는 이중 화폐 시스템을 갖추고 있다. LoL의 일부 아이템은 어떤 화폐로도 구입할 수 있으나, 특정한 프리미엄 아이템은 오직 라이엇 포인트로만 구입할 수 있다.

이중 화폐 시스템의 유리한 점은 현금 화폐를 제외하고, 주로 게임 내에서 획득되는 화폐에 대한 인플레이션의 위험성만 제한하면 된다는 점이다.

일부 이중 화폐 시스템은 특정한 게임 내 행동을 수행한 대가로 현금 화폐를 약간 제공하기도 한다. 마피아 워즈가 하나의 사례로, 레벨 상승 같은 특정 행동을 수행하면 대가로 대부 포인트Godfather Points를 획득할 수 있다. 하지만 멋진 아이템을 구매하려면 대개 구매해야 한다. 이 같은 하이브리드 시스템을 개발할 때는, 일부 플레이어가 이를 게임 플레이에 악용해 비정상적으로 많은 화폐를 획득할 수 있으므로 유의해야 한다. 플레이어 간에 현금 화폐의 전송을 허용할 때는 조심해야 한다. 만일 허용한다면, 다음과 같은 위험이 있을 수 있다.

- **판매 감소:** 플레이어가 게임을 그만둘 때, 친구들에게 화폐를 줄 수 있으므로 화폐 판매가 감소된다.
- **플레이어의 상실:** 게임을 그만두고 화폐를 친구에게 줘버린 플레이어는 자신의 게임 계정에 보존된 가치가 없으므로 게임에 돌아올 확률이 줄어든다.
- **할인된 화폐:** 마피아 워즈 같이 게임 내 활동으로 약간의 현금 화폐를 벌 수 있는 하이브리드 이중 화폐 모델을 갖추고 있다면, 플레이어는 남는 화폐를 다른 사람에게 할인된 가격에 판매해버릴 수도 있다(우리 매출을 빼앗아간다).

화폐 소진

제약 없이 화폐를 공급하는 게임에서는 동시에 플레이어로부터 화폐를 소진시키는 방안이 필요하다. 여기에는 다음 방안들이 포함된다.

- **게임 내 상점에서 플레이어에게 아이템을 판매한다:** 구매가 완료됐을 때, 화폐는 또 다른 플레이어에게 전송되지 않고, 사실상 삭제된다.
- **단일 용도의 소비성 아이템을 제공한다:** 치료 포션, 에너지 리필, 단기 촉진제 같은 아이템은 꾸준한 수요를 특징으로 하는 아이템으로, 특히 화폐를 소진시키는 데 효과적이다.
- **거래 수수료:** 플레이어들이 서로 아이템을 판매할 때 거래액에서 일정 비

율을 공제할 수 있는데, 두 플레이어 간에 존재하는 총 화폐량을 영구적
으로 줄일 수 있다.

- **아이템 노후화:** 아이템이 시간 경과 또는 사용에 따라 노후화되게 하여, 상
  태를 유지하기 위해서 가상 화폐를 지불하도록 한다.
- **반복적으로 발생하는 수수료와 비용:** 게임 내 이득의 대가로 플레이어에게 부
  과해 수입을 줄일 수 있다.
- **업그레이드 제공:** 아이템을 업그레이드하거나 일정 부분 개선하기 위해 가
  상 화폐를 추가 지불하도록 할 수 있다.

거래 제한

특정 아이템은 거래될 수 없도록 지정할 수 있다. 월드 오브 워크래프트는 이
를 귀속soulbound 아이템이라 부르는데, 다른 많은 게임에서도 이 용어가 채택됐
다. 플레이어가 어떤 아이템을 한 번 사용하고 나면, 다른 누군가에게 줄 수
없게 되는 것이다.

아이템이 귀속되면, 일종의 화폐 소진으로 생각될 수 있다. 아이템은 딱 한
번 판매될 수 있는데(일정량의 화폐를 소진시킴), 원래 가격보다 극히 낮은 가격으로
회수된다.

초기화 버튼

플레이어가 긴 경로를 따라 진척해야 하는 규칙을 특징으로 하는 게임의 경우
에, 어떤 플레이어는 나중에 보면 후회스러운 선택을 하기도 한다. 일부 게임
은 플레이어가 자신의 상태를 초기화할 수 있는 기능을 제공해서, 이전에 내
린 선택을 바꿀 수 있게 해준다. 이런 기능을 가상 화폐로 과금하면, 효과적인
화폐 소진이 될 수 있다. 동시에 플레이어가 다른 전략을 시험해볼 수 있는 좋
은 기회가 될 수 있어, 다른 이들의 게임 플레이 방법에 대해 불공정이라고 인
식할 위험성을 줄여줄 수 있다.

가상 상품의 가격 책정과 상품화

결정해야 할 가장 중요한 사항 중 하나는 가상 제품에 대한 수요의 가격 탄력성이다. 가상 상품은 한계 비용marginal cost이 없기 때문에, 우리의 목표는 플레이어가 지불할 의사가 있는 가격대로 수익의 최대화를 꾀하는 것이다. 이를 위해서는 다양한 가격대로 실험해보면서 판매량을 측정할 필요가 있다.

가격 외에, 가상 상품의 수요에 영향을 미칠 수 있는 다양한 요소가 있다. 가상 상품이 인지되는 가치는 플레이어가 해당 아이템과 연관시키는 정서적, 게임 메커니즘적 이점에 기반한다. 또한 수천 년간 소매상이 채용해온 다양한 요령을 활용한다면 추가로 수요를 진작시킬 수 있다.

- **다양한 인터페이스 위치에 맞는 가상 아이템의 배치:** 이를 위해선 플레이어가 어떤 시점에서 구매하게 되는지 파악해야 한다.
- **가격을 표시하는 다양한 방법:** 일부 연구자는 가격을 표시하는 최선의 방법으로 숫자만 보여주라고 한다. 달러 기호, 소수점, 문구 등은 구매 감소의 원인이 된다고 한다.
- **한 번에 3개씩 모아서 제품을 보여준다:** 이런 그룹에서 저가 옵션, 중가 옵션, 고가 옵션을 묶어서 보여준다. 일부 연구자는 플레이어들이 중가 옵션을 구매하는 경향이 있다고 주장한다. 이 방안은 중간 옵션을 '최선의 거래'로 포장해서 평균 판매가를 상승시키는 수단으로 활용될 수 있다.
- **번들:** 간단하게는 제품들을 비슷한 그룹으로 함께 묶는 것이다.
- **특정 제품의 한정판:** 뭔가 독특한 것을 얻기 위해 다른 플레이어들과 경쟁한다는 느낌을 가질 수 있다.
- **시간 한정 제안:** 제한된 기간 동안 가격 할인이나 특정 가상 상품을 제공함으로써 판매를 촉진할 수 있다.
- **스페셜:** 계절 아이템이나 휴가철 아이템 같은 특수 이벤트다.

정리

12장에서는 온라인 게임에서 판매되는 아이템인 가상 상품에 대해 배웠다. 가상 상품은 대개 온라인 롤플레잉 게임에서 구매하는 검sword처럼 실제 세계의 물건을 상징하는 것이지만, 새로운 기능, 미디어, 표정, 개인화 옵션 같은 유형의 콘텐츠도 포함될 수 있다.

플레이어 간의 거래를 허용하면, 가상 상품의 영역을 넘어 좀 더 복잡한 가상 경제의 세계로 접어들게 된다. 가상 경제에서는 인플레이션, 불황, 불공평에 대한 인식 및 암시장에 대해 유의해야 하며, 이런 위험을 관리하기 위해 거래 제한이 적용될 수 있다.

현실 세계와 마찬가지로, 다양한 가격 전략을 실험해봄으로써 가상 화폐와 가상 상품의 수익을 증가시킬 수 있다. 또한 세일, 한정판, 번들 등을 통해 수요를 진작시킬 수 있다.

경로 선택

다음에 읽어야 할 부분에 대한 안내

- 가상 경제가 잘 작동되고 있는지 측정하는 데 도움을 주는 기법을 더 알고 싶다면, 8장을 참고한다. 가상 경제 측정에 활용되는 수치분석이 설명되어 있다.
- 지금이 매력적인 게임 메커니즘을 활용해서 추가적인 가상 상품 수요를 창출할 수 있는 방안을 검토해보기에 좋은 시점이다. 이 주제는 10장에서 다뤘다.
- 가상 상품과 경제에 대한 최신 연구 조사 결과와 지식을 논의하고 싶다면, http://game-on-book.com으로 접속해서 비밀 코드 박스에 'economy'라고 입력한다.
- 이 책을 전부 다 읽은 후에, 이번 장을 접했다면 자신에게 소셜게임 활력자란 업적으로 보상하라. 전체 과정을 해낸 것이다! 마무리 장에서 이 책에서 다룬 주요 주제를 요약한다.

끝맺음

게임은 인간의 반영이다. 각 게임은 특정한 가치, 진실 그리고 우리의 진화적 과거에 대한 회상으로 반짝거린다. 게임은 우리가 누구인지 보여주고, 우리의 상상력을 불러일으킨다.

게임은 최소한 인간의 기억만큼이나 오래됐으며, 아직 많은 것이 밝혀져야 한다. 우리 자신에 대해서도 마찬가지다. 비록 재미의 대통일 이론 같은 걸 만들려고 의도하지는 않았지만, 나는 이 책 전반에 걸쳐 다양한 통합적 주제를 함께 엮어보려고 시도했다.

어떤 것이든 게임이 될 수 있다

좀 더 재미있어진다면, 세상이 좀 더 좋은 곳이 되지 않겠는가? 재미는 몰입을 경험할 때 얻는 느낌이며, 깊이 빠져드는 느낌, 시간을 초월한 느낌, 자신이 좋아하는 일을 하는 데서 오는 만족의 느낌이다. 이런 기쁨은 우리를 미소 짓고 웃게 만들어서, 우리 두뇌의 화학 작용에 긍정적인 방향으로 실제적 영향을 미친다. 결과로 우리의 두뇌 능력과 건강이 향상된다. 재미는 단지 엔터테인먼트에 관한 것만은 아니다. 어떤 경험에 대해서든 관심을 예민하게 만들고, 기억에 새기게 하며, 거듭해서 지속적으로 돌아오게 만든다.

게임화gamification는 게임 디자인의 원리를 일상 생활에 적용한다는 의미의 용어로 출현했다. 목표가 존경스럽긴 하지만, 너무나 많은 사람이 핵심을 놓치고 있다. 피드백이나 보상을 제공하기 위해 채용하는 포인트 시스템, 도전과제, 레벨 또는 다른 어떠한 인지적 장치가 게임은 아니다. 이들은 효과적인 게임 시스템의 한 부분일 뿐이다. 2장에서 게임과 경험이 비즈니스 수행 방식에 어떤 영향을 미치는지 설명한 바 있다. 6장에서는 게임으로 다양한 일을 재미있는 경험으로 바꿀 수 있는 방법을 논의하고, 소셜게임과 소셜미디어 웹사이트 영역에서 사례들을 검토했다.

게임은 수학적 예술 형식이다

이런 의미에서 게임은 구체적인 음정, 리듬과 박자 기반 없이는 성립될 수 없는 음악과 유사하다. 대부분의 게임 규칙은 손쉽게 숫자로 환원될 수 있다. 게임은 물리학과 경제학이 실현되는 세계다.

7장에서는 페이스북 같은 인기 있는 소셜네트워크에 등장하는 게임들이 어떻게 구성되어 있는지 살펴봤다. 8장에서는 소셜게임의 비즈니스 모델, 즉 관심을 돈으로 바꾸는 방법에 대해 설명했다. 이는 대부분의 물리적 상품보다 기억과 개인적 변화가 더 많은 가치를 지니게 되는 경험 경제의 가치를 반영한다. 10장에서 다룬 바와 같이, 게임 메커니즘을 모형화하고 게임 내의 규칙을 정의하기 위해 수학이 활용된다.

게임은 스토리다

게임은 신화를 그토록 영속적으로 만들어주는 바로 그 요소를 다룬다. 각 게임은 일종의 영웅의 여정이다. 캐릭터, 전형, 영웅적 동기는 경험을 고려하는 데 있어 강력한 도구로서, 진척도와 성취를 알려주는 시스템과 동등하게 취급돼야 한다.

4장에서 영웅의 여정 개념을 처음 언급했는데, 고객이 자신을 어떤 식으로 상상하게 될지 검토해보는 수단으로 제시됐다. 9장에서는 이 주제를 좀 더 상세히 다뤄, 신화와 스토리텔링 기법을 활용해서 설계 과제를 탐구하는 방법을 설명했다. 이런 기법들은 플레이어 중심적인 디자인 프로세스의 일환으로, 10장에서 논의한 게임 시스템 디자인의 방향을 잡기 위해 유저 스토리를 개발한다. 다음으로, 11장에서는 다양한 유저 인터페이스 기법을 통해 게임 세계를 실현하는 주제로 넓혀갔다. 마지막으로, 12장에서는 이런 세계를 흥미로운 가상 오브젝트로 채우는 방법을 논의했다.

이 책의 서문에서 여러분이 이 책을 읽게 되면서 영웅의 여정에 착수했다고 언급한 바 있다. 여러분은 영웅적 판타지 스토리, 전자 카지노 또는 보석이 박힌 퍼즐을 갖춘 자신만의 소셜게임을 개발하고 싶을 수도 있고, 아니면 게임 디자인의 마법을 익혀 자신의 비즈니스에 적용하고 싶을 수도 있다. 동기가 무엇이든, 여러분은 여정은 이제 시작이다. 이 책이 여러분을 새로운 모험으로 인도하고 조금이나마 격려해주는 멘토가 됐으면 한다. 다음 단계는 여러분에게 달려 있다.

소셜게임의 미래

게임은 우리의 상상력을 넓혀주고, 함께 이야기를 만들 수 있게 주고, 사회적 상호작용을 위한 새로운 기회를 만들어준다. 하지만 진실은 아직 이 산업은 갈 길이 멀다는 것이다.

소셜게임의 미래는 놀라운 가능성을 갖고 있다. 혁신가들은 플레이어 간의 사회적 상호작용을 새로운 방식으로 활용하는 새로운 게임 메커니즘을 개발할 것이다. 미래에 우리의 현재 상태를 뒤돌아본다면, 많은 위대한 발명이 그랬듯이 이런 혁신들이 당연해 보일 것이다. 하지만 우리는 뭔가 다른 일을 하고 있다는 점을 느낄 수 있다. 소셜미디어는 단순히 웹사이트의 한 부류를 일컫는 용어가 아니라, 사람들이 상호작용하는 근본적으로 새로운 방식이다. 역사 이래 사람들의 상호작용이 이뤄지는 곳이라면 어디에서나, 사람들은 새로운 종류의 게임을 찾아냈다. 고대 페르시아에서 군사 훈련의 일환으로 폴로를 개발한 것이든, 텔레비전 게임 쇼의 출현이든, 아니면 인터렉티브 디지털 게임의 개발이든, 변화하는 문화와 새로운 미디어 형식에는 항상 재미를 즐기는 새로운 방식과 비즈니스를 성장시킬 새로운 기회가 수반돼왔다.

용어 사전 

가격차별 price discrimination

거의 차이가 없거나 동일한 아이템 또는 공급자 비용 측면에서 원가 차이가
거의 없는 제품에 대한 가격을 고객에 따라 다르게 부과하는 정책

가믿음 alief

관찰되는 사실과 대립되는 것으로 보이는 자동적인 믿음 같은 행동

가상 경제 virtual economy

온라인 게임 내에서 발생하는 것과 같은, 가상 상품과 가상 화폐의 교환으로
이뤄진 경제 시스템

가상 상품 virtual goods

온라인 게임 내에 존재하는 화폐, 선물이나 기타 오브젝트처럼 오직 유저의
마음속에만 존재하는 아이템. '가상 화폐', '가상 경제', '가상 선물' 등 참조

가상 선물virtual gift

다른 플레이어에게 선물로 보내기 위한 가상 상품

가상 화폐virtual currency

가상 경제 내에서 가치 거래와 저장의 단위. 월드 오브 워크래프트에서 사용되는 골드나 마피아 워즈에서 사용되는 대부 포인트가 사례다.

게임 트리 복잡성game-tree complexity

게임에서 가능한 모든 움직임을 기반으로, 발생하는 움직임의 숫자를 재귀적으로 정량화해 게임의 복잡성을 결정하는 모델

게임화gamification

일상 생활에 게임 같은 기능을 추가하는 과정. 이 책에서는 뭔가를 정확히 게임화하기 위해서는, 게임 디자인의 기능적 요소(순위표, 도전과제 시스템, 포인트 등)뿐만 아니라, 스토리와 경험의 정서적 요소도 고려해야 한다고 주장한다.

광고 네트워크ad network

다수의 광고 판매자(게임 개발사와 같은 퍼블리셔)와 광고 구매자(마케터와 광고 대행사)를 중개해주는 비즈니스

내재적 복잡성inherent complexity

시작부터 게임에 내장된 복잡성. 대개 플레이어는 게임을 시작할 때 내재적 복잡성에서 기인하는 규칙을 학습해야 한다. '창발적 복잡성'과 대조된다.

동기적synchronous

게임 내에서 각자의 순서 같이 특정 순서를 기준으로 시간에 맞춰 발생하는 이벤트. '비동기적'과 대조된다.

메타게임metagame

게임에 관한 게임. 하나의 사례는 엑스박스 라이브의 도전과제 시스템으로, 여러 개의 게임에 걸쳐 플레이어가 수집할 수 있는 배지 시스템을 제공한다.

몰입 flow

미하일 칙센트미하이 Mihály Csíkszentmihályi에 의한 제안된 기쁨 이론으로, 최적의 경험은 참여자가 고도의 집중과 몰입의 상태에 빠져 있을 때 경험된다는 것이다. 대개 몰입 상태는 높은 수준의 즉각적인 피드백, 통제, 즉각적인 보상 및 분명한 목표가 있는 경험을 제공해야 가능하다. 효과적인 게임은 몰입을 활용해서 지속적으로 유저를 몰두시킨다.

바이럴 마케팅 viral marketing

고객이 여러분을 대신해서 새로운 고객에게 제품을 퍼뜨려줬을 때 발생하는 신규 고객의 획득

비동기적 asynchronous

다른 플레이어가 움직이는 순서와 상관없이 자신의 움직임을 실행할 수 있는 게임에서와 같이 이벤트가 임의의 순서로 발생할 수 있는 시스템. '동기적'과 대조된다.

사이트 체류 시간 time on site

유저가 특정 웹사이트에서 보내는 시간의 평균값

서사 epic

무엇보다 중요한 목표와 디자인 목적을 설명하는 넓은 범위의 유저 스토리. 대개 서사는 INVEST 모델에 따라, 추가적인 유저 스토리로 세분화돼야 한다.

세션당 시간 time per session

유저가 애플리케이션이나 게임 내에서 보내는 시간의 평균값

소셜게임 social game

한 사람 이상이 플레이하는 게임으로, 수천 년의 역사를 지닌 엔터테인먼트 형식이다.

소셜네트워크 게임 social network game

주로 페이스북 같은 소셜네트워크를 통해 유통되는 소셜게임

소셜미디어 social media

유저들의 상당한 참여를 특징으로 하는 온라인 미디어 형태. 사례로 소셜네트워크, 블로그, 포럼과 온라인 리뷰 사이트 등이 포함된다.

소셜미디어 게임 social media game

소셜미디어 내의 게임이나 게임 응용 애플리케이션. 소셜네트워크 게임 외에 게임 메커니즘을 활용하는 링크드인 같은 웹사이트도 해당될 수 있다.

소셜 채널 social channel

애플리케이션의 새로운 소식을 알려주는 소셜미디어 웹사이트의 정보 채널. 소셜 채널은 바이럴 마케팅 프로그램을 수행하기 위해 자주 활용된다. 페이스북의 뉴스피드가 소셜 채널의 한 사례다.

소유 효과 endowment effect

이미 자신이 소유한 것을 나중에 구매하려는 것보다 가치 있게 여기는 심리적 경향. '손실 혐오'와 대조된다.

손실 혐오 loss aversion

실제로 자신에게 좋은 것인 경우에도, 손실을 혐오하려는 심리학적 경향. 소유 효과와 대조된다.

순위표 leaderboard

플레이어들에게 랭킹을 매겨 서로 비교하는 표. 순위표는 특성상 직접적으로 경쟁적이거나 아니면 단순히 여러 플레이어 간의 진척도를 비교할 수도 있다.

스토리 카드 story card

보통 색인 카드나 포스트잇 메모에 유저 스토리가 기록된 작은 카드

애자일 개발 agile development

고객 협업과 자기 조직적인 팀에 초점을 맞춰 빠른 반복 개선에 의해 소프트
웨어를 개발하는 방법

업적 achievement

게임 내에서 단일 액션 또는 연속된 액션을 성공적으로 수행한 성취. 업적은
플레이어에게 진척도와 성공도를 알릴 수 있는 수단이다. 종종 업적에는 플레
이어가 수집하고 과시할 수 있는 배지나 기타 보상이 수반된다.

에지랭크 EdgeRank

개인별 이야기가 다른 유저의 뉴스피드에 나타날 것인지 결정하기 위한 페이
스북의 랭킹 알고리즘

영웅의 여정 Hero's Journey

조셉 캠벨이 제안한 원형신화 구조에 반복적으로 등장하는 줄거리 요소

오픈 소스 open source

모든 소스 코드가 이용 가능하게 공개된 소프트웨어로, 개발자들이 변경에 기
여하게 한다. 대부분의 오픈 소프트웨어는 무료로 이용 가능하지만, 많은 회
사는 오픈 기반의 상용 소프트웨어를 라이선스하기도 한다.

와이어프레임 wireframe

주요 인터페이스 요소, 상호작용, 공간의 사용 비율을 보여주기 위해 개략적
으로 디자인한 유저 인터페이스. 인터페이스의 실제 비주얼 디자인은 아님

원형신화 monomyth

조셉 캠벨이 제안한 이론에서 공통된 집합의 신화적 요소가 포함된 특정 스토
리로 역사 전반에 걸쳐 발견된다.

유저 경험 user experience

특정 기술 제품을 사용하면서 겪게 되는 경험의 총합으로 브랜드의 영향 및

유저의 정서적 상태가 포함된다.

유저 스토리 user story

한 편의 소프트웨어에서 뭔가가 일어나기를 원하는 사람이 누구인지, 그들이 무엇을 원하는지, 그 이유가 무엇인지 설명해주는 간략한 내러티브

유저 인터페이스 user interface

인간이 기술과 상호작용할 수 있게 해주는 입출력 기기와 화면 가젯

이중 화폐 dual currency

가상 경제에서 두 종류의 화폐를 만드는 것으로, 하나는 게임 내에서 액션을 수행한 대가로 지급되고, 또 다른 하나는 대개 현금으로만 획득된다.

전형 archetype

조셉 캠벨이 제시한 원형신화monomyth라고 불리는 반복 등장하는 캐릭터 테마 모델과, 칼 융에 의해 연구된 꿈 모델에서, 전형은 반복 등장하는 캐릭터 유형의 일종이다(예: 반란자, 어머니, 영웅).

정보 채널 information channel

유저 인터페이스 내에 등장하는 유사한 정보의 집합. 예를 들어, 친구들의 활동을 알려주는 게임 내의 피드는 특정한 정보 채널의 하나다.

진척 progression

플레이어가 게임에서 얼마나 진척됐는지 그리고 다음 마일스톤까지 얼마나 남았는지 알리기 위해 게임에서 활용되는 진행 시스템. 레벨이나 도전과제 시스템 같은 시스템이 포함된다.

창발적 복잡성 emergent complexity

게임 경험에서 자연적으로 출현하는 복잡성. 창발적 복잡성은 대개 자신의 게임 진행 속도대로 플레이어에게 자연적으로 흡수되기 때문에, 미리 학습할 필요가 거의 없다. '내재적 복잡성'과 대조된다.

최소 존속 가능 제품 minimum viable product

고객에게 수용될 수 있는 최소 수준의 기능을 갖춘 제품

컨텍스트 맵 context map

플레이어가 게임의 각 부분에 접근할 때 통과하는 컨텍스트(환경의 비유적 표현)
간 경로의 집합. 게임 내의 상점을 컨텍스트의 예로 들자면, 컨텍스트 맵에는
상점 내부와 상점에 도달할 수 있는 경로상의 모든 상호 관계가 포함된다.

쿨다운 cooldown

플레이어가 게임 내에서 특정 액션을 반복하기 전에 경과해야 하는 시간적 기간

표준편차 standard deviation

확률 곡선의 값이 평균값과 비교해 상대적으로 얼마나 분산되어 있는지에 대
한 측정치

프리미엄 freemium[1]

무료로 시작하지만 고객이 구매할 수 있는 유료 옵션이 포함된 제품

프리퀀시 캡 frequency cap

유저에게 광고가 보여지는 횟수 제한. 대개 CPM 과금 모델과 결합되며, 개별
유저가 하나의 광고를 지나치게 많이 보는 걸 제한한다.

플레이어 내러티브 player narrative

게임을 플레이할 때 플레이어가 겪어야 하는 경험을 설명하는 스토리로 게임
컨셉의 배경 아이디어를 개발하는 첫 단계다. 서사와 유저 스토리로 분류될
수 있다.

플레이어 중심적 디자인 player-centered design

이 책에 소개된 반복 개선적인 디자인 방법론으로 유저 중심적 디자인을 응용
한 것으로, 제품의 상상, 페르소나 개발 시도, 유저 스토리 및 유저 인터페이

---

1 우리나라에서는 부분유료화라고 많이 칭함 - 옮긴이

스 개발 등이 포함된다. 인터페이스 개발 다음에 주요 소프트웨어 개발이 이뤄지고 이후에 지속적인 테스트와 측정이 뒤따른다. 각 단계에서 산출된 정보를 활용해 이전 단계로 돌아가서 반복 개선을 진행한다.

하이퍼인플레이션 hyperinflation

통제할 수 없는 수준으로 가격이 치솟는 상황. 하이퍼인플레이션은 부실하게 관리되는 가상 경제의 위험 요인이다.

화폐 공급 money supply

경제 내에서 새로운 화폐의 생산. 가상 경제에서 이 기능은 게임 시스템에 의해 제공되는데, 플레이어가 현금으로 가상 화폐를 구매하거나, 게임 환경 내에서 특정 액션을 수행할 때 새로운 화폐가 생겨난다.

화폐 소진 currency sink

화폐 공급의 반대 개념으로 경제에서 화폐를 제거하는 것이다. 가상 경제에서는 가상 상품이나 서비스를 플레이어에게 과금해서, 가상 화폐가 소비되어 사라지게 한다.

ARPU

유저당 평균 매출Average Revenue per User로, 전체 매출(특정 기간 동안)을 활동적 유저 숫자로 나눠서 계산한다. 유료 유저당 평균 매출을 언급할 때는, ARPPU라고도 한다.

CAC

고객 획득 비용Customer Acquisition Cost, 신규 고객을 획득하는 데 소요된 총 비용을 획득된 실제 고객 숫자로 나눈 값

CPA

액션당 비용Cost per Acquisition. 광고 과금 모델로 광고주는 유저가 구매나 연락 정보 제공 같은 특정 액션을 취할 때 지불한다.

CPC

클릭당 비용Cost per Click. 광고 과금 모델로 광고주는 유저가 광고를 클릭할 때
마다 지불한다.

CPM

노출당 비용Cost per Thousand. 광고 과금 모델로 광고주는 광고 배너가 1,000번
노출될 때마다 고정 액수를 지불한다.

DAU

일일 활동 유저Daily Active Users. 특정일에 게임이나 애플리케이션을 사용한 유저
의 숫자

INVEST

유저 스토리 디자인의 중요 요소를 기억하기 쉽도록 만든 약어. 독립적인
Independent, 절충 가능한Negotiable, 가치 있는Valuable, 추정 가능한Estimable, 작은
Small, 테스트 가능한Testable

K 인자K-Factor

전염병학에서 차용된 용어로 마케팅 프로그램에 의해 감염되는infected 사람들
의 평균 숫자를 언급한다. 예를 들어 어느 게임의 K 인자가 2.0이라면, 이는
게임을 시작한 한 명의 플레이어가 두 명의 다른 친구를 플레이하도록 유도한
다는 의미다.

LTV

생애 가치Lifetime Value. 한 명의 고객으로부터 얻으리라 기대되는 평균 매출량

MAGIC

게임 개발과 관련된 유저 인터페이스 원리를 기억하기 위한 약어. 기억
Memories, 관심Attention, 목표Goals, 직관Intuitions, 통제Control

MAU

월간 활동 유저Monthly Active Users. 한 달 기간 동안 게임이나 소셜 애플리케이션
과 상호작용하는 유저의 전체 숫자. 'DAU'와 비교된다.

MMO

대규모 멀티플레이어 온라인Massively Multiplayer Online. 소셜네트워크와 별개로 운
영되는 소셜게임의 한 분류로 대규모 플레이어들 간에 상호작용을 특징으로
한다.

MMORPG

대규모 멀티플레이어 온라인 롤플레잉 게임Massively Multiplayer Online Role-playing
Game. 월드 오브 워크래프트처럼 방대한 숫자의 사람들 간의 상호작용을 특징
으로 하는 롤플레잉 게임이다.

참고 자료

다음 목록에는 이 책에서 언급된 회사, 웹사이트 및 제품의 목록이 소개되어
있다. 최신 리스트를 보려면, http://game-on-book.com에 접속해서 비밀
코드 박스에 'resources'라고 입력하기 바란다.

게임 스튜디오

게임 스튜디오는 소셜게임 제품을 개발하는 회사로, 자신이 직접 게임을 유통
하거나, 아니면 다른 파트너나 퍼블리셔와 협력해서 마케팅하거나 유통한다.
각 스튜디오의 세부사항은 표 B-1에 제시되어 있다.

게임 스튜디오	설명	웹사이트/연락처 정보
블루팡 (Blue Fang)	블루팡은 주 킹덤(Zoo Kingom)의 개발사다. 자신들의 경험을 동물 주제의 인기 소셜네트워크 게임인 주 킹덤을 개발하는 데 활용했다.	웹사이트: www.bluefang.com
디스럽터 빔 (Disruptor Beam)	나의 회사. 디스럽터 빔은 갓 오브 록(Gods of Rock)을 포함한 몇몇 자체 제품을 개발하기도 하지만, 퍼블리셔나 타 개발사와 협력해 자체 플랫폼인 토륨(Thorium) 기반으로 멋진 소셜 게임 제품을 개발하기도 한다.	웹사이트: http://disruptorbeam.com 연락처: info@disruptorbeam.com 우편주소: 831 Beacon Street #105, Newton Centre, MA 02459
케반 데이비스 (Kevan Davis)	독립적으로 초어 워즈(Chore Wars, 이 책에서 언급된)와 어반 데드(Urban Dead, 임박한 좀비 대참사에 관한 오리지널 소셜게임의 하나)를 개발했다.	웹사이트: kevan.org 연락처: kevan@kevan.org
로비오(Rovio)	앵그리 버드(Angry Birds) 제작사. 일렉트로닉 아츠, 노키아, 남코 반다이 및 기타 퍼블리셔를 위한 게임을 개발하기도 했다.	웹사이트: http://rovio.com 연락처: contact@rovio.com
시뮤트로닉스 (Simutronics)	20년 전에 나를 소셜게임에 꽂히게 한 게임인, 젬스톤(Gemstone) 제작사	웹사이트: http://www.play.net
원더랜드 소프트웨어(Wonderland Software)	갓핑거(Godfinger) 제작사	웹사이트: wonderlandsoftware.com 연락처: hello@wonderlandsoftware.com

표 B-1 게임 스튜디오

소셜네트워크 게임 퍼블리셔

표 B-2의 게임 퍼블리셔에는 자신의 제품을 자체 퍼블리싱하는 회사 및 외부 게임 스튜디오의 개발을 펀딩하는 회사가 포함된다.

퍼블리셔	설명	웹사이트/연락처 정보
식스웨이브즈 (6waves)	다양한 범위의 소셜게임 제품을 개발, 퍼블리싱, 유통한다. 또한 자체 네트워크 외부에서 개발된 게임도 유통한다.	웹사이트: 6waves.com 연락처: bd@6waves.com 　(개발사 문의)
아예(Ayeah)	유명 인사 수집 게임인 판스웜(FanSwarm: 나의 스튜디오인 디스럽터 빔에서 개발)의 퍼블리셔	웹사이트: ayeahgames.com 연락처: info@ayeahgames.com
크라우드스타 (Crowdstar)	해피 아쿠아리움(Happy Aqaurium), 주 파라다이스(Zoo Paradise), 해피펫(Happy Pets)을 비롯한 소셜네트워크 게임 제작사	웹사이트: crowdstar.com 연락처: partners@crowdstar.com
GSN 디지털 (GSN Digital)	휠 오브 포춘(Wheel of Fortune)의 소셜네트워크 게임인 월드위너닷컴(Worldwinner.om) 및 기타 온라인 게임 퍼블리셔	웹사이트: www.gsn.com
카밤(Kabam)	이 책에서 언급한 킹덤 오브 카멜롯(Kingdom of Camelot)의 제작사	웹사이트: www.kabam.com 연락처: corp@kabam.com
롤앱스 (Lolapps)	크리터 아일랜드(Critter Island)와 레이븐우드 페어(Ravenwood Fair)를 비롯한 게임을 제작했다.	웹사이트: www.lolapps.com
엔지모코 (Ngmoco)	주로 모바일로 구성된 다수의 소셜게임 퍼블리셔. 이 책에서 언급된 갓핑거(Godfinger)를 퍼블리싱했다.	웹사이트: ngmoco.com 연락처: gamemakers@ 　ngmoco.com(독립 개발사용)
플레이피쉬 (Playfish)	이제 일렉트로닉 아츠의 일부이며, 레스토랑 시티(Restaurant City), 매든 슈퍼스타즈(Madden Superstars), 펫 소사이어티(Pet Society)를 비롯한 소셜네트워크 게임의 제작사다.	웹사이트: www.playfish.com 연락처: info@playfish.com
팝캡 (PopCap)	비쥬얼드(Bejeweled) 프랜차이즈와 식물 대 좀비(Plants vs Zombies)를 비롯한 엄청난 인기의 캐주얼 및 소셜게임 제작사	웹사이트: www.popcap.com 우편주소: 2401 4th Ave, Suite 　300, Seattle, WA 98121
퀵히트 (Quickhit)	NFL 풋볼 라이선스 기반의 소셜게임 제작사	웹사이트: www.quickhit.com

표 B-2 게임 퍼블리셔

퍼블리셔	설명	웹사이트/연락처 정보
라이엇 게임즈 (Riot Games)	스탠드얼론 클라이어트에서 실행되는 하드코어 게이머를 위한 인기 소셜게임인 리그 오브 레전드의 퍼블리셔	웹사이트: www.riotgames.com
SCVNGR	위치 기반 도전을 진행하는 게임	웹사이트: www.scvngr.com 연락처: scvngr.com
텐센트 (Tencent)	중국 최대의 인터넷 서비스 포털로 이제 미국과 유럽 소비자 대상의 소셜게임을 개발하고 있다.	웹사이트: www.tencent.com
징가(Zynga)	2010년 기준 최대의 소셜네트워크 게임 회사. 마피아 워즈(Mafia Wars), 팜빌(FarmVille), 프론티어빌(FrontierVille) 같은 최고의 게임을 제작했다.	웹사이트: www.zynga.com

표 B-2 게임 퍼블리셔(이어짐)

결제 대행 및 수익화

표 B-3에 수록된 결제 대행 서비스는 소셜게임 개발사에게 신용카드, 페이팔 및 모바일 폰 결제 서비스를 제공한다. 추가로 플레이어가 조사와 광고에 참여하는 대가로 가상 화폐를 지급받는 오퍼 기반의 수익 모델을 개발사에게 제공한다.

서비스	설명	웹사이트/연락처 정보
슈퍼 리워드 (Super Rewards)	인센티브가 부여되는 오퍼에 참여하는 플레이어가 보상을 받을 수 있게 해주고, 표준 결제 수단을 통한 결제 서비스를 공급한다.	웹사이트: www.superrewards.com
탭조이(Tapjoy)	이전에는 오퍼팔(Offerpal)로 알려진 이 회사는 광범위한 결제 및 오퍼 기반 서비스를 제공한다. 초기에는 소셜네트워크 게임에 치중했지만, 2010년 말부터는 모바일에 좀 더 치중하고 있다.	웹사이트: www.tapjoy.com 연락처: info@tapjoy.com

표 B-3 결제 대행 서비스

서비스	설명	웹사이트/연락처 정보
트라이얼페이 (TrialPay)	소셜 애플리케이션 및 게임 개발사를 위한 광고와 수익화 서비스를 제공한다.	웹사이트: www.trialpay.com
피넛 랩 (Peanut Labs)	부가 수익원 제공을 위해 소셜 애플리케이션 및 게임에 대한 시장 조사 결과를 공급하는 데 초점을 맞춘 회사	웹사이트: www.peanutlabs.com 연락처: info@peanutlabs.com 우편주소: 114 Sansome Street, Suite 920, 950 San Francisco, CA 94104

표 B-3 결제 대행 서비스(이어짐)

🦅 광고 최적화

표 B-4에 수록된 회사들은 소셜네트워크상의 광고 집행을 전문으로 하며, 신규 고객 획득 비용을 낮추는 데 도움을 줄 수 있다.

회사	설명	웹사이트/연락처 정보
애드팔러 (AdParlor)	CPA(cost-per-acquisition, 획득당 비용) 과금 모델로 페이스북 제품을 프로모션한다.	웹사이트: www.adparlor.com
나니건즈 (Nanigans)	페이스북 게임과 소셜 애플리케이션용으로 완벽히 관리되는, 성과당 지불 광고 네트워크	웹사이트: www.nanigans.com

표 B-4 광고 최적화 사업자

🦅 광고 네트워크

광고 네트워크는 광고 수익을 분배하는 대가로 복수의 퍼블리셔와 게임 제품과, 돈을 지불할 수 있는 수많은 광고주, 프로바이더 및 퍼블리셔를 연결해주는 회사다. 광고 네트워크는 표 B-5에 수록되어 있다.

네트워크	설명	웹사이트/연락처 정보
앱새비(Appssavvy)	앱새비 브랜드가 붙은 가상 상품이 소셜게임 제품 내에 삽입된다.	웹사이트: www.appssavvy.com 우편주소: 594 Broadway STE 207, New York, NY 10012
게임 애드버타이징 온라인(Game Advertizing Online)	주로 웹 기반 배너 광고로 온라인 게임 제품을 홍보하는 데 중점을 둔 광고 네트워크	웹사이트: game-advertising-online.com
모치 미디어 (Mochi Media)	소셜 및 캐주얼 게임을 위한 광고 네트워크	웹사이트: www.mochimedia.com 연락처: sales@mochimedia.com 우편주소: Mochi Media, Inc., 611 Mission St., 5th Floor, San Francisco, CA 94105

표 B-5 광고 네트워크

소셜미디어 + 게임

표 B-6에 언급된 회사들을 완전한 게임 제작사라고 보기는 어려울 것이다. 하지만 이들은 게임 기법을 일부 활용해서 몰입을 이끌어내고 있다. 이들에 대해서는 주로 6장에서 논의했다.

회사	설명	웹사이트/연락처 정보
이베이(eBay)	세계 최대 온라인 경매사	웹사이트: www.ebay.com
포스퀘어 (Foursquare)	도시를 탐험함으로써 포인트와 배지를 획득할 수 있는 모바일 애플리케이션	웹사이트: www.foursquare.com
링크드인(LinkedIn)	최초의 온라인 비즈니스 카드 수집 게임인 링크드인은 진척도 막대, 컬렉션, 사회적 신분 등을 활용해서, 비즈니스 네트워크를 맺으려는 사람들 간의 참여를 이끌어낸다.	웹사이트: www.linkedin.com 연락처: business@linkedin.com (비즈니스 개발 문의) 우편주소: 2029 Stierlin Court, Mountain View, CA 94043
라이브모카 (Livemocha)	소셜 언어 학습 커뮤니티로 몇 가지 게임 기법을 활용해서 사람들이 새로운 언어를 배우는 것을 돕는다.	웹사이트: www.livemocha.com

표 B-6 소셜미디어 및 게임 회사

회사	설명	웹사이트/연락처 정보
미유 헬스 (MeYou Health)	헬스웨이즈(Healthways, Inc.)의 자회사로, 웰빙 증진에 전념하는 기업이다. 아이폰용으로 모뉴멘탈(Monumental)이란 계단 오르기 게임을 개발했으며, 사람들이 건강과 웰빙에 관심을 갖게 하는 재미있고 매력적인 방법을 찾기 위해 노력 중이다.	웹사이트: www.meyouhealth.com
프랙티컬리그린 (PracticallyGreen)	사람들이 환경적으로 좀 더 지속 가능한 라이프 스타일에 참여할 수 있도록 도와주는 웹사이트	웹사이트: www.practicallygreen.com 우편주소: 545 Boylston Street, 3rd Floor, Boston, MA 02116
유튜브(YouTube)	구글의 자회사로, 최대 규모의 온라인 비디오 공유 커뮤니티다.	웹사이트: www.youtube.com

표 B-6 소셜미디어 및 게임 회사(이어짐)

배급 네트워크

배급 네트워크는 소셜게임 제품과 잠재적 플레이어를 연결해주는 대안적 수단을 제공한다. 일부 인기 있는 배급 네트워크는 표 B-7에 수록되어 있다.

네트워크	설명	웹사이트/연락처 정보
애플리파이어 (Applifier)	수백만의 잠재적 플레이어에게 게임을 노출시킬 수 있는 툴바를 제공한다. 다른 게임으로 연결되는 매 클릭마다 크레디트를 획득하고, 게임으로 들어오는 인바운드 트래픽 시 소진한다.	웹사이트: www.applifier.com
빅시모(Viximo)	소셜게임 개발사가 페이스북 바깥의 국제적 게임 네트워크에 게임을 배급할 수 있게 도와준다.	웹사이트: www.viximo.com

표 B-7 배급 네트워크

개발 지원 사이트

표 B-8에 수록된 사이트는 게임 개발을 대해 더 많은 것을 배울 수 있도록 도
와주고, 다른 개발자들과 교류할 기회를 제공한다.

자원	설명	웹사이트/연락처 정보
가마수트라 (Gamasutra)	게임 회사 중역과 디자이너를 비롯한 업계 전문가의 흥미를 끌 만한 블로그와 뉴스 게시물을 제공한다.	웹사이트: www.gamasutra.com
Game-on-book.com	Game-on-book.com을 방문해 이 책의 내용에 대해 토의하는 커뮤니티에 참여하라. 소셜게임 개발과 모범적 사례에 대해 더 많은 것을 배우고, 소셜게임으로 자신의 비즈니스에 활력을 불어넣으려는 관심을 공유하는 다른 이들을 만나자.	웹사이트: game-on-book.com
국제 게임 개발자 협회(International Game Developers Association)	게임 제작에 관련된 개인들의 관심사를 다루는 비영리 그룹	웹사이트: www.igda.org

표 B-8 개발 지원 자원

전통적 게임 퍼블리셔

이제 거의 모든 전통적 게임 개발사들이 소셜게임을 개발하고 있기에, 이들을
별도의 카테고리로 묶기는 다소 애매하다. 표 8-9에 열거된 퍼블리셔들의 차
이점은 약간 오래된 회사들이란 점과 소셜게임 시장에 속하지 않는 게임들을
다수 개발하고 있다는 점이다.

퍼블리셔	설명	웹사이트/연락처 정보
액티비전 (Activision)	컴퓨터 게임 비즈니스에서 가장 저명한 이름 중 하나로, 콜 오브 듀티(Call of Duty)와 기타 히어로(Guitar Hero)를 비롯해서 소셜게임 요소를 갖춘 세계적 브랜드를 보유하고 있다. 월드 오브 워크래프트와 스타크래프트의 개발사인 블리자드를 자회사로 두고 있다.	웹사이트: www.activision.com
번지(Bungie)	게임 역사상 가장 인기 있는 게임 중 하나인 헤일로(Halo)의 제작사. 이 회사의 애자일 테스트 및 제품 개선 방법론을 4장에서 다룬 바 있다.	웹사이트: www.bungie.com
일렉트로닉 아츠 (Electronic Arts)	MMORPG를 비롯한 광범위한 소셜게임 콘텐츠 제작사. 자회사로 플레이피쉬 및 소셜게임에 집중하는 다른 스튜디오들을 두고 있는데, 로드 오브 울티마(Lord of Ultima)란 소셜게임은 자회사 피노믹 스튜디오(Phenomic Studios)에 의해 개발됐다.	웹사이트: www.ea.com
하모닉스 (Harmonix)	친구들 그룹과 함께 록스타가 되는 느낌을 즐기는 게임인 록 밴드(Rock Band)의 제작사	웹사이트: www.harmonix.com
맥시스(Maxis)	일렉트로닉 아츠의 자회사로, 스포어(Spore)와 심즈(Sims)의 제작사	웹사이트: www.maxis.com
마이크로소프트 엑스박스 라이브 (Microsoft Xbox Live)	도전과제와 플레이어 매치메이킹을 엑스박스 라이브 콘솔 게임 서비스에 추가했을 때, 마이크로소프트는 소셜게임 기능의 위력을 깨닫게 됐다.	웹사이트: www.xbox.com
밸브(Valve)	하프라이프(Half-Life), 포털(Portal), 팀 포트리스(Team Fortress) 같은 인기 게임의 제작사. 이 회사의 스팀(Steam) 네트워크는 다운로드 가능한 게임 콘텐츠의 배급 플랫폼이다. 밸브는 애자일 게임 개발의 선구자로 3장에서 논의한 카발(cabal) 방법론을 개발했다.	웹사이트: www.valvesoftware.com

표 B-9 전통적 게임 퍼블리셔

퍼블리셔	설명	웹사이트/연락처 정보
우비소프트 (Ubisoft)	어쌔신 크리드(Assassin's Creed)를 비롯한 인기 콘솔 게임의 퍼블리셔. 이제 소셜게임 개발에 도전하고 있다.	웹사이트: www.ubisoft.com
위저드 오브 더 코스트 (Wizards of the Coast)	매직 더 게더링과 D&D를 비롯한 취미 시장용 게임을 개발한다. 또한 자신의 제품이 PC 및 콘솔 게임 시스템에서 활용될 수 있도록 라이선스한다.	웹사이트: wizards.com

표 B-9 전통적 게임 퍼블리셔(이어짐)

🝔 창조성 도구

창조성 도구는 여러분의 팀이 협업하고, 함께 아이디어를 창조할 수 있게 도와주는 제품으로, 이 책에서 언급한 제품을 포함하여 표 B-10에 수록되어 있다.

도구	설명	웹사이트/연락처 정보
아이코니카드 (IconiCards)	샤론 리빙스턴(Sharon Livingston) 박사의 발명품. 각 카드에는 신화적 전형이 하나씩 포함되어 있어, 스토리, 고객 유형, 동기요인을 위한 아이디어를 불러일으키는 데 활용할 수 있다.	웹사이트: iconicards.com 연락처: sharonl@tlgonline.com
아이라이즈 (iRise)	애플리케이션을 개발하기 전에 시각화한다.	웹사이트: www.irise.com
프로토셰어 (Protoshare)	협업적인 브레인스토밍과 유저 인터페이스 와이어프레임 개발을 위한 제품	웹사이트: www.protoshare.com

표 B-10 창조성 도구

시장 조사

표 B-11에 열거된 회사들은 게임 시장을 이해하는 데 유용한 시장 조사 데이터를 제공한다.

회사	설명	웹사이트/연락처 정보
DFC 인텔리전스 (DFC Intelligence)	DFC 인텔리전스는 전략적 시장 조사와 게임 산업에 관련된 컨설팅을 제공한다.	웹사이트: dfcint.com 우편주소: 12707 High Bluff Drive, Suite 200, San Diego, CA 92130
인사이드 네트워크 (Inside Network)	InsideSocialGames.com의 제작 사이며 동시에 소셜게임과 애플리케이션 개발자들이 관심을 가질 만한 조사 보고서 개발사다.	웹사이트: www.insidenetwork.com
NPD 그룹 (NPD Group)	NPD는 자동차, 게임, 소프트웨어, 음식 등을 망라하는 광범위한 소매 제품에 대한 시장 데이터를 제공한다.	웹사이트: npd.com 연락처: contactnpd@npd.com
프랭크 N. 마지드 어소시에이츠 (Frank N. Magid Associates, Inc.)	프랭크 앤 마지드 어소시에이츠는 디지털 미디어와 게임에 초점을 맞춘 전략적 컨설팅과 시장 조사 서비스를 제공한다.	웹사이트: www.magid.com

표 B-11 시장 조사 회사

참고 도서

부록

부록 C는 이 책에서 언급된 참고 도서의 목록이다.

Abrams, J.J. 2009. "J.J. Abrams on The Magic of Mystery." *Wired*, 17.05.

Agile manifesto: www.agilemanifesto.org.

Alexander, Leigh. 2010. "Bejeweled Sales Hit 50 Million." *GamaSutra*. 10 February 2010. Web. 30 January 2011.

Arrington, Michael. 2009. "Mobile Payments Getting Traction On Social Networks, But Fees Are Sky High." *TechCrunch*. 13 January 2009.

Bartle, Richard. 1990. "Interactive Multi−User Computer Games." MUSE Ltd.

Bartle, Richard. 2005. "Virtual Worlds: Why People Play." *Massively Multiplayer Game Development: v. 2*. Ed. Thor Alexander. Charles River Media.

Birdwell, Ken. 1999. "The Cabal: Valve's Design Process for Creating Half-Life." *GamaSutra*. 10 December 1999. Web. 30 January 2011.

Bloom, Paul. 2010. *How Pleasure Works: the new science of why we like what we like*. New York, NY: W.W. Norton & Co. (번역서: 『우리는 왜 빠져드는가: 인간 행동의 숨겨진 비밀을 추적하는 쾌락의 심리학』, 문희경 옮김, 살림, 2011)

Boven, L. and Gilovich, T. 2003. "To Do or to Have? That Is the Question," *American Psychological Association* 85.6: 1198. Figure reprinted with permission.

Calderón , Sara Inés. 2010. "Farmers Insurance Partners with Zynga's FarmVille, Protects Against Virtual Crop Withering." *Inside Facebook*. 15 October 2010. Web. 30 January 2011.

Campbell, Joseph. *The Hero with a Thousand Faces*, Third Edition. 2008. Novato, California: New World Library.

Chalk, Andy. 2010. "Beating Bejeweled: The Ultimate in Hardcore Casual." *The Escapist*. 29 April 2010. Web. 30 January 2011.

Charron, Sylvain and Koechlin, Etienne. 2010. "Divided Representation of Concurrent Goals in the Human Frontal Lobes." *Science* Vol. 328, No. 5976, 360 – 363.

Clarke, Arthur C. 1962. *Profiles of the Future: an Inquiry into the Limits of the Possible*. New York: Harper & Row.

Coleridge, Samuel Taylor. 1986. *The Rime of the Ancient Mariner*. Ed. Harold Bloom. New York: Chelsea House. (번역서: 『노수부의 노래』, 이정호 옮김, 창조문예사, 2008)

DeLeire, Thomas and Kalil, Ariel. 2010. "Does consumption buy happiness? Evidence from the United States.", *International Review of Economics* 57:163 – 176.

Doubloon. 2010. "Freemium Games are the New Music Stores." Web. 30 January 2011.

Edge Staff. 2008. "DLC Battle: Rock Band Vs Guitar Hero." *Edge*. 24 March 2008. Web. 30 January 2011.

Entropia Universe, "Entropia Universe Enters 2008 Guinness World Records Book for Most Expensive Virtual World Object." 18 September 2007. Web. 30 January 2011.

Fehr, E., Fischbacher, U., Gächter, S. 2002. Strong Reciprocity, Human Cooperation and the Enforcement of Social Norms. *Human Nature*, 13(2002): 1 – 25.

Field, Syd. 1979. *Screenplay: The Foundations of Screenwriting*. New York: Bantam Dell.

Florida, Richard. *The Rise of the Creative Class*. New York: Basic Books. 2002. (번역서:『창조적 변화를 주도하는 사람들』, 이길태 옮김, 전자신문사, 2002)

Florida, Richard. *The Great Reset*. New York: HarperCollins. 2010. (번역서: 『그레이트 리셋』, 김민주, 송희령 옮김, 비즈니스맵, 2010)

Gendler, Tamar Szabó. 2008. Alief and Belief. *The Journal of Philosophy*, 105(10):634 – 663.

Giant Interactive, "Giant Interactive Announces Fourth Quarter and Fiscal year 2009 Results," 4 March 2010. Web. 15 September 2010.

Gibson, William. "Modern boys and mobile girls." *The Observer* 1 April, 2001. (번역서:『진정성의 힘 – 소비자들이 진정으로 원하는 것은 무엇인가』, 윤영호 옮김, 세종서적, 2010)

Gilmore, James and Pine, B. Joseph II. 2007. *Authenticity*. Boston: Harvard Business School Press.

Godin, Seth. *Unleashing the IdeaVirus*. New York: Hyperion. 2001. (번역서: 『아이디어 바이러스』, 최승민 옮김, 21세기북스, 2002. 2010(개정판))

Godin, Seth. *Purple Cow: Transform Your Business By Being Remarkable*. New York: Penguin. 2002. (번역서: 『보랏빛 소가 온다』, 남수영, 이주형 옮김, 재인, 2004)

Gullberg, Jan. 1997. *Mathematics: From the Birth of Numbers*. New York: W. W. Norton & Co.

Hamann, Stephen. 2001. "Cognitive and neural mechanisms of emotional memory." *Trends in Cognitive Sciences* 5:9, 394–400.

Harding-Rolls, Piers and Bailey, Steve. 2010. "Social Network Games: Casual Games' New Growth Engine." *ScreenDigest*. 9 July 2010. Web. 30 January 2011.

Harford, Tim. 2005. *Undercover Economist*. New York: Random House. (번역서: 『경제학 콘서트』, 김명철 옮김, 웅진씽크빅, 2006)

Hooper, David and Whyld, Kenneth. 1996. *The Oxford Companion to Chess*. Oxford University Press, USA.

Houghton, Arthur Boyd. 1865. Dalziel's "Illustrated Arabian Nights' Entertainments," depiction of Scheherazade. Thank you to George Landow for making a scan of the image available, which may also be viewed at www.victorianweb.org/art/illustration/houghton/1.html.

Information Solutions Group. *2010 Social Gaming Research*. 2010.

Jenkins, Henry. *Convergence Culture*. New York: New York University Press. 2006. (번역서: 『컨버전스 컬처: 올드 미디어와 뉴 미디어의 충돌』, 김정희원, 김동신 옮김, 비즈앤비즈, 2008)

Johnson, Stephen. *Everything Bad is Good for You*. New York: Riverhead. 2005. (번역서: 『바보상자의 역습』, 윤명지, 김영상 옮김, 비즈앤비즈, 2006)

Kazemi, Darius and Triola, Scott. 2010. "Understanding Your Players Through Data." *Boston Post Mortem*. Web. 30 January 2011.

Kesmodel, David and Wilke, John R. 2007. "Whole Foods Is Hot, Wild Oats a Dud—So Said 'Rahodeb'." *The Wall Street Journal* 12 July 2007, front page.

Kincard, Jason. 2010. "EdgeRank: The Secret Sauce That Makes Facebook's News Feed Tick." *TechCrunch*. 22 April 2010. Web. 30 January 2011.

Knight, Cheryl. 2010. "New Global Initiatives Help Pfizer Inc. Save More Than $30M." *Fleet Financials*. July 2010. Web. 30 January 2011.

Krahulik, M. and Holkins, J. 2004. "Green Blackboards (And Other Anomalies)." Penny Arcade. 19 March 2004. Web. 18 October 2010.

Kruger, J., Epley, N., Parker, J. & Zhi-Wen, N. 2005. "Egocentrism over e-mail: Can we communicate as well as we think?" *Journal of Personality and Social Psychology*, 89:6, 925–936.

Lenhart, A., Kahne, J., Middaugh, E., Macgill, A. R., Evans, C., & Vitak, J. 2008. Teens, video games, and civics. Pew Internet & American Life Project.

Levitin, Daniel. *This is Your Brain on Music*. New York, NY: Penguin. 2006. (번역서: 『뇌의 왈츠: 세상에서 가장 아름다운 강박』, 장호연 옮김, 마티, 2008)

Levy, Ari and Galante, Joseph. 2010. "Facebook Games May Lead Payment Startups to $3.6 Billion Market." *Bloomberg Businessweek*. 3 February 2010.

Lundmark, Torbjorn. *Quirky Qwerty: A Biography of the Typewriter*. New York: Penguin. 2002.

Mad Men. Prod. Matthew Weiner, AMC. Bethpage, New York. 18 Oct 2007.

Maguire, E., Burgess, N., & O'Keefe, J. 1999. "Human spatial navigation: cognitive maps, sexual dimorphism, and neural substrates." *Current Opinion in Neurobiology*. 9:171–177.

Magic: The Gathering player types: Rosewater, 2006.

McLuhan, Mashall. *Understanding Media: the Extensions of Man*. Critical Edition edited by W. Terrence Gordon. Corte Madera: Gingko Press, 2003. (번역서: 『미디어의 이해: 인간의 확장』, 김상호 옮김, 커뮤니케이션북스, 2011)

Meggs, Philip and Purvis, Alston. 2005. *Meggs' History of Graphic Design*, Fourth Edition. New York: John Wiley and Sons. (번역서:『그래픽 디자인의 역사』, 황인하 옮김, 미진사, 2011)

Meloni, Wanda. 2010. "The Brief – 2010 Ups and Downs." *M2 Research*. 5 January 2010. Web. 30 January 2011.

Mitchell, J. P., Banaji, M. R., & Macrae, C. N. 2005. "The link between social cognition and self-referential thought in the medial prefrontal cortex." *Journal of Cognitive Neuroscience*, 17, 1306 – 1315.

Tatsuya Nogami and Jiro Takai. 2008. "Effects of Anonymity on Antisocial Behavior Committed by Individuals." *Psychological Reports* 102:1, 119 – 130.

Norton, Michael I. 2009. "The IKEA Effect: When Labor Leads to Love." *Harvard Business Review* 87:2 (February 2009): 30.

Nutt, Christian. 2009. "Q&A: Valve's Swift On *Left 4 Dead 2*'s Production, AI Boost." *GamaSutra*. 12 November 2009. Web. 30 January 2011.

Odean, Terrance. 1998. Are Investors Reluctant to Realize Their Losses? *The Journal of Finance*, Vol. 53, No. 5, 1775 – 1798.

Ogline, Tim. 2009. "Myth, Magic, and the Mind of Neil Gaiman." *Wild River Review*, October 2009.

PlayNoEvil. 2006. "The World of text MMOs/MUDs – An Interview with Matt Mihaly, CEO of Iron Realms Entertainment." 8 September 2006. Web. 30 January 2011.

PlaySpan and Magid Associates. 2010. "Magid Associates and PlaySpan Release 2nd Annual Survey on Virtual Goods Market Penetration and Growth in North America." *PlaySpan* press release. 27 May 2010.

PQ Media. 2010. *Global Branded Entertainment Marketing Forecast 2010 – 2014*.

Pruitt, J. and Grudin, J. 2003. "Personas: Practice and Theory." Association for Computing Machinery.

Radoff, Jon. 2008. "Megatrends in Video Gaming." Edinburgh Interactive Festival. 11 August 2008. Web. 30 January 2011.

Ramachandran, V.S and Hirstein, W. 1999. The Science of Art: A Neurological Theory of Aesthetic Experience. *Journal of Consciousness Studies*, 6(6 – 7), 15 – 51.

Ramachandran, V.S. *A Brief Tour of Human Consciousness*. New York, NY: Pearson Education. 2004.

Reiss, Steven. *Who Am I?: the 16 basic desires that motivate our behavior and define our personality*. New York, NY: Penguin Putnam. 2000.

Ritchey, M., Dolcos, F. & Cabeza, R. 2008. "Role of Amygdala Connectivity in the Persistence of Emotional Memories Over Time: An Event−Related fMRI Investigation." *Cerebral Cortex* 18.11 (2008): 2494 – 2504.

Rosewater, Mark. 2006. "Timmy, Johnny and Spike Revisited." *Making Magic Archive*. Wizards of the Coast. 20 March 2006. Web. 17 October 2010.

Royal Tombs of Ur. The British Museum. N.d. Web. 16 October 2010.

"SAP User−Centered Design Process, The." Design & Research Methodology, SAP User Experience, SAP. 10 December 2006. Web. 16 October 2010.

Schwartz, Barry. 2004. *The Paradox of Choice*. New York: HarperCollins. 2004. (번역서: 『선택의 패러독스』, 형선호 옮김, 웅진닷컴, 2004)

Shiv, B., Loewenstein, G., Bechara, A., Damasio, H., & Damasio, A. 2005. Investment "Behavior and the Negative Side of Emotion." *Psychological Science*, 16(6):435 – 439.

Slater, Michael. 2009. *Charles Dickens*. Yale University Press.

Smith, Justin and Hudson, Charles. 2010. *The US Virtual Goods Market 2010 – 2011*. Inside Virtual Goods.

Suler, John. 2004. "The Online Disinhibition Effect." *CyberPsychology and Behavior*, 7, 321 – 326.

Takahashi, Dean. "Zynga's FarmVille social game partners with real-world farm to offer in-game crops." *GamesBeat*. 14 July 2010. Web. 30 January 2011.

Thompson, Clive. 2007. "*Halo 3*: How Microsoft Labs Invented a New Science of Play." *Wired*, 15.09.

Tromp, John. "Number of chess diagrams and positions." John's Chess Playground. Retrieved October 5, 2010. 〈http://homepages.cwi.nl/~tromp/chess/chess.html〉.

Tuckman, Bruce. 2001. "Developmental Sequence in Small Groups." *Group Facilitation*. No. 3, Spring 2001.

Vale, Malcolm. 2001. *The Princely Court: Medieval Courts and Culture in North-West Europe*. Oxford University Press.

Wake, Bill. 2003. "INVEST in Good Stories, and SMART Tasks." 18 August 2003. Web. 30 January 2011.

Wansink, B., Payne, C., & North, J. 2007. "Fine as North Dakota wine: Sensory expectations and the intake of companion foods." *Physiology & Behavior*, 90 (5), 712–716 DOI: 10.1016/j.physbeh.2006.12.010.

Weber, Max. 1978. *Economy and Society*. Translated by Fischoff et al. Edited by Roth, Guenther and Wittich, Claus. Los Angeles: University of California Press. (번역서: 『경제와 사회』, 박성환 옮김, 문학과지성사, 1997)

Woodcock, George. 1944. "The Tyranny of Clocks." *War Commentary*, March 1944.

Wordsworth, William. 1800. Preface to *Lyrical Ballads*.

Wright, Don. Photo credit for the image of pieces on a chessboard, 2008 (Flickr image).

Yee, Nick. 2007. "Motivations for Play in Online Games." *CyberPsychology and Behavior*, 9, 772–775.

번호

ㄱ

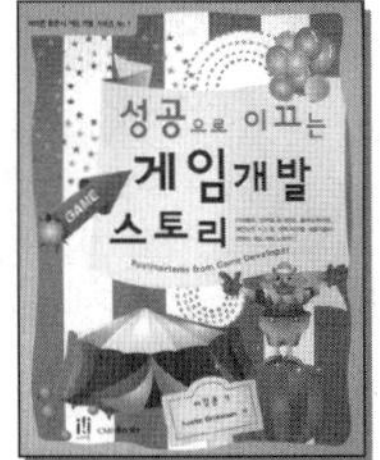

성공으로 이끄는 게임 개발 스토리 (절판)

Austin Grossman 지음 | 이강훈 옮김
8989975417 | 342페이지 | 2004-01-30 | 15,000원

흥미로운 Diablo, Black & White, MYTH의 제작 과정을 처음부터 끝까지 기술하고 있다. 이들 게임개발 시 처음에 가졌던 비전과 목표는 무엇이었는지, 어떤 종류의 회사와 프로젝트 팀이 참여했는지, 중요하게 사용한 툴은 무엇인지, 개발 과정에서 일어났던 중요한 사건들은 어떤 것이 있는지 등을 소개하고, 다섯 가지 성공 요인을 나열하는데 이들은 프로젝트의 성공에 눈에 띄게 기여한 핵심 요인들이다.

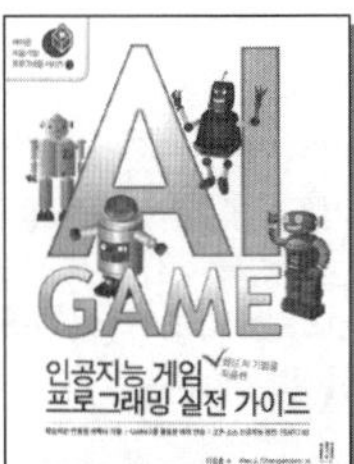

최신 AI 기법을 적용한
인공지능 게임 프로그래밍 실전 가이드

Alex J. Champandard 지음 | 이강훈 옮김
8989975522 | 768페이지 | 2004-11-18 | 38,000원

이 책은 인공 신경망, 의사결정 트리, 유한상태 기계, 강화 학습 등 인공지능 분야의 여러 기술을 활용하여 캐릭터의 사실성과 지적 능력을 한 단계 높이는 동시에, 혁신적인 게임 디자인 및 프로그래밍 방법론을 제안한다. 특히 캐릭터 인공지능의 실험을 위해 상용게임인 Quake 2 환경을 사용하고, 오픈 소스 인공지능 엔진인 FEAR를 기반으로 한다는 점은 여타의 게임 인공지능 서적과 차별화되는 매력이다.

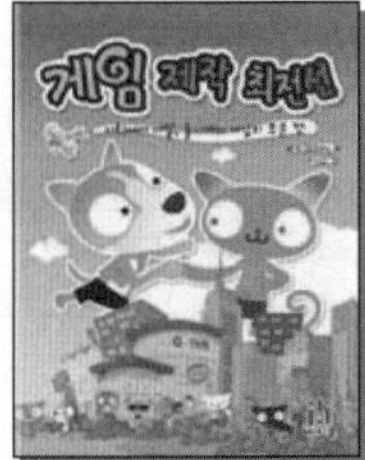

게임 제작 최전선
기획에서 개발, 출시까지 게임의 모든 것

Erik Bethke 지음 | 허영주 옮김
898997559X | 432페이지 | 2005-05-31 | 24,000원

많은 내용을 포괄하는 디자인문서의 작성, 작업과 스케줄의 정확한 예측, 포괄적인 QA 계획 설정은 게임 개발 계획에서 놓치기 쉬운, 그러나 간과할 수 없는 매우 중요한 사항들이다. 게임회사를 경영하고 있는 저자는 이런 문제에 대한 가이드북을 제공한다.

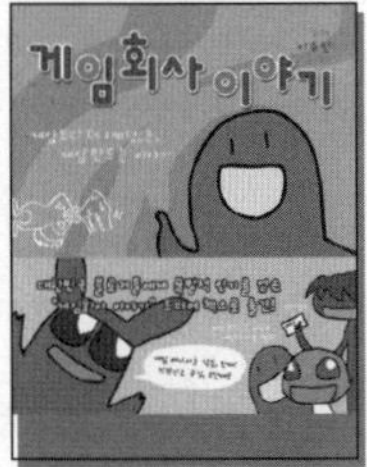

게임회사 이야기
게임보다 더 재미있는, 게임 만드는 이야기 (절판)

이수인 지음
8989975832 | 272페이지 | 2005-11-22 | 9,800원

게임개발, 운영, 직장인의 애환 등 이야기를 풀어가면서 일반인들도 충분히 공감할 만한 재기 발랄한 위트를 담아 게임을 즐기는 사람은 물론, 직장인들도 고개를 끄덕이면서 공감하며 읽을 수 있도록 엮은 에세이 형식의 만화다. 2002년 게임 잡지 '게이머즈'에 칼럼으로 연재하면서 화제가 되기 시작했으며 2004년에는 웹 블로그 사이트 '이글루스'에 연재되어 블로거들의 폭발적인 인기를 얻기도 했다.

5

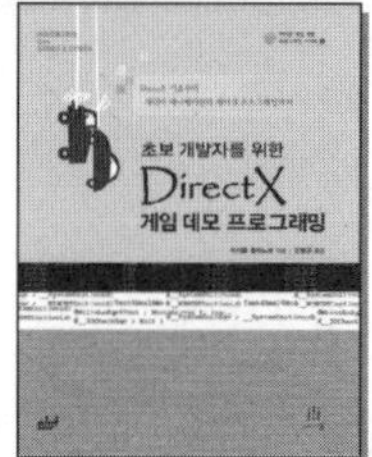

DirectX 기초부터 캐릭터 애니메이션과 셰이더 프로그래밍까지

초보 개발자를 위한 DirectX 게임 데모 프로그래밍

마이클 플레노프 지음 | 안병규 옮김
9788960770621 | 320페이지 | 2008-10-23 | 28,000원

DirectX 게임 프로그래밍에서 비주얼 이펙트를 극대화하는 법과 그래픽을 최적화하는 법을 다루는 이 책은 최신 C++ 기술과 기법에 대한 실전적인 입문서다. DirectX의 기초, 2D 그래픽스, 3D 그래픽스, 프로그램 최적화, 골격 애니메이션, 정점 셰이더와 픽셀 셰이더 프로그래밍, 게임 엔진의 얼개에 이르기까지 다양한 주제를 다루고 있다.

6

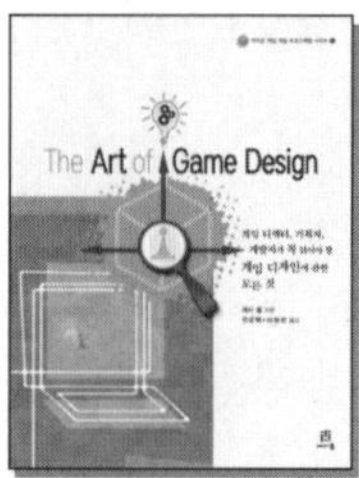

The Art of Game Design
게임 디렉터, 기획자, 개발자가 꼭 읽어야 할 게임 디자인에 관한 모든 것

제시 셸 지음 | 전유택, 이형민 옮김
9788960771451 | 648페이지 | 2010-07-30 | 30,000원

세계 최고의 게임 디자이너로부터 배우는 고전 게임 디자인의 원론. 성공하는 게임을 위한 100가지 게임 디자인 기법. 별다른 사전 지식 없이도 게임 디자인의 원론을 통달할 수 있는 책, 『The Art of Game Design』은 보드 게임, 카드 게임, 스포츠 게임에서 사용되는 심리적 기본 법칙이 최고의 비디오 게임을 만드는 데도 핵심이라는 것을 보여준다. 게임 디자이너가 되고 싶은 이들을 위한 필독서다.

7

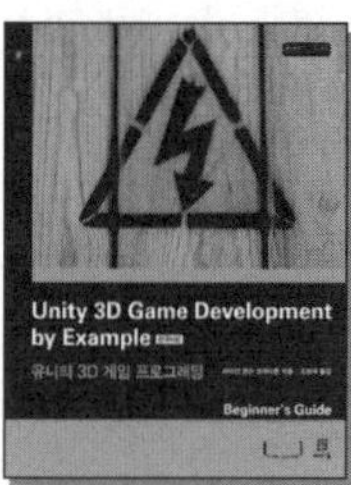

유니티 3D 게임 프로그래밍
Unity 3D Game Development by Example 한국어판

라이언 헨슨 크레이튼 지음 | 조형재 옮김
9788960772090 | 448페이지 | 2011-06-30 | 30,000원

이 책은 모바일용 게임 엔진으로 각광 받고 있는 유니티 3의 입문서다. 상세한 설명과 예제 파일을 통해, 개발 경험과 전문 지식이 없는 초보자도 코딩을 통해 실제로 게임을 만들 수 있도록 친절하게 안내한다. 총 4개의 게임을 만드는 과정에서 유니티 3의 핵심 개념과 기능을 소개하는 이 책으로 게임을 구성하는 기획과 프로그래밍과 아트 전반에 대한 이해를 넓힐 수 있다.

8

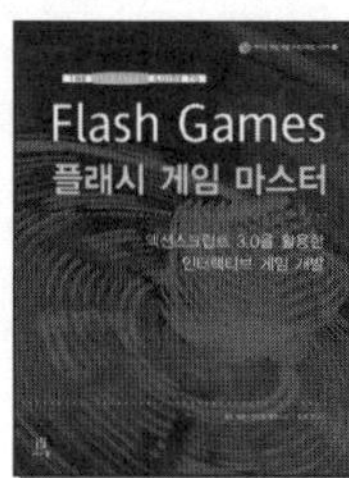

플래시 게임 마스터
액션스크립트 3.0을 활용한 인터랙티브 게임 개발

제프 펄튼, 스티브 펄튼 지음 | 유윤선 옮김
9788960772281 | 960페이지 | 2011-09-09 | 45,000원

플래시 게임 개발자와 액션스크립트 프로그래머 또는 기존 게임 개발자를 위한 완벽 가이드로서 책을 읽으며 따라 해보는 것만으로 모범 개발 기법을 익힐 수 있다. 게임 프레임워크를 완성하고 10가지 게임 프로젝트를 만들어봄으로써 액션스크립트 개발자가 할 수 있는 모든 플래시 기법을 익힐 수 있다. 또한 고급 액션스크립트 기법을 총동원해 플래시 게임 개발자가 겪을 수 있는 문제를 모두 해결해본다. 이 책에서는 아주 간단한 클릭 게임을 시작으로 단계적으로 게임 프레임워크를 완성하므로, 게임 개발을 해본 적이 없거나 프레임워크를 만들어본 적이 없더라도 책의 내용을 이해하는 데에는 전혀 무리가 없다.

소셜 게임과 다중사용자 콘텐츠 제작을 위한

플래시 멀티플레이 게임 개발

죠비 마카르 지음 | 송용근 옮김
9788960772298 | 364페이지 | 2011-09-23 | 30,000원

최근 멀티플레이 게임의 요구는 급격히 증가해 왔고, 앞으로도 많은 발전을 보일 것이다. 하지만 멀티플레이 게임을 어떻게 만들 수 있는지에 대한 종합적인 설명은 거의 없었다. 이 책은 바로 이 지점을 직시한다. '멀티플레이 요소'에 대한 기본 질문부터 멀티플레이 게임을 만드는 과정에서 맞닥뜨리는 기술 내용(캐릭터의 순간이동, 지형 표현)에 이르기까지, 플래시로 만드는 멀티플레이 게임의 모든 것을 설명한다.

Flash Game Development by Example 한국어판

9가지 예제로 배우는 플래시 게임 개발

에마누엘레 페로나토 지음 | 조경빈 옮김
9788960772465 | 444페이지 | 2011-11-30 | 30,000원

지금까지 나온 플래시 게임 개발서 중 친절한 설명 과정이 단연 최고인 책이다. 대부분 개발 서적이 독자의 눈높이를 맞추는 시도한다고 표방해도 목적 달성에 실패하는 사례가 많은데, 이 책에서는 그야말로 진정한 초급 개발자, 심지어는 개발을 한 번도 해보지 않은 사람조차도 바로 게임 개발을 배울 수 있을 정도로 친절하고 쉬운 방법으로 접근한다. 특히 테트리스, 비주얼드, 지뢰 찾기 등 누구나 알 만한 유명 게임 9종을 선택해 개발 과정을 단계별로 상세히 소개함으로써, 따라 하기만 해도 누구나 손쉽게 플래시 게임 개발을 배울 수 있는 좋은 구성을 보여준다.

Unity 3 Blueprint 한국어판

4가지 실전 게임으로 배우는 유니티 프로그래밍

크레이그 스티븐슨, 사이먼 퀴그 지음 | 조형재 옮김
9788960772489 | 280페이지 | 2011-11-30 | 25,000원

초급에서 중급까지의 개발자를 위한 실전 예제 중심의 유니티 개발서다. 이 책에서 독자는 현재도 끊임 없이 재해석되고 있는 네 개의 고전 게임을 실제로 제작하게 된다. 이 과정에서 모든 게임에 폭넓게 응용될 수 있는 게임의 기본 메카닉들을 상세한 설명과 함께 구현하고, 구체적인 사례를 통해 유니티의 핵심 기능을 익히게 된다. 특히 게임 개발에 필요한 아트 애셋과 단계별 프로젝트 파일이 충실히 제공되기 때문에 독자는 스크립팅을 통한 게임 메카닉 구현과 유니티의 다양한 기능을 학습하는 데 주력할 수 있다.

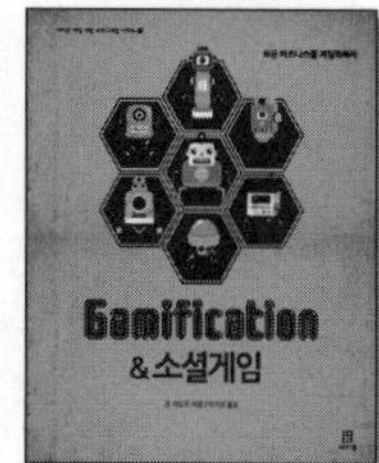

Gamification & 소셜게임 모든 비즈니스를 게임화하라

존 라도프 지음 | 박기성 옮김 | 9788960772519 | 496페이지 | 2011-12-09 | 30,000원

창업 4년 만에 페이스북에서 2억 6천만 명의 월간 사용자와 20조 원에 육박하는 기업 가치를 자랑하는 소셜게임 개발사 징가(Zynga). 도대체 소셜게임에 어떤 매력이 있길래 그토록 사람들을 사로잡은 것일까? 그 비결을 파헤쳐본다. 소셜게임 개발에 관심 있는 독자들에게는 소셜게임 기획과 설계의 실무 지식을, 게임 이외 분야 독자들에게는 게임에 대한 깊은 이해와 아울러, 소셜게임의 강력한 마법을 자신의 비즈니스에 응용할 수 있는 힌트를 제공해준다.

에이콘출판의 기틀을 마련하신 故 정완재 선생님 (1935-2004)

Gamification & 소셜게임

모든 비즈니스를 게임화하라!

초판 인쇄 | 2011년 12월 2일
2쇄 발행 | 2013년 5월 20일

지은이 | 존 라도프
옮긴이 | 박기성

펴낸이 | 권성준
엮은이 | 김희정
　　　　김경희
　　　　황지영
표지디자인 | 그린애플
본문디자인 | 남은순

인　쇄 | (주)갑우문화사
용　지 | 진영지업(주)

에이콘출판주식회사
경기도 의왕시 내손동 757-3 (437-836)
전화 02-2653-7600, 팩스 02-2653-0433
www.acornpub.co.kr / editor@acornpub.co.kr

한국어판 © 에이콘출판주식회사, 2011
ISBN 978-89-6077-251-9
ISBN 978-89-6077-144-4 (세트)
http://www.acornpub.co.kr/book/gamification

이 도서의 국립중앙도서관 출판시도서목록(CIP)은 e-CIP 홈페이지(http://www.nl.go.kr/cip.php)에서 이용하실 수 있습니다. (CIP제어번호: 2011005203)

책값은 뒤표지에 있습니다.